非線形解析 I

力学系の実解析入門

青木統夫 著

共立出版

まえがき

どのような分野においても同じであると思うが，新しい理論が発見されたときは難解な様相を呈している．しかし，研究が進むにつれて，より簡単な説明法が見つかる．さらに，これまでに知られたこととの関連が明らかにされる．このような過程を経て新しい理論は知識の体系の中に根づいていく．

1960年代の力学系の理論は幾何的手法によって解明が進められ，その手法から数多くの成果を得て力学系の解明に幾何的手法が確立された．ところが，1970年代に入って幾何的手法だけでは解明できない非線形現象が現れ，有効な手法の導入が必要となってきた．ここに誕生したのが測度論を基礎におくエルゴード理論を用いる実解析的手法であった．

しかし，この方法による理論の展開は難解で多くの研究者の支持のもとで研究が進められていたとはいい難い状況にあった．その後用いる道具は整理され，かつ簡単になって実解析的力学系の理論として成長してきた．このことは実解析的手法による力学系の研究が有意義であることの証拠でもある．

実解析的手法による理論が面白いと実感できる段階に達するためには，当然のことながら内容を理解しなくてはならない．そのために，初学者をその段階まで導く教科書の必要性を感じた．正確な解説書を作るためには，著者が対象の本質を知らなければならない．このことを念頭におきながら，中心のテーマをやさしく解説するという難題に取り組んだ．

近年では幾何的手法と実解析的手法を併せ非線形現象の解明が進められているのが現状で，有益な成果とさらなる手法の開発が期待されている．このことも併せて本書は，実解析的手法による非線形現象の話題の理解と，幾何的手法を加え，今後の展開のための基礎を収めた入門書であることを目的とした．

したがって，非線形現象から誘導される力学系に興味のある初学者，学部生，大学院生には専門的知識を要求していない．基礎的な微分・積分，線形代数，位相空間の初歩の知識があれば読み進むことができ，かつ実解析的手法による力学系の理論の最先端の話題が理解できるように，やさしく正確さを失わないように書いたつもりである．

　本書を書くことになった間接的な動機はすでに述べた通りであるが，直接的には鄭容武（広島大学），鷲見直哉（都立大学）の両氏から受けた実解析的手法による力学系に関する情報にあった．これらの情報の整理には守安一峰氏（徳島大学）から多くの助言を受け，また平出まさ子さんには本書の体裁を整えることに尽力していただいた．御協力に感謝を申し上げたい．

　最後に，本書を出版するにあたり終始細かい御注意と励ましをいただいた共立出版の赤城圭さんに厚くお礼申し上げる次第である．

著　者

目 次

第 0 章 はじめに   1
    0.1 一様双曲性を越えた力学系 1
    0.2 力学系の安定性 2
    0.3 力学系の応用 3
    0.4 進行波方程式 4
    0.5 高次元エノン型写像の実現 7
    0.6 微分写像の安定性 9
    0.7 エノン写像 10
    0.8 測度論的手法 12
    0.9 エノン写像の測度論的解析 14
    0.10 リャプノフ指数 17
    0.11 ギブス分布 18
    0.12 エントロピー 20
    0.13 多重フラクタル 23
    0.14 可算エルゴード分解 24
    0.15 物理的測度の役割 26
    0.16 タワー拡大 29

第 1 章 力学系の位相的性質   30
    1.1 推移写像 31
    1.2 位相的馬蹄写像 33
    1.3 マルコフ推移写像 38
    1.4 2 次元トーラス 45

iv 目次

- 1.5 トーラスの上の自己同型写像 46
- 1.6 双曲型自己同型写像 47
- 1.7 マルコフ推移写像の実現 50
- 1.8 被覆とエントロピー 54
- 1.9 軌道平均とエントロピー 65
- 1.10 位相的エントロピーの性質 71
- 1.11 位相的圧力 78
- 1.12 位相的圧力の性質 81

第 2 章 確率測度 　　　　　　　　　　　　　　　　89

- 2.1 正則測度 89
- 2.2 エルゴード定理 112
- 2.3 確率測度の集合 137
- 2.4 エルゴード分解定理 148
- 2.5 条件付き確率測度の標準系 159
- 2.6 条件付き確率測度の絶対連続性 170
- 2.7 マルチンゲール収束定理 176
- 2.8 誘導変換 183

第 3 章 測度的エントロピー 　　　　　　　　　　　　193

- 3.1 有限分割のエントロピー 196
- 3.2 分割の集合と距離空間 211
- 3.3 条件付きエントロピーの性質 218
- 3.4 情報関数 228
- 3.5 局所エントロピー 239
- 3.6 閉球の個数とエントロピー 247
- 3.7 準エントロピー 253

第 4 章 補遺（測度論の基礎）　　　　　　　　　　　　277

- 4.1 測度 278
- 4.2 積分 285
- 4.3 積分の収束 290
- 4.4 測度の分解 291
- 4.5 完備測度 300
- 4.6 フビニの定理 308

ば，重要な例に，ローレンツ (Lorenz) アトラクター，エノン (Hénon) アトラクター，それらを含む結合写像格子モデルなどがある．

その頃に，オセレデック (Oseledec) による乗法エルゴード定理が発見され，それを用いて弱い条件の双曲性をもつ力学系の理論が，ペシン (Pesin) によって構築されていた．その弱い条件の双曲性とは，漸近的な拡大と漸近的な縮小を意味し，従来の双曲性を含んだ広い概念である．そこで，従来の双曲性をもつ力学系を一様双曲的と呼び，これと区別するために，より一般的な力学系を非一様双曲的と呼ぶようになった．この種の力学系は測度論を用いて解析を進めている．したがって，従来の一様双曲性をもつ力学系では見られなかった成果が得られている．

しばらくの間，実解析的手法による力学系理論の内容を概説する．したがって，初学者には理解できない表現，または用語があると思われるので，以後の部分は省略して第 1 章に進めていただいてよい．

0.2 力学系の安定性

最近，カオス理論，または非線形解析という用語が多く見受けられる．このことは力学系が自然科学，社会科学に広く応用されていることの現れであると思われる．このような応用から，さらに豊かな数学的問題が生み出されている．

その問題の中心は，非線形関数の反復による軌道に非線形変換を施したとき，それらの軌道に共通な性質を見いだすことにある．そのために，微分構造を備えた相空間，例えばユークリッド空間の上の非線形関数が用意され，それにより多くの成果を得ている．しかし，それらの成果のほとんどは観測可能な条件として得られたとはいい難い．

例えば，問題の一部に力学系の安定性がある．これは微分力学系の重要な課題の一つであって，1985 年に微分同相写像に対して，位相幾何の立場でほとんど最終的な結論を得ている（関連論文 [Ro], [Rob], [Ma]）．

力学系が**安定** (stable) であるとは，その力学系のわずかな摂動によって得られる力学系が，もとの力学系と位相的に共役であることを主張している概念である．

実際に，不変な閉集合が双曲的 (hyperbolic) であれば，力学系はその集合の上で安定であり，逆に閉集合の上で安定であれば，その集合は双曲的である．したがって，力学系の安定性は双曲的集合の存在と同等である．よって，力学系を応用してその系の安定性を見るときに，双曲的集合の存在を観測すればよいことになる．

ところで，双曲的集合は，周期点がその集合の上で稠密に存在して，**追跡性**

第0章　はじめに

0.1　一様双曲性を越えた力学系

　数学として扱う力学系は天体力学から提起された問題を定性論として展開したポアンカレ (Poincaré) に遡る．その力学系の理論は，過去 50 年間に激しく様相を変えた時代であった．現在は力学系の対象は広い分野に拡大し，解析，幾何，トポロジー，確率，数理物理を含む領域で注目されている．

　力学系は写像の反復，微分方程式の時間発展，多様体の上の変換群の研究に係っている．この本は，測度論的手法によって見いだされる漸近的な双曲性を用いて，写像の反復による力学系，またはカオス力学系と呼ばれる対象を解説することを目的としている．

　双曲性の概念は負曲率をもつ多様体の上の測地流を解析するために，ヘドルンド (Hedlund)，ホップ (Hopf) によって創られた．双曲性をもつ力学系が組織的に研究され始めたのは 1960 年代からである．その原動力は 1967 年に発表されたスメール (Smale) の論文にある．その数年後に，シナイ (Sinai)，ルエル (Ruelle) は双曲性をもつ力学系をエルゴード理論，または確率論へ誘導した．彼らの考え方は過去 40 年の間に豊かな内容の理論として発展してきた．

　1960 年代に導入された力学系は空間全体が双曲的であるアノソフ (Anosov) 微分同相写像と，空間の本質的な部分だけが双曲的である公理 A 微分同相写像の安定性の問題が主体であった．

　1970 年代には，コンピュータ・グラフィクスの発達に伴い，力学系の反復は拡大と縮小に強く支配されることを視覚的に見ることができるようになった．そのことによって多くの現象から力学系の例が多数発見された．しかし，それらは力学系としてゆるい条件と思われていた公理 A の条件を満たしていなかった．例え

(shadowing property), **拡大性** (expansive property) と呼ばれる位相的な性質をもつ集合である.

しかし，このような集合を観測することは現実的に不可能とされている．よって，力学系の安定性を観測可能な条件として見いだす有効な手法が必要になる.

このことをマルチメディア格子モデル (multi–media lattice model) と呼ばれる現象を用いて，観測可能な条件の必要性を見ることにする.

0.3 力学系の応用

水の表面に起る波は日頃よく見かける．このような波は自然科学の中で基本的な運動の形態として注目され，この理論は広く応用されている.

ところで，波の運動はいろいろな型の微分方程式で表現されている．ここでは媒質の振動が拡散してできる波の運動のモデルとしてアフラモビッチ–ペシン (Aframovich–Pesin) による物理的にも重視されている非平衡マルチメディアの格子モデルを話題にする.

このモデルは非線形放物型方程式 (non–linear parabolic differential equation)

$$\frac{\partial u}{\partial t} = \gamma \frac{\partial u}{\partial x} + \kappa \frac{\partial^2 u}{\partial x^2} + R(u)$$

を出発点にしている．ここに，$R(u)$ は非線形関数，例えば $R(u) = u\left(1 - \dfrac{\delta}{u^2}\right)$ がある．γ, κ, δ は複素数を表す．この方程式を**ギンズブルグ–ランダウ方程式** (Ginzburg–Landau equation) と呼んでいる.

この方程式を説明する物理的モデルがもつエネルギーが増大してゆくとき，ゆらぎによりそのモデルに摂動が現れ，その運動は非常に複雑になることが理解されている．このようなモデルは，もはやギンズブルグ–ランダウ方程式を用いて説明することができない.

そこで，実験に基づく現象論から，退化する常微分方程式 (ordinally differential equation)

$$\frac{du_i}{dt} = R(u_i) + \gamma(u_i - u_{i-1}) + \kappa(u_{i+1} - 2u_i + u_{i-1}) \qquad (i \in \mathbb{Z})$$

を構成する．ここに γ, κ は実数である．さらに時間を離散化して一般の格子モデル

$$u_j(n+1) = f(u_j(n)) + \varepsilon g((u_i(n))_{i=j-s}^{j+s}), \ \ n, j \in \mathbb{Z} \qquad (0.3.1)$$

を与える．ここに，$\mathbb{Z}$ は整数の集合を表し，$\varepsilon > 0$ とする．$u_j(n)$ は d–次元ユークリッド空間 $\mathbb{R}^d$ の点であって $f : \mathbb{R}^d \to \mathbb{R}^d$ は C^2–微分同相写像 (C^2–diffeomorphism) で，$g : (\mathbb{R}^d)^{2s+1} \to \mathbb{R}^d$ は C^2–写像 (C^2–differentiable map) である．この場合に g は単射ではない．このような写像を**非可逆 C^2–微分写像** (non-invertible C^2–differentiable map) という．方程式 (0.3.1) を**発展方程式** (evolution equation) と呼んでいる．

$\mathbb{Z}$ を k–整数格子点の集合 $\mathbb{Z}^k$ に置き換えるときに，発展方程式 (0.3.1) を多次元，多成分メディアの格子モデル，すなわち**マルチメディア格子モデル**という．

マルチメディア格子モデルを経済・金融の分散投資に応用することを考える．このとき多成分は企業の数，多次元は資金投入データの数と解釈することができる．この投資行動による将来の予測を数理的に解析するために，格子モデルを力学系理論の枠組みに導く方法をとる（この方法を以後において解説する）．

そのためには発展方程式の解に波の進行する速度を与えて**進行波方程式** (travelling wave equation) を構成する必要がある．波の速度はその波がどのような経路を伝わってきたか，また進む先に障害などがないのか，によって進み具合が異なってくる．これを投資行動で見ると過去の効果と現在のもつ情報に解釈する．

進行波方程式の解である波はある範囲の過去と現在の状況で決まっている．このことが力学系を導出できる要因になっている（詳細は後で解説する）．

波の速度が早い場合に力学系として高次元エノン型写像が出現する．この種の力学系は非線形解析学として研究が進められ多くの成果を得ている．それらの基本と思われる結果を紹介するのが本書の目的でもある．しかし，分散投資に応用できる成果に到っていないのが現状である．

このように，マルチメディア格子モデルを経済・金融の分野に適用する場合を見ても力学系の理論は有効に働く側面をもっている．

0.4 進行波方程式

話題を簡単にするために，1 次元・多成分メディアの格子モデルを中心にして解説を進めることにする．

最初に，各成分 u_j が $\mathbb{R}^d$ の元である無限列 $(\cdots, u_{-1}, u_0, u_1, \cdots)$ の集合 $(\mathbb{R}^d)^{\mathbb{Z}}$ を考え

$$\Phi_\varepsilon(u)(n) = (f(u_j(n)) + \varepsilon g(\{u_i(n)\}_{i=j-s}^{j+s}))$$

によって $(\mathbb{R}^d)^{\mathbb{Z}}$ の上の非線形作用素 Φ_ε を与える．$q_1 > 1$, $q_2 > 1$ として $\|\cdot\|$ は $\mathbb{R}^d$ の通常のノルムとする．$u = (u_j)$ に対して

$$\|u\|_{q_1,q_2} = \sum_{j \geq 0} \frac{\|u_j\|}{q_1^j} + \sum_{j<0} \frac{\|u_j\|}{q_2^{-j}}$$

を定義して

$$\mathcal{M}_{q_1,q_2} = \sum_{j \geq 0} = \{u \in (\mathbb{R}^d)^{\mathbb{Z}} | \|u\|_{q_1,q_2} < \infty\}$$

とおく．このとき，$\mathcal{M}_{q_1,q_2}$ はノルム $\|\cdot\|_{q_1,q_2}$ に関してバナッハ空間 (Banach space) をなす．ここで f, g がある条件，詳しくは

$$\sup_{x \in \mathbb{R}^d} \|D_x^j f\| \leq M, \quad \sup_{1 \leq i \leq 2s+1} \sup_{x \in \mathbb{R}^d} \left\|\frac{\partial^j g}{\partial x_i^j}(x_1, \cdots, x_{2s+1})\right\| \leq M \quad (j = 1, 2)$$

を満たす $M > 0$ が存在すれば，Φ_ε は $\mathcal{M}_{q_1,q_2}$ から $\mathcal{M}_{q_1,q_2}$ へのガトー (Gâteaux) 微分可能な作用素であることが示される．

$u \in \mathcal{M}_{q_1,q_2}$ に対して

$$u(n) = \Phi_\varepsilon^n(u) \quad (n \geq 0)$$

と表すときに，各 n に対して $u(n+1) = \Phi_\varepsilon(u(n))$ が成り立つから，$\|u(n)\|_{q_1,q_2} < \infty$ を満たす発展方程式 (0.3.1) の解 $u = \{u(n)\}$ は $\mathcal{M}_{q_1,q_2}$ に含まれる．

q_1, q_2 をパラメータとするとき，バナッハ空間の族

$$\{\mathcal{M}_{q_1,q_2} | q_1 > 1, \ q_2 > 1\}$$

が構成される．この族は作用素 $\Phi_\varepsilon : \mathcal{M}_{q_1,q_2} \to \mathcal{M}_{q_1,q_2}$ の力学系を調べるときに重要な働きをする．しかし，ここでは複雑な説明を避けるために，適当にパラメータ q_1, q_2 を固定して，話題を進める（詳細は関連論文 [A-P1], [A-P2] を参照）．

格子モデルを力学系として扱うために，$\frac{m}{l}$ は既約分数となるように自然数 l, m を固定する．このとき，$k \in \mathbb{Z}$ に対して $j, n \in \mathbb{Z}$ があって

$$k = lj + mn + m$$

と表すことができる．ここで，$m \geq ls + 1$（s は (0.3.1) の整数）を満たすように l, m が選ばれているとして，$u(n) = (u_j(n)) \in \mathcal{M}_{q_1,q_2}$ に対して

$$u_j(n) = \psi(lj + mn) = \psi(k - m), \quad k = lj + mn + m$$

を満たす時間 k に関する時系列 $\psi = (\psi(k))$ を考える.

各 k に対して $\psi(k) \in \mathbb{R}^d$ を満たす $\psi = (\psi(k))$ を速度 $\dfrac{m}{l}$ をもつ進行波 (travelling wave) といい，(0.3.1) から進行波 ψ は

$$\psi(k) = f(\psi(k-m)) + \varepsilon g((\psi(k-m+li))_{i=-s}^{s}), \quad k \in \mathbb{Z} \qquad (0.4.1)$$

を満たしている．このような (0.4.1) を**進行波方程式**と呼ぶ.

(0.4.1) の解 ψ の集合を $\Psi_{\varepsilon,q_1,q_2}$ で表す．このとき，各進行波 ψ は重み付きのノルム $\|\cdot\|_{q_1,q_2}$ に関して有限であるから，$\Psi_{\varepsilon,q_1,q_2}$ は $\mathcal{M}_{q_1,q_2}$ に含まれる有限次元ユークリッド空間をなしている.

$\Psi_{\varepsilon,q_1,q_2}$ の上に力学系を構成するために，$\Psi_{\varepsilon,q_1,q_2}$ に属する各進行波を分析する必要がある．実際に，波は時間が進行するとき，現在の波の成分は一定の過去の時間の成分によって決定されていると考える．より詳しく述べると，$\psi(k)$ は時間 k における波の成分を表している．このとき単位時間だけ進んだときの成分が $\psi(k+1)$ である．この成分は過去の時間 $k+1-m$ のときの成分 $\psi(k+1-m)$ が f によって受けた影響 $f(\psi(k+1-m))$ と，過去の成分 $\psi(k+1-m-ls),\cdots,\psi(k+1-m+ls)$ が g と $\varepsilon > 0$ によって受けた影響

$$\varepsilon g(\psi(k+1-m+ls), \cdots, \psi(k+1-m+ls))$$

の (0.4.1) による和によって，$\psi(k+1)$ が決定されている.

このような成分 $\psi(k)$ を $\psi(k+1)$ に対応させる推移写像

$$S_\varepsilon : \Psi_{\varepsilon,q_1,q_2} \longrightarrow \Psi_{\varepsilon,q_1,q_2}$$

を

$$S_\varepsilon(\quad \cdots \quad, \psi(-1)\ ,\ \psi(0)\ ,\ \psi(1)\ ,\ \psi(2)\ ,\ \cdots)$$
$$= (\cdots,\ \psi(-1)\quad,\quad \psi(0)\quad,\quad \psi(1)\quad,\quad \psi(2)\ ,\ \cdots)$$

によって与える．進行波に推移写像 S_ε を施すと，その波の各成分が単位時間だけ左側に移動する．このことは S_ε によって波が，単位時間だけ進むことを意味している.

ところで，$\Psi_{\varepsilon,q_1,q_2}$ は発展方程式 (0.3.1) のノルム $\|\cdot\|_{q_1,q_2}$ が有界なすべての解を含むとは限らないし，S_ε は Φ_ε の $\Psi_{\varepsilon,q_1,q_2}$ への制限ではない．しかし，$\Psi_{\varepsilon,q_1,q_2} \subset \mathcal{M}_{q_1,q_2}$ であるから S_ε を $\mathcal{M}_{q_1,q_2}$ の上へ拡張することができる．それを $\tilde{S}_\varepsilon$ によって表す.

$\frac{m}{l}$ を十分に大きく定め，バナッハ空間 $\mathcal{M}_{q_1^l,q_2^l}$ を与えるときに，$\mathcal{M}_{q_1^l,q_2^l}$ の中で進行波方程式 (0.4.1) の解は (0.3.1) の解であるように作用素 $\alpha: \mathcal{M}_{q_1,q_2} \to \mathcal{M}_{q_1^l,q_2^l}$ を構成することができて，さらに $\Psi_{\varepsilon,q_1,q_2}$ の上では恒等作用素である $Q: \mathcal{M}_{q_1,q_2} \to \mathcal{M}_{q_1,q_2}$ を見つけることができる．そして

$$\begin{array}{ccc} \mathcal{M}_{q_1,q_2} & \xrightarrow{\alpha} & \mathcal{M}_{q_1^l,q_2^l} \\ Q \circ \tilde{S}_\varepsilon^m \downarrow & & \downarrow \Phi_\varepsilon \\ \mathcal{M}_{q_1,q_2} & \xrightarrow{\alpha} & \mathcal{M}_{q_1^l,q_2^l} \end{array}$$

が可換であるようにできる．このことから，$S_\varepsilon: \Psi_{\varepsilon,q_1,q_2} \to \Psi_{\varepsilon,q_1,q_2}$ の挙動に基づき，$\Phi_\varepsilon: \mathcal{M}_{q_1^l,q_2^l} \to \mathcal{M}_{q_1^l,q_2^l}$ の力学系を知ることができる．

ここではその詳細を省略し，進行波方程式の解の集合 $\Psi_{\varepsilon,q_1,q_2}$ の上の S_ε の力学系に話題を絞ることにする．すなわち，進行波方程式の解の集合 $\Psi_{\varepsilon,q_1,q_2}$ の上に作用する S_ε の安定性を話題にする．

前に述べたように，S_ε の安定性とはおおむね次のように解釈することができる．$\Psi_{\varepsilon,q_1,q_2}$ の元は進行波方程式 (0.4.1) の解であって，その方程式は微分同相写像 f と非可逆微分写像 g と $\varepsilon > 0$ によって与えられている．よって，解は f, g, ε に依存しているから，非線形作用素 S_ε もそれらに依存して定義されている．いま，わずかに f, g, ε を摂動するときに，S_ε もわずかに変形して推移写像 S'_ε を得る．ここで，S_ε が安定であれば，S_ε を決める進行波方程式の解の S_ε による時間経過の状況は S'_ε による状況と同じである解が存在する．

ある波が時間経過によって変化を受けなければ，このような波は，形をくずさず一定の早さでつき進む波として，**ソリトン** (soliton) と呼ばれている．この意味で，S_ε が安定であれば，$\Psi_{\varepsilon,q_1,q_2}$ に双曲的集合が存在するから，S_ε は $\Psi_{\varepsilon,q_1,q_2}$ に無限に多くの周期点をもつ．よって，S_ε が安定であればソリトンの意味を拡大解釈して，それが多数発生しているといえる．

0.5 高次元エノン型写像の実現

力学系として S_ε の挙動を調べるために，S_ε を $\Psi_{\varepsilon,q_1,q_2}$ の上で直接的に解析するのではなく，むしろ $\Psi_{\varepsilon,q_1,q_2}$ は有限次元ユークリッド空間であることから，S_ε と位相共役な微分同相写像をそのユークリッド空間の上に見いだして，その微分同相写像を解析することを考える．

実際に，m は十分に大きいとする．このことは，進行波の速度が速いことを意

味する．このとき，進行波 $\psi \in \Psi_{\varepsilon, q_1, q_2}$ の値 $(x_p) \in (\mathbb{R}^d)^{ls+m}$ を

$$x_p = \psi(-m - ls + p + 1) \quad (1 \leq p \leq ls + m)$$

とおき

$$F_\varepsilon(x_1, \cdots, x_{ls+m}) = (x_2, \cdots, x_{ls+m}, x_{ls+m+1}),$$

$$x_{ls+m+1} = f(x_{ls+1}) + \varepsilon g((x_{p(i)})_{i=-s}^{s}), \quad p(i) = l(s+i) + 1$$

によって写像

$$F_\varepsilon : (\mathbb{R}^d)^{ls+m} \longrightarrow (\mathbb{R}^d)^{ls+m}$$

を与えると微分同相写像

$$\mathcal{X}_\varepsilon : (\mathbb{R}^d)^{ls+m} \longrightarrow \Psi_{\varepsilon, q_1, q_2}$$

があって，次の図式が可換となるようにできる：

$$\begin{array}{ccc} (\mathbb{R}^d)^{ls+m} & \xrightarrow{\mathcal{X}_\varepsilon} & \Psi_{\varepsilon, q_1, q_2} \\ F_\varepsilon \downarrow & & \downarrow S_\varepsilon \\ (\mathbb{R}^d)^{ls+m} & \xrightarrow{\mathcal{X}_\varepsilon} & \Psi_{\varepsilon, q_1, q_2} \end{array}$$

このことから，S_ε の力学的性質は F_ε の力学系から導かれることになる．

F_ε の力学系は S_ε のそれに比較して扱い易く成果が期待される．F_ε の力学系の理解を容易にするために，F_ε の表示を簡単にする．

$h : \mathbb{R}^d \to \mathbb{R}^d$ は C^r–微分同相写像で，$g : (\mathbb{R}^d)^n \to \mathbb{R}^d$ は非可逆 C^r–微分写像であって，$x_1 = (x_{11}, \ldots, x_{1d})$ の微分 $D_{x_1} g$ の行列式は零でないとする．このとき

$$F_\varepsilon(x_1, \cdots, x_k, \cdots, x_n) = (x_2, \cdots, x_{k+1}, h(x_k) + \varepsilon g(x_1, \cdots, x_n))$$

$$(x_i \in \mathbb{R}^d, \ 1 \leq i \leq n)$$

を**高次元エノン型写像** (higher dimensional Hénon type map) といい，$\varepsilon > 0$ のとき $F_\varepsilon : (\mathbb{R}^d)^n \to (\mathbb{R}^d)^n$ は C^r–微分同相写像である．

扱う対象を広めて，$h : \mathbb{R}^d \to \mathbb{R}^d$ を非可逆 C^r–微分写像とする場合もある．しかし，非可逆微分写像の力学系はほとんど解明されていない．その理由は，微分同相写像にはなかった，特異点が非可逆系に現れるところにある．実際に，この

ような点における力学系の挙動を解析する場合に問題が生じ，その力学系の解析を困難にしている．

その困難さは安定，不安定多様体の存在にある．これらの多様体は微分同相写像に対して，その存在が保証され力学系の解析に有効に働いている．

点 x が写像 h の不動点であるとする．このとき，$n > 0$ に対して $h^n(y)$ と x との間の距離が常に十分に近いときに，y の集合を $W^s_{loc}(x)$ で表す．この集合を点 x の**局所安定集合** (locally stable set) という．h が可逆で，点 x が双曲型であれば，$W^s_{loc}(x)$ は滑らかな部分集合をなし，それを点 x の**局所安定多様体** (locally stable manifold) という．定義の仕方から，$f^{-n}(W^s_{loc}(x))$ は $n > 0$ と共に増大するから，それらの和集合 $\bigcup_n f^{-n}(W^s_{loc}(x))$ を $W^s(x)$ で表す．$W^s(x)$ はある次元のユークリッド空間と微分同相であるから，$W^s(x)$ を点 x の**安定多様体** (stable manifold) という．

h が非可逆の場合に，不動点 x が双曲型であれば，可逆の場合と同じように局所安定多様体 $W^s_{loc}(x)$，局所不安定多様体 $W^u_{loc}(x)$ が存在する．ところが，安定多様体も不安定多様体も存在しない．このようにして，非可逆微分写像の力学系は可逆の場合と異なる状況にある．

ここでは，h を C^r–微分同相写像であるとして話題を進める．

0.6　微分写像の安定性

写像 F_ε の力学的性質は $\varepsilon > 0$ が十分に小さいときに，微分同相写像 $h\colon \mathbb{R}^d \to \mathbb{R}^d$ の力学的性質と同じであることが予想されている．より詳しく述べると，$h\colon \mathbb{R}^d \to \mathbb{R}^d$ の力学系が明らかになれば，$F_0\colon (\mathbb{R}^d)^n \to (\mathbb{R}^d)^n$ の力学系が理解され，さらに十分に小さい $\varepsilon > 0$ に対して，$F_\varepsilon\colon (\mathbb{R}^d)^n \to (\mathbb{R}^d)^n$ が解明されるということである．

ところで，$\varepsilon > 0$ のとき F_ε は微分同相写像であるが，$\varepsilon = 0$ のとき F_ε は単射ではない．したがって，F_0 は非可逆微分写像である．

最近において，$\varepsilon > 0$ の場合に，$h\colon \mathbb{R}^d \to \mathbb{R}^d$ が（局所的最大）双曲的集合をもつならば，F_ε は $\mathbb{R}^{dn}$ に同じ性質の集合をもつことが明らかにされている（関連論文 [B-Pe]）．これは進行波の安定性を示している．

$\mathbb{R}^d$ を 1 点コンパクト化することによって d–次元球面 S^d を考えるとき，h に対してモース–スメール系 (Morse–Smale system) が定義される．

h がモース–スメール系であるとき，F_0 は特別な形の非可逆系であることから，F_0 もモース–スメール系であって，F_ε もモース–スメール系である（関連論文

[B-Pe]）．

ごく最近において，一般の非可逆なモース–スメール系の族は C^1–位相のもとで，開集合をなすことが明らかにされている（関連論文 [B-Pe]）．

その後において，h が公理 A(Axiom A) を満たし強横断的 (strong transversal) である場合に，F_0 も同じ性質をもつことが示され，このような性質をもつ一般の非可逆微分写像族も C^r–位相 $(r \geq 1)$ のもとで開集合を成すことが解明されている（関連論文 [Ao-M-O]）．

さらに，強横断的な公理 A 系は C^1–（逆極限）安定であることも示されている（関連論文 [Pr2]）．

F_ε の力学系は ε が $\varepsilon > 0$ と $\varepsilon = 0$ の場合に分けられて，$\varepsilon > 0$ のときに $\{F_\varepsilon\}$ は微分同相写像の族であり，$\varepsilon = 0$ のとき F_0 は非可逆微分写像である．F_0 の成分の 1 つである微分同相写像 $h : \mathbb{R}^d \to \mathbb{R}^d$ によって決定される F_0 のいくつかの力学系の性質を見てきた．

このように，高次元エノン型写像の族 $\{F_\varepsilon\}_{\varepsilon>0}$ の力学系を明らかにするためには，非可逆微分写像 F_0 の力学系を明らかにすることが重要である．マルチメディア格子モデルに安定性の成果を適用して，そのモデルの幾何的側面を見てきた．

発展方程式に関連して，この他の応用例に緩流系 (drift sysytem) がある．これを力学系の理論として展開するために，ヒルベルト空間 (Hilbert space) の上のガトー微分可能な非線形作用素を用意して有限次元の力学系の手法を用いて緩流系を解析している（関連論文 [A-P1], [A-P2]）．

しかし，力学系の成果を応用する場合に，用いられる条件が観測可能であることが望ましい．

そこで，より有効な方法によって力学系を明らかにする必要がある．その方法の 1 つに測度論的手法がある．その手法によって進められる力学系の理論とは，どのような内容であるのかを微分同相写像を用いて解説を進めることにする．

0.7 エノン写像

実数空間 $\mathbb{R}$ の上に，$h_a(x) = 1 - ax^2$ $(a \neq 0)$ によって与えられた写像 $h_a : \mathbb{R} \to \mathbb{R}$ を**ロジスティック** (logistic) 写像と呼んでいる．この写像 h_a をもとにして，$\mathbb{R}^2$ の上に与えた写像

$$f(x,y) = (y, 1 - ay^2 + \varepsilon x) \quad ((x,y) \in \mathbb{R}^2)$$

を**エノン写像** (Hénon map) という．$g(x,y) = x$ $((x,y) \in \mathbb{R}^2)$ であるとする．

このとき
$$f(x,y) = (y, h_a(y) + \varepsilon g(x,y))$$
と表され，f は上で述べた高次元エノン型写像 F_ε の 2 次元系である．

エノン写像は 1977 年にエノンによって数値解析され，その写像は複雑なアトラクター (attractor) をもつことが発見された．その後（1970 年代後半から 1980 年代前半）において数多くの数値解析によるエノン写像の性質が明らかにされた．しかし，最近までそれらの理論的な保証はなされていなかった．f のパラメータ a, ε が $a = 1.4$, $\varepsilon = 0.3$ であるときに，図 0.7.1 は

$$(x,y) \mapsto (y, 1 - 1.4y^2 + 0.3x)$$

の長さ 5000 の軌道のコンピュータ・プロットである．この図はある領域から出発した点の軌道である．ここでの図は初期点を $(x,y) = (0,0)$ に選んでいる．しかし，図 0.7.1 は特別な初期点によって描かれた図とは思えない．実際に，2

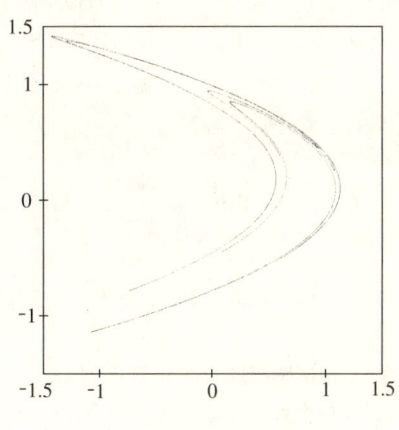

図 0.7.1

つの初期点 $z = (0,0)$ と $z' = (0, 0.01)$ のそれぞれの軌道 $\{f^i(z)\}$, $\{f^i(z')\}$ の観測値 として，関数 φ を用いて，$\{\varphi \circ f^i(z)\}$, $\{\varphi \circ f^i(z')\}$ と記述されたとする．このような観測値をコンピュータによって調べてみる．特に，関数 φ として，$\varphi(x,y) = x$ を用いるときに，$\{\varphi \circ f^i(z)\}$ と $\{\varphi \circ f^i(z')\}$ は次のグラフ（図 0.7.2）のようにほとんど同じ振る舞いをしている．

このように複雑な挙動のグラフから，エノン写像 f を理解することは非常に困難である．この困難さを回避する方法として，1 次元系で理解された力学系をも

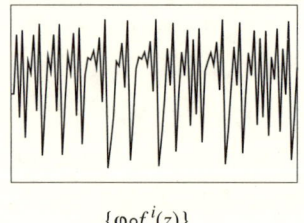
$\{\varphi \circ f^i(z)\}$

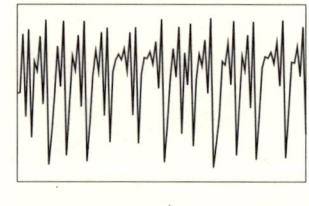
$\{\varphi \circ f^i(z')\}$

図 **0.7.2**

とにして，2次元系を理解するという自然な考え方を用いてきた．このようにして，エノン写像に対して位相幾何的な成果を得ている．

0.8 測度論的手法

さらに，力学系の理論を発展させる上でエノン写像を解明することは重要な課題である．すなわち，エノン写像を代表とする力学系のクラスを知ることである．そのための一つの方法として，次のような観測値の解析は効果的である．すなわち，多くの点 $x \in \mathbb{R}^2$ に対して時間平均

$$E_x(\varphi) = \lim_{n \to \infty} \frac{1}{n} \sum_{j=0}^{n-1} \varphi(f^j x)$$

の存在を見ることである．点 x が f の周期点 ($f^k(x) = x$) のときは時間平均は存在する．一般の場合は，バーコフ (Birkhoff) のエルゴード定理 (ergodic theorem) によって，f-不変確率測度に関しては，ほとんどの点で時間平均は存在する．しかし，任意の不変測度による時間平均の存在を物理的に解釈することは困難である．

時間平均の存在が意味をもつためには，$\mathbb{R}^2$ のルベーグ測度 (Lebesgue measure) が正の値をもつ集合の各点で時間平均が存在することが要求される．すなわち，ルベーグ測度が正である集合 B の各点で，一定の値である時間平均がすべての有界連続関数 $\varphi : \mathbb{R}^2 \to \mathbb{R}$ で成り立つことである．このとき

$$\varphi \longrightarrow E(\varphi) = E_x(\varphi) \qquad (x \in \mathbb{R}^2)$$

が実数値有界連続関数の空間 $C^0(\mathbb{R}^2, \mathbb{R})$ の上の非負線形作用素を与えるので，表現定理を用いて，$\mathbb{R}^2$ の上に有限ボレル (Borel) 測度 μ を見つけて

$$\int \varphi d\mu = E(\varphi) = \lim_{n\to\infty} \frac{1}{n} \sum_{j=0}^{n-1} \varphi(f^i x) \qquad (x \in \mathbb{R}^2)$$

が成り立つようにでき，次の概念を導き出す動機づけになっている．

f-不変ボレル確率測度 μ が**シナイ–ルエル–ボウエン** (Sinai–Ruelle–Bowen, 略して SRB) 測度であるとは，ルベーグ測度が正の集合 $B(\subset \mathbb{R}^2)$ の各点 x に対して

$$\int \varphi d\mu = \lim_{n\to\infty} \frac{1}{n} \sum_{j=0}^{n-1} \varphi(f^i x) \qquad (\varphi \in C^0(\mathbb{R}^2, \mathbb{R}))$$

が成り立つことである．集合 B を**可測ファイバー** (measurable fiber) という．$\mu(B) = 1$ であるとき，B を μ の**エルゴード的鉢** (ergodic basin)，あるいは**エルゴード領域** (ergodic region) といい，$B(\mu)$ で表すことが多い．SRB 測度よりも強い条件をもつ測度に，**SRB 条件をもつ測度**，**絶対連続な測度**，**滑らかな測度**（ルベーグ測度と同値な測度）がある．これらは物理的に意味をもつことから，総称して**物理的測度** (physical measure) と呼ばれている．

このような物理的測度をもつ典型的な力学系に双曲的アトラクターがある．ここでいう双曲性は一様双曲性と呼ばれている．

Λ が**アトラクター** (attractor) であるとは，Λ の近傍 U が存在して，U の閉包を $\mathrm{Cl}(U)$ で表すときに，$f(\mathrm{Cl}(U)) \subset U$ を満たして，$\bigcap_{n=0}^{\infty} f^n(\mathrm{Cl}(U)) = \Lambda$ が成り立つことである．

一様双曲性は次のようにして与える：

閉集合 Λ は $f(\Lambda) = \Lambda$ を満たすとき，Λ の各点 x に対して接空間 $T_x U$ の部分空間 $E_i(x)$ $(i = 1, 2)$ があって，$T_x U = E_1(x) \oplus E_2(x)$ に分解され，次の (1), (2), (3) を満たすときに，Λ は**一様双曲性** (uniform hyperbolicity) をもつという：

(1) $D_x f(E_i(x)) = E_i(f(x)) \qquad (i = 1, 2)$,

(2) 分解 $T_x U = E_1(x) \oplus E_2(x)$ は連続的である，

(3) $\|D_x f^n(v)\| \leq C\lambda^n \|v\| \qquad (v \in E_1(x),\ n \geq 0)$,
$\|D_x f^{-n}(v)\| \leq C\lambda^n \|v\| \qquad (v \in E_2(x),\ n \geq 0)$.
ここに $C > 0$, $0 < \lambda < 1$ は点 x に依存しない定数である．

一様双曲性は本質的に力学系の安定性に関係している．微分同相写像 f が**構造的に安定** (structurally stable) であるとは，f に (C^1-位相の意味で) 十分に近

い g に対して，同相写像 h があって $f \circ h = h \circ g$ が成り立つことである．この場合に，f と g は**位相共役** (topological conjugacy) であるという．このことは f の振る舞いと g の振る舞いが位相的に同じであることを意味している．

閉多様体（例えば，トーラス）の上の f が構造的に安定であれば，本質的な集合 Λ は一様双曲性をもち，かつ安定多様体と不安定多様体が横断的に交わることである．逆に，Λ がこれらの性質をもてば，f は構造的に安定であることが明らかにされている．球面の上には構造的に安定な力学系は存在しない．

ところで，SRB 測度はアノソフ微分同相写像，さらに公理 A アトラクターを含む双曲的アトラクターのクラスに対して，シナイ–ルエル–ボウエンによって発見され，微分エルゴード理論 (smooth ergodic theory) が構築されてきた．最近において，ペシンによる非一様双曲性の理論は，広い範囲のクラスに対して有効に働き，コンピュータ解析で見られるアトラクターが測度論的に説明されるようになってきた．その一例にエノン写像がある．

0.9　エノン写像の測度論的解析

エノン写像が測度論的手法によって理論的に説明された様子を解説し，その後のペシンの測度論的戦略によって進められた力学系の現状を見ることにする．

エノン写像のコンピュータ解析から，次の 2 つの問題を考える：

(1) エノン・アトラクターはどんな性質をもっているのか．

(2) コンピュータ・プロット（図 0.9.1）は何を示しているのか．

この問題は一般的であってエノン写像特有の問題ではない．

エノン写像を初等幾何的に見るとき，図 0.9.1 の左側の実線部分と破線部分は

$$f_{a,b}(x,y) = (1 - ax^2 + y, \ bx)$$

によって右側の図に写される．さらに，$f_{a,b}$ は $\{0\} \times [-1, 1]$ に近いところに不動点をもって，それを含むコンパクト不変集合 Ω が存在する．

ここでの目的は Ω の上の $f_{a,b}$ を知ることである．よって $f_{a,b}$ の挙動に注目するとき，次の 2 つの筋書き (scenario) (3), (4) がコンピュータによって観測される：

(3) $|\det(Df_{a,b})|$ が十分に小さく，$z \in \Omega$ に対して $n > 0$ があって 2 点間の距離 $d(f_{a,b}^n(z), z)$ が小さい値であれば，z の近くに吸引周期点が存在する．この

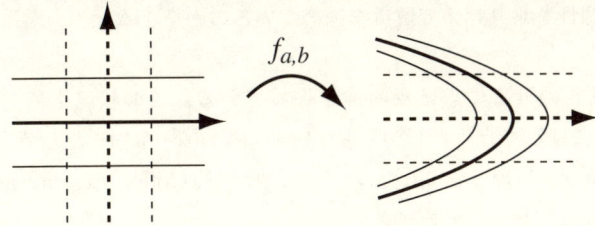

図 0.9.1

ような周期点は無限個存在するように見える．

しかし，このことが事実とすれば，Ω は双曲性を失うことになる．実際に，いくつかの条件のもとで，無限個の吸引周期点が現れる微分同相写像が C^2-位相に関して開集合をなすことがニューハウス (Newhouse) によって明らかにされている．これを**ニューハウス現象**と呼んでいる（邦書文献 [Ao1]）．

もう一つの筋書きは

(4) Ω の各点はほぼ双曲性（非一様双曲性）をもつ．すなわち，集合 B が存在して，その集合から遠ざかるときに，双曲性が一様になる場合である．公理 A 微分同相写像は $B = \emptyset$ であり，ロジスティック写像 $h_a = 1 - ax^2$ は $B = \{0\}$ である．

(3) と (4) は互いに協合している．したがって，ほとんどのパラメータ (a,b) に対して $f_{a,b}$ は (3) または (4) のいずれかが成り立つものと思われる．しかし，このことはまったく解明されていない．

特に，$b = 1$，$a = 1$ である場合に

$$f_{1,1}(x,y) = (y, 1 - y^2 + x)$$

は $\Lambda = \bigcap_{i=-\infty}^{\infty} f_{1,1}^i(S)$ の上で馬蹄形写像である（邦書文献 [Ao1]）．ここに

$$S = \left\{ (x,y) \in \mathbb{R} \,\middle|\, |x|, |y| \leq \frac{2+\sqrt{8}}{2} \right\}$$

である．

ところで，a は 2 に近く，b は 0 に近いパラメータ (a,b) で，ルベーグ測度が正の値をもつ (a,b) の集合 θ があって，θ に属する (a,b) に対して (4) が成り立つことが知られている．

このことは，一様双曲性を越えた，さらに複雑な力学系の解析を進める意義を保証している．よって，エノン写像の解析で用いる手法は有益である．そこで，

いかに非一様性を乗り越えて解析を進めているのかを 1 次元の力学系 h_a を用いて説明する.

h_a の原点 o の近くの点は双曲性を失っている. この状況を越えるために, $x \in [-1,1]$ に対して $|D_x f^n|$ の成長率 (growth rate) を知ることが必要である. この問題を有効に処理可能にしたコレ–エックマン (Collet–Eckman) の条件がある. その条件は, $\lambda > 1$ があって

$$|D_x h_a^n| \geq \lambda^n \qquad (x \in [-1,1])$$

を満たすことである. 実際に, この条件を満たすパラメータ a の集合 θ はルベーグ測度が正の値をもち, θ に属する a は 2 に近い値であることが知られている.

よって $a \in \theta$ に対して, 0 に近い点 x に対して $x \sim 0$ であるから, $|h_a(x)| \sim |x|$ であって, $|h_a(x) - h_a(0)| \sim x^2$ である. この場合に, 点 $h_a(x)$ の軌道と $h_a(0)$ の軌道の各時間における点は近いことから, $\lambda^n x \sim 1$ を満たす $n > 0$ を見いだせば

$$|D_x h_a^{n+1}| \sim |x|\lambda^n \sim |x|^{-1} \sim \lambda^{\frac{n}{2}}$$

である. よって, x での h_a の微分は 0 に近い値であっても, n 回の反復によって伸び率は 1 よりも大きく回復することができる. したがって, 長い時間の経過によって h_a の挙動が明らかになる.

この考え方はエノン写像 $f_{a,b}$ に対しても成り立つことが知られている. よって (1) の問題の一つの性質を得ている. このようにして, $f_{a,b}$ のパラメータ (a,b) のルベーグ測度の値が正になる集合 θ に属する (a,b) を固定して, (1) の性質を用いて (2) の問題を見るとき, 以下に述べる成果が得られている.

エノン・アトラクターをコンピュータによって構成する場合に, アトラクターの鉢に初期点を選び, その点の軌道をプロットする. このとき, 選ばれた初期点に依存しない同じ形の図形が構成されることを経験している. このことは鉢に属する初期点 z の時間 n の軌道の各点の確率は $\dfrac{1}{n}$ であると考え

$$\frac{1}{n} \sum_{i=0}^{n-1} \delta_{f_{a,b}^i(z)} \to \mu \qquad (n \to \infty)$$

を満たす z がルベーグ測度の値が正になるだけ存在すると考えているからである. この場合に, μ は SRB 測度である.

ごく最近において, この考え方の正当性がベネディクト–ヤン (Benedict–Young) によって明らかにされた (関連論文 [Be-Yo]). すなわち, θ に属するパ

ラメータ (a,b) をもつエノン写像 $f_{a,b}$ は SRB 条件を満たす測度をもち,さらにその測度を用いて中心極限定理,測度的安定性が成り立つことが示された.中心極限定理,測度的安定性は相関関数の収束の速さが指数的減衰であれば成り立つ(関連論文 [Be-Yo] の証明は非常に複雑である).中心極限定理,測度的安定性については後で解説する.

一様双曲性をもつ力学系のクラスに属さないカテゴリーに意味のある力学系としてエノン写像があり,そのコンピュータ解析の成果の一部を測度論的に説明できることを見てきた.

0.10 リャプノフ指数

力学系の拡大,縮小を見いだすのにリャプノフ指数 (Lyapunov exponent) が用いられる.

U は $\mathbb{R}^d$ の有界な開集合とする.$f: U \to U$ は C^1–微分同相写像として,Λ は U に含まれる f–不変集合とする.点 $x \in \Lambda$ が f に対する**正則点** (regular point) であるとは $k(x) = k(f(x))$ を満たす可測関数 $k(x)$ と実数列

$$\chi_1(x) < \chi_2(x) < \cdots < \chi_{k(x)}(x), \quad \chi_i(x) = \chi_i(f(x)) \quad (1 \leq i \leq k(x))$$

と $\mathbb{R}^d$ の分解

$$\mathbb{R}^d = E_1(x) \oplus E_2(x) \oplus \cdots \oplus E_{k(x)}(x)$$

が存在して,$0 \neq v \in E_j(x)$ に対して

$$\lim_{n \to \pm\infty} \frac{1}{n} \log \|D_x f^n(v)\| = \chi_j(x)$$

が成り立つことである.各 $\chi_j(x)$ を点 x での f の**リャプノフ指数** (Lyapunov exponent) という.このような指数の存在は乗法エルゴード定理 (multiplicative ergodic theorem) によって保証されている.この定理によって,正則点の集合の μ–測度の値は 1 である.正則点の集合を**部分的非一様双曲性** (partially non uniform hyperbolicity) をもつ集合という.

部分的であるとは,少なくとも一つのリャプノフ指数がほとんどいたるところで 0 の値をもつときをいう(関連論文 [Os], [Pe1]).ところで,リャプノフ指数がどのような値をもつのかを判定するために測度的エントロピーが用いられる.

0.11 ギブス分布

　エントロピーはコルモゴロフ (Kolmogorov) とシナイ (Sinai) によって与えられた概念である．そもそも，エントロピーは熱力学の研究を進めるために，クラジウス (Clausius) によって導入された概念である．その後に，ボルツマン (Boltzmann) は，その概念に確率的要素を取り入れて，速度分布が満たす発展方程式を導きエントロピーに相当する量を与えた．それが情報理論の分野に情報量を表す量としてシャノン (Shannon) によって利用され，さらにコルモゴロフ，シナイによってエルゴード理論の研究に役立つように改良された．

　エントロピーが力学系の解析に果たす役割の原点はギブス分布にある．

　物理系は可能な状態 $1, 2, \cdots, n$ をもっていて，それらの状態のエネルギーは $E_1, E_2, \cdots, E_n$ で，温度 T の大きな熱源に接触しているとする．さらに，系と熱源との間にエネルギーは自由に交換可能であるとする．

　熱源は系に比べて高い温度をもち，その温度 T は一定であるとする．しかし，系のエネルギーは一定でないことから，あらゆる状態が起こり得る．状態 j が起こる確率 p_j は

$$p_j = \frac{e^{-\beta E_j}}{\sum_{i=1}^{n} e^{-\beta E_i}}$$

であるという物理的事実がある．p_j を**ギブス分布** (Gibbs distribution) といい，$\beta = \dfrac{1}{kT}$ で，k はボルツマン定数である．

　この物理系を数学的に定式化するために

$$Y_n = \{1, 2, \cdots, n\}$$

とおき離散位相を与え無限直積位相空間

$$Y_n^{\mathbb{Z}} = \{(x_i) \,|\, x_i \in Y_n,\, i \in \mathbb{Z}\}$$

を定義する．ここに $\mathbb{Z}$ は整数の集合を表す．このとき推移写像 $\sigma : Y_n^{\mathbb{Z}} \to Y_n^{\mathbb{Z}}$ が見いだせる．$A = (A_{ij})$ は構造行列とし

$$\Sigma_A = \{(x_i) \in Y_n^{\mathbb{Z}} \,|\, A_{x_i x_{i+1}} = 1,\, i \in \mathbb{Z}\}$$

とおく．$\sigma : \Sigma_A \to \Sigma_A$ を**マルコフ推移写像** (Markov shift) という．

　Σ_A の上の実数値連続関数の空間 $C(\Sigma_A, \mathbb{R})$ に属する φ に対して

$$\mathrm{var}_k(\varphi) = \sup\{|\varphi(x) - \varphi(y)| \,|\, x_i = y_i,\, |i| \leq k\}$$

とおき
$$\mathcal{F}_A = \{\varphi \in C(\Sigma_A, \mathbb{R}) \mid \mathrm{var}_k(\varphi) \leq c\alpha^k, \ k \geq 0\}$$
を定義する．ここに $c > 0$, $0 < \alpha < 1$ は φ に依存しない．$\varphi \in \mathcal{F}_A$ に対して
$$\|\varphi\|_\alpha = \|\varphi\| + \sup_{k \geq 0} |\alpha^{-k} \mathrm{var}(\varphi)|$$
によって $\mathcal{F}_A$ はバナッハ空間をなす．

$N > 0$ があって $A^N > 0$ であるとする．このとき $\varphi \in \mathcal{F}_A$ に対して $\mu = \mu_\varphi$, $c_1(\varphi) > 0$, $c_2(\varphi) > 0$, $P(\varphi) > 0$ があって
$$c_1(\varphi) \leq \frac{\mu(\{y \in \Sigma_A \mid y_i = x_i, \ |i| \leq m-1\})}{\exp(-2P(\varphi)m + \sum_{-(m+1)}^{m-1} \varphi(\sigma^i(x)))} \leq c_2(\varphi) \quad (x \in \Sigma_A, \ m > 0)$$
が成り立つ．

μ_φ を φ に関する**ギブス測度**という．上の不等式から
$$P(\varphi) = \lim_{k \to \infty} \lim_{l \to \infty} \frac{1}{l} \log \mu\left(B_l\left(x, \frac{1}{2^{k+1}}\right)\right) + \int \varphi d\mu \tag{0.11.1}$$
が導かれる．ここに $B(x, r)$ は x を中心とする半径 r の閉球を表し
$$B_l\left(x, \frac{1}{2^{k+1}}\right) = \bigcap_{i=0}^{l-1} \sigma^{-i} B\left(\sigma^i(x), \frac{1}{2^{k+1}}\right)$$
$$= \{y \mid x_i = y_i, \ |i| \leq k+l-1\}$$
である．$P(\varphi)$ を**圧力** (pressure) といい，(0.11.1) の右辺の第 1 項目の式を点 x の**局所エントロピー** (local entropy) という．ここでは
$$h_\mu(\sigma) = \lim_{k \to \infty} \lim_{l \to \infty} -\frac{1}{l} \log \mu\left(B_l\left(x, \frac{1}{2^{k+1}}\right)\right)$$
が成り立つ．

ギブス測度の存在証明の過程で，バナッハ空間 $\mathcal{F}_A$ に属する関数に対して相関関数の指数的減衰が示され，このことによって (Σ_A, σ, μ) は中心極限定理を満たし，さらにベルヌーイ系であることがいえる．相関関数，指数的減衰，中心極限定理，ベルヌーイ系についての解説は後で与える．

ギブス分布に基づく統計力学の理論は一様双曲的な力学系に適用され多くの成果を得ている．しかし，非一様双曲的な場合は直接的に統計力学的手法を用いることができない．けれども重要な概念はコンパクト距離空間の上の連続写像に一般化が可能である．

0.12 エントロピー

コンパクト距離空間の上の連続写像 f の**位相的エントロピー** $h(f)$ と不変ボレル確率測度 μ に関する**測度的エントロピー** $h_\mu(f)$ との間には

$$h_\mu(f) \leq h(f)$$

の関係がある．

ところで，位相的エントロピーには 2 通りの定義がある．一つは開被覆の個数を用いる方法と，もう一つは f の軌道の個数（分離集合，集約集合）を用いる方法である．軌道の個数は連続関数 φ に対する**位相的圧力** $P(f,\varphi)$ を与える．圧力はギブス測度の構成から見いだされた概念で

$$P(f,0) = h(f)$$

を満たしている．すなわち，位相的圧力は位相的エントロピーを含んだ概念である．

測度的エントロピーと位相的圧力の間に**変分原理**

$$P(f,\varphi) = \sup_\mu \left\{ h_\mu(f) + \int \varphi d\mu \right\} \quad (\varphi \text{ は連続関数})$$

が成り立つ．この関係から，先に述べた測度的エントロピーと位相的エントロピーの不等式が求まる．

力学系の情報を得るには生成系をなす開被覆 α の存在，すなわち

$$\alpha \leq f^{-1}(\alpha) \leq \cdots \leq \bigvee_{i=0}^{\infty} f^{-i}(\alpha) = \alpha^-$$

であって，α^- は各点分割である，が必要である．有限開被覆が生成系である必要十分条件は f が拡大的であることである．

有限開被覆が生成系であれば，当然ながら生成系をなす有限分割が存在する．このような分割を**有限生成系** (finite generator) と呼ぶ．この場合に

$$P(f,\varphi) = h_\mu(f) + \int \varphi d\mu$$

が求まる．μ を φ に関する**平衡測度** (equiriblium state) といい，ギブス分布の拡張された測度である．

このように測度を用いて力学系を理解するために，測度的エントロピーは有効な働きをする．特に，力学系が一様双曲的であるとき，ボウエン (Bowen) によって組織的に研究が進められ，多くの成果を得てきた．そこには有限生成系の存在があった．

非一様双曲的な力学系は一般に有限生成系をもたない．けれども生成系をなす非可算分割の存在は保証されている．そこで，測度的エントロピーに代わる概念が要求される．

力学系として C^2-微分同相写像 f を与える．μ は不変ボレル確率測度とし，ξ は生成系をなす非可算分割とする．このとき，ξ に関する μ の条件付き確率測度の標準系 $\{\mu_x^\xi\}$ が存在する．

条件付きエントロピーの類似

$$\hat{H}_\mu(\xi|f(\xi)) = -\int \log \mu_x^{f(\xi)}(\xi(x)) d\mu$$

を**準エントロピー** (quasi entropy) という．これは測度的エントロピーとは異なった概念であるが

$$h_\mu(f) \geq \hat{H}_\mu(\xi|f(\xi))$$

が成り立ち，多くの情報を得ることができる．さらに

$$h_\mu(f) = \hat{H}_\mu(\xi|f(\xi))$$

が成り立つ生成系をなす非可算分割の存在が保証され，得られた情報は最終的には測度的エントロピーによる情報である．

乗法エルゴード定理で用いられる不変ボレル確率測度 μ によるエントロピー $h_\mu(f)$ と，リャプノフ指数 $\chi(x)$ との間に**ルエル**(Ruelle) **の不等式**と呼ばれる

$$h_\mu(f) \leq \int \sum_{\chi(x)>1} \chi(x) d\mu$$

が成り立つ．このことは $h_\mu(f) > 0$ であれば，正の値をもつリャプノフ指数が必ず存在することを示している．

ルエルの不等式が等式をなす場合に不変ボレル確率測度 μ は物理的測度である（関連論文 [L-Yo1]）．逆に，μ が物理的測度であれば

$$h_\mu(f) = \int \sum_{\chi(x)>0} \chi(x) d\mu$$

が成り立つ（**ペシンの公式**）（関連論文 [Pe]）．

ところで，ペシンの公式を満たす力学系は SRB アトラクターをもつ力学系である．

SRB アトラクター (SRB attractor) とは，正則点の集合 Λ の各点が正のリャプノフ指数をもち，そのリャプノフ指数に基づいて構成される不安定多様体と Λ との共通部分のフラクタル次元がその不安定多様体のフラクタル次元と一致するときをいう．

よって，SRB アトラクターは双曲的アトラクターを拡張した概念である（関連論文 [Pe]）．

位相的アノソフ微分同相写像はアノソフ微分同相写像と位相共役であるにもかかわらず，その力学系は双曲的アトラクターも，SRB アトラクターももたない．

このことによって，平衡測度は物理的測度を意味しない（平衡測度はギブス測度よりも弱い条件の測度である）．しかし，平衡測度が双曲的アトラクターの上にあるとき，その測度は物理的測度である．

f が拡大性を満たすならば，$\varphi \in C^0(U, \mathbb{R})$ に対して平衡測度 μ が存在する．よって，$\varphi = 0$ とするとき

$$h(f) = h_\mu(f)$$

を満たす平衡測度が存在する．しかし，拡大性はこの等式が成り立つための十分条件にすぎない．この場合に，平均エネルギーは $\int \varphi d\mu = 0$ であって，ルエルの不等式から，微分同相写像 f に対して位相的エントロピーは関係式

$$h(f) \leq \int \sum_{\chi(x) > 0} \chi(x) d\mu$$

をもつ．この関係式が不等号で表される重要な力学系にアノソフでない位相的アノソフ微分同相写像 (topological Anosov diffeomorphism) がある．

この微分同相写像は拡大性 (expansive property) と追跡性 (shadowing property) を満たす写像として定義される．拡大性と追跡性は一様双曲性を位相的概念に置き換えている．非一様双曲性も位相的概念に置き換えることができる．それはカトック (Katok) の追跡性（関連論文 [Ka]）と弱拡大性 (weak expansive property) によって規定される．これらの概念に基づく同相写像の位相力学的展開はなされていない．

弱拡大性は点 x に対して $\delta(x) > 0$ があって，x の軌道と y の軌道の各時間ごとの点 $f^n(x)$ と $f^n(y)$ の距離が $\delta(x)$ 以内に保たれているときに，$x = y$ であるとして与えられる．$\delta(x)$ が点 x に依存しないときに，弱拡大性を単に拡大性という．

ところで，ペシン–ルドラピエ (Pesin–Ledrappier) の公式を満たす力学系のクラスはスメール (Smale) によって進められた一様双曲性による力学系，より詳しくは双曲的アトラクターをもつ力学系を含み，かつエルゴード理論の展開を容易にしている．これに関係する話題の解説は後で与えることにして，しばらくの間不変ボレル確率測度に基づいて得られるリャプノフ指数を用いて力学系の特性を見ることにする．

0.13 多重フラクタル

与えられた不変ボレル確率測度 μ によるエントロピーとリャプノフ指数の他に，さらにハウスドルフ次元を加えることによって，ルエルの不等式を等式に直したペシンの公式の変形が得られる：

μ はエルゴード的とする．このとき

$$h_\mu(f) = \sum_{\chi_i > 0} \chi_i \delta_i(x) \qquad \mu\text{–a.e.}$$

が成り立つ．ここに，関数 $\delta_i(x)$ は χ_i に関係する不安定多様体と正則点の集合 Λ との共通部分のハウスドルフ次元に関係した関数である（関連論文 [L-Yo2]）．

これを 2 次元の場合に説明する．エルゴード性の仮定により，2 つのリャプノフ指数は定数 χ_1, χ_2 で，$\chi_1 \leq 0 < \chi_2$ とする．このとき χ_2 に対応する部分空間 $E_2(x)$ 方向に不安定多様体 $W^u(x)$ が存在する．$\{W^u(x) | x \in \Lambda\}$ を用いて，適当な可測分割 ξ^u を構成し，ξ^u に関する μ の条件付き確率測度 μ_x^u を構成する．

$x \in \Lambda$ とする．$W^u(x) \cap \Lambda$ の μ_x^u によるハウスドルフ次元 (Hausdorff dimension) を $\delta_u(x)$ で表すとき

$$h_\mu(f) = \chi_2 \delta_u(x) \qquad \mu\text{–a.e.}$$

が成り立つ．

この等式は，エルゴード性の仮定のもとで，上で述べた等式を 2 次元空間に制限した式である．この場合に，μ–a.e. x で $\delta_u(x) = \delta_u$ を意味している．よって，$\delta_u = 1$ のとき $h_\mu(f) = \chi_2$ であるから，ペシン–ルドラピエの公式により μ は物理的測度である．このことから，物理的測度の存在は不変ボレル確率測度の台のハウスドルフ次元の状況によって判定される．

エルゴード的確率測度に関して導かれたすべてのリャプノフ指数が，ほとんどすべての点で 0 の値をとらないときに，その測度を**双曲型測度** (hyperbolic measure) という．

不変ボレル確率測度 μ の台 (support) を $\mathrm{Supp}(\mu)$ で表す．μ がエルゴード的で，双曲型であるとき，測度 μ による次元 $HD(\mu)$ は

$$HD(\mu) = \delta_s + \delta_u$$

によって表されることが示されている（関連論文 [L-Yo1], [L-Yo2], [Ba-Pe-Sc]）．この式から，$h_\nu(f) > 0$ をもつ双曲型測度 ν の台に**多重フラクタル構造** (multi fractal structure) の出現を見ることができる．

実際に，双曲型測度 ν はエルゴード的測度 ν_x (ν–a.e. x) があって

$$\nu(E) = \int \nu_x(E) d\nu$$

の意味でエルゴード分解される．このとき，各 ν_x は双曲型であることから $HD(\nu_x) = \delta_x^s + \delta_x^u$ が成り立つ．よって，$\mathrm{Supp}(\nu)$ に多重フラクタル構造が現れる．

Λ は U に含まれる最大 f–不変閉集合 $\Lambda = \bigcap_{n=0}^{\infty} f^n(U)$ とする．f は Λ の上に双曲型測度 μ をもち，Λ の各点の μ 測度の値が 0（μ は原子をもたない，または μ は連続である）のとき，Λ に一様双曲的集合が存在する．特に，U が $\mathbb{R}^2$ に含まれているとき，すなわち 2 次元の場合に f–不変ボレル確率測度 ν に対して $h_\nu(f) > 0$ であれば，ν は双曲型測度である．よって，Λ に一様双曲的集合が存在する．

このように，力学系を測度論を用いて解析するときに，エントロピーの値によって力学系の性質が判定されることが少なくない．

0.14　可算エルゴード分解

物理的測度 μ に関する正則点の集合 Λ は (1)〜(4) を満たす可算個の部分集合 Λ^l $(l \geq 0)$ に分解される：

(1)　$\Lambda = \bigcup_l \Lambda^l, \quad \Lambda^l \cap \Lambda^{l'} = \emptyset \quad (l \neq l')$,

(2)　$\mu(\Lambda^l) > 0 \quad (l \geq 0)$,

(3)　$f(\Lambda^l) = \Lambda^l \quad (l \geq 0)$,

(4)　$f_{|\Lambda^l}$ はエルゴード的

である．さらに，各 Λ^l は次の有限分解をもつ：

(5) $\Lambda^l = \bigcup_{i=1}^{k_l} \Lambda^{l,i}, \quad \Lambda^{l,i} \cap \Lambda^{l,j} = \emptyset \quad (i \neq j)$,

(6) $f(\Lambda^{l,i}) = \Lambda^{l,i+1}, \quad f^{k_l}(\Lambda^{l,i}) = \Lambda^{l,i}$,

(7) $f^{k_l}_{|\Lambda^{l,i}}$ は完全正のエントロピーをもつ
(関連論文 [Pe1], [L2]).

可測分割 $\alpha = \{A, A^c\}$ (A^c は A の補集合) に対して，$h_\mu(f,\alpha) = 0$ である A の全体を含む σ-集合体を $\mathcal{B}_\pi$ で表し，$\mathcal{B}_\pi$ を**ピンスカー σ-集合体** (Pinsker's σ-field) という．$\mathcal{B}_\pi$ が自明な σ-集合体であるとき，f は**完全正のエントロピー** (exactly positive entropy) をもつという．完全正のエントロピーをもつ f は混合的である．

(1)〜(4) は
$$h_\mu(f) = \int \sum_{\chi(x)>0} \chi(x) d\mu$$

を満たす力学系に可算個の物理的測度の存在を保証している．(5)〜(7) において，各エルゴード成分は有限個の混合性をもつ力学系への分解を意味し，μ が双曲型測度であれば，各 $f^{k_l}: \Lambda^{l,i} \to \Lambda^{l,i}$ は（一様）双曲的アトラクターと測度論的に類似な構造をもっている．

双曲的アトラクターをもつ力学系はアトラクターの上にマルコフ分割をもつから，その力学系はマルコフ推移写像を実現する．推移写像が混合的であれば，アトラクターの上の力学系はベルヌーイ性をもつ．

$Y_k = \{1, \cdots, k\}$ の上の確測度を用いて $Y_k^\mathbb{Z}$ の上に無限直積測度 ν を与えるとき，推移写像 $\sigma: Y_k^\mathbb{Z} \to Y_k^\mathbb{Z}$ は ν-不変である．$(Y_k^\mathbb{Z}, \nu, \sigma)$ を**ベルヌーイ系** (Bernoulli system) という．μ-保測変換 $f: \Lambda \to \Lambda$ が**ベルヌーイ性** (Bernoulli property) をもつとは，ベルヌーイ系 $(Y_k^\mathbb{Z}, \nu, \sigma)$ があって，(Λ, μ, f) は $(Y_k^\mathbb{Z}, \nu, \sigma)$ と同型であるときをいう．ここに，2 つの系が**同型** (isomorphic) であるとは，$\nu(\tilde{Y}_k^\mathbb{Z}) = 1, \mu(\tilde{\Lambda}) = 1$ を満たす $\tilde{Y}_k^\mathbb{Z} \subset Y_k^\mathbb{Z}, \tilde{\Lambda} \subset \Lambda$ と $\nu(h^{-1}(\tilde{\Lambda})) = \mu(\tilde{\Lambda})$ を満たす可測な全単射 $h: \tilde{Y}_k^\mathbb{Z} \to \tilde{\Lambda}$ が存在して

$$\begin{array}{ccc} \tilde{Y}_k^\mathbb{Z} & \xrightarrow{\sigma} & \tilde{Y}_k^\mathbb{Z} \\ h \downarrow & & \downarrow h \\ \tilde{\Lambda} & \xrightarrow{f} & \tilde{\Lambda} \end{array} \qquad h \circ \sigma = f \circ h$$

を満たすことである．

可測写像 $h: \tilde{Y}_k^{\mathbb{Z}} \to \Lambda$ が全射であるとき，(Λ, μ, f) は $(Y_k^{\mathbb{Z}}, \nu, \sigma)$ の**商空間** (factor space) であるという．ベルヌーイ系の商空間はベルヌーイ性をもつ．

0.15 物理的測度の役割

力学系の挙動が時間の経過と共に過去の記録を失っていく場合が多い．このとき，いかに記録が失われるのかを記述することを考える．

時間 $n > 0$ の観測値 $\varphi(f^n x)$ と，初期値 $\psi(x)$ との間の関係を知るために**相関関数** (corelation function) と呼ばれる次の関係式を与える：

$$C_n(\varphi, \psi) = \int (\varphi \circ f^n) \psi d\mu - \int \varphi d\mu \int \psi d\mu \qquad (n > 0).$$

可積分関数の族 $L^1(\mu)$ に属する関数 φ, ψ に対して，$C_n(\varphi, \psi) = 0$ のとき，$\varphi \circ f^n$ と ψ は**独立** (independent) であるといい，すべての φ, ψ に対して $|C_n(\varphi, \psi)| \to 0$ $(n \to \infty)$ のとき，$(f_{|U}, \mu)$ は**混合的** (mixing) であるという．このことは，時間が進むときに $\varphi \circ f^n$ の値と，ψ の値がだんだんと依存性を失っていくことを意味している．

特に，記録が時間の発展につれて激しく失われていくとき，すなわち $\lambda > 0$ と $C > 0$ が存在して，すべての φ, ψ に対して

$$|C_n(\varphi, \psi)| \leq C\lambda^n \qquad (n \geq 1)$$

が成り立つ場合に，$(f_{|U}, \mu)$ は**指数的混合性** (exponentially mixing) をもつという．このことは，$\varphi \circ f^n$ の値と ψ の値との依存性が時間の経過と共に激しく薄れることを意味している．

ところで，相関関数 $C_n(\varphi, \psi)$ は種々の関数空間の上に定義され，その収束の速さが調べられている．したがって，関数空間によってたとえ $|C_n(\varphi, \psi)| \to 0$ $(n \to \infty)$ であっても力学系の混合性を意味するとは限らないことに注意する．

$\varphi, \varphi \circ f, \varphi \circ f^2, \cdots$ を確率変数の列と見る．適当な条件のもとで，数列 $\{a_n\}, \{d_n\}$ $(0 < d_1 \leq d_2 \leq \cdots \to \infty)$ があって

$$\left\{ \frac{\sum_{j=1}^n \varphi \circ f^j - a_n}{d_n} \right\}$$

が 0 に概収束するときに，$\{\varphi \circ f^n\}$ は**大数の強法則** (strong law of convergence) にしたがうという．

ここで用いる確率測度 μ がエルゴード的（f–不変）で

$$a_n = \int \sum_{j=1}^{n} \varphi \circ f^j d\mu, \quad d_n = n$$

であるときエルゴード定理によって

$$\frac{1}{n}\sum_{j=1}^{n} \varphi \circ f^j \longrightarrow \int \varphi d\mu \qquad \mu\text{–a.e.}$$

は大数の強収束にしたがう一つの例である．

大数の弱収束 (weak law of convergence)，または**大数の法則** (law of convergence) とは，$\delta > 0$ に対して $\{a_n\}, \{d_n\}$ があって

$$\mu\left(\left|\frac{\sum_{j=1}^{n}\varphi\circ f^j - a_n}{\delta_n}\right| > \delta\right) \longrightarrow 0 \quad (n\to\infty) \qquad (0.15.1)$$

が成り立つときをいう．ここに μ は確率測度である．この種の収束を**漸近収束**，または**確率収束**という．概収束すれば確率収束する．

大数の法則が成り立つ例として，$\{\varphi \circ f^j\}$ が互いに独立で分散 $V(\varphi \circ f^j) \le K < \infty$ $(j \ge 1)$ であれば $(0.15.1)$ が成り立つ．これはチェビシェフ (Chebyshev) の不等式により結論される．

このような収束に関係して理論面，応用面において重要な結果に中心極限定理，大偏差原理がある．

2 乗可積分の族 $L^2(\mu)$ に属する関数 φ が $(f_{|U}, \mu)$ に対して**中心極限定理** (central limit theorem) を満たすとは，$a > 0$ があって，すべての区間 $A \subset \mathbb{R}$ に対して

$$\mu\left(\left\{x\in U \,\middle|\, \frac{1}{\sqrt{n}}\sum_{i=0}^{n-1}\left\{\varphi(f^ix) - \int\varphi d\mu\right\} \in A\right\}\right) \longrightarrow \frac{1}{\sqrt{2\pi a}}\int_A e^{\frac{-t^2}{2a^2}} dt$$

$$(n\to\infty)$$

が成り立つことである．

φ が $(f_{|U}, \mu)$ に対して**大偏差原理** (large deviation) を満たすとは，$\varepsilon > 0$ に対して $h(\varepsilon) > 0$ があって十分大きな $n > 0$ に対して

$$\mu\left(\left\{x\in U \,\middle|\, \left|\frac{1}{\sqrt{n}}\sum_{i=0}^{n-1}\left\{\varphi(f^ix) - \int\varphi d\mu\right\}\right| > \varepsilon\right\}\right) < e^{-nh(\varepsilon)}$$

が成り立つことである．

これらは $(f_{|U}, \mu)$ が指数的混合性をもてば成り立つことが示されている（関連論文 [Ki3], [Ki4], [Liv1], [Liv2]）．

物理的現象を定式化するときに，外部的影響を完全に理解できない場合とか，決定論にしたがいながら非常に複雑な状況が起こり，それらの定式化を困難にしている場合がしばしば起こる．これらの妨げの原因をランダム・ノイズ (random noise) として扱い，ノイズが小さい場合に力学系にわずかな影響しか与えない状況を定式化することを試みる．

現象から，力学系 $f: U \to U$ を記述し，不変ボレル確率測度 μ をもつとする．このとき，$\varepsilon > 0$ に対して f の ε-近傍 $\mathcal{U}(f)$ を選び，$\mathcal{U}(f)$ から f_i をランダムに，互いに独立に選び，$x \in U$, $j \geq 0$ に対して

$$x_j = f_j \circ \cdots \circ f_1(x)$$

とおく．ここで $f(U) \subset U$, $f_j(U) \subset U$ $(j > 0)$ とする．このとき確率測度 μ_ε が存在して，ルベーグ測度が正の集合 $B (\subset U)$ の各点 x に対して

$$\lim_{n \to \infty} \frac{1}{n} \sum_{i=0}^{n-1} \varphi(x_i) = \int \varphi \, d\mu_\varepsilon \qquad (\varphi \in C^0(U, \mathbb{R})),$$

かつ

$$\int \varphi \, d\mu_\varepsilon \longrightarrow \int \varphi \, d\mu \qquad (\varphi \in C^0(U, \mathbb{R}))$$

$(\varepsilon \to \infty)$ が成り立つとき $(f_{|U}, \mu)$ は**測度的安定** (stochastic stable) であるという．このような測度的安定性も $(f_{|U}, \mu)$ が指数的混合性をもてば成り立つ（関連論文 [Ke], [Ke-Ku], 洋書文献 [V]）．

このように指数的混合性はエルゴード理論の重要な定理を導いている．ところで，ベルヌーイ系は指数的混合性を保証している．しかし，一般に $(f_{|U}, \mu)$ がベルヌーイであるか否かの判定は容易でない．この場合に指数的混合性を見いだすのにペロン–フロベニウス (Perron–Frobenius) 作用素が有効に働く．そのためには物理的測度の存在が十分条件になっている．

確率測度を用いて力学系を解析する場合に，物理的測度の存在が重要であることを述べてきた．ところで，物理的測度はどんな力学系に見いだされるであろうか．この問題が力学系の課題となっている．

双曲的アトラクター (hyperbolic attractor) の場合は物理的測度をもつ．

部分的（一様）双曲的集合 (partially hyperbolic set) の場合に測度的エントロピーが正のリャプノフ指数で表されるとき物理的測度の存在が示される（関連

論文 [L-Yo1], [L-Yo2])．しかし，指数的混合性の問題は未解決のまま残されている．したがって，部分的（一様）双曲的集合よりも一般的な部分的非一様双曲的集合の場合の指数的混合性の問題は未解決である．

実際に，部分的非一様双曲的集合が物理的測度をもつとき，0.14 節で述べたようにその集合は可算エルゴード分解が可能になり，各エルゴード成分は有限個の混合的成分に分解される．しかし，混合的成分でのリャプノフ指数が 0 指数をもつときにその成分は指数的混合性をもつことが保証されていない．ベルヌーイ性があれば，明らかにその成分は指数的混合性をもつ．

0.16　タワー拡大

ほとんど一様双曲性をもつ 1 次元の力学系の重要な例に区分的拡大写像がある．この力学系は物理的測度をもち，ペロン–フロベニウス作用素が有効に働き，指数的混合性の存在が示される．よって，中心極限定理が成り立つ．しかし，測度的安定性は一般に成り立たない（関連論文 [Ke]）．そこで，さらに条件を加えることにより，その安定性を議論することができる．

区分的拡大写像が物理的測度をもっていてもペロン–フロベニウス作用素が有効に働かない場合がある．したがって，指数的混合性を見いだすことができない．このような力学系は，タワー拡大を用いて回帰時間の比率によって多項式的混合性を見つけ中心極限定理を示している（関連論文 [Yo8]）．

ところで，1 次元のロジスティック写像にタワー拡大という手法を用いて，区分的拡大写像と類似の議論が可能になって，物理的測度が見いだされ指数的混合性が示される．

ロジスティック写像の成果はエノン写像の測度的性質を理解するために有効な働きをしている．

本書は，上で述べた実解析的手法によって明らかになった非線形現象の話題の理解と，今後の展開において基礎になる実解析の基本を収めた入門書である．

第1章　力学系の位相的性質

熱力学の定式化 (thermodynamical formalism) の数学的基礎はルエル (Ruelle) によって与えられ，シナイ (Sinai) によって微分力学系のエルゴード理論が構築された．ボウエン (Bowen)，ペシン (Pesin)，ルドラピエ (Ledrappier)，ヤン (Young) はその内容を次のように展開させてきた：

(a) 　連続関数の位相的圧力．

(b) 　エントロピー（位相的エントロピー，測度的エントロピー）に関連する位相的圧力による変分原理．

(c) 　平衡測度の存在と，その一意性，エルゴード性．

(d) 　集合のフラクタル次元，測度によるフラクタル次元．

(e) 　ストレンジ・アトラクター (strange attractor) の上の物理的測度の存在．

これらの内容を含め微分力学系の現状を解説するための基礎を用意する．

　力学系の典型的な例の一つである記号力学系が用意されている．この力学系は人工的に構成された系である．ところが，代表的な力学系のいくつかは記号力学系と見なすことができ，記号力学系の枠組みの中でそれらの性質を明らかにすることができる．このような記号力学系は力学系の理論の基本となっている．

　主な内容は推移写像の性質，コンパクト空間の上の連続写像の位相的エントロピー，位相的圧力の性質を述べることである．位相的エントロピーは最大エントロピーとも呼ばれ，第3章で述べる測度的エントロピーより大きい値をもつ．位相的エントロピーは部分集合に対しても定義が可能である．その集合は不変集合でなく，かつ閉集合でもないにもかかわらずその集合の上で挙動する力学系を見るときに有効に働く．

位相的エントロピーと測度的エントロピーとの関係は位相的圧力によって説明される．この圧力を詳細に述べ，力学系の平衡状態を表す平衡測度を導く（この部分は邦書文献 [Ao2] で述べる）．位相的エントロピーは位相的圧力と併せ力学系を測度論的手法で解析するときに重要な働きをする．

この章は線形代数と位相空間の初歩の知識で読み通すことができる．

1.1 推移写像

$\mathbb{Z}$ は整数全体の集合を表す．2 つの記号 1, 2 に対して，$Y_2 = \{1, 2\}$ とおき，集合
$$Y_2^{\mathbb{Z}} = \{(\cdots, x_{-1}, x_0, x_1, x_2, \cdots) \mid x_i = 1 \text{ または } 2\}$$
を**列空間** (sequence space) という．列空間は 1 と 2 からなる過去から未来に到る時系列を点とする集合である．2 つの列（あるいは点）
$$x = (\cdots, x_{-1}, x_0, x_1, x_2, \cdots),\ y = (\cdots, y_{-1}, y_0, y_1, y_2, \cdots) \in Y_2^{\mathbb{Z}}$$
に対して
$$d(x, y) = \sum_{i=-\infty}^{\infty} \frac{|x_i - y_i|}{2^{|i|}}$$
を定義する．各 i に対して $|x_i - y_i|$ は 0 または 1 であるから，この無限級数は収束する．

d は $Y_2^{\mathbb{Z}}$ の上の距離関数である．実際に，d は距離関数の公理系を満たすことを確かめればよい．明らかに，$x, y \in Y_2^{\mathbb{Z}}$ に対して $d(x, y) \geq 0$ であって，すべての i に対して $x_i = y_i$，すなわち $x = y$ のときに限り，$d(x, y) = 0$ である．2 つの実数 a, b に対して，$|a - b| = |b - a|$ であるから，$d(x, y) = d(y, x)$ である．$r = (r_i) \in Y_2^{\mathbb{Z}}$ であれば，すべての i に対して $|r_i - y_i| \leq |r_i - x_i| + |x_i - y_i|$ であるから，$d(r, y) \leq d(r, x) + d(x, y)$ である．よって，$Y_2^{\mathbb{Z}}$ は d によって距離空間をなす．

$Y_2^{\mathbb{Z}}$ の 2 点 x, y において，$x_i = y_i\ (-n \leq i \leq n)$ ならば
$$d(x, y) = \sum_{i=n+1}^{\infty} \frac{|x_i - y_i|}{2^i} + \sum_{i=n+1}^{\infty} \frac{|x_{-i} - y_{-i}|}{2^i} \leq 2 \sum_{i=n+1}^{\infty} \frac{1}{2^i} = \frac{1}{2^{n-1}}$$
である．逆に，$d(x, y) < \dfrac{1}{2^n}$ であれば $x_i = y_i\ (-n \leq i \leq n)$ である．実際に，$-n \leq j \leq n$ が存在して，$x_j \neq y_j$ であれば
$$d(x, y) \geq \frac{1}{2^{|j|}} \geq \frac{1}{2^n}$$

が成り立つ．

　$Y_2^{\mathbb{Z}}$ の上の距離関数 d のもとで，$Y_2^{\mathbb{Z}}$ はコンパクト，完全不連結，完全な位相空間である．すなわち，$Y_2^{\mathbb{Z}}$ はカントール集合である．

　連続写像が 1 対 1 対応のとき**単射** (injective) といい，上への写像のとき**全射** (surjective) という．コンパクト距離空間の上の連続写像が全単射であるとき，それは**同相写像** (homeomorphism) であるという．

　写像 $\sigma : Y_2^{\mathbb{Z}} \to Y_2^{\mathbb{Z}}$ は $Y_2^{\mathbb{Z}}$ の点 $x = (x_i)$ の各 x_i を x_{i+1} に対応するように定義する．明らかに σ は全単射である．σ を**推移写像** (shift map) という．$Y_2^{\mathbb{Z}}$ と σ の組 $(Y_2^{\mathbb{Z}}, \sigma)$ を**記号力学系** (symbolic dynamics) という．

　$\sigma : Y_2^{\mathbb{Z}} \to Y_2^{\mathbb{Z}}$ は連続である．実際に，$\varepsilon > 0$ に対して，$\dfrac{1}{2^n} < \varepsilon$ を満たす n を固定して，$\delta = \dfrac{1}{2^{n+1}}$ とする．$x = (x_i)$，$y = (y_i)$ が $d(x, y) < \delta$ であれば，$-(n+1) \leq i \leq n+1$ なる i に対して，$x_i = y_i$ である．ゆえに，$\sigma(x)$ と $\sigma(y)$ の $-(n+2)$ 番目から n 番目の項は一致している．よって $d(\sigma(x), \sigma(y)) \leq \dfrac{1}{2^n} < \varepsilon$ である．

　$x, y \in Y_2^{\mathbb{Z}}$ に対して

$$d'(x, y) = \begin{cases} 2^{-m} & (m = \max\{n \mid x_i = y_i \ (|i| < n)\}) \\ 0 & (x = y) \end{cases} \tag{1.1.1}$$

によって $Y_2^{\mathbb{Z}}$ の上に距離関数を導入することができる．実際に，d と d' は一様同値である．

　X の上の 2 つの距離関数 d, d' が**一様同値** (uniform equivalence) であるとは，$\varepsilon > 0$ に対して $\delta > 0$ があって

$$d(x, y) < \delta \Longrightarrow d'(x, y) < \varepsilon,$$

かつ

$$d'(x, y) < \delta \Longrightarrow d(x, y) < \varepsilon$$

を満たすことである．

　$\sigma^n(x) = x$ なる点 x を σ の**周期点** (periodic point) といい，最小な $n > 0$ を**周期** (period) という．特に，$n = 1$ のとき，x を σ の**不動点** (fixed point) という．

定理 1.1.1 推移写像 $\sigma : Y_2^{\mathbb{Z}} \to Y_2^{\mathbb{Z}}$ に対して，次が成り立つ．

(1) $\sharp \mathrm{Fix}(\sigma^n) = 2^n \quad (n \geq 1)$.

(2) σ はすべての周期の周期点をもつ.

(3) $\text{Per}(\sigma)$ は $Y_2^{\mathbb{Z}}$ の中で稠密である.

(4) $x = (x_i)$ の前方軌道 $\{x, \sigma(x), \sigma^2(x), \cdots\}$ が $Y_2^{\mathbb{Z}}$ の中で稠密になる点 $x \in Y_2^{\mathbb{Z}}$ が存在する.

ここに, $\sharp E$ は集合 E の濃度を表し, $\text{Per}(\sigma)$ は σ のすべての周期点からなる集合を表す. $\text{Fix}(\sigma^n)$ は σ^n の不動点の集合を表す.

証明 $n \geq 1$ に対して, 1, 2 の組合せによってできる長さ n の点列の個数は 2^n である. よって (1) が示された. (2) も理解することができる. (3) と (4) は後で述べる命題 1.3.5, 命題 1.3.6 から理解する. $\square$

力学系の理論において, 写像の挙動の複雑さは次の状況で判定する:

(i) いろいろな周期の周期点が存在する,

(ii) 周期点の集合はその空間で稠密である,

(iii) ある点の軌道がその空間で稠密となる.

その判定に推移写像は便利である.

1.2 位相的馬蹄写像

馬蹄写像は推移写像と位相的にまったく同じ写像である. 位相的にまったく同じであるとは, コンパクト距離空間 X の上の連続写像 f と位相空間 Y の上の連続写像 g が X から Y への同相写像 h があって

$$\begin{array}{ccc} X & \xrightarrow{f} & X \\ h \downarrow & & \downarrow h \\ Y & \xrightarrow{g} & Y \end{array} \qquad h \circ f = g \circ h$$

を満たすことを意味する. この場合に, f と g は**位相共役** (topological conjugate) であるという. h が単に連続写像であるとき, f と g は**位相半共役** (topological semi conjugate) という.

ところで, 馬蹄写像は次のように構成される写像である:

α, β は, $0 < \alpha < 1$, $0 < \beta < 1$ を満たすとして, それらを固定する. $\mathbb{R}^2$ の原点を中心とした正方形 B と矩形 P_0, P_1 を与える:

$$B = [-1,\ 1] \times [-1,\ 1],$$

$$P_0 = \left[\frac{-1}{2} - \frac{\alpha}{2},\ \frac{-1}{2} + \frac{\alpha}{2}\right] \times [-1,\ 1],$$

$$P_1 = \left[\frac{1}{2} - \frac{\alpha}{2},\ \frac{1}{2} + \frac{\alpha}{2}\right] \times [-1,\ 1].$$

$P_0 \cup P_1$ の上に連続な単射を

$$f(x,y) = \begin{cases} \left(\dfrac{2}{\alpha}(x + \dfrac{1}{2}),\ \dfrac{\beta}{2}y - \dfrac{1}{2}\right) & ((x,y) \in P_0) \\ \left(\dfrac{-1}{\alpha}(x - \dfrac{1}{2}),\ \dfrac{-\beta}{2}y + \dfrac{1}{2}\right) & ((x,y) \in P_1) \end{cases} \quad (1.2.1)$$

によって定義する. f は P_0, P_1 の内点集合 P_0^0, P_1^0 の上で微分可能で, f のヤコ

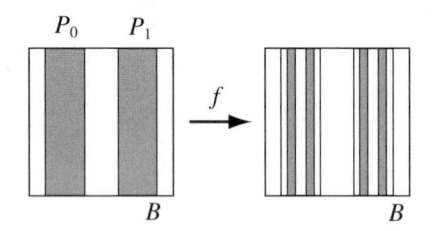

図 1.2.1

ビ (Jaccobi) 行列は

$$D_{(x,y)}f = \begin{cases} \begin{pmatrix} \dfrac{2}{\alpha} & 0 \\ 0 & \dfrac{\beta}{2} \end{pmatrix} & ((x,y) \in P_0^0) \\ \begin{pmatrix} \dfrac{-2}{\alpha} & 0 \\ 0 & \dfrac{-\beta}{2} \end{pmatrix} & ((x,y) \in P_1^0) \end{cases}$$

であるから

$$\bigcap_{n=1}^{\infty} f^n(P_0 \cup P_1) \subset [0,1] \times \text{カントール集合}$$

$$\bigcap_{n=0}^{\infty} f^{-n}(P_0 \cup P_1) \subset \text{カントール集合} \times [0,1]$$

である．

よって
$$\Lambda = \bigcap_{n=-\infty}^{\infty} f^n(P_0 \cup P_1) = カントール集合 \times カントール集合.$$

明らかに，$f(\Lambda) = \Lambda$ である．f を Λ へ制限した写像 $f_{|\Lambda} : \Lambda \to \Lambda$ を**位相的馬蹄写像** (topological hoseshoe map) といい，Λ を**位相的馬蹄**(hoseshoe) という．

B 全体の上で定義された微分可能な馬蹄写像を構成することもできる．しかし，ここではその構成を与えない（詳細は邦書文献 [Ao1] を参照）．

定理 1.2.1 位相的馬蹄写像 $f : \Lambda \to \Lambda$ は推移写像 $\sigma : Y_2^{\mathbb{Z}} \to Y_2^{\mathbb{Z}}$ と位相共役である．

証明 f と σ が位相共役であることを示すために，$a = (a_i) \in Y_2^{\mathbb{Z}}$ に対して
$$[a]_k = \bigcap_{j=-k}^{k} f^{-j}(P_{a_j}) \quad (k \geq 0)$$
とおく．このとき
$$\mathrm{diam}([a]_k) \leq \{\alpha^k + \beta^k\}^{\frac{1}{2}}$$
であるから，$\bigcap_{j=-\infty}^{\infty} f^{-j}(P_{a_j}) = \{x\}$ が成り立つ．ここで $h(a) = x$ とおき，$h : Y_2^{\mathbb{Z}} \to \Lambda$ を定義する．

$x \in \Lambda$ に対して，$x \in \bigcap_{j=-\infty}^{\infty} f^{-j}(P_{a_j})$ を満たす $a = (a_j) \in Y_2^{\mathbb{Z}}$ がただ一つ存在するから，h は全単射である．

$a, b \in Y_2^{\mathbb{Z}}$ に対して
$$d(a,b) \leq \frac{1}{2^{n-1}} \quad (n \geq 1)$$
ならば，$a_i = b_i$ ($|i| \leq n$) であるから $x, y \in \bigcap_{j=-n}^{n} f^{-j}(P_{a_j})$ があって $x = h(a), y = h(b)$ とできる．このとき $|x - y| \leq \alpha^n + \beta^n$ である．ここに $|\,|$ は $\mathbb{R}^2$ の通常のノルムを表す．よって h は連続である．

$h \circ \sigma = f \circ h$ を満たすことは h の定義によって明らかである． $\square$

注意 1.2.2 $\alpha = \beta = 1$ であるとき
$$P_0 = [-1, 0] \times [-1, 1],$$
$$P_1 = (0, 1] \times [-1, 1]$$

とおく．明らかに $B = P_0 \cup P_1$ である．$f : B \to B$ は (1.1.1) によって定義するとき，図 1.2.2 で見るように縦を $\frac{1}{2}$ に縮め，横を 2 倍に引き伸ばしている．

このような変換を**パン屋の変換** (baker's transformation) という．明らかに，$f : B \to B$ は $\sigma : Y_2^{\mathbb{Z}} \to Y_2^{\mathbb{Z}}$ に位相共役ではあり得ない（詳細は 2.2 節の注意 2.2.2 を参照）．

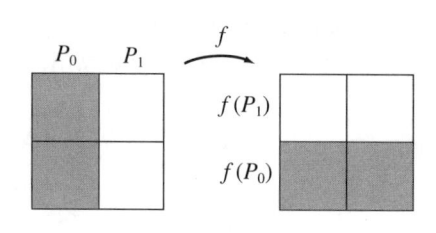

図 1.2.2

注意 1.2.3 テント写像 $f(x) = 1 - |2x - 1|$ とロジスティック写像 $g(x) = 4x(1-x)$ は位相共役である．

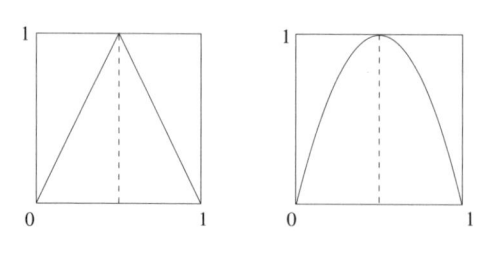

図 1.2.3

証明 $f(x)$ は変数変換によって $g(x)$ に移ることを示せばよい．

$$x_1 = 4x(1-x)$$
$$x_{n+1} = g(x_n) = 4x_n(1-x_n) \qquad (n \geq 1)$$

に対して

$$x_n = \sin^2 \theta_n \qquad \left(0 \leq \theta_n \leq \frac{\pi}{2}\right)$$

とおく．このとき

$$\sin^2 \theta_{n+1} = 4\sin^2 \theta_n (1 - \sin^2 \theta_n) = \sin^2 2\theta_n.$$

ここで

$$\theta_{n+1} = \begin{cases} 2\theta_n & \left(0 \leq \theta_n \leq \dfrac{\pi}{4}\right) \\ \pi - 2\theta_n & \left(\dfrac{\pi}{4} \leq \theta_n \leq \dfrac{\pi}{2}\right) \end{cases} \tag{1.2.2}$$

を定義する．このとき $h(\theta_n) = \theta_{n+1}$ と表すとき，h は $[0, \dfrac{\pi}{2}]$ の上のテント写像である．

$y = \dfrac{2}{\pi}\theta$ とおくと，(1.2.2) は

$$f(y) = \begin{cases} 2y & \left(0 \leq y \leq \dfrac{1}{2}\right) \\ 2 - 2y & \left(\dfrac{1}{2} \leq y \leq 1\right) \end{cases} \tag{1.2.3}$$

と表される．よって θ を y に 1 対 1 の変数変換によって (1.2.2) は (1.2.3) に移るから，それらは位相共役である．

$$y_n = \frac{2}{\pi}\theta_n = \frac{2}{\pi}\sin^{-1}\sqrt{x_n} \tag{1.2.4}$$

によって，$f(y)$ はロジスティック写像 $g(x)$ に 1 対 1 変数変換される．

実際に，$0 \leq y_n = \dfrac{2}{\pi}\theta_n \leq \dfrac{1}{2}$ のとき

$$y_{n+1} = 2y_n = \frac{4}{\pi}\theta_n \Longrightarrow y_{n+1} = \frac{2}{\pi}\theta_{n+1}$$

であるから

$$\theta_{n+1} = 2\theta_n.$$

$x_n = \sin^2 \theta_n$ であるから

$$\begin{aligned} x_{n+1} &= \sin^2 \theta_{n+1} = \sin^2 2\theta_n = 4\sin^2 \theta_n (1 - \sin^2 \theta_n) \\ &= 4x_n(1 - x_n). \end{aligned}$$

$\dfrac{1}{2} \leq y_n \leq 1$ のとき

$$y_{n+1} = 2 - 2y_n = 2 - \frac{4}{\pi}\theta_n = \frac{2}{\pi}\theta_{n+1}$$

であるから
$$\theta_{n+1} = \frac{\pi}{2}\left(2 - \frac{4}{\pi}\theta_n\right) = \pi - 2\theta_n.$$
よって
$$x_{n+1} = \sin^2\theta_{n+1} = \sin^2(\pi - 2\theta_n) = \sin^2 2\theta_n$$
$$= 4x_n(1-x_n).$$

(1.2.4) の変数変換によって，f と g は位相共役である． □

1.3 マルコフ推移写像

現在の状態が次の状態を決めるように構成された時系列をマルコフ性をもった列であるという．このような時系列を行列を用いて構成することを試みる．

行列 $A = \begin{pmatrix} a_{11} & a_{12} \\ a_{21} & a_{22} \end{pmatrix}$ の成分は 0 または 1 であって

$$a_{11} + a_{12} \geq 1, \quad a_{21} + a_{22} \geq 1$$
$$a_{11} + a_{21} \geq 1, \quad a_{12} + a_{22} \geq 1 \tag{1.3.1}$$

を満たしているとする．この行列を用いて

$$\Sigma_A = \{x = (x_i) \in Y_2^{\mathbb{Z}} | a_{x_i,x_{i+1}} = 1 \ (i \in \mathbb{Z})\} \tag{1.3.2}$$

を定義する．Σ_A はマルコフ性をもった時系列を点とする $Y_2^{\mathbb{Z}}$ の閉部分集合である．このとき推移写像 σ は Σ_A の各点を Σ_A に写しているので，$\sigma: \Sigma_A \to \Sigma_A$ を A によって決まる**マルコフ**(Markov) **推移写像**といい，行列 A を**構造行列** (structure matrix) という．

$\mathbb{N}$ を自然数の集合として

$$Y_2^{\mathbb{N}} = \{(x_1, x_2, \cdots) | x_i \in Y_2, i \in \mathbb{N}\}$$

を**片側列空間** (one sided sequence space) といい

$$\Sigma_A^+ = \{x = (x_i) \in Y_2^{\mathbb{N}} | a_{x_i x_{i+1}} = 1 (i \in \mathbb{N})\}$$

の上の推移写像 $\sigma: \Sigma_A^+ \to \Sigma_A^+$ を**片側マルコフ**(one sided Markov) **推移写像**という．σ は 2 対 1 の写像である．

例 1.3.1 行列 $A = \begin{pmatrix} a_{11} & a_{12} \\ a_{21} & a_{22} \end{pmatrix}$ が，次の (1), (2), (3) の場合に Σ_A はどんな時系列を点とする集合であるのかを調べる．

(1) $A = \begin{pmatrix} 1 & 0 \\ 0 & 1 \end{pmatrix}$ の場合に，$a_{12} = a_{21} = 0$ であるから，Σ_A の点の列において，12, 21 と並ぶことはできない．よって Σ_A は $(\cdots 111 \cdots), (\cdots 222 \cdots)$ だけからなる集合である．

(2) $A = \begin{pmatrix} 1 & 1 \\ 0 & 1 \end{pmatrix}$ の場合に，$a_{21} = 0$ であるから，Σ_A の点の列において，21 と並ぶことはできない．$a_{11} = a_{12} = a_{22} = 1$ であるから，Σ_A は $(\cdots 111 \cdots)$, $(\cdots 222 \cdots)$ と $(\cdots 1222 \cdots), (\cdots 1122 \cdots)$ からなる集合である．

(3) $A = \begin{pmatrix} 1 & 1 \\ 1 & 1 \end{pmatrix}$ の場合に，$a_{11} = a_{12} = a_{21} = a_{22} = 1$ であるから，Σ_A は $Y_2^{\mathbb{Z}}$ と一致する．この場合に，各時系列はマルコフ性をもっていないけれども，σ を $Y_2^{\mathbb{Z}}$ の上の A によるマルコフ推移写像と呼んでいる．

行列 A が (1), (2) 以外の場合に，例えば (3), $A = \begin{pmatrix} 1 & 1 \\ 1 & 0 \end{pmatrix}$ のとき，マルコフ推移写像 $\sigma : \Sigma_A \to \Sigma_A$ は定理 1.1.1 のような性質をもつであろうか，この様子を探ることにする．

$$W = \{(x_0, \cdots, x_{l-1}) | l \geq 1,\ x_i \in Y_2\}$$

の各要素 $w = (x_0, \cdots, x_{l-1})$ を**語** (word) といい，l を語の長さという．

マルコフ推移写像 $\sigma : \Sigma_A \to \Sigma_A$ に対して，W の語 $w = (x_0, \cdots, x_{l-1})$ が**許容的** (admissible) であるとは，$a_{x_{j-1} x_j} = 1$ $(1 \leq j \leq l-1)$ が成り立つことである．

補題 1.3.2 $l \geq 1$ に対して，行列 A の l 回の積 A^l の各成分を $a_{ij}^{(l)}$ で表す．このとき

$$a_{ij}^{(1)} = a_{ij} = \sharp\{w = (i, j) \in W | w \text{ は許容的}\},$$
$$a_{ij}^{(l)} = \sharp\{w = (i, x_1, x_2, \cdots, x_{l-1}, j) \in W | w \text{ は許容的}\} \quad (l \geq 2)$$

が成り立つ．

証明 $l \geq 1$ に対して，補題の等式の右辺を $\mathrm{num}(l,i,j)$ とする．l についての帰納法を用いて証明する．$l = 1$ のとき，$\mathrm{num}(1,i,j)$ は集合 $\{w = (i,j) \in W \mid w \text{ は許容的}\}$ の個数であるから，$\mathrm{num}(1,i,j) = a_{ij}^{(1)}$ である．

$l-1$ のとき，補題が成り立っていると仮定すると，次が成り立ち結論を得る：

$$\begin{aligned} a_{ij}^{(l)} &= \sum\nolimits_{x_1,\cdots,x_{l-1}} a_{ix_1} a_{x_1 x_2} \cdots a_{x_{l-1} j} \\ &= \sum\nolimits_{x_{l-1}} \left(\sum\nolimits_{x_1,\cdots,x_{l-2}} a_{ix_1} a_{x_1 x_2} \cdots a_{x_{l-2} x_{l-1}} \right) a_{x_{l-1} j} \\ &= \sum\nolimits_{x_{l-1}} \mathrm{num}(l-1, i, x_{l-1}) a_{x_{l-1} j} \\ &= \mathrm{num}(l,i,j). \end{aligned}$$

$\square$

マルコフ推移写像 $\sigma : \Sigma_A \to \Sigma_A$ が周期点をもつ場合に，その周期の周期点は正確に何個あるのか．この問に，行列 $A = (a_{ij})$ は効果的な役割を果たしている．2×2 行列 A の**跡** (trace) は

$$\mathrm{Tr}(A) = a_{11} + a_{22}$$

によって定義される．この量は $\sigma : \Sigma_A \to \Sigma_A$ の不動点の個数を示している．

命題 1.3.3 $\sigma : \Sigma_A \to \Sigma_A$ はマルコフ推移写像とする．このとき $l > 0$ に対して

$$\sharp \mathrm{Fix}(\sigma^l|_{\Sigma_A}) = \mathrm{Tr}(A^l)$$

が成り立つ．ここに，$\sigma|_E$ は σ の E への制限を表し，$\mathrm{Fix}(\sigma^l|_{\Sigma_A})$ は $\sigma^l|_{\Sigma_A}$ の不動点の集合を表す．

証明 次式から明らかである：

$$\sharp \mathrm{Fix}(\sigma^l|_{\Sigma_A}) = \sum_i \mathrm{num}(l,i,i) = \sum_i a_{ii}^{(l)} = \mathrm{Tr}(A^l).$$

$\square$

2×2 行列 A が**既約** (irreducible) であるとは，$1 \leq i, j \leq 2$ に対して，A^l の (i,j)-成分 $a_{ij}^{(l)}$ が $a_{ij}^{(l)} > 0$ となる $l = l(i,j) > 0$ が存在するときをいい，A が**可約** (reducible) であるとは，A が既約でないときをいう．

例 1.3.4 行列 $A = \begin{pmatrix} 1 & 1 \\ 0 & 1 \end{pmatrix}$ は,すべての $n > 0$ に対して,$A^n = \begin{pmatrix} 1 & n \\ 0 & 1 \end{pmatrix}$ であるから $l(2,1) > 0$ は存在しない.よって可約である.

行列 $A = \begin{pmatrix} 0 & 1 \\ 1 & 0 \end{pmatrix}$ は,$A^2 = \begin{pmatrix} 1 & 0 \\ 0 & 1 \end{pmatrix}$, $A^3 = \begin{pmatrix} 0 & 1 \\ 1 & 0 \end{pmatrix}$, $A^4 = \begin{pmatrix} 1 & 0 \\ 0 & 1 \end{pmatrix}$, $\cdots$ であるから,$l(1,2) = l(2,1) = 1$ であり $l(1,1) = l(2,2) = 2$ である.よって既約である.

命題 1.3.5 2×2 行列 A が既約ならば,$\sigma|_{\Sigma_A}$ の周期点は Σ_A の中で稠密に存在する.

証明 A が既約であるならば,$x = (x_i) \in \Sigma_A$ と,$\varepsilon > 0$ に対して $d(x,y) < \varepsilon$ を満たす $\sigma : \Sigma_A \to \Sigma_A$ の周期点 $y = (y_i) \in \Sigma_A$ が存在することをいえばよい.$2^{-(m-1)} < \varepsilon$ を満たす自然数 m を選ぶ.A は既約であるから,A^l の (x_m, x_{-m})-成分 $a^{(l)}_{x_m, x_{-m}}$ が $a^{(l)}_{x_m, x_{-m}} > 0$ となる $l = l(x_m, x_{-m}) > 0$ が存在する.このとき補題 1.3.2 により

$$\begin{cases} a_{x_m, z_1} = 1 \\ a_{z_i, z_{i+1}} = 1 \quad (1 \leq i \leq l-2) \\ a_{z_{l-1}, x_{-m}} = 1 \end{cases}$$

を満たす長さ $l+1$ の語 $(x_m, z_1, z_2, \cdots, z_{l-1}, x_{-m})$ が存在する.よって $y = (y_i) \in Y_2^{\mathbb{Z}}$ を長さ $2m + l$ の語

$$(x_0, \cdots, x_m, z_1, \cdots, z_{l-1}, x_{-m}, \cdots, x_{-1})$$

の無限回の繰り返しによって

$$\begin{aligned} y &= (y_i) \\ &= (\cdots, \underset{\underset{0\,座標}{\wedge}}{x_0}, \cdots, x_m, z_1, \cdots, z_{l-1}, \\ &\quad x_{-m}, \cdots, x_{-1}, \cdots, x_m, z_1, \cdots, z_{l-1}, \\ &\quad x_{-m}, \cdots, x_{-1}, \cdots) \in Y_2^{\mathbb{Z}} \end{aligned}$$

と定義する.構成の仕方により,$a_{y_i, y_{i+1}} = 1$ $(i \in \mathbb{Z})$ であるから,y は Σ_A に含まれ,σ の $2m + l$-周期の周期点である.明らかに,$d(x,y) \leq 2^{-(m-1)} < \varepsilon$ を満たしている.$\square$

$\sigma : \Sigma_A \to \Sigma_A$ が **位相推移的** (topological transitive) であるとは，Σ_A の開集合 U, V に対して，$n > 0$ があって $\sigma^n(U) \cap V \neq \emptyset$ を満たすことである．位相推移性よりも強い概念として位相混合性がある．$\sigma = \Sigma_A \to \Sigma_A$ が **位相混合的** (topological mixing) であるとは，開集合 U, V に対して $N > 0$ があって $\sigma^n(U) \cap V \neq \emptyset$ $(n \geq \mathbb{N})$ を満たすことである．

命題 1.3.6 $x = (x_i)$ の前方軌道 $\{x, \sigma(x), \sigma^2(x), \cdots\}$ が Σ_A の中で稠密となる点 $x \in \Sigma_A$ が存在するための必要十分条件は A が既約であることである．

証明 A が既約であるとする．このとき空でない Σ_A の開集合 $U, V \subset \Sigma_A$ に対して
$$U \cap \sigma^m(V) \neq \emptyset$$
を満たす $m \geq 0$ が存在する．実際に，U, V は空でない開集合であるから十分に大きな自然数 $I > 0$ が存在して

$$C_1 = \{x = (x_i) \in \Sigma_A \mid x_i = y_i(|i| \leq I)\} \subset U$$
$$C_2 = \{x = (x_i) \in \Sigma_A \mid x_i = z_i(|i| \leq I)\} \subset V$$

を満たす長さ $2I+1$ の語 $(y_{-I}, \cdots, y_0, \cdots, y_I)$, $(z_{-I}, \cdots, z_0, \cdots, z_I)$ が存在する．A は既約であるから，A^l の (z_I, y_{-I})-成分 $a^{(l)}_{z_I, y_{-I}}$ が $a^{(l)}_{z_I, y_{-I}} > 0$ を満たす $l(z_I, y_{-I}) > 0$ が存在する．このとき命題 1.3.5 により，語 $(z_I, u_1, u_2, \cdots, u_{l-1}, y_{-I})$ があって

$$\begin{cases} a_{z_I, u_1} = 1 \\ a_{u_i, u_{i+1}} = 1 \quad (1 \leq i \leq l-2) \\ a_{u_{l-1}, y_{-I}} = 1 \end{cases}$$

を満たす．

開集合 C_1, C_2 は空でないから，$y = (y_i) \in C_1$, $z = (z_i) \in C_2$ に対して，$Y_2^{\mathbb{Z}}$ の点を

$w = (w_i)$
$= (\cdots, z_{-I-1}, z_{-I}, \cdots, z_0, \cdots, z_I, u_1, u_2, \cdots, u_{l-1}, y_{-I}, \cdots, y_I, y_{I+1}, \cdots)$
$\qquad\qquad\qquad\qquad\qquad\quad \wedge$
$\qquad\qquad\qquad\qquad\quad 0\,座標$
$\in Y_2^{\mathbb{Z}}$

によって定義する．$a_{w_i, w_{i+1}} = 1$ $(i \in \mathbb{Z})$ であるから，w は Σ_A に含まれる．

$w \in C_2 \subset V$ であり $\sigma^{2I+l}(w) \in C_1 \subset U$ であるから
$$U \cap \sigma^{2I+l}(V) \neq \emptyset$$
が求まる．$\{U_i\}$ を Σ_A の可算基であるとすると
$$\bigcup_{m=0}^{\infty} \sigma^{-m}(U_i) \ (i \geq 0)$$
は Σ_A の稠密な開集合である．Σ_A はコンパクト距離空間であるから，ベイル (Baire) の定理により
$$\theta = \bigcap_{i=0}^{\infty} \bigcup_{m=0}^{\infty} \sigma^{-m}(U_i)$$
は Σ_A で稠密である．$x \in \theta$ とする．任意の $i \geq 0$ に対して $\sigma^m(x) \in U_i$ を満たす $m \geq 0$ が存在する．よって
$$\mathrm{Cl}(\{\sigma^n(x) | n \geq 0\}) = \Sigma_A$$
が成り立つ．ここに，$\mathrm{Cl}(E)$ は E の閉包を表す．

逆に，$\mathrm{Cl}(\{\sigma^n(x) | n \geq 0\}) = \Sigma_A$ となる Σ_A の点 $x \in \Sigma_A$ が存在したとし，A は既約であることを示す．そのために，行列 A の条件 (1.3.1) と補題 1.3.2 により，任意の $i, j \in Y_2$ に対して
$$[i] = \{y = (y_m) \in \Sigma_A | y_0 = i\},$$
$$[j] = \{y = (y_m) \in \Sigma_A | y_0 = j\}$$
は空集合ではない．$[i], [j]$ は開集合であるから
$$\sigma^{m_1}(x) \in [i],\ \sigma^{m_2}(x) \in [j]$$
を満たす $m_2 > m_1 > 0$ が存在する．よって $x = (x_i) \in \Sigma_A$ は
$$x_{m_1} = i,\ x_{m_2} = j$$
であって，x は Σ_A の点であるから $m_1 \leq m \leq m_2 - 1$ を満たす m に対して
$$a_{x_m, x_{m+1}} = 1$$
である．よって命題 1.3.3 により，$A^{m_2 - m_1}$ の (x_{m_1}, x_{m_2})-成分 $a_{x_{m_1}, x_{m_2}}^{(m_2 - m_1)} = a_{ij}^{(m_2 - m_1)}$ は $a_{ij}^{(m_2 - m_1)} > 0$ となる．i, j は任意であったから A は既約である．
□

位相推移性，位相混合性の概念は一般のコンパクト距離空間の同相写像，または連続写像に対しても与えることができる．次の注意 1.3.7 の証明は第 2 章の注意 2.2.20 に与えられている：

注意 1.3.7 $\sigma : \Sigma_A \to \Sigma_A$ のある点の前方軌道が稠密である必要十分条件は σ が位相推移的であることである．

A が条件 (1.3.1) を満たさないとき，一般に前方軌道が Σ_A で稠密な点が存在しても A は既約とは限らない．

例えば，$A = \begin{pmatrix} 1 & 0 \\ 0 & 0 \end{pmatrix}$ の場合に，Σ_A は 1 つの点 $(\cdots, 1, 1, 1, \cdots)$ からなる集合であるから，この点の前方軌道は Σ_A それ自身である．しかし，すべての $n \geq 0$ に対して $A^n = \begin{pmatrix} 1 & 0 \\ 0 & 0 \end{pmatrix}$ であるから，A は既約にはならない．

命題 1.3.8 $\sigma : \Sigma_A \to \Sigma_A$ が位相混合的である必要十分条件は $N > 0$ があって $n \geq N$ に対して $A^n = (a_{ij}^n)$ の各成分が $a_{ij}^n > 0$ を満たすことである（A^N は**正値** ($A^N > 0$) であるという）．

証明 $A = (a_{ij})$ に対して $A^m = (a_{ij}^m)$ $(m > 0)$ の各成分は

(i) $A_{a_k a_{k+1}} = 1$ $(k \in \mathbb{Z})$

(ii) $a_0 = i, \quad a_m = j$

を満たす $Y_2 = \{1, 2\}$ に属する a_i の積 $ia_1 \cdots a_{m-1} j$ のすべての和で表されることに注意する．

$i \in Y_2$ に対して
$$U_i = \{x \in \Sigma_A \mid x_0 = i\} \neq \emptyset$$
とおく．$\sigma : \Sigma_A \to \Sigma_A$ は位相混合的であれば，$N_{ij} > 0$ があって $U_i \cap \sigma^m(U_j) \neq \emptyset$ $(m \geq N_{ij})$ が成り立つ．$a \in U_i \cap \sigma^m(U_j)$ に対して，$a_0 a_1 \cdots a_{m-1} a_m$ は (i)，(ii) を満たす．よって，$m \geq \max_{i,j} N_{ij}$ に対して $A_{ij}^m > 0$ $(1 \leq i, j \leq 2)$ である．

逆に，$A^M > 0$ （各成分 A_{ij}^M が正）であれば，$A^M > 0$ $(m \geq M)$ である．$a \in U, b \in V$ なる Σ_A の開集合に対して，$r > 0$ があって

$$U \supset \{x \in \Sigma_A \,|\, x_k = a_k (|k| \leq r)\},$$
$$V \supset \{x \in \Sigma_A \,|\, x_k = b_k (|k| \leq r)\}.$$

$t \geq 2r + M$ に対して, $m = t - 2r \geq M$ とおく. このとき, $A^m > 0$ である. $c_0 = b_r, c_m = a_{-r}$ であって, $A_{c_k c_{k+1}} = 1 \,(0 \leq k \leq m-1)$ を満たす $c_0 \cdots c_m$ を見つけることができる. よって

$$x = (\cdots, b_{-2}, b_{-1}, b_0, \cdots, b_r, c_1, \cdots, c_{m-1}, a_{-r}, \cdots, a_0, a_1, \cdots)$$

は Σ_A の点であって, $x \in \sigma^t(U) \cap V$ である. よって, $\sigma : \Sigma_A \to \Sigma_A$ は位相混合的である. □

注意 1.3.9 ロジスティック写像 $g(x) = 4x(1-x)$ は $[0,1]$ の上で位相混合的である.

証明 図的分析から, 開区間 $J \subset [0,1]$ に対して, $n \geq 0$ があって $g^n(J) = (0,1)$ が成り立つ. よって位相混合的である. □

1.4 2次元トーラス

マルコフ推移写像は次の 1.5 節で述べるトム (Thom) のモデルに関係している. それを見るために 2 次元トーラスはどんな空間であるのかを知る必要がある.

トーラスを記述するために, 平面 $\mathbb{R}^2$ の座標が整数だけ違いのあるすべての点は同一であるとする. すなわち, (x,y) は $(x+n, y+m)\,(n, m \in \mathbb{Z})$ と同じであるとし, 同一とした点の集合を $[(x,y)]$ によって表す.

実数 x, x' に対して $x - x'$ が整数のとき, $x = x' \pmod 1$ とする. $(x,y), (x',y') \in \mathbb{R}^2$ に対して, $x = x' \pmod 1, y = y' \pmod 1$ のとき, $(x,y) \sim (x',y')$ で表すと, この関係 $\sim$ は $\mathbb{R}^2$ の上の点の同値関係 (同値律) を表している. これによって, すべての同値類の集合 $\mathbb{T}^2$ を 2 次元**トーラス** (torus) という. この手続きを幾何学的に視覚化すると, 平面の上の正方形 $[0,1] \times [0,1]$ に対して, 右辺は左辺と同一視し, さらに上辺と下辺を同一視してでき上がった図形が 2 次元トーラス $\mathbb{T}^2$ である.

$\mathbb{T}^2$ の点は, $\boldsymbol{x}$ を含む同値類 $[\boldsymbol{x}]$ である. 同値類 $[\boldsymbol{x}]$ は $[\boldsymbol{x}] = \{\boldsymbol{x} + (n,m) \,|\, (n,m) \in \mathbb{Z}^2\}$ と表すことができる. これを簡単に

$$[\boldsymbol{x}] = \boldsymbol{x} + \mathbb{Z}^2$$

と書く．$\mathbb{T}^2$ の上に距離関数 d を

$$d(p,q) = \min\{|\boldsymbol{x} - \boldsymbol{x}'| \mid p = [\boldsymbol{x}], q = [\boldsymbol{x}']\}$$

によって定義する．ここに $|\cdot|$ は $\mathbb{R}^2$ の上の通常のノルムを表す．このとき $\mathbb{T}^2$ はコンパクト連結距離空間である．

$$\pi(\boldsymbol{x}) = [\boldsymbol{x}] \quad (\boldsymbol{x} \in \mathbb{R}^2)$$

によって定義された写像 $\pi : \mathbb{R}^2 \to \mathbb{T}^2$ を**自然な射影** (natural projection) と呼び，それは連続である．

1.5　トーラスの上の自己同型写像

　行列によって決まる線形写像からトーラスの上に自己同型写像と呼ばれる写像を導く．この写像に双曲型と呼ばれる条件を与えたとき，その写像をトム (Thom) のモデルという．

　行列 $A = \begin{pmatrix} a_{11} & a_{12} \\ a_{21} & a_{22} \end{pmatrix}$ の各成分 a_{ij} は整数であって，A の行列式 $\det(A)$ が ± 1 であるとき，A の逆行列の各成分は整数である．この行列 A によって，$\mathbb{R}^2$ の上の線形写像 $L_A(\boldsymbol{x}) = \boldsymbol{x}A$ ($\boldsymbol{x} = (x_1, x_2) \in \mathbb{R}^2$) を定義するとき，$L_A(\mathbb{Z}^2) = \mathbb{Z}^2$ が成り立つ．このとき

$$f_A(\boldsymbol{x} + \mathbb{Z}^2) = L_A(\boldsymbol{x}) + \mathbb{Z}^2 \quad (\boldsymbol{x} + \mathbb{Z}^2 \in \mathbb{T}^2)$$

によって，$\mathbb{T}^2$ の上の同相写像 f_A が定義され，f_A は

$$\begin{array}{ccc} \mathbb{R}^2 & \xrightarrow{L_A} & \mathbb{R}^2 \\ \pi \downarrow & & \downarrow \pi \\ \mathbb{T}^2 & \xrightarrow{f_A} & \mathbb{T}^2 \end{array} \qquad f_A \circ \pi = \pi \circ L_A$$

を満たす．

　f_A の逆写像 f_A^{-1} は $f_A^{-1} = f_{A^{-1}}$ である．このような f_A を $\mathbb{T}^2$ の上の**自己同型写像** (automorphism) という．

　自己同型写像 f_A による点の動きを理解するためには，記号力学系のマルコフ推移写像 σ と f_A が半共役であればよい．そのためには f_A に条件が必要である．

自己同型写像 $f_A : \mathbb{T}^2 \to \mathbb{T}^2$ が**双曲的** (hyperbolic) であるとは，行列 A の固有値の絶対値が 1 でないことである．絶対値が 1 でない固有値 λ_s, λ_u ($|\lambda_s| < 1, |\lambda_u| > 1$) に対応する固有空間（原点を通過する直線）を E^s, E^u で表すと

$$\mathbb{R}^2 = E^s \oplus E^u$$
$$\|Av\| = |\lambda_s|\|v\| \quad (v \in E^s) \tag{1.5.1}$$
$$\|Av\| = |\lambda_u|\|v\| \quad (v \in E^u)$$

が成り立つ．ここに $\|\cdot\|$ は $\mathbb{R}^2$ の通常のノルムである．

直線 E^s と x 軸との傾き，直線 E^u と x 軸との傾きは無理数である．実際に，$E^s = \{tv^s | t \in \mathbb{R}\}$ であって，傾きが無理数でないとすれば，v^s は有理数のベクトルとしてよいから，整数 k があって，$kv^s \in \mathbb{Z}^2$ かつ $A(kv^s) \in \mathbb{Z}^2$ である．よって，λ_s は自然数でなくてはならない．これは $|\det(A)| = |\lambda_s||\lambda_u| = 1$ に矛盾する．同様に，E^u の傾きも無理数である．

$\boldsymbol{x} \in \mathbb{R}^2$ に対して

$$\hat{W}^\sigma(\boldsymbol{x}, L_A) = \boldsymbol{x} + E^\sigma \quad (\sigma = s, u)$$

とする．$\hat{W}^\sigma(\boldsymbol{x}, L_A)$ と $\hat{W}^\sigma(\boldsymbol{y}, L_A)$ はそれぞれ $\boldsymbol{x}, \boldsymbol{y}$ を通る平行な直線である．

1.6 双曲型自己同型写像

行列 $A = \begin{pmatrix} 1 & 1 \\ 1 & 0 \end{pmatrix}$ により導かれるトーラスの上の自己同型写像 $f_A : \mathbb{T}^2 \to \mathbb{T}^2$ は双曲型である．

実際に，A の固有値は，$\lambda_u = \dfrac{1+\sqrt{5}}{2}$ （固有ベクトル $v^u = (2, \sqrt{5}-1)$），$\lambda_s = \dfrac{1-\sqrt{5}}{2}$ （固有ベクトル $v^s = (2, -\sqrt{5}-1)$) である．よって，2 つの固有空間 E^s, E^u は図 1.6.1 で示される．

$L(= L_A) : \mathbb{R}^2 \to \mathbb{R}^2$ を行列 A により定まる線形写像とする．明らかに $\pi \circ L = f_A \circ \pi$ を満たす．固有空間を適当に平行移動し，それをトーラスの上に写してトーラスを被覆するように 2 つの矩形を構成する．この作業を説明する．

$x \in \mathbb{R}^2$ に対して

$$\hat{W}^u(\boldsymbol{x}, L) = \boldsymbol{x} + E^u, \quad \hat{W}^s(\boldsymbol{x}, L) = \boldsymbol{x} + E^s$$

を π によって $\mathbb{T}^2$ に写した集合を

$$\hat{W}^u(\pi(\boldsymbol{x})) = \pi(\hat{W}^u(\boldsymbol{x}, L)),$$

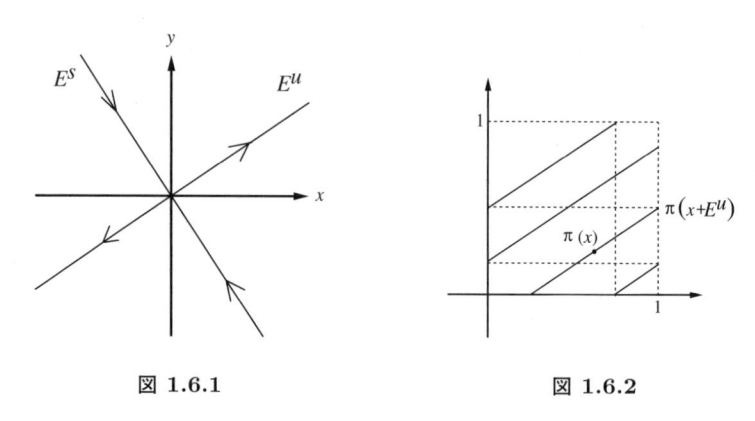

図 1.6.1　　　　　　　図 1.6.2

$$\hat{W}^s(\pi(\boldsymbol{x})) = \pi(\hat{W}^s(\boldsymbol{x}, L))$$

と表し，$\hat{W}^u(\pi(\boldsymbol{x}))$ を $\pi(\boldsymbol{x})$ の**不安定多様体** (unstable manifold)，$\hat{W}^s(\pi(\boldsymbol{x}))$ を $\pi(\boldsymbol{x})$ の**安定多様体** (stable manifold) という．

注意 1.6.1　θ^2 は有理数からなるベクトルの集合とする．このとき $\pi(\theta^2)$ は f_A の周期点の集合であって，$\mathbb{T}^2$ で稠密である．

$\mathbb{R}^2$ の $\boldsymbol{x}$ を通る傾き無理数の直線 $\hat{W}^u(\boldsymbol{x}, L)$ に対して，$\hat{W}^u(\pi(\boldsymbol{x}))$ は $\mathbb{T}^2$ の上で図 1.6.2 のような線分の集まりである．$\hat{W}^u(\pi(\boldsymbol{x}))$ は $\mathbb{T}^2$ の中で稠密である．$\hat{W}^s(\pi(\boldsymbol{x}))$ も同じである．

$\mathbb{R}^2$ の原点を $\boldsymbol{p}_0$ で表す．$\mathbb{R}^2$ の直線 $\boldsymbol{p}_0 + E^u (= E^u)$ と $(0, 1) + E^s$ の交点を $\boldsymbol{a}$ とし，$\boldsymbol{b} = L(\boldsymbol{a})$, $\boldsymbol{c} = L(\boldsymbol{b})$ とおく（図 1.6.3）．このとき

$$\boldsymbol{a} = \hat{W}^u(\boldsymbol{p}_0, L) \cap \hat{W}^s((0, 1), L)$$
$$\boldsymbol{b} = \hat{W}^u(\boldsymbol{p}_0, L) \cap \hat{W}^s((1, 0), L)$$
$$\boldsymbol{c} = \hat{W}^u(\boldsymbol{p}_0, L) \cap \hat{W}^s((1, 1), L)$$

$\boldsymbol{a}$ と $\boldsymbol{b} + (-1, 1)$ を端点とする $\hat{W}^s((0, 1), L)$ の線分を I_1 とし，$\boldsymbol{p}_0$ と $\boldsymbol{c}$ を端点とする $\hat{W}^u(\boldsymbol{p}_0, L)$ の線分を I_2 とする．I_1, I_2 を π により $\mathbb{T}^2$ に射影すると，$\pi(I_1), \pi(I_2)$ を境界にもつ f_A の 2 つの真の矩形 R_1, R_2（実際には正方形）が定まる．点 $\pi\left(\dfrac{1}{2}, \dfrac{1}{2}\right)$ を含む矩形を R_1 とする（図 1.6.4）．

$$a = \pi(\boldsymbol{a}),\ b = \pi(\boldsymbol{b}),\ c = \pi(\boldsymbol{c}),\ p_0 = \pi(\boldsymbol{p}_0)$$

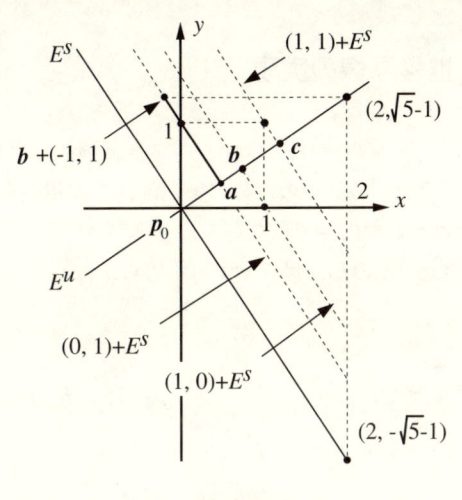

図 1.6.3

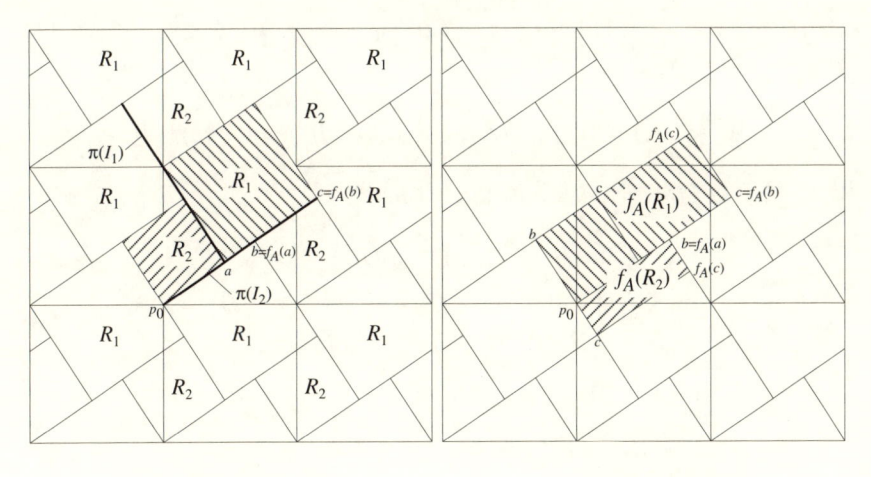

図 1.6.4

図 1.6.5

とおく．R_1, R_2 の頂点は時計と反対回りに a, c, b, p_0 と名前をつける．それらは図 1.6.4 のような配置になる．$\mathcal{R} = \{R_1, R_2\}$ は，$\mathbb{T}^2$ の被覆になっていて，R_1, R_2 の f_A による像は a, b, c, p_0 の定め方により，図 1.6.5 のように配置される．実際に，λ_s は負の値であるから，x 座標の上側にあるベクトル $v \in E^s$ を L で写すとき，$L(v) = \lambda_s v$ は x 座標の下側に位置する．

1.7 マルコフ推移写像の実現

被覆 $\mathcal{R}$ を用いると $f_A : \mathbb{T}^2 \to \mathbb{T}^2$ はマルコフ推移写像と半共役であることが示される．このことを調べる．そのために，記号が多く用いられるが，図 1.6.1 ～1.6.5 を理解すれば難しい内容ではない．

R_1, R_2 は図 1.6.4 の $\mathbb{T}^2$ の部分集合とする．明らかに

$$\mathbb{T}^2 = R_1 \cup R_2 \tag{1.7.1}$$

である．f_A によって写した点 $f_A(p_0) = p_0$, $f_A(a) = b$, $f_A(b) = c$, $f_A(c)$ は図 1.6.5 の配置である．

$$i \neq j \implies \mathrm{int}(R_i) \cap \mathrm{int}(R_j) = \emptyset \tag{1.7.2}$$

は明らかである．ここに $\mathrm{int}(R)$ は矩形の境界を除いた集合を表す．$j = 1, 2$ に対して

$$\hat{W}^s(z, R_j) = \hat{W}^s(z) \cap R_j, \qquad \hat{W}^u(z, R_j) = \hat{W}^u(z) \cap R_j$$

は点 z を含む連結成分を表す．図 1.6.4, 1.6.5 を用いて

$$\begin{aligned}&z \in \mathrm{int}(R_i), \quad f_A(z) \in \mathrm{int}(R_j) \\ &\implies \begin{cases} f_A(\hat{W}^u(z, R_i)) \supset \hat{W}^u(f_A(z), R_j) \\ f_A(\hat{W}^s(z, R_i)) \subset \hat{W}^s(f_A(z), R_j) \end{cases}\end{aligned} \tag{1.7.3}$$

を調べる．図 1.6.4 により，$z \in \mathrm{int}(R_1)$ に対して，$z_1 \in \pi(I_1)$ が存在して

$$\hat{W}^u(z, R_1) = \hat{W}^u(z_1, R_1)$$
$$f_A(\hat{W}^u(z, R_1)) = \hat{W}^u(f_A(z_1), R_1) \cup \hat{W}^u(f_A(z_1), R_2)$$

が成り立つ．よって $f_A(z) \in \mathrm{int}(R_j)$ のとき

$$\begin{aligned} f_A(\hat{W}^u(z, R_1)) &= f_A(\hat{W}^u(z_1, R_1)) \\ &\supset \hat{W}^u(f_A(z_1), R_j) \\ &= \hat{W}^u(f_A(z), R_j) \end{aligned}$$

である．次の関係式は明らかである：

$$f_A(z) \in \mathrm{int}(R_1) \implies f_A(\hat{W}^s(z, R_1)) \subset \hat{W}^s(f_A(z), R_1),$$
$$f_A(z) \in \mathrm{int}(R_2) \implies f_A(\hat{W}^s(z, R_1)) = \hat{W}^s(f_A(z), R_2).$$

ゆえに $z \in \text{int}(R_1)$ の場合に (1.7.3) が成り立つ．同様にして，$z \in \text{int}(R_2)$ の場合も (1.7.3) が成り立つ．

図 1.6.4, 1.6.5 から次の関係式を得る：

$$z \in \text{int}(R_i),\ f_A(z) \in \text{int}(R_j)$$
$$\Longrightarrow \begin{cases} \text{int}(R_j) \cap f_A(\hat{W}^u(z, \text{int}(R_i))) = \hat{W}^u(f_A(z), \text{int}(R_j)) \\ \text{int}(R_i) \cap f_A^{-1}(\hat{W}^s(f_A(z), \text{int}(R_j))) = \hat{W}^s(z, \text{int}(R_i)). \end{cases} \quad (1.7.4)$$

よって

$$\begin{aligned} f_A(\text{int}(R_1)) \cap \text{int}(R_1) \neq \emptyset,\ & f_A(\text{int}(R_1)) \cap \text{int}(R_2) \neq \emptyset \\ f_A(\text{int}(R_2)) \cap \text{int}(R_1) \neq \emptyset,\ & f_A(\text{int}(R_2)) \cap \text{int}(R_2) = \emptyset \end{aligned} \quad (1.7.5)$$

である．(1.7.1)～(1.7.4) を満たす $\mathbb{T}^2$ の分割 $\{R_1, R_2\}$ を f_A の**マルコフ分割** (Markov partition) という．

(1.7.5) により行列 $B = \begin{pmatrix} b_{11} & b_{12} \\ b_{21} & b_{22} \end{pmatrix}$ を $B = \begin{pmatrix} 1 & 1 \\ 1 & 0 \end{pmatrix}$ とする．B を用いて (1.3.2) のように Σ_B を定義する．このとき，マルコフ推移写像 $\sigma : \Sigma_B \to \Sigma_B$ と $f_A : \mathbb{T}^2 \to \mathbb{T}^2$ の間の半共役写像 $h : \Sigma_B \to \mathbb{T}^2$ が構成される．

実際に，$b = (b_i) \in \Sigma_B$ に対して

$$P_m(b) = \text{Cl}\left(\bigcap_{j=-m}^{m} f_A^{-j}(\text{int}(R_{b_j}))\right) \quad (m = 1, 2, \cdots)$$

とおく．ここに，$\text{Cl}(E)$ は E の閉包を表す．(1.7.3) によって，$P_1(b), P_2(b), \cdots$ は空でないコンパクト集合の単調減少列であり

$$\text{diam}(P_m(b)) \leq C|\lambda_s|^m \to 0 \quad (m \to \infty)$$

が成り立つ．ここに $C = l(I_1) + l(I_2)$ であって，$l(J)$ は線分 J の長さを表す．

実際に，$m > 0$ に対して矩形 $P_m(b)$ に属する点 x を固定する．このとき（図 1.7.1）

$$\begin{aligned} &\text{diam}(P_m(b)) \\ &\leq l(\hat{W}^s(x, P_m(b))) + l(\hat{W}^u(x, P_m(b))) \\ &\leq l(\hat{W}^s(x, f_A^m(R_{b_{-m}}))) + l(\hat{W}^u(x, f_A^{-m}(R_{b_m}))) \\ &= |\lambda_s|^m l(\hat{W}^s(f_A^{-m}(x), R_{b_{-m}})) + |\lambda_u|^{-m} l(\hat{W}^u(f_A^m(x), R_{b_m})) \\ &\leq |\lambda_s|^m (l(I_1) + l(I_2)) \qquad (|\lambda_u|^{-1} = |\lambda_s| \text{ であるから}). \end{aligned}$$

よって $\bigcap_{m=0}^{\infty} P_m(b)$ は $\mathbb{T}^2$ の 1 点からなる集合である．この点を $h(b)$ とおくことにより，$h : \Sigma_B \to \mathbb{T}^2$ を定義する．Σ_B の 2 点 $b = (b_j)$, $c = (c_j)$ が十分に近ければ，十分に大きな $m > 0$ があって，$b_j = c_j (|j| \leq m)$ が成り立つ．$h(b), h(c) \in P_m(b)$ であるから

$$d(h(b), h(c)) \leq C|\lambda_s|^m.$$

ゆえに h は連続である．

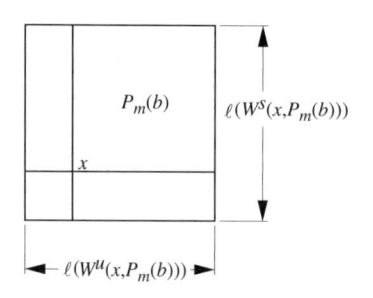

図 1.7.1

$$Q = \bigcap_{j=-\infty}^{\infty} (f_A^{-j}(\text{int}(R_1)) \cup f_A^{-j}(\text{int}(R_2)))$$

は $\mathbb{T}^2$ の稠密な集合であって，$x \in Q$ に対して，$f_A^j(x) \in \text{int}(R_{b_j}) (j \in \mathbb{Z})$ なる $b = (b_j) \in \Sigma_B$ を選べば，b は $h(b) = x$ を満たすただ 1 つの Σ_B の点である．h の連続性により，$h(\Sigma_B)$ はコンパクトであるから

$$\mathbb{T}^2 = \text{Cl}(Q) \subset \text{Cl}(h(\Sigma_B)) = h(\Sigma_B) \subset \mathbb{T}^2.$$

よって $h : \Sigma_B \to \mathbb{T}^2$ は全射である．

$b = (b_j) \in \Sigma_B$, $x = h(b) \in \mathbb{T}^2$ に対して

$$f_A(x) = \bigcap_{m=0}^{\infty} \left\{ \text{Cl} \left(\bigcap_{j=-m+1}^{m+1} f_A^{-j+1}(\text{int}(R_{b_j})) \right) \right\}$$

$$= \bigcap_{m=0}^{\infty} \left\{ \text{Cl} \left(\bigcap_{j=-m}^{m} f_A^{-j}(\text{int}(R_{b_{j+1}})) \right) \right\}$$

であるから，$h(\sigma(b)) = f_A(x)$ が成り立つ．すなわち h は半共役写像である．

$$\begin{CD} \Sigma_B @>\sigma>> \Sigma_B \\ @VhVV @VVhV \\ \mathbb{T}^2 @>>f_A> \mathbb{T}^2 \end{CD} \qquad h \circ \sigma = f_A \circ h.$$

さらに，h は Σ_B の高々有限個の点が $\mathbb{T}^2$ の点に対応することも示される．しかし，その詳細は省略する（邦書文献 [Ao1] を参照）．

定理 1.7.1 $f_A : \mathbb{T}^2 \to \mathbb{T}^2$ は双曲型であるとする．このとき，マルコフ推移写像 $\sigma : \Sigma_B \to \Sigma_B$ と連続写像 $h : \Sigma_B \to \mathbb{T}^2$ があって，$h \circ \sigma = f_A \circ h$ が成り立つ．さらに，$k > 0$ があって

$$\sharp h^{-1}(x) \leq k \quad (x \in \mathbb{T}^2)$$

を満たす．

$\sigma = s, u$ に対して

$$\partial^\sigma R_i = \{x \in R_i \mid x \notin \mathrm{int}(\hat{W}^\sigma(x, R_i))\} \qquad (i = 1, 2)$$

とおき

$$\partial^\sigma \mathcal{R} = \partial^\sigma R_1 \cup \partial^\sigma R_1 \qquad (\sigma = s, u)$$

を定義する．

定理 1.7.2 次の集合

$$Y = \mathbb{T}^2 \setminus \bigcup_{i=-\infty}^{\infty} f^i(\partial \mathcal{R}^s \cup \partial \mathcal{R}^u)$$

はベイル (Baire) 集合であって，$h : \sum_B \to Y$ は全単射である．

洋書文献 [Bo2] を参照．

定理 1.7.3 前方軌道 $\{x, f_A(x), f_A^2(x), \cdots\}$ は $\mathbb{T}^2$ の中で稠密になる点 x が存在する．

証明 行列 $B = \begin{pmatrix} 1 & 1 \\ 1 & 0 \end{pmatrix}$ は既約であるから，命題 1.3.6 によりある点の前方軌道は Σ_B で稠密である．

Y は定理 1.7.2 の集合とする．Y は $\mathbb{T}^2$ で稠密である．U, V は Y の空でない開集合とする．このとき $h^{-1}(U), h^{-1}(V)$ は Σ_B の開集合である．注意 1.3.7 により $n > 0$ があって

$$\emptyset \neq \sigma^n(h^{-1}(U)) \cap h^{-1}(V) = h^{-1}(f^n(U) \cap V).$$

よって $f^n(U) \cap V \neq \emptyset$ を得る．このことは $\mathbb{T}^2$ の上の f が位相推移的であることを意味している． □

1.8 被覆とエントロピー

エントロピーと 1.10 節で述べられる圧力は熱力学の用語である．ここでは，エントロピーと圧力のもつ力学的性質を調べるために，最初に，理解し易い開被覆を用いて位相的エントロピーの定義を与える．

位相空間 X はコンパクトであるとする．必ずしも距離空間でなくてもよい．

α, β は X の開被覆（各 $A \in \alpha$ は開集合, $X = \bigcup_{A \in \alpha} A$）とする．このとき部分集合族 $\{A \cap B \mid A \in \alpha, B \in \beta\}$ を $\alpha \vee \beta$ で表す．$B \in \beta$ に対して，$B \subset A$ を満たす $A \in \alpha$ が存在するときに，β は α の**細分** (refinement) といい $\alpha \leq \beta$ で表す．$\alpha \leq \alpha \vee \beta, \beta \leq \alpha \vee \beta$ は明らかである．

f は X から X への連続写像で，α は X の開被覆であるとき

$$f^{-1}(\alpha) = \{f^{-1}(A) \mid A \in \alpha\}$$

もまた X の開被覆であって

$$f^{-1}(\alpha \vee \beta) = f^{-1}(\alpha) \vee f^{-1}(\beta)$$
$$\alpha \leq \beta \implies f^{-1}(\alpha) \leq f^{-1}(\beta)$$

が成り立つ．

X の開被覆 α に対して，$N(\alpha)$ は X を被覆するのに必要な α の有限部分被覆の最小個数を表して

$$H(\alpha) = \log N(\alpha)$$

によって α の**エントロピー** (entropy) を定義する．ここに対数の底は e とする．

注意 1.8.1 次が成り立つ：

(1) $H(\alpha) \geq 0$.

(2) $H(\alpha) = 0 \iff N(\alpha) = 1 \iff X \in \alpha$.

(3) $\alpha \leq \beta \implies H(\alpha) \leq H(\beta)$.

(4) $H(\alpha \vee \beta) \leq H(\alpha) + H(\beta)$.

(5) f が連続写像であれば，$H(f^{-1}(\alpha)) \leq H(\alpha)$ が成り立ち，f が同相写像であれば，$H(f^{-1}(\alpha)) = H(\alpha)$ が成り立つ．

証明 (1),(2) は明らかである．

(3) の証明：$\{B_1, \cdots, B_{N(\beta)}\}$ は X を被覆するのに必要な最小個数をもつ β の部分被覆とする．$\alpha \leq \beta$ であるから，任意の B_i に対して $B_i \subset A_i$ を満たす $A_i \in \alpha$ が存在する．よって，$\{A_1, \cdots, A_{N(\beta)}\}$ は X の被覆である．よって，$N(\alpha) \leq N(\beta)$ が成り立つ．

(4) の証明：$\{A_1, \cdots, A_{N(\alpha)}\}$ は X を被覆するのに必要な最小個数をもつ α の部分被覆で，$\{B_1, \cdots, B_{N(\beta)}\}$ も同じように選ばれた β の部分被覆とする．このとき

$$\{A_i \cap B_j \mid 1 \leq i \leq N(\alpha), 1 \leq j \leq N(\beta)\}$$

は $\alpha \vee \beta$ の部分被覆で，$N(\alpha \vee \beta) \leq N(\alpha) N(\beta)$ である．

(5) の証明：$\{A_1, \cdots, A_{N(\alpha)}\}$ は X の最小個数をもつ α の部分被覆とすると

$$\{f^{-1}(A_1), \cdots, f^{-1}(A_{N(\alpha)})\}$$

は $f^{-1}(\alpha)$ の部分被覆で，$N(f^{-1}(\alpha)) \leq N(\alpha)$ である．$\{f^{-1}(A_i) \mid 1 \leq i \leq N(f^{-1}(\alpha))\}$ を $f^{-1}(\alpha)$ の最小個数の部分被覆とすると，f が同相写像のときは，$\{A_1, \cdots, A_{N(f^{-1}(\alpha))}\}$ は X の被覆である．よって $N(\alpha) \leq N(f^{-1}(\alpha))$ が成り立つ． □

注意 1.8.2 非負の実数列 $\{a_n \mid n \geq 1\}$ は n, m に対して

$$a_{n+m} \leq a_n + a_m$$

を満たしているとする．このとき数列 $\left\{\dfrac{a_n}{n}\right\}$ の極限が存在し

$$\lim_{n \to \infty} \frac{a_n}{n} = \inf\left\{\frac{a_n}{n} \mid n \geq 1\right\}$$

が成り立つ．

証明 $m > 0$ を固定する．$j > 0$ に対して，j は $j = km + n (0 \leq n < m)$ と表すことができるから

$$\frac{a_j}{j} = \frac{a_{n+km}}{n+km} \leq \frac{a_n}{km} + \frac{a_{km}}{km} \leq \frac{a_n}{km} + \frac{a_m}{m}.$$

$j \to \infty$ とするとき，$k \to \infty$ であるから

$$\limsup_{j \to \infty} \frac{a_j}{j} \leq \frac{a_m}{m}$$

が成り立つ．m は任意であるから

$$\limsup_{j \to \infty} \frac{a_j}{j} \leq \inf_m \frac{a_m}{m}.$$

しかし $\inf_m \frac{a_m}{m} \leq \liminf_{j \to \infty} \frac{a_j}{j}$ から，$\lim_{j \to \infty} \frac{a_j}{j}$ が存在して，$\inf_j \frac{a_j}{j}$ に等しい． □

定理 1.8.3 α は X の開被覆で，f は X から X の上への連続写像とする．このとき

$$\lim_{n \to \infty} \frac{1}{n} H(\alpha \vee f^{-1}(\alpha) \vee \cdots \vee f^{-(n-1)}(\alpha))$$

が存在する．

証明 $n > 0$ に対して

$$a_n = H(\alpha \vee f^{-1}(\alpha) \vee \cdots \vee f^{-(n-1)}(\alpha))$$

とおく．$m, n > 0$ に対して $a_n \geq 0$, $a_{n+m} \leq a_n + a_m$ であるから，注意 1.8.2 により結論が得られる． □

α は X の開被覆で，f は X から X の上への連続写像とする．このとき

$$h(f, \alpha) = \lim_{n \to \infty} \frac{1}{n} H(\alpha \vee f^{-1}(\alpha) \vee \cdots \vee f^{-(n-1)}(\alpha))$$

とおく．

注意 1.8.4 次が成り立つ：

(1) $h(f,\alpha) \geq 0$.

(2) $\alpha \leq \beta \Longrightarrow h(f,\alpha) \leq h(f,\beta)$.

(3) $h(f,\alpha) \leq H(\alpha)$.

証明 (1) は明らかである.

(2) の証明：$\alpha \leq \beta$ ならば，$n > 0$ に対して

$$\bigvee_{i=0}^{n-1} f^{-i}(\alpha) \leq \bigvee_{i=0}^{n-1} f^{-i}(\beta)$$

が成り立つ．よって

$$H\left(\bigvee_{i=0}^{n-1} f^{-i}(\alpha)\right) \leq H\left(\bigvee_{i=0}^{n-1} f^{-i}(\beta)\right).$$

定理 1.8.3 により，$h(f,\alpha) \leq h(f,\beta)$ である.

(3) の証明：注意 1.8.1(4), (5) から

$$H(\alpha \vee f^{-1}(\alpha) \vee \cdots \vee f^{-(n-1)}(\alpha)) \leq \sum_{i=0}^{n-1} H(f^{-i}(\alpha)) \leq nH(\alpha).$$

□

連続写像 f に対する量

$$h(f) = \sup\{h(f,\alpha) | \alpha \text{ は } X \text{ の開被覆}\}$$

を f の **位相的エントロピー** (topological entropy) という.

注意 1.8.5 $h(f)$ の定義から次は明らかである：

(1) $h(f) \geq 0$.

(2) $h(id) = 0$.

ここに id は恒等写像である.

命題 1.8.6 f が同相写像であれば，$h(f) = h(f^{-1})$ である.

証明 注意 1.8.1(5) を用いると，開被覆 α に対して

$$\begin{aligned}
h(f,\alpha) &= \lim_{n\to\infty} \frac{1}{n} H(\alpha \vee f^{-1}(\alpha) \vee \cdots \vee f^{-(n-1)}(\alpha)) \\
&= \lim_{n\to\infty} \frac{1}{n} H(f^{-(n-1)}\{\alpha \vee f(\alpha) \vee \cdots \vee f^{n-1}(\alpha)\}) \\
&= h(f^{-1},\alpha).
\end{aligned}$$

□

定理 1.8.7 X_1, X_2 はコンパクト空間，$i = 1, 2$ に対して，f_i は X_i から X_i への連続写像，$\varphi : X_1 \to X_2$ は全射で，$\varphi \circ f_1 = f_2 \circ \varphi$ を満たすとする．このとき

$$h(f_1) \geq h(f_2).$$

特に，φ が全単射であるとき

$$h(f_1) = h(f_2)$$

である．

証明 α を X_2 の開被覆とする．注意 1.8.1(5) より

$$\begin{aligned}
h(f_2, \alpha) &= \lim_{n\to\infty} \frac{1}{n} H(\alpha \vee f_2^{-1}(\alpha) \vee \cdots \vee f_2^{-(n-1)}(\alpha)) \\
&= \lim_{n\to\infty} \frac{1}{n} H(\varphi^{-1}(\alpha) \vee \varphi^{-1} f_2^{-1}(\alpha) \vee \cdots \vee \varphi^{-1} f_2^{-(n-1)}(\alpha)\}) \\
&= \lim_{n\to\infty} \frac{1}{n} H(\varphi^{-1}(\alpha) \vee f_1^{-1} \varphi^{-1}(\alpha) \vee \cdots \vee f_1^{-(n-1)} \varphi^{-1}(\alpha)) \\
&= h(f_1, \varphi^{-1}(\alpha)).
\end{aligned}$$

θ_2 を X_2 の開被覆の全体とすれば，$\varphi(\theta_2)$ は X_1 の開被覆である．よって定理を得る． □

定理 1.8.7 は，"位相的エントロピーは位相不変量である" ことを主張している．

定理 1.8.8（ルベーグ被覆定理） コンパクト距離空間 X の有限開被覆 α が与えられているとする．このとき $\delta(\alpha) = \delta > 0$ が存在して，部分集合 A の直径が δ 以下 $(\mathrm{diam}(A) = \sup\{d(a,b) \mid a,b \in A\} < \delta)$ であれば，$A \subset B$ を満たす $B \in \alpha$ が存在する．

δ を α に対する**ルベーグ数** (Lebesgue number) という．

証明 命題を否定すると，$n > 0$ に対して，$\mathrm{diam}(A_n) \leq \dfrac{1}{n}$ かつすべての $B \in \alpha$ に対して $A_n \not\subset B$ なる部分集合 A_n が存在する．各 A_n から 1 点 x_n を選ぶとき，X はコンパクトであるから $\{x_n\}$ から収束する部分列 $\{x_{n_i}\}$ を選び $x_{n_i} \to x \ (i \to \infty)$ とすることができる．このとき $B \in \alpha$ が存在して，$x \in B$ である．$X \setminus B$ はコンパクトであるから

$$a = d(x, X \setminus B) = \inf\{d(x,z) | z \in X \setminus B\} > 0$$

が成り立つ．このとき $n_i > \dfrac{2}{a}$, $d(x_{n_i}, x) < \dfrac{a}{2}$ を満たすように十分大きな n_i を選ぶと，$y \in A_{n_i}$ に対して

$$d(y,x) \leq d(y, x_{n_i}) + d(x_{n_i}, x) \leq \frac{1}{n_i} + \frac{a}{2} < a.$$

よって $y \in B$ である．y は A_{n_i} の中で任意であるから $A_{n_i} \subset B$ となって矛盾を得る． □

X の有限開被覆 α が f に対する**生成系** (generator system) であるとは，α に属する集合 A_n からなる両側の列 $\{A_n | n \in \mathbb{Z}\}$ に対して

$$\bigcap_{n=-\infty}^{\infty} f^{-n}(\mathrm{Cl}(A_n))$$

が高々 1 点集合であるときをいう．α が**弱生成系** (weak generator system) であるとは，α に属する集合 A_n の両側列 $\{A_n | n \in \mathbb{Z}\}$ に対して

$$\bigcap_{n=-\infty}^{\infty} f^{-n}(A_n)$$

が高々 1 点集合であるときをいう．

定理 1.8.9 コンパクト距離空間 X の上の同相写像 f が生成系をもつための必要十分条件は f が弱生成系をもつことである．

証明 $\Rightarrow$) は明らかである．
$\Leftarrow$) の証明：$\beta = \{B_1, \cdots, B_s\}$ は f の弱生成系であるとする．$\delta > 0$ は β のルベーグ数として，α は $\mathrm{diam}(\mathrm{Cl}(A_i)) \leq \delta$ を満たす開集合からなる有限被覆と

する．$\{A_{j_n} \mid n \in \mathbb{Z}\}$ は α に属する集合からなる両側列とするとき，$n \in \mathbb{Z}$ に対して B_{j_n} が存在して $\mathrm{Cl}(A_{j_n}) \subset B_{j_n}$ とできる．ゆえに

$$\bigcap_{n=-\infty}^{\infty} f^{-n}(\mathrm{Cl}(A_{j_n})) \subset \bigcap_{n=-\infty}^{\infty} f^{-n}(B_{j_n}).$$

すなわち α は生成系である． □

命題 1.8.10 α はコンパクト距離空間 X の上の同相写像 f の生成系であるとする．このとき

(1) $\varepsilon > 0$ に対して，$\bigvee_{n=-N}^{N} f^{-n}(\alpha)$ に属する集合の直径が ε 以下となるような $N > 0$ が存在する．

(2) $N > 0$ に対して，$\varepsilon > 0$ が存在して

$$d(x,y) < \varepsilon \Longrightarrow x, y \in \bigcap_{n=-N}^{N} f^{-n}(A_n)$$

を満たすように $A_n \in \alpha$ を選ぶことができる．

証明 (1) の証明：(1) を否定すると，$\varepsilon > 0$ があってどんな $j > 0$ に対しても $d(x_j, y_j) \geq \varepsilon$ を満たす $x_j, y_j \in X$ と

$$x_j, \ y_j \in \bigcap_{i=-j}^{j} f^{-i}(A_{j,i})$$

を満たす $A_{j,i} \in \alpha$ が存在する．X はコンパクトであるから，$x_j \to x$, $y_j \to y$ と仮定することができ $d(x,y) \geq \varepsilon$ である．よって $x \neq y$ である．α は有限であるから $A_{j,0} \in \alpha$ $(j > 0)$ の列は無限に多くの j で一致する．ゆえに無限に多くの j に対して $x_j, y_j \in A_0$ を満たす $A_0 \in \alpha$ が存在する．よって $x, y \in \mathrm{Cl}(A_0)$ である．同様に $n > 0$ に対して無限に多くの $A_{j,n}$ は一致し，$x, y \in f^{-n}(\mathrm{Cl}(A_n))$ を満たす $A_n \in \alpha$ を求めることができる．ゆえに

$$x, \ y \in \bigcap_{n=-\infty}^{\infty} f^{-n}(\mathrm{Cl}(A_n))$$

である．しかし α は生成系であるから矛盾である．

(2) の証明：$N > 0$ を固定し $\delta > 0$ は有限開被覆 α のルベーグ数とする．$d(x,y) < \varepsilon$ ならば，$d(f^i(x), f^i(y)) < \delta$ $(-N \leq i \leq N)$ を満たすように $\varepsilon > 0$

を選ぶとき，$d(x,y) < \varepsilon$ で $|i| \leq N$ なる i に対して 2 点 $f^i(x)$, $f^i(y)$ は α に属する集合 A_i に含まれる．よって

$$x, y \in \bigcap_{i=-N}^{N} f^{-i}(A_i)$$

が成り立つ． □

定理 1.8.11 コンパクト距離空間 X から X の上への同相写像 f に対して，α は f の生成系とする．このとき

$$h(f) = h(f, \alpha)$$

が成り立つ．

証明 β は任意の開被覆とする．$\delta > 0$ は β に対するルベーグ数とし，$\bigvee_{n=-N}^{N} f^{-n}(\alpha)$ に属する集合の直径が δ 以下となるように $N > 0$ を選ぶ．このとき

$$\beta \leq \bigvee_{n=-N}^{N} f^{-n}(\alpha)$$

が成り立ち，さらに

$$\begin{aligned}
h(f,\beta) &\leq h\left(f, \bigvee_{n=-N}^{N} f^{-n}(\alpha)\right) \\
&= \lim_{k \to \infty} \frac{1}{k} H\left(\bigvee_{i=0}^{k-1} f^{-i}\left(\bigvee_{n=-N}^{N} f^{-n}(\alpha)\right)\right) \\
&= \lim_{k \to \infty} \frac{1}{k} H\left(\bigvee_{i=-N}^{N+k-1} f^{-i}(\alpha)\right) \\
&= \lim_{k \to \infty} \frac{1}{k} H\left(\bigvee_{n=0}^{2N+k-1} f^{-n}(\alpha)\right) \\
&= \lim_{k \to \infty} \frac{2N+k}{k} \frac{1}{2N+k} H\left(\bigvee_{n=0}^{2N+k-1} f^{-n}(\alpha)\right) \\
&= h(f, \alpha).
\end{aligned}$$

よって $h(f) = h(f, \alpha)$ である. □

注意 1.8.12 推移写像 $\sigma : Y_2^{\mathbb{Z}} \to Y_2^{\mathbb{Z}}$ の位相的エントロピーは
$$h(\sigma) = \log 2 = \lim_{n \to \infty} \frac{1}{n} \log \sharp \mathrm{Fix}(\sigma^n)$$
である.

証明 $Y_2^{\mathbb{Z}}$ の開被覆として
$$[1] = \{y = (y_n) \in Y_2^{\mathbb{Z}} | y_0 = 1\}, \qquad [2] = \{y = (y_n) \in Y_2^{\mathbb{Z}} | y_0 = 2\}$$
からなる族 $\{[1], [2]\} = \alpha$ を選ぶ. α は σ の生成系である. $n > 0$ に対して $\bigvee_{i=0}^{n-1} \sigma^{-i}(\alpha)$ に属する集合 A は
$$A = \{y = (y_n) \in Y_2^{\mathbb{Z}} | y_0 = i_0, \cdots, y_{n-1} = i_{n-1}, i_k \in Y_2, 0 \leq k \leq n-1\}$$
であるから
$$\sharp \left(\bigvee_{i=0}^{n-1} \sigma^{-i}(\alpha) \right) = 2^n.$$
よって定理 1.8.11 により
$$\begin{aligned}
h(\sigma) &= h(\sigma, \alpha) \\
&= \lim_{k \to \infty} \frac{2n+k}{k} \frac{1}{2n+k} H \left(\bigvee_{i=0}^{2n+k-1} \sigma^{-i}(\alpha) \right) \\
&= \lim_{k \to \infty} \frac{1}{2n+k} \log 2^{2n+k} \\
&= \log 2 \\
&= \lim_{k \to \infty} \frac{1}{n} \log \sharp \mathrm{Fix}(\sigma^n) \qquad (\text{定理 1.1.1(1) により}).
\end{aligned}$$
□

注意 1.8.13 $k \geq 1$ とする. $Y_k = \{1, 2, \cdots, k\}$ に対して, 1.1 節と同様にして距離空間 $(Y_k^{\mathbb{Z}}, d)$ を定義する. このとき, 推移写像 $\sigma : Y_k^{\mathbb{Z}} \to Y_k^{\mathbb{Z}}$ の位相的エントロピーは
$$h(\sigma) = \log k$$
である.

注意 1.8.12 と同様に示される．

再び馬蹄写像について解説する．$\mathbb{R}^2$ の正方形 B を線形的に横に引き伸ばし，縦に縮める操作を行い，それを図 1.8.1 のように折り曲げて図形 B の上におく．このとき，B の中に 4 本の矩形（和集合を C で表す）が現れる．B から C への微分可能な写像を $f: B \to C$ を構成することができる（邦書文献 [Ao1]）．f を用いて B の中に図形

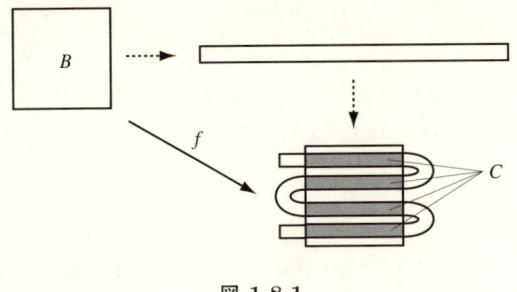

図 1.8.1

$$H_1 = B \cap f(B),$$
$$H_n = B \cap f(H_{n-1}) \qquad (n \geq 2)$$

を構成する．このとき

$$\bigcap_{n=1}^{\infty} f^n(B) = \bigcap_{n=1}^{\infty} H_n$$

は縦軸にカントール集合 (Cantor set) が生成される．f^{-1} は f の逆の対応であるから，H_1 を引き戻した集合は V_1 である（図 1.8.2）．この操作を n 回繰り返した図形は

$$V_n = f^{-1}(V_{n-1}) \cap B \qquad (n \geq 2)$$

である．よって

$$\Lambda = \left(\bigcap_{n=1}^{\infty} H_n\right) \cap \left(\bigcap_{n=1}^{\infty} V_n\right)$$

は 2 つのカントール集合の直積である．このような仕方で図 1.8.1 の m 本 $(m > 1)$ によって構成される Λ を**馬蹄** (horseshoe) といい，$f_{|\Lambda}: \Lambda \to \Lambda$ を**馬蹄写像** (horseshoe map) という．

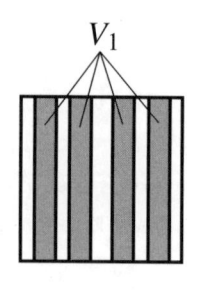

図 1.8.2

図 1.8.2 の 4 本の矩形にはさまれた 5 本の矩形（白い図形）の底辺の区間の長さの最小な長さを $\delta > 0$ とする．このとき $x, y \in \Lambda$ に対して

$$d(f^n(x), f^n(y)) \leq \delta \quad (n \to \infty, \ n \to -\infty) \implies x = y$$

である．さらに，$(\Lambda, f_{|\Lambda})$ は記号力学系 $(Y_4^{\mathbb{Z}}, \sigma)$ と位相共役でもある（図 1.8.1）．$f_{|\Lambda}$ の挙動の複雑さの度合は $f(B)$ が B と交わる図形 C に関係している．

位相的エントロピー $h(f)$ は図 1.8.1 の場合に $h(f) = \log 4$ である．図 1.8.3 の場合には $h(f) = \log 6$ である．

エントロピー $h(f)$ の値を固定する．図 1.8.4(1) と (2) を比較するとき，B が f によって a 倍 $(0 < a < 1)$ の率で縮小され，b 倍 $(b > 1)$ の率で引き伸ばされるとする．すなわち

$$D_x f = \begin{pmatrix} \varepsilon a & 0 \\ 0 & \varepsilon b \end{pmatrix} \qquad (x \in A).$$

ここに $\varepsilon = \pm 1$ である．

a, b が互いに 1 に近い値であれば，Λ のハウスドルフ次元 (Hausdorff dimension) $HD(\Lambda)$ は大きく，$a \to 0$, $b \to \infty$ のとき，$HD(\Lambda)$ は減少する．ハウスドルフ次元の定義は 4.8 節で与えられている．

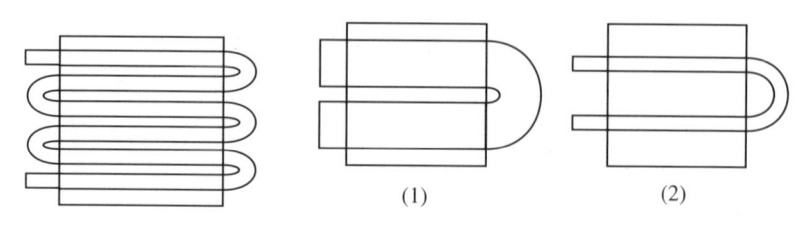

図 1.8.3　　　　　　　　　　　**図 1.8.4**

1.9 軌道平均とエントロピー

軌道の様子から位相的エントロピーの意味を考える．

相空間 X の上の状態 x の時間発展を連続写像 f の軌道 $\{x, f(x), f^2(x), \cdots\}$ でとらえる立場に立つとき，2 つの状態 x, y が非常に近く $(d(x, y) < \varepsilon)$ にあって，互いに異なる軌道を与えるかどうかわからなくとも，2 つの軌道 $\{x, f(x), \cdots\}$ と $\{y, f(y), \cdots\}$ がある $k > 0$ に対して $d(f^k(x), f^k(y)) > \varepsilon$ であれば，2 つの軌道は k の時間で区別可能である．いま，X はコンパクトであるとする．X の部分集合 E に属する 2 つの状態 x, y が $[0, k) \ni n$ なる自然数に対して，$d(f^n(x), f^n(y)) > \varepsilon$ であれば，E の濃度 $\sharp E$ は有限軌道の個数を示している．このような $\sharp E$ の最大濃度を $s_k(\varepsilon)$ で表し，k を増大させれば，それにつれて $s_k(\varepsilon)$ も増大し 1 つの増大率として，$h(f, \varepsilon) = \limsup_{k \to \infty} \frac{1}{k} \log s_k(\varepsilon)$ が定義される．例えば，$s_k(\varepsilon) = e^{hk}$ であれば，$h(f, \varepsilon) = h$ である．ここで $\varepsilon \to 0$ とすれば，$h_d(f) = \lim h(f, \varepsilon)$ が与えられる．よって，$h_d(f)$ を f の軌道の増大率によるエントロピーということにする．このエントロピーはコンパクト距離空間の上では開被覆によるエントロピーと一致することが後で証明される．

これから扱う空間 X は距離空間でなくてはならない．しかし，コンパクト性は仮定しなくてもよい．

X は距離空間とし，$\mathcal{UM}(X)$ は X から X への一様連続な写像の全体を表すことにする（写像は全射とは限らないことに注意する）．f は $\mathcal{UM}(X)$ に属し，n は自然数であって，$\varepsilon > 0$ とする．

K は X の部分集合とする．部分集合 $F(\subset X)$ が f による K の (n, ε)-**集約集合** (spanning set) であるとは，$x \in K$ に対して次を満たす $y \in F$ が存在することである：
$$\max\{d(f^i(x), f^i(y)) | 0 \leq i \leq n - 1\} \leq \varepsilon.$$

f による K の (n, ε)-集約集合の最小の濃度を

$$r_n(\varepsilon, K) \tag{1.9.1}$$

で表す．

注意 1.9.1 K がコンパクトであるとき，$r_n(\varepsilon, K)$ は有限である．

証明 f は一様連続であるから，$\delta > 0$ が存在して

$$d(x,y) < \delta \Longrightarrow \max\{d(f^i(x), f^i(y)) \mid 0 \leq i \leq n-1\} \leq \varepsilon.$$

このとき，$r_n(\varepsilon, K)$ は K を被覆するために必要な δ 半径の開近傍（δ-開近傍）の個数よりも大きくないことがわかる．ゆえに $r_n(\varepsilon, K) < \infty$ である． □

数列 $\{r_n(\varepsilon, K) \mid n \geq 1\}$ に対して

$$\bar{r}_f(\varepsilon, K) = \limsup_{n \to \infty} \frac{1}{n} \log r_n(\varepsilon, K)$$

を定義する（対数の底は e である）．

X の部分集合 E が f による (n, ε)-**分離集合** (separating set) であるとは，E の異なる 2 つの点 x, y に対して

$$\max\{d(f^i(x), f^i(y)) \mid 0 \leq i \leq n-1\} > \varepsilon$$

が成り立つときをいう．

注意 1.9.2 コンパクト集合 K の部分集合 E は (n, ε)-分離集合で，最大の濃度をもつとする．このとき，E は K の (n, ε)-集約集合である．

証明 E は K の (n, ε)-集約集合でないと仮定する．このとき，$y \in E$ に対して

$$\max\{d(f^i(x), f^i(y)) \mid 0 \leq i \leq n-1\} > \varepsilon$$

を満たす $x \in K$ が存在するから，$E \cup \{x\}$ は K の部分集合で (n, ε)-分離集合である．これは E の選び方に矛盾する． □

コンパクト部分集合 K の中で f による (n, ε)-分離集合の最大濃度を

$$s_n(\varepsilon, K) \tag{1.9.2}$$

で表す．このとき，$s_n(\varepsilon, K)$ は有限である（このことは次の命題 1.9.3(1) で証明される）．そこで

$$\bar{s}_f(\varepsilon, K) = \limsup_{n \to \infty} \frac{1}{n} \log s_n(\varepsilon, K)$$

を定義する．次の定理によって，2つの実数列 $\{\bar{r}_f(\varepsilon, K)|\varepsilon > 0\}$, $\{\bar{s}_f(\varepsilon, K)|\varepsilon > 0\}$ の極限が存在して

$$\lim_{\varepsilon \to 0} \bar{r}_f(\varepsilon, K) = \lim_{\varepsilon \to 0} \bar{s}_f(\varepsilon, K)$$

が成り立つ．上の等式を $h(f, K)$ で表し，X のすべてのコンパクト集合の族を Λ とするとき

$$h_d(f) = \sup\{h(f, K) | K \in \Lambda\}$$

とおく．$h_d(f)$ を距離空間 X の**一様連続写像のエントロピー** (entropy of uniformly continuous map) という．

命題 1.9.3 K は X のコンパクト部分集合とする．このとき次が成り立つ：

(1) $r_n(\varepsilon, K) \leq s_n(\varepsilon, K) \leq r_n\left(\dfrac{\varepsilon}{2}, K\right) < \infty$.

(2) $\varepsilon_1 < \varepsilon_2 \Longrightarrow \bar{r}_f(\varepsilon_1, K) \geq \bar{r}_f(\varepsilon_2, K)$, $\bar{s}_f(\varepsilon_1, K) \geq \bar{s}_f(\varepsilon_2, K)$.

証明 (1) の前半の不等式は注意 1.9.2 により明らかである．

(1) の後半の不等式を示す．E は K の部分集合で，(n, ε)–分離集合とし，F は X の部分集合で K の $\left(n, \dfrac{\varepsilon}{2}\right)$–集約集合とする．$E \subset K$ から，$x \in E$ に対して，$\varphi(x) \in F$ が存在して

$$\max\{d(f^i(x), f^i(\varphi(x))) | 0 \leq i \leq n-1\} \leq \dfrac{\varepsilon}{2}. \tag{1.9.3}$$

$y \in E$ に対して，$\varphi(y) \in F$ があって，x を y に置き換えると当然 (1.9.3) が成り立つ．よって $\varphi(x) = \varphi(y)$ であれば

$$\begin{aligned}
&\max\{d(f^i(x), f^i(y)) | 0 \leq i \leq n-1\} \\
&\leq \max\{d(f^i(x), f^i(\varphi(x))) | 0 \leq i \leq n-1\} \\
&\quad + \max\{d(f^i(\varphi(y)), f^i(y)) | 0 \leq i \leq n-1\} \\
&\leq \dfrac{\varepsilon}{2} + \dfrac{\varepsilon}{2} = \varepsilon.
\end{aligned}$$

E は (n, ε)–分離集合であるから，$x = y$ である．よって，E の濃度は F の濃度より大きくない．よって，$s_n(\varepsilon, K) \leq r_n\left(\dfrac{\varepsilon}{2}, K\right)$ である．

(2) は定義と (1) により明らかである． $\square$

注意 1.9.4 K は X の部分集合とする．このとき，X がコンパクトであれば，$r_n(\varepsilon, K)$ は有限であって

$$r_n(\varepsilon, K) \leq s_n(\varepsilon, K) \leq r_n\left(\frac{\varepsilon}{2}, K\right)$$

が成り立つ．

実際に，X のコンパクト性に注意すれば，注意 1.9.1 と命題 1.9.3 の証明から結論を得る．

注意 1.9.5 (1) $h_d(f)$ は距離関数 d に依存する．
(2) $K_i, 0 \leq i \leq m$, はコンパクト部分集合とする．このとき $K_0 \subset K_1 \cup \cdots \cup K_m$ であれば

$$h(f, K_0) \leq \max\{h(f, K_i) | 1 \leq i \leq m\}.$$

(3) $\delta > 0$ に対して f のエントロピー $h_d(f)$ は次を満たす：

$$h_d(f) = \sup\{h(f, K) | \operatorname{diam}(K) \leq \delta, K \in \Lambda\}.$$

ここに，Λ は X のコンパクト部分集合の族を表し，X の部分集合 A の直径を

$$\operatorname{diam}(A) = \sup\{d(x, y) | x, y \in A\}$$

によって表す．
(4) X がコンパクトであれば，$h_d(f) = h(f, X)$ である．

証明 (1) は明らかである．

(2) の証明：$\varepsilon > 0$ に対して，明らかに

$$s_n(\varepsilon, K_0) \leq s_n(\varepsilon, K_1) + \cdots + s_n(\varepsilon, K_m).$$

$\varepsilon > 0$ を固定する．このとき $n > 0$ に対して

$$s_n(\varepsilon, K_{i_n}(\varepsilon)) = \max\{s_n(\varepsilon, K_j) | 1 \leq j \leq m\}$$

を満たす $K_{i_n}(\varepsilon) \in \{K_i | 1 \leq i \leq m\}$ が存在する．ゆえに

$$s_n(\varepsilon, K_0) \leq m s_n(\varepsilon, K_{i_n}(\varepsilon))$$

が成り立つ．よって
$$\log s_n(\varepsilon, K_0) \leq \log m + \log s_n(\varepsilon, K_{i_n}(\varepsilon)).$$

さて
$$\frac{1}{n_j}\log s_{n_j}(\varepsilon, K_0) \longrightarrow \limsup_{n\to\infty} \frac{1}{n}\log s_n(\varepsilon, K_0) \ (j\to\infty)$$

を満たす単調増加な自然数列 $\{n_j\}$ を選ぶ．このとき，$\{K_{i_{n_j}}(\varepsilon)\,|\,j\geq 0\}$ は有限集合族 $\{K_i\,|\,1\leq i\leq m\}$ の部分族であるから，$\{K_{i_{n_j}}(\varepsilon)\}$ の部分族はいずれかの $K(\varepsilon)$ に等しい．簡単のために，$K_{i_{n_j}}(\varepsilon) = K(\varepsilon)\ (j\geq 0)$ とすれば

$$\bar{s}_f(\varepsilon, K_0) \leq \bar{s}_f(\varepsilon, K(\varepsilon))$$

が得られる．ε は任意であるから，$K(\varepsilon_\alpha)$ は一定の集合 K_{i_0} であるように $\varepsilon_\alpha \to 0$ を選ぶことができる．よって

$$h(f, K_0) \leq h(f, K_{i_0}) \leq \max\{h(f, K_j)\,|\,1\leq j\leq m\}.$$

(3) の証明：$G \in \Lambda$ とする．α は G の有限開被覆であって，各 $U\in\alpha$ の直径は δ 以下 $(\operatorname{diam}(U)\leq \delta)$ とする．明らかに $G\subset \bigcup_{U\in\alpha}\operatorname{Cl}(U)$ であるから，(2) によって
$$h(f, G) \leq \max\{h(f, \operatorname{Cl}(U))\,|\,U\in\alpha\}$$

が成り立つ．このことから (3) が求まる．

(4) の証明：(2) によって，コンパクト部分集合 $K\subset X$ に対して，$h(f, K) \leq h(f, X)$ である．よって $h_d(f) = h(f, X)$ である． □

定理 1.9.6 距離関数 d と d' は一様同値であるとして，$f\in \mathcal{UM}(X)$ とする．このとき
$$h_d(f) = h_{d'}(f)$$

が成り立つ．

証明 d と d' は一様同値であるから，$\varepsilon_1 > 0$ に対して
$$d'(x,y) < \varepsilon_2 \Longrightarrow d(x,y) < \varepsilon_1$$

を満たす $\varepsilon_2 > 0$ が存在して
$$d(x,y) < \varepsilon_3 \Longrightarrow d'(x,y) < \varepsilon_2$$

を満たす $\varepsilon_3 > 0$ が存在する．よって，コンパクト部分集合 K に対して

$$r_n(\varepsilon_1, K, d) \leq r_n(\varepsilon_2, K, d'),$$
$$r_n(\varepsilon_2, K, d') \leq r_n(\varepsilon_3, K, d)$$

が成り立つ．よって

$$\bar{r}_f(\varepsilon_1, K, d) \leq \bar{r}_f(\varepsilon_2, K, d') \leq \bar{r}_f(\varepsilon_3, K, d).$$

$\varepsilon_1 \to 0$ とすれば，$\varepsilon_2 \to 0$, $\varepsilon_3 \to 0$ である．ゆえに $h_d(f, K) = h_{d'}(f, K)$ である． □

定理 1.9.7 f はコンパクト距離空間 X の上の連続写像とする．このとき，開被覆によるエントロピーと一様連続写像によるエントロピーは一致する．

証明 開被覆によって定義されたエントロピーを $h^*(f, \alpha)$, $h^*(f)$ で表すことにする．X の有限開被覆 $\alpha = \{A_1, \cdots, A_p\}$ に対して，最初に次を証明する：
 (a) $h^*(f, \alpha) \leq h_d(f)$.
 $\delta(\alpha) > 0$ は α に対するルベーグ数とする．$0 < \delta < \delta(\alpha)$ を満たす δ に対して，F を X の部分集合で最小濃度をもつ $\left(n, \dfrac{\delta}{2}\right)$–集約集合とする．$z \in F$ に対して

$$B_{\frac{\delta}{2}}(f^k(z)) \subset A_{i_k} \quad (0 \leq k \leq n-1)$$

を満たす $A_{i_k} \in \alpha$ が存在する．ここに $B_\delta(x)$ は x の δ–閉近傍を表す．
 A_{i_k} は点 $f^k(z)$ を含むから，A_{i_k} を $A_{i_k}(z)$ で表すことにする．このとき

$$c(z) = A_{i_0}(z) \cap f^{-1}(A_{i_1}(z)) \cap \cdots \cap f^{-(n-1)}(A_{i_{n-1}}(z))$$

は $\bigvee_{i=0}^{n-1} f^{-i}(\alpha)$ に属し，$X = \bigcup \{c(z) \mid z \in F\}$ である．
 実際に，$x \in X$ に対して，$z \in F$ が存在して

$$x \in f^{-k}(B_{\frac{\delta}{2}}(f^k(z))) \subset f^{-k}(A_{i_k}(z)) \quad (0 \leq k \leq n-1),$$

すなわち $x \in c(z)$ である．
 したがって

$$N(\alpha \vee f^{-1}(\alpha) \vee \cdots \vee f^{-(n-1)}(\alpha)) \leq \sharp F = r_n\left(\frac{\delta}{2}, X\right)$$

($\sharp F$ は F の濃度を示している). よって $h^*(f, \alpha) \leq \bar{r}_f\left(\dfrac{\delta}{2}, X\right)$ である. δ は任意であるから $\delta \to 0$ とすれば, $h^*(f, \alpha) \leq h_d(f, X) = h_d(f)$ が求まる. 次に

(b) $h_d(f) \leq h^*(f)$

を示す. $\delta > 0$ に対して, $\alpha = \{A_1, \cdots, A_p\}$ は各 A_i が $\mathrm{diam}(A_i) < \delta$ を満たす X の開被覆とし, E を最大濃度の X の (n, δ)-分離集合とする. このとき, $x, y \in E (x \neq y)$ に対して, $A \in \bigvee_{i=0}^{n-1} f^{-i}(\alpha)$ が存在して

$$x \in A \Longrightarrow y \notin A$$

である.

実際に, $x, y \in A$ とすると, A は $\bigvee_{i=0}^{n-1} f^{-i}(\alpha)$ に属しているから

$$A = \bigcap_{i=0}^{n-1} f^{-i}(A_{j_i}) \quad (A_{j_i} \in \alpha)$$

と書ける. よって

$$\max\{d(f^i(x), f^i(y)) | 0 \leq i \leq n - 1\} < \delta.$$

しかし, E は (n, δ)-分離集合であるから, $x = y$ を得る. これは矛盾である.

ゆえに

$$N(\alpha \vee f^{-1}(\alpha) \vee \cdots \vee f^{-(n-1)}(\alpha)) \geq \sharp E = s_n(\delta, X).$$

よって

$$h^*(f) \geq h^*(f, \alpha) \geq \bar{s}_f(\delta, X).$$

δ は任意であるから $\delta \to 0$ とすれば, $h^*(f) \geq h_d(f, X) = h_d(f)$ が求まる. □

1.10 位相的エントロピーの性質

位相的エントロピーの性質を与える.

定理 1.10.1 (1) $f \in \mathcal{UM}(X), m > 0$ ならば, $h_d(f^m) = m h_d(f)$ である.

(2) X_i は距離空間として, $f_i \in \mathcal{UM}(X_i)$ とする $(i = 1, 2)$. 直積位相空間 $X_1 \times X_2$ の距離関数 d を

$$d((x_1, x_2), (y_1, y_2)) = \max\{d_1(x_1, y_1), d_2(x_2, y_2)\},$$

写像 $f_1 \times f_2$ を

$$f_1 \times f_2(x_1, x_2) = (f_1(x_1),\ f_2(x_2))$$

によってそれぞれ定義する．このとき

$$h_d(f_1 \times f_2) \leq h_{d_1}(f_1) + h_{d_2}(f_2)$$

が成り立つ．

(3) 特に X_1, X_2 はコンパクトであるとすると

$$h_d(f_1 \times f_2) = h_{d_1}(f_1) + h_{d_2}(f_2)$$

である．

証明 (1) の証明：$r_n(\varepsilon, K, f^m) \leq r_{mn}(\varepsilon, K, f)$ であるから

$$\frac{1}{n}\log r_n(\varepsilon, K, f^m) \leq \frac{m}{mn}\log r_{mn}(\varepsilon, K, f).$$

よって，$h_d(f^m) \leq m h_d(f)$ が成り立つ．f は一様連続であるから，$\varepsilon > 0$ に対して $\delta > 0$ が存在して

$$d(x, y) < \delta \Longrightarrow \max\{d(f^i(x),\ f^i(y))|0 \leq i \leq m - 1\} < \varepsilon$$

である．ゆえに，f^m による K の (n, δ)–集約集合は f による K の (mn, ε)–集約集合である．よって

$$r_n(\delta, K, f^m) \geq r_{mn}(\varepsilon, K, f).$$

ゆえに

$$m\bar{r}_f(\varepsilon, K) \leq \bar{r}_{f^m}(\delta, K).$$

$\varepsilon \to 0$ としたとき，$m h_d(f, K) \leq h_d(f^m, K)$ が求まる．

(2) の証明：$K_i \subset X_i$ はコンパクト部分集合とし，F_i は f_i による K_i の (n, ε)–集約集合とする．このとき，直積集合 $F_1 \times F_2$ は $f_1 \times f_2$ による $K_1 \times K_2$ の (n, ε)–集約集合である．よって

$$r_n(\varepsilon, K_1 \times K_2, f_1 \times f_2) \leq r_n(\varepsilon, K_1, f_1) r_n(\varepsilon, K_2, f_2).$$

したがって

$$\bar{r}_{f_1 \times f_2}(\varepsilon, K_1 \times K_2) \leq \bar{r}_{f_1}(\varepsilon, K_1) + \bar{r}_{f_2}(\varepsilon, K_2)$$

が求まり，$\varepsilon \to 0$ とするとき

$$h_d(f_1 \times f_2, K_1 \times K_2) \leq h_{d_1}(f_1, K_1) + h_{d_2}(f_2, K_2).$$

$(x_1, x_2) \in X_1 \times X_2$ に対して，$\pi_i(x_1, x_2) = x_i$ $(i = 1, 2)$ なる連続写像 $\pi_i : X_1 \times X_2 \to X_i$ を定義する．K が $X_1 \times X_2$ のコンパクト部分集合であれば，$\pi_1(K) = K_1, \pi_2(K) = K_2$ はコンパクトであって，$K \subset K_1 \times K_2$ を満たす．よって

$$h_d(f_1 \times f_2, K) \leq h_d(f_1 \times f_2, K_1 \times K_2)$$

であり

$$\begin{aligned}
h_d(f_1 \times f_2) &= \sup_{K \subset K_1 \times K_2 \,:\, \text{コンパクト}} h_d(f_1 \times f_2, K) \\
&\leq \sup_{K_1 \subset X_1, K_2 \subset X_2 \,:\, \text{コンパクト}} h_d(f_1 \times f_2, K_1 \times K_2) \\
&\leq \sup_{K_1 \subset X_1 \,:\, \text{コンパクト}} h_{d_1}(f_1, K_1) + \sup_{K_2 \subset X_2 \,:\, \text{コンパクト}} h_{d_2}(f_2, K_2) \\
&= h_{d_1}(f_1) + h_{d_2}(f_2)
\end{aligned}$$

を得る．

(3) の証明：α_i は X_i の有限開被覆，$\delta_i > 0$ は α_i に対するルベーグ数とし，X_i の部分集合と S_i は f_i による X_i の最大濃度をもつ $\left(n, \dfrac{\delta_i}{2}\right)$–分離集合とする．

$$\delta = \min\left\{\frac{\delta_1}{2}, \frac{\delta_2}{2}\right\}$$

とおくと，$S_1 \times S_2$ は $f_1 \times f_2$ による $X_1 \times X_2$ の (n, δ)–分離集合である．よって

$$s_n(\delta, X_1 \times X_2) \geq s_n\left(\frac{\delta_1}{2}, X_1\right) s_n\left(\frac{\delta_2}{2}, X_2\right).$$

最大濃度をもつ分離集合は，1つの集約集合でもあるから

$$s_n\left(\frac{\delta_1}{2}, X_1\right) s_n\left(\frac{\delta_2}{2}, X_2\right) \geq N\left(\bigvee_{i=0}^{n-1} f^{-i}(\alpha_1)\right) N\left(\bigvee_{i=0}^{n-1} f^{-i}(\alpha_2)\right)$$

が成り立ち

$$h_d(f_1 \times f_2) \geq \limsup_{n \to \infty} \frac{1}{n} \log s_n(\delta, X_1 \times X_2)$$
$$\geq \lim_{n \to \infty} \frac{1}{n} \log N\left(\bigvee_{i=0}^{n-1} f^{-i}(\alpha_1)\right) + \lim_{n \to \infty} \frac{1}{n} \log N\left(\bigvee_{i=0}^{n-1} f^{-i}(\alpha_2)\right)$$
$$= h_{d_1}(f_1, \alpha_1) + h_{d_2}(f_2, \alpha_2).$$

各 α_i は任意であるから

$$h_d(f_1 \times f_2) \geq h_{d_1}(f_1) + h_{d_2}(f_2)$$

である. □

同相写像 $f : X \to X$ が**等長的** (isometric) であるとは

$$d(f(x), f(y)) = d(x, y) \qquad (x, y \in X)$$

を満たすことである.

注意 1.10.2 コンパクト距離空間 X の上の同相写像 f が等長的であれば, $h_d(f) = 0$ である.

証明 X はコンパクトであるから, 有限個の点 $x_1, \cdots, x_k \in X$ が存在して, 各点の ε-開近傍 $U_\varepsilon(x_i)$ の和集合によって X は被覆される. f は等長的であるから, $n \geq 0$ に対して集合 $\{x_1, \cdots, x_k\}$ は (n, ε)-集約集合である. よって

$$r_n(\varepsilon, X) \leq k.$$

このことから $h_d(f) = 0$ が求まる. □

注意 1.10.3 閉区間 $[0, 1]$ の上のすべての同相写像の位相的エントロピーは 0 である.

証明 同相写像 $f : [0, 1] \to [0, 1]$ は 2 点 0, 1 に対して $f(0) = 0$, $f(1) = 1$ あるいは $f(0) = 1$, $f(1) = 0$ のいずれかの値をとる. よって f^2 は 2 点 0, 1 に対して, $f^2(0) = 0$, $f^2(1) = 1$ である.

$g = f^2$ とおいて,次を満たすように $\varepsilon > 0$ を選ぶ:

$$d(x,y) \leq \varepsilon \Longrightarrow d(g^{-1}(x), g^{-1}(y)) < \frac{1}{4}.$$

g に対する $(1, \varepsilon)$–集約集合を考えるとき

$$r_1(\varepsilon, [0,1]) \leq \left[\frac{1}{\varepsilon}\right] + 1$$

を得る([·] はガウス記号を表す).

F は最小濃度をもつ $(n-1, \varepsilon)$–集約集合として,$g^{n-1}(F)$ の点によって分割される $[0,1]$ の小区間を考える.これらの小区間の長さが ε 以下になるように F に新たに点を付け加える.この場合に,高々 $\left[\dfrac{1}{\varepsilon}\right] + 1$ 個の点を加えてやれば十分である.いま

$$F' = F \cup g^{-(n-1)}\{\text{新しい点}\}$$

とおくと,F' は $[0,1]$ の (n, ε)–集約集合となる.

実際に,$x \in [0,1]$ に対して

$$\max\{d(g^i(x), g^i(y)) | 0 \leq i \leq n-2\} \leq \varepsilon$$

を満たす $y \in F$ が存在する.もしも

$$d(g^{n-1}(x), g^{n-1}(y)) \leq \varepsilon$$

であれば,F' は (n, ε)–集約集合である.

$d(g^{n-1}(x), g^{n-1}(y)) > \varepsilon$ の場合に区間 $[g^{n-1}(x), g^{n-1}(y)]$ は g による ε–区間 $[g^{n-2}(x), g^{n-2}(y)]$ の像である.しかも $[g^{n-1}(x), g^{n-1}(y)]$ は ε–区間ではない.ここで

$$g^{n-1}(z) \in [g^{n-1}(x), g^{n-1}(y)], \qquad d(g^{n-1}(x), g^{n-1}(z)) \leq \varepsilon$$

を満たす $z \in F'$ を選ぶ.このとき $g^{n-2}(z) \in [g^{n-2}(x), g^{n-2}(y)]$ である.ゆえに

$$d(g^{n-2}(x), g^{n-2}(z)) \leq \varepsilon.$$

ε–区間 $[g^{n-2}(x), g^{n-2}(y)]$ は g^{-1} によって長さ $\dfrac{1}{4}$ 以内の区間に写される.しかし $y \in F$ であるから,区間 $[g^{n-3}(x), g^{n-3}(y)]$ は長さ ε 以内の区間である.ところで

$$g^{n-3}(z) \in [g^{n-3}(x), g^{n-3}(y)].$$

よって $d(g^{n-3}(x), g^{n-3}(z)) \leq \varepsilon$ を得る．このことを繰り返すと

$$d(g^i(x), g^i(z)) \leq \varepsilon \quad (0 \leq i \leq n-1)$$

が求まる．ゆえに F' は (n, ε)-集約集合である．したがって

$$r_n(\varepsilon, [0,1]) \leq r_{n-1}(\varepsilon, [0,1]) + \left[\frac{1}{\varepsilon}\right] + 1 \leq n\left(\left[\frac{1}{\varepsilon}\right] + 1\right).$$

よって

$$\bar{r}_g(\varepsilon, [0,1]) = \limsup_{n\to\infty} \frac{1}{n} \log r_n(\varepsilon, [0,1]) = 0.$$

ゆえに $h_d(g) = 0$ が求まる．

定理 1.10.1(1) により，$2h_d(f) = h_d(f^2) = 0$ である．ゆえに $h_d(f) = 0$ である． □

最後に，次の定理を示す：

命題 1.10.4 $X, \tilde{X}$ は距離空間とし，$\pi: \tilde{X} \to X$ は連続関数とする．特に，π は全射かつ $\delta > 0$ が存在して，$\tilde{x} \in \tilde{X}$ に対して

$$\pi_{|U_\delta(\tilde{x})} : U_\delta(\tilde{x}) \longrightarrow U_\delta(\pi(\tilde{x}))$$

は等長的であるとする．すなわち π は局所等長被覆写像とする．このとき，$f \in \mathcal{UM}(X)$ と $\tilde{f} \in \mathcal{UM}(\tilde{X})$ が $\pi \circ \tilde{f} = f \circ \pi$ を満たすならば，$h_d(f) = h_{\tilde{d}}(\tilde{f})$ である．

証明 $\tilde{K}$ は $\mathrm{diam}(\tilde{K}) < \delta$ なる $\tilde{X}$ のコンパクト集合とすれば，仮定によって $\pi(\tilde{K})$ も $\mathrm{diam}(\pi(\tilde{K})) < \delta$ を満たす X のコンパクト集合である．$\tilde{f}: \tilde{X} \to \tilde{X}$ は一様連続であるから

$$\tilde{d}(\tilde{x}, \tilde{y}) \leq \varepsilon \Longrightarrow \tilde{d}(\tilde{f}(\tilde{x}), \tilde{f}(\tilde{y})) < \delta$$

を満たす $\varepsilon > 0$ を選ぶことができる．

$\tilde{K}$ の部分集合 $\tilde{E}$ は $\tilde{f}$ に対する (n, ε)-分離集合とする．このとき，$\pi(\tilde{E})$ は f に対する (n, ε)-分離集合であることを示す．明らかに $\pi(\tilde{E}) \subset \pi(\tilde{K})$ である．$\pi: \tilde{K} \to \pi(\tilde{K})$ は単射であるから，$\tilde{x}, \tilde{y} \in \tilde{E}(\tilde{x} \neq \tilde{y})$ ならば，$\pi(\tilde{x}) \neq \pi(\tilde{y})$ で

ある．$\tilde{E}$ は $\tilde{f}$ に対する (n,ε)–分離集合であるから，$0 \leq i_0 \leq n-1$ を満たす i_0 が存在して

$$\tilde{d}(\tilde{f}^i(\tilde{x}),\tilde{f}^i(\tilde{y})) \leq \varepsilon \ (i \leq i_0), \qquad \tilde{d}(\tilde{f}^{i_0+1}(\tilde{x}),\tilde{f}^{i_0+1}(\tilde{y})) > \varepsilon$$

とできる．ε の選び方から

$$\tilde{d}(\tilde{f}^{i_0+1}(\tilde{x}),\tilde{f}^{i_0+1}(\tilde{y})) < \delta.$$

よって

$$\tilde{f}^{i_0+1}(\tilde{y}) \in U_\delta(\tilde{f}^{i_0+1}(\tilde{x})).$$

π は等長的であるから

$$f^{i_0+1}(\pi(\tilde{y})) \in U_\delta(f^{i_0+1}\pi(\tilde{x})).$$

一方において

$$d(f^{i_0+1}\pi(\tilde{x}),f^{i_0+1}\pi(\tilde{y})) = \tilde{d}(\tilde{f}^{i_0+1}(\tilde{x}),\tilde{f}^{i_0+1}(\tilde{y})) > \varepsilon.$$

よって，$\pi(\tilde{E})$ は f に対する (n,ε)–分離集合である．したがって

$$s_n(\varepsilon,\tilde{K},\tilde{f}) \leq s_n(\varepsilon,\pi(\tilde{K}),f)$$

が成り立つ．よって $h_{\tilde{d}}(\tilde{f}) \leq h_d(f)$ である（注意 1.9.4(3) によって）．

逆の不等式を示すために，E は $\pi(\tilde{K})$ の部分集合で，f に対する (n,ε)–分離集合とする．ここに，$\tilde{K}$ はコンパクトかつ $\mathrm{diam}(\tilde{K}) < \delta$ である．

$$\tilde{E} = \pi^{-1}(E) \cap \tilde{K}$$

とおく．このとき

$$\tilde{d}(\tilde{f}^i(\tilde{x}),\tilde{f}^i(\tilde{y})) \leq \varepsilon \ (\tilde{x},\tilde{y} \in \tilde{E}) \Longrightarrow d(f^i\pi(\tilde{x}),f^i\pi(\tilde{y})) \leq \varepsilon$$

である．$\tilde{E}$ は $\tilde{f}$ に対する (n,ε)–分離集合である．よって

$$s_n(\varepsilon,\pi(\tilde{K}),f) \leq s_n(\varepsilon,\tilde{K},\tilde{f}).$$

結果として

$$s_n(\varepsilon,\tilde{K},\tilde{f}) = s_n(\varepsilon,\pi(\tilde{K}),f)$$

が成り立つ．ゆえに

$$h_{\tilde{d}}(\tilde{f}) \geq h(\tilde{f}, \tilde{K}) = h(f, \pi(\tilde{K})).$$

$\mathrm{diam}(K) < \delta$ を満たすコンパクト集合 $K \subset X$ は $\tilde{X}$ のあるコンパクト集合 $\tilde{K}$ によって $K = \pi(\tilde{K})$ と表されるから，$h_{\tilde{d}}(\tilde{f}) \geq h_d(f, K)$ である．K は任意であるから，注意 1.9.4(3) によって $h_{\tilde{d}}(\tilde{f}) \geq h_d(f)$ である． □

1.11 位相的圧力

コンパクト距離空間 X の上で定義され，実数空間 $\mathbb{R}$ で値をもつ連続関数の全体を $C(X, \mathbb{R})$ で表し，$\varphi \in C(X, \mathbb{R})$ に対して

$$||\varphi|| = \max\{|\varphi(x)| \,|\, x \in X\}$$

によって線形空間 $C(X, \mathbb{R})$ の上にノルムを与える．これを**一様ノルム** (uniform norm) という．一様ノルムによって $C(X, \mathbb{R})$ に距離関数が導入され，$C(X, \mathbb{R})$ は完備な距離空間になる．$f : X \to X$ は連続写像とする．$\varphi \in C(X, \mathbb{R})$ に対して

$$S_n \varphi(x) = \sum_{i=0}^{n-1} \varphi(f^i x) \qquad (n \geq 1)$$

とおき，$n \geq 1$ と $\varepsilon > 0$ に対して

$$Q_n(f, \varphi, \varepsilon) = \inf \left\{ \sum_{x \in F} e^{S_n \varphi(x)} \,\middle|\, F \text{ は } X \text{ の } (n, \varepsilon)\text{-集約集合} \right\} \qquad (1.11.1)$$

を定義する．

注意 1.11.1 $n \geq 1$ に対して $r_n(\varepsilon, X)$ は (1.9.1) で与えた実数とする．$Q_n(f, \varphi, \varepsilon)$ の定義から，次の (1),(2),(3) は明らかである：

(1) $x \in X$ があって，$0 < Q_n(f, \varphi, \varepsilon) \leq e^{S_n \varphi(x)} r_n(\varepsilon, X) < \infty$.

(2) $\varepsilon_1 < \varepsilon_2$ ならば，$Q_n(f, \varphi, \varepsilon_1) \geq Q_n(f, \varphi, \varepsilon_2)$.

(3) $Q_n(f, 0, \varepsilon) = r_n(\varepsilon, X)$.

実数列 $\{Q_n(f, \varphi, \varepsilon) \,|\, n \geq 1\}$ に対して

$$Q(f, \varphi, \varepsilon) = \limsup_{n \to \infty} \frac{1}{n} \log Q_n(f, \varphi, \varepsilon)$$

とおく．このとき

注意 1.11.2 次の (4),(5) が成り立つ：

(4) $Q(f,\varphi,\varepsilon) \leq ||\varphi|| + \limsup\limits_{n\to\infty} \dfrac{1}{n} \log r_n(\varepsilon, X) < \infty.$

(5) $\varepsilon_1 < \varepsilon_2$ ならば, $Q(f,\varphi,\varepsilon_1) \geq Q(f,\varphi,\varepsilon_2).$

注意 1.11.2(5) により

$$P(f,\varphi) = \lim_{\varepsilon\to 0} Q(f,\varphi,\varepsilon)$$

が存在する．このとき $P(f,\varphi)$ を $C(X,\mathbb{R})$ の上の f に関する**位相的圧力** (topological pressure) という．

注意 1.11.3 $P(f,0)$ は位相的エントロピー $P(f,0) = h(f)$ を表している．

$C(X,\mathbb{R})$ の上に別の方法によって f に関する位相的圧力を定義する．$\varphi \in C(X,\mathbb{R})$, $n \geq 1$, $\varepsilon > 0$ に対して

$$P_n(f,\varphi,\varepsilon) = \sup\left\{\sum_{x\in E} e^{S_n\varphi(x)} \,\bigg|\, E \text{ は } X \text{ の } (n,\varepsilon)\text{-分離集合}\right\} \quad (1.11.2)$$

とおく．

注意 1.11.4 $n \geq 1$ に対して，$s_n(\varepsilon, X)$ は (1.9.2) で与えた実数とする．次の (6), (7), (8), (9) は明らかである：

(6) $\varepsilon_1 < \varepsilon_2$ ならば, $P_n(f,\varphi,\varepsilon_1) \geq P_n(f,\varphi,\varepsilon_2).$

(7) $P_n(f,0,\varepsilon) = s_n(\varepsilon, X).$

(8) $Q_n(f,\varphi,\varepsilon) \leq P_n(f,\varphi,\varepsilon).$

(9) $d(x,y) < \dfrac{\varepsilon}{2}$ ならば, $|\varphi(x) - \varphi(y)| < \delta$ を満たす δ に対して

$$P_n(f,\varphi,\varepsilon) \leq e^{n\delta} Q_n\left(f,\varphi,\dfrac{\varepsilon}{2}\right).$$

証明 (6), (7) は定義から明らかである．最大な濃度をもつ (n,ε)-分離集合は，X の (n,ε)-集約集合であることに注意すれば，(8) は求まる．E は (n,ε)-分離集合，F は X の $\left(n,\dfrac{\varepsilon}{2}\right)$-集約集合として

$$d_n(x,y) = \max\{d(f^i(x), f^i(y)) \mid 0 \leq i \leq n-1\}$$

とおく．このとき，$x \in E$ に対して，$d_n(x,\phi(x)) \leq \dfrac{\varepsilon}{2}$ を満たすように $\phi : E \to F$ を定めると，ϕ は単射である．よって

$$\begin{aligned}
\sum_{y \in F} e^{S_n\varphi(y)} &\geq \sum_{y \in \phi(E)} e^{S_n\varphi(y)} \\
&\geq \left(\min_{x \in E} e^{S_n\varphi(\phi x) - S_n\varphi(x)}\right) \sum_{x \in E} e^{S_n\varphi(x)} \\
&\geq e^{-n\delta} \sum_{x \in E} e^{S_n\varphi(x)}.
\end{aligned}$$

このことから，(9) が求まる． □

実数列 $\{P_n(f,\varphi,\varepsilon) \mid n \geq 1\}$ に対して

$$P(f,\varphi,\varepsilon) = \limsup_{n \to \infty} \frac{1}{n} \log P_n(f,\varphi,\varepsilon)$$

とおく．

注意 1.11.5 次の (10), (11), (12) は明らかである：

(10) $Q(f,\varphi,\varepsilon) \leq P(f,\varphi,\varepsilon)$.

(11) $d(x,y) < \dfrac{\varepsilon}{2}$ ならば，$|\varphi(x) - \varphi(y)| < \delta$ を満たす δ に対して

$$P(f,\varphi,\varepsilon) \leq \delta + Q\left(f,\varphi,\dfrac{\varepsilon}{2}\right).$$

(12) $\varepsilon_1 < \varepsilon_2$ ならば，$P(f,\varphi,\varepsilon_1) \geq P(f,\varphi,\varepsilon_2)$ である．

定理 1.11.6 $\varphi \in C(X,\mathbb{R})$ に対して

$$\lim_{\varepsilon \to 0} Q(f,\varphi,\varepsilon) = \lim_{\varepsilon \to 0} P(f,\varphi,\varepsilon).$$

証明 注意 1.11.5(12) により，定理 1.11.6 の等式の右辺の極限値は存在する．
注意 1.11.5(10) により

$$\lim_{\varepsilon \to 0} Q(f, \varphi, \varepsilon) \leq \lim_{\varepsilon \to 0} P(f, \varphi, \varepsilon)$$

は明らかである．注意 1.11.5(11) により

$$\lim_{\varepsilon \to 0} P(f, \varphi, \varepsilon) \leq \delta + \lim_{\varepsilon \to 0} Q\left(f, \varphi, \frac{\varepsilon}{2}\right)$$

が成り立つから，定理の等式は成り立つ． □

1.12 位相的圧力の性質

$C(X, \mathbb{R})$ の上の f に関する位相的圧力 $P(f, \varphi)$ の性質を述べる．

命題 1.12.1 $\varphi, \psi \in C(X, \mathbb{R})$, $\varepsilon > 0$, $c \in \mathbb{R}$ に対して，次が成り立つ：

(1) $\varphi \leq \psi$ ならば，$P(f, \varphi) \leq P(f, \psi)$.
特に，$P(f, 0) + \inf \varphi \leq P(f, \varphi) \leq P(f, 0) + \sup \varphi$.

(2) $0 \leq P(f, 0) \leq \infty$.

(3) $|P(f, \varphi, \varepsilon) - P(f, \psi, \varepsilon)| \leq ||\varphi - \psi|| + \bar{s}_f(\varepsilon, X)$.
$P(f, \varphi), P(f, \psi)$ が有限ならば，$|P(f, \varphi) - P(f, \psi)| \leq ||\varphi - \psi|| + P(f, 0)$.

(4) $P(f, 0) < \infty$ のとき，$0 < p < 1$ に対して

$$P(f, p\varphi + (1-p)\psi) \leq pP(f, \varphi) + (1-p)P(f, \psi)$$

($P(f, \cdot)$ を**凸関数**という)．

(5) $P(f, \varphi + c) = P(f, \varphi) + c$.

(6) $P(f, \varphi + \psi \circ f - \psi) = P(f, \varphi)$.

(7) $P(f, \varphi + \psi) \leq P(f, \varphi) + P(f, \psi)$.

(8) $P(f, c\varphi) \leq cP(f, \varphi) \quad (c \geq 1)$.
$P(f, c\varphi) \geq cP(f, \varphi) \quad (c \leq 1)$.

(9) $|P(f, \varphi)| \leq P(f, |\varphi|)$.

証明 (1) と (2) は定義から明らかである.

(3) を示すために，2 つの正の実数列 $\{a_i\}, \{b_i\}$ に対して

$$\frac{\sup\{a_i\}}{\sup\{b_i\}} \leq \sup \frac{\{a_i\}}{\{b_i\}}$$

が成り立つことに注意する．このとき

$$\frac{P_n(f, \varphi, \varepsilon)}{P_n(f, \psi, \varepsilon)} \leq \sup\left\{\frac{\sum_{x \in E} e^{S_n\varphi(x)}}{\sum_{x \in E} e^{S_n\psi(x)}} \,\middle|\, E \text{ は } (n, \varepsilon)\text{-分離集合}\right\}$$
$$\leq \sup\left\{\sum_{x \in E} \frac{e^{S_n\varphi(x)}}{e^{S_n\psi(x)}} \,\middle|\, E \text{ は } (n, \varepsilon)\text{-分離集合}\right\}$$
$$\leq e^{n\|\varphi-\psi\|} s_n(\varepsilon, X).$$

このことから，$|P(f, \varphi, \varepsilon) - P(f, \psi, \varepsilon)| \leq \|\varphi - \psi\| + \bar{s}_f(\varepsilon, X)$ が求まる．

(4) を示すために，$p \in (0, 1)$ とする．有限集合 E に対して

$$\sum_{x \in E} e^{pS_n\varphi(x) + (1-p)S_n\psi(x)} \leq \left(\sum_{x \in E} e^{S_n\varphi(x)}\right)^p \left(\sum_{x \in E} e^{S_n\psi(x)}\right)^{1-p}.$$

よって

$$P_n(f, p\varphi + (1-p)\psi, \varepsilon) \leq P_n(f, \varphi, \varepsilon)^p P_n(f, \psi, \varepsilon)^{1-p}.$$

このことから

$$P(f, p\varphi + (1-p)\psi) \leq pP(f, \varphi) + (1-p)P(f, \psi).$$

(5) は定義から明らかである．(6) を示す．

$$P_n(f, \varphi + \psi \circ f - \psi, \varepsilon)$$
$$= \sup\left\{\sum_{x \in E} e^{S_n\varphi(x) + \psi(f^n x) - \psi(x)} \,\middle|\, E \text{ は } (n, \varepsilon)\text{-分離集合}\right\}$$

であるから

$$e^{-2\|\psi\|} P_n(f, \varphi, \varepsilon) \leq P_n(f, \varphi + \psi \circ f - \psi, \varepsilon) \leq e^{2\|\psi\|} P_n(f, \varphi, \varepsilon).$$

ゆえに，(6) が成り立つ．

有限集合 E に対して

$$\sum_{x \in E} e^{S_n \varphi(x) + S_n \psi(x)} \leq \left(\sum_{x \in E} e^{S_n \varphi(x)} \right) \left(\sum_{x \in E} e^{S_n \psi(x)} \right)$$

であるから

$$P_n(f, \varphi + \psi, \varepsilon) \leq P_n(f, \varphi, \varepsilon) P_n(f, \psi, \varepsilon).$$

このことから，(7) が求まる．

(8) を示す．$\sum_{i=1}^{k} a_i = 1$ を満たす正の実数 $a_1, \cdots, a_k$ と $c \geq 1$ に対して，$\sum_{i=1}^{k} a_i^c \leq 1$ が成り立つから，有限部分集合 E に対して

$$\sum_{x \in E} e^{c S_n \varphi(x)} \leq \left(\sum_{x \in E} e^{S_n \varphi(x)} \right)^c.$$

よって

$$P_n(f, c\varphi, \varepsilon) \leq P_n(f, \varphi, \varepsilon)^c.$$

ゆえに，$P(f, c\varphi) \leq cP(f, \varphi)$ が求まる．$c \leq 1$ の場合は $P(f, c\varphi) \geq cP(f, \varphi)$ が示される．

最後に (9) を示す．$-|\varphi| \leq \varphi \leq |\varphi|$ であるから，(1) により

$$P(f, -|\varphi|) \leq P(f, \varphi) \leq P(f, |\varphi|).$$

よって (9) が成り立つ． $\square$

命題 1.12.2 命題 1.12.1(3) は次の不等式に改良される：

$\varphi, \psi \in C(X, \mathbb{R})$ に対して

$$|P(f, \varphi) - P(f, \psi)| \leq \|\varphi - \psi\|.$$

証明 命題 1.12.1(5) により

$$P(f, \varphi \pm \|\varphi - \psi\|) = P(f, \varphi) \pm \|\varphi - \psi\|. \tag{1.12.1}$$

$n > 0$ に対して

$$S_n(\varphi \pm \|\varphi - \psi\|) = S_n(\varphi - \psi) + S_n(\psi) \pm n\|\varphi - \psi\|$$

であって
$$-n\|\varphi - \psi\| \leq S_n(\varphi - \psi) \leq n\|\varphi - \psi\|.$$
よって
$$S_n(\varphi - \|\varphi - \psi\|) \leq S_n(\psi) \leq S_n(\varphi + \|\varphi - \psi\|). \tag{1.12.2}$$

(1.12.1), (1.12.2) により
$$P(f,\varphi) - \|\varphi - \psi\| \leq P(f,\psi) \leq P(f,\varphi) + \|\varphi - \psi\|.$$
□

命題 1.12.3 $C(X,\mathbb{R})$ の上の f に関する位相的圧力 $P(f,\varphi)$ は次の (1), (2), (3) の性質をもつ：

(1) $k \geq 0$ に対して，$P(f^k, S_k\varphi) = kP(f,\varphi)$.

(2) f が単射であれば，$P(f^{-1}, \varphi) = P(f,\varphi)$.

(3) 閉部分集合 Y が $f(Y) \subset Y$ を満たせば，$P(f_{|Y}, \varphi_{|Y}) \leq P(f,\varphi)$.

証明 F を f に関する X の (nk,ε)–集約集合とする．このとき
$$Q_n(f^k, S_k\varphi, \varepsilon) \leq Q_{nk}(f, \varphi, \varepsilon).$$
よって
$$P(f^k, S_k\varphi) \leq kP(f,\varphi).$$

逆の不等式を求めるために，$\varepsilon > 0$ に対して $d(x,y) < \delta$ ならば
$$\max_{1 \leq i \leq n-1} d(f^i(x), f^i(y)) < \varepsilon$$
を満たす $\delta > 0$ を選ぶ．F が f^k に関する X の (n,δ)–集約集合であれば，F が f に関する X の (nk,ε)–集約集合である．よって
$$Q_n(f^k, S_k\varphi, \delta) \geq Q_{nk}(f, \varphi, \varepsilon).$$

ゆえに
$$P(f^k, S_k\varphi) \geq Q(f^k, S_k\varphi, \delta) \geq kQ(f, \varphi, \varepsilon).$$

$\varepsilon \to 0$ のとき,$P(f^k, S_k\varphi) \geq kP(f,\varphi)$ が求まる.(1) が示された.

(2) を示す.E は f に関する (n,ε)–分離集合である必要十分条件は $f^{n-1}(E)$ は f^{-1} に関する (n,ε)–分離集合である.よって

$$\sum_{x \in E} e^{S_n\varphi(x)} = \sum_{y \in f^{n-1}(E)} e^{\varphi(y)+\varphi(f^{-1}y)+\cdots+\varphi(f^{-(n-1)}y)}.$$

このことから,$P_n(f,\varphi,\varepsilon) = P_n(f^{-1},\varphi,\varepsilon)$ が求まり,(2) を得る.

Y の (n,ε)–分離集合は X の (n,ε)–分離集合であるから,(3) は明らかである.
$\square$

$X_i (i=1,2)$ はコンパクト距離空間とし,$f_i : X_i \to X_i$ は連続写像とする.連続写像 $\phi : X_1 \to X_2$ は全射であって,$\phi \circ f_1 = f_2 \circ \phi$ を満たすとする.

$$\begin{array}{ccc} X_1 & \xrightarrow{f_1} & X_1 \\ \phi \downarrow & & \downarrow \phi \\ X_2 & \xrightarrow{f_2} & X_2 \end{array}$$

命題 1.12.4 $\varphi \in C(X_2, \mathbb{R})$ に対して,$P(f_2, \varphi) \leq P(f_1, \varphi \circ \phi)$ が成り立つ.特に,ϕ が単射ならば,$P(f_2, \varphi) = P(f_1, \varphi \circ \phi)$ が成り立つ.

証明 $\varepsilon > 0$ に対して,$d_1(x,y) < \delta$ ならば,$d_2(\phi(x), \phi(y)) < \varepsilon$ を満たすように $\delta > 0$ を選ぶ.F が f_1 に対する X_1 の (n,δ)–集約集合とする.このとき $\phi(F)$ が f_2 に関する X_2 の (n,ε)–集約集合である.よって

$$\sum_{x \in F} e^{\varphi(\phi x)+\varphi(\phi \circ f_1 x)+\cdots+\varphi(\phi \circ f_1^{n-1}x)} \geq \sum_{y \in \phi(F)} e^{\varphi(y)+\varphi(f_2 y)+\cdots+\varphi(f_2^{n-1}y)}$$
$$\geq Q_n(f_2, \varphi, \varepsilon).$$

このことから

$$P(f_1, \varphi \circ \phi) \geq Q(f_1, \varphi \circ \phi, \delta) \geq Q(f_2, \varphi, \varepsilon).$$

ゆえに $P(f_1, \varphi \circ \phi) \geq P(f_2, \varphi)$ が成り立つ.ϕ が単射であるならば,$P(f_2, \varphi) \geq P(f_1, \varphi \circ \phi)$ が求まる.
$\square$

命題 1.12.5 $\varphi_i \in C(X_i, \mathbb{R})(i=1,2)$ に対して

$$(\varphi_1 \times \varphi_2)(x_1, x_2) = \varphi_1(x_1) + \varphi_2(x_2)$$

とおく．このとき
$$P(f_1 \times f_2, \varphi_1 \times \varphi_2) = P(f_1, \varphi_1) + P(f_2, \varphi_2)$$
が成り立つ．

証明 F_i は f_i に関する X_i の (n, ε)–集約集合とする．このとき $F_1 \times F_2$ は $f_1 \times f_2$ に関する $X_1 \times X_2$ の (n, ε)–集約集合である．よって
$$\sum_{(x_1,x_2)\in F_1\times F_2} \exp\left(\sum_{i=0}^{n-1}(\varphi_1\times\varphi_2)(f_1\times f_2)^i(x_1,x_2)\right)$$
$$= \left(\sum_{x_1\in F_1}\exp\left(\sum_{i=0}^{n-1}\varphi_1(f_1^i x_1)\right)\right)\left(\sum_{x_2\in F_2}\exp\left(\sum_{i=0}^{n-1}\varphi_2(f_2^i x_2)\right)\right).$$

ゆえに
$$Q_n(f_1\times f_2, \varphi_1\times\varphi_2, \varepsilon) \leq Q_n(f_1,\varphi_1,\varepsilon)Q_n(f_2,\varphi_2,\varepsilon).$$
このことから
$$P(f_1\times f_2, \varphi_1\times\varphi_2) \leq P(f_1,\varphi_1) + P(f_2,\varphi_2).$$

逆の不等式を求めるために，f_i に関する X_i の (n, ε)–分離集合 E_i に対して，$E_1 \times E_2$ は $f_1 \times f_2$ に関する $X_1 \times X_2$ の (n, ε)–分離集合であることに注意する．このとき，上で見たように
$$P_n(f_1\times f_2, \varphi_1\times\varphi_2, \varepsilon) \geq P_n(f_1,\varphi_1,\varepsilon)P_n(f_2,\varphi_2,\varepsilon).$$

□

Z は X の部分集合とする．(1.11.1) と同様に $\varphi \in C(X, \mathbb{R})$ に対して
$$Q_{n,Z}(f,\varphi,\varepsilon) = \inf\left\{\sum_{x\in F} e^{S_n\varphi(x)} \,\middle|\, F \text{ は } Z \text{ の } (n,\varepsilon)\text{–集約集合}\right\}$$
を定義する．X はコンパクトであるから，注意 1.11.1 に対応する命題が成り立つ．このとき
$$Q_Z(f,\varphi,\varepsilon) = \limsup_{n\to\infty}\frac{1}{n}\log Q_{n,Z}(f,\varphi,\varepsilon)$$

は注意 1.11.2 に対応する命題を満たす．よって

$$P_Z(f,\varphi) = \lim_{\varepsilon \to 0} Q_Z(f,\varphi,\varepsilon) \tag{1.12.3}$$

が存在する．$P_Z(f,\varphi)$ を $C(X,\mathbb{R})$ の上の f に関する Z の**位相的圧力**という．

注意 1.12.6　$P_Z(f,0) = h(f,Z)$ である．

実際に，定義から明らかである．

注意 1.12.7　部分集合 Z に対して

(1) $P_Z(f,\varphi) = P_{\mathrm{cl}(Z)}(f,\varphi) \qquad (\varphi \in C(X,\mathbb{R}))$.

(2) $f : X \to X$ が同相写像であれば，$P_Z(f,\varphi) = P_{f(Z)}(f,\varphi)$.

実際に，定義により (1),(2) は明らかである．

=========== まとめ ===========

　有限個の記号，例えば 0, 1 からなる可算無限点列を要素とする集合に自然な位相を導入して，コンパクト，不連結，完全な位相空間，すなわち**カントール集合** (Cantor set) を構成する．この空間の上に推移写像と呼ばれる力学系を定義した．それを**記号力学系** (symbolic dynamical system) という．推移写像は複雑な挙動の力学系の典型的な例の 1 つである．

　馬蹄写像は記号力学系に位相共役であり，アノソフ系，公理 A 系または孤立的ブロックをもつ双曲的な力学系はマルコフ分割をもつ．それらは記号力学系の特別なマルコフ推移写像に位相半共役である．これらの力学系は一様双曲的と呼ばれ構造的に安定な力学系である．

　議論の目的は力学系を測度を用いて解明することにある．その理由は力学系はいつもマルコフ分割をもつとは限らないからである．

　しかし，記号力学系の性質は間接的に，例えば条件付き確率測度，または平衡測度の存在の議論に用いられる（これらの存在証明にはいろいろな手法があるけれども）．条件付き確率測度，平衡測度は非一様双曲的な力学系を解析するときに有効に働く．

位相的エントロピーはコンパクト距離空間の上の連続写像に対して定義される．このエントロピーは熱力学の定式化によって得られる位相的圧力の特別な概念である．実際に，位相的圧力はギブス分布を用いて定式化される．

位相的圧力はコンパクト距離空間 X の上の連続写像 $f: X \to X$ に対して定義される：

$\varphi \in C(X, \mathbb{R})$ に対して

$$S_n \varphi(x) = \sum_{i=0}^{n-1} \varphi(f^i x) \quad (n \geq 1)$$

とおき，$n > 0$, $\varepsilon > 0$ に対して

$$Q_n(f, \varphi, \varepsilon) = \inf \left\{ \sum_{x \in F} e^{S_n \varphi(x)} \,\middle|\, F \text{ は } X \text{ の } (n, \varepsilon)\text{-集約集合} \right\}$$

を定義し

$$Q(f, \varphi, \varepsilon) = \limsup_{n \to \infty} \frac{1}{n} \log Q_n(f, \varphi, \varepsilon)$$

とおく．このとき

$$P(f, \varphi) = \lim_{\varepsilon \to 0} Q(f, \varphi, \varepsilon)$$

を $C(X, \mathbb{R})$ の上の f に関する位相的圧力である．

$$P(f, \cdot) : C(X, \mathbb{R}) \longrightarrow \mathbb{R}$$

は下に凸である関数で，リプシッツ (Lipschitz) 連続である．

Z は X の部分集合とする．f に関する Z の位相的圧力

$$P_Z(f, \cdot) : C(X, \mathbb{R}) \longrightarrow \mathbb{R}$$

が定義され，それはリプシッツ連続凸関数である．

位相的圧力は微分同相写像を不変にするボレル確率測度の力学的性質を見いだすために有益な働きをする．

この章は邦書文献 [Ao-Sh], 洋書文献 [Bo1], [Bo2] と関連論文 [Wa] を参考にして書かれた．

第2章　確率測度

　この章では，4章（補遺）で用意したルベーグ積分を含む測度論の初歩の内容を進めて，力学系を測度論的に展開するときに必要とする基礎的内容を準備している．

　コンパクト距離空間の上のボレル確率測度の性質（正則性）を述べ，このような測度の族は弱位相のもとでコンパクトであることを示し，一般の確率空間の上の力学系に対して回帰定理，バーコフのエルゴード定理を述べる．エルゴード定理は力学系を測度論を用いて解析するときに最も重要な役割を果たす．

　確率空間の上の力学系のエルゴード分解定理を議論する．これはエルゴード定理とクライン–ミルマンの定理が基本になって導かれる定理である．

　測度を用いて力学系を解析するために，マルチンゲール収束定理（ドゥブの定理）を必要とする．そのために，以後で必要とする形で収束定理を用意する．

　さらに，誘導変換とそれを用いてタワー拡大を準備する．タワー拡大は2次写像，さらにエノン写像を微分エルゴード理論 (smooth ergodic theory) として展開する上で基本的である．

　測度論の最も重要な原則は測度の値が0である集合を除いて議論するところにある．この原則にしたがって，可測集合と写像は測度の値が0である集合を併せて扱われている．

　確率測度の扱いに不慣れな読者は第4章の測度論の基礎を理解した後で，この章に戻れば容易に読み進むことができる．

2.1　正則測度

　X を集合とする．$\mathcal{F}$ を X の σ–集合体，μ を $\mathcal{F}$ の上の確率測度とする．すなわち，μ は測度であって，$\mu(X) = 1$ を満たすとする．このとき，$(X, \mathcal{F}, \mu)$ を**確**

率空間 (probability space) という.

確率測度 μ は, $A_1, A_2, \cdots \in \mathcal{F}$ に対して, $\lim_{n\to\infty} A_n$ が存在すれば

$$\mu(\lim_{n\to\infty} A_n) = \lim_{n\to\infty} \mu(A_n)$$

なる性質をもっている (詳細は第4章の注意4.4.4を参照).

命題 2.1.1 (ボレル–カンテリー (Borel–Cantelli) の補題) $A_1, A_2, \cdots \in \mathcal{F}$ に対して, $\sum_{i=1}^{\infty} \mu(A_i) < \infty$ であるならば, 無限に多くの A_i が起こる確率は 0 である. すなわち, $\mu\left(\limsup_{i\to\infty} A_i\right) = 0$ である.

証明 $\bigcup_{i=n}^{\infty} A_i$ は n に関して単調減少集合列である. よって

$$\mu\left(\limsup_{i\to\infty} A_i\right) = \mu\left(\lim_n \bigcup_{i=n}^{\infty} A_i\right) = \lim_n \mu\left(\bigcup_{i=n}^{\infty} A_i\right)$$
$$\leq \lim_n \sum_{i=n}^{\infty} \mu(A_i) = 0.$$

□

ユークリッド空間の上の測度の性質とルベーグ測度の性質の相異を明らかにするために, 位相空間の上の測度の性質を見ることから始める.

X はコンパクト距離空間とし, X の開集合全体を含む最小の σ–集合体 $\mathcal{B}$ を**ボレルクラス** (Borel class) という. $\mathcal{B}$ の上の測度を**ボレル測度** (Borel measure) という.

命題 2.1.1 を応用して得られる命題の 1 つに次がある:

注意 2.1.2 $r_0 > 0$ として, ν は $\nu([0, r_0]) > 0$ を満たす $\mathbb{R}$ の上のボレル有限測度とする. このとき, $0 < a < 1$ に対して, 集合

$$L_a = \left\{ r \;\middle|\; 0 \leq r \leq r_0, \sum_{k=0}^{\infty} \nu([r - a^k, r + a^k]) < \infty \right\}$$

のルベーグ測度の値は r_0 である.

証明 $k \geq 1$ に対して

$$N_{a,k} = \left\{ r \;\middle|\; 0 \leq r \leq r_0, \; \nu([r - a^k, r + a^k]) > \frac{\nu([0, r_0])}{k^2} \right\}$$

とおく．このとき $\bigcap_{k\geq 1} N_{a,k}^c \subset L_a$ (N^c は集合 N の補集合) であるから

$$[0, r_0] = \bigcup_{k\geq 1} N_{a,k} \cup L_a.$$

$r \in N_{a,k}$ に対して，$[r - a^k, r + a^k]$ は不都合な区間と呼ぶことにする．このとき，$k \geq 1$ を固定して不都合な区間 $C_{i,k}$ によって，$N_{a,k}$ を被覆する．すなわち，$s(k) > 0$ は

$$\bigcup_{i=1}^{s(k)} C_{i,k} \supset N_{a,k}$$

を満たす最小数とする．このとき

$$\frac{s(k)\nu([0, r_0])}{k^2} < \sum_{i=1}^{s(k)} \nu(C_{i,k}) \leq 2\nu([0, r_0]), \tag{2.1.1}$$

$$m(N_{a,k}) \leq 2s(k)a^k. \tag{2.1.2}$$

ここに，m は $\mathbb{R}$ の上のルベーグ測度である．(2.1.1), (2.1.2) から

$$m(N_{a,k}) < 4a^k k^2$$

を得る．よって

$$\sum_{k=1}^{\infty} m(N_{a,k}) \leq 4 \sum_{k=1}^{\infty} a^k k^2 < \infty$$

であるから，ボレル–カンテリーの補題により，$m\left(\limsup_{k} N_{a,k}\right) = 0$ である．よって，$m(N) = 0$ と $\limsup_{k} N_{a,k} \subset N$ を満たす N があって，r が $\bigcup_{k\geq 1} N_{a,k} \setminus N$ に属していれば，r は有限個の $N_{a,k_1}, \cdots, N_{a,k_l}$ に属すだけである．

実際に，$r \in N_{a,k_j}$ ($j \geq 1$) とする．明らかに，$r \in \bigcup_{k=n}^{\infty} N_{a,k}$ ($n \geq 1$) である．よって，$r \in \limsup_{k} N_{a,k} \subset N$ であるから，$r \notin N$ に反する．

よって，有限個の $N_{a,k_1}, \cdots, N_{a,k_l}$ があって，$r \in N_{a,k_i}$ ($0 \leq i \leq l$) である．すなわち

$$\nu([r - a^{k_i}, r + a^{k_i}]) > \frac{\nu([0, r_0])}{k_i^2} \qquad (1 \leq i \leq l).$$

$k \notin \{k_1, \cdots, k_l\}$ であれば，$r \notin N_{a,k}$ であるから

$$\nu([r - a^k, r + a^k]) \leq \frac{\nu([0, r_0])}{k^2}.$$

よって
$$\sum_{k=1}^{\infty} \nu([r-a^k, r+a^k]) < \infty$$
を満たすから, $r \in L_a$ である. よって, $[0, r_0]$ と L_a は m–測度の値が 0 の集合を除いて等しい. すなわち, $r_0 = m([0, r_0]) = m(L_a)$ である. □

ボレル確率測度 μ が **正則** (regular) であるとは, $\varepsilon > 0$ とボレル集合 $B \in \mathcal{B}$ に対して
$$C_\varepsilon \subset B \subset U_\varepsilon, \quad \mu(U_\varepsilon \backslash C_\varepsilon) \leq \varepsilon$$
を満たす閉集合 C_ε と開集合 U_ε が存在するときをいう.

ボレル確率測度 μ を用いて, 力学系の解析を進めるとき μ の正則性は重要な働きをしている.

定理 2.1.3 すべてのボレル確率測度 μ は正則である.

証明 集合 $\mathcal{U}$ は次を満たすボレルクラス $\mathcal{B}$ の部分族とする:
$$\mathcal{U} = \left\{ A \in \mathcal{B} \ \middle| \ \begin{array}{l} \varepsilon > 0 \text{ に対して, 開集合 } U_\varepsilon \text{ と閉集} \\ \text{合 } C_\varepsilon \text{ が存在して } C_\varepsilon \subset A \subset U_\varepsilon, \\ \mu(U_\varepsilon \backslash C_\varepsilon) \leq \varepsilon \text{ を満たす} \end{array} \right\}.$$
このとき, $\mathcal{U}$ は開集合全体を含む σ–集合体であることを示せば, $\mathcal{U} = \mathcal{B}$ となって μ が正則であることがわかる.

最初に, $\mathcal{U}$ は σ–集合体であることを示す. X は開かつ閉であるから, $X \in \mathcal{U}$ である. $A \in \mathcal{U}$ ならば, $\varepsilon > 0$ に対して開集合 U_ε と閉集合 C_ε が存在して $C_\varepsilon \subset A \subset U_\varepsilon, \mu(U_\varepsilon \backslash C_\varepsilon) \leq \varepsilon$ が成り立つ. よって
$$X \backslash C_\varepsilon \supset X \backslash A \supset X \backslash U_\varepsilon, \quad (X \backslash C_\varepsilon) \backslash (X \backslash U_\varepsilon) = U_\varepsilon \backslash C_\varepsilon$$
であるから, $\mu((X \backslash C_\varepsilon) \backslash (X \backslash U_\varepsilon)) \leq \varepsilon$ である. よって $X \backslash A \in \mathcal{U}$ である. $A_1, A_2, \cdots \in \mathcal{U}$ ならば, $\varepsilon > 0$ に対して開集合 $U_{\varepsilon,n}$ と閉集合 $C_{\varepsilon,n}$ が存在して
$$C_{\varepsilon,n} \subset A_n \subset U_{\varepsilon,n}, \quad \mu(U_{\varepsilon,n} \backslash C_{\varepsilon,n}) < \frac{\varepsilon}{2^{n+1}}$$
とできる. $U_\varepsilon = \bigcup_{n=1}^{\infty} U_{\varepsilon,n}$ は開集合である. しかし, $\tilde{C}_\varepsilon = \bigcup_{n=1}^{\infty} C_{\varepsilon,n}$ は閉集合とは限らない. ここで
$$\mu\left(C_\varepsilon \backslash \bigcup_{n=1}^{k} C_{\varepsilon,n}\right) \leq \frac{\varepsilon}{2}$$

となるように $k > 0$ を選び，$C_\varepsilon = \bigcup_{n=1}^{k} C_{\varepsilon,n}$ とおく．明らかに，C_ε は閉集合であり

$$C_\varepsilon \subset \bigcup_{n=1}^{\infty} A_n \subset U_\varepsilon$$

が成り立つ．さらに

$$\mu(U_\varepsilon \setminus C_\varepsilon) \leq \mu(U_\varepsilon \setminus \tilde{C}_\varepsilon) + \mu(\tilde{C}_\varepsilon \setminus C_\varepsilon) \leq \sum_{n=1}^{\infty} \mu(U_{\varepsilon,n} \setminus C_{\varepsilon,n}) + \mu(\tilde{C}_\varepsilon \setminus C_\varepsilon)$$

$$\leq \sum_{n=1}^{\infty} \frac{\varepsilon}{2^{n+1}} + \frac{\varepsilon}{2} = \varepsilon.$$

$\mathcal{U}$ は σ–集合体であることが示された．

次に，$\mathcal{U}$ は X の閉集合全体を含むことを示せばよい．

C は X の閉集合とし，C を含む開集合の列 U_n $(n \geq 1)$ を

$$U_n = \left\{ x \in X \,\middle|\, d(C, x) < \frac{1}{n} \right\}$$

によって定義する．ここに $d(C, x) = \inf\{d(y, x) \,|\, y \in C\}$ である．明らかに

$$U_1 \supset U_2 \supset \cdots \supset \bigcap_{n=1}^{\infty} U_n = C.$$

$\varepsilon > 0$ に対して，$\mu(U_k \setminus C) \leq \varepsilon$ となる $k > 0$ を固定し，$U_\varepsilon = U_k, C_\varepsilon = C$ とおくと，$C_\varepsilon \subset C \subset U_\varepsilon$ が成り立ち，$C \in \mathcal{U}$ が求まる．よって $\mathcal{U}$ は閉集合を含む． □

注意 2.1.4 ボレル確率測度 μ は次の性質をもつ：

$B \in \mathcal{B}$ に対して

$$\mu(B) = \sup\{\mu(C) \,|\, C \subset B, C \text{ は閉集合}\},$$
$$\mu(B) = \inf\{\mu(U) \,|\, B \subset U, U \text{ は開集合}\}.$$

証明 定理 2.1.3 から明らかである． □

定理 2.1.5 (エゴロフ (Egorov) の定理) $A \in \mathcal{B}$ に対して，φ_n $(n \geq 1)$ は A の上のボレル可測関数で，φ は A の上で μ–a.e. x で有限値をとるボレル可測関数

とする．このとき，$\lim_{n\to\infty}\varphi_n(x)=\varphi(x)$ (μ–a.e. x) であれば，$\varepsilon>0$ に対して $\mu(A\setminus F)<\varepsilon$ を満たす $F\subset A$ があって，φ_n は F の上で φ に一様収束する．

証明
$$F_0=\left\{x\in A\,\Big|\,\lim_{n\to\infty}\varphi_n(x)=\varphi(x),\ |\varphi(x)|<\infty\right\}$$
はボレル集合で，$\mu(A\setminus F_0)=0$ である．$k>0$ に対して
$$F_n^k=\left\{x\in F_0\,\Big|\,\sup_{i\geq n}|\varphi_i(x)-\varphi(x)|<\frac{1}{k}\right\}\qquad(n\geq 1)$$
とおく．明らかに，$F_n^k\in\mathcal{B}$, $\mu(F_0\setminus F_1^k)\leq\mu(A)$ で，$F_n^k\nearrow F_0\ (n\to\infty)$ であるから
$$\lim_{n\to\infty}\mu(F_0\setminus F_n^k)=\mu\left(\lim_{n\to\infty}(F_0\setminus F_n^k)\right)=0.$$
よって
$$\mu(F_0\setminus F_{n(k)}^k)<\frac{\varepsilon}{2^k},\qquad n(1)<n(2)<\cdots$$
を満たす $n(k)$ が存在する．
$$F=\bigcap_{k=1}^{\infty}F_{n(k)}^k$$
とおくと，$F\in\mathcal{B}$, $F\subset A$ であって
$$\mu(A\setminus F)\leq\mu(A\setminus F_0)+\sum_{k=1}^{\infty}\mu(F_0\setminus F_{n(k)}^k)<\varepsilon.$$

$\varepsilon'>0$ に対して，$\dfrac{1}{k}<\varepsilon'$ なる k を選ぶとき
$$n\geq n(k)\Longrightarrow|\varphi_n(x)-\varphi(x)|<\varepsilon'\qquad(x\in F)$$
が成り立つから，$\{\varphi_n\}$ は F の上で φ に一様収束する． □

$x=(x_1,x_2),\ y=(y_1,y_2)\in\mathbb{R}^2$ に対して，$\mathbb{R}^2$ の上の距離関数 d を
$$d(x,y)=\max\{|x_1-y_1|,\ |x_2-y_2|\}$$
によって与える．

注意 2.1.6 $\mathbb{R}^2$ の原点を含む有界な開集合 U の上のボレル確率測度を μ とする.U に含まれる矩形の族

$$\theta = \left\{ B_r \,\middle|\, B_r = \left[-\frac{r_0}{2}, \frac{r_0}{2}\right] \times [0, r],\ 0 \leq r \leq r_0 \right\}$$

に対して

$$\mu\left(\left[-\frac{r_0}{2}, \frac{r_0}{2}\right] \times \{r\}\right) = 0$$

を満たす $r \in [0, r_0]$ の集合は $[0, r_0]$ で稠密である.

証明
$$J = \left\{ r \in [0, r_0] \,\middle|\, \mu\left(\left[-\frac{r_0}{2}, \frac{r_0}{2}\right] \times \{r\}\right) = 0 \right\}$$

は稠密でないとする.このとき,$[0, r_0]$ に小区間 I があって,I は次の集合

$$C_n = \left\{ r \in [0, r_0] \,\middle|\, \mu\left(\left[-\frac{r_0}{2}, \frac{r_0}{2}\right] \times \{r\}\right) \geq \frac{1}{n} \right\} \qquad (n > 1)$$

によって被覆 $\bigcup_n C_n \supset I$ される.このとき,$n > 1$ と C_n の中の無限列 $\{r_j\}$ があって

$$1 \geq \mu\left(\left[-\frac{r_0}{2}, \frac{r_0}{2}\right] \times C_n\right) \geq \sum_j \mu\left(\left[-\frac{r_0}{2}, \frac{r_0}{2}\right] \times \{r_j\}\right) \geq \sum_j \frac{1}{n} = \infty$$

となって矛盾を得る.よって,集合 J は $[0, r_0]$ で稠密である. □

注意 2.1.7 U は注意 2.1.6 の開集合とする.μ は U の上のボレル確率測度とする.開集合 $B \subset U$ の境界を ∂B で表す.このとき,$\mu(\partial B) = 0$ なる開集合 B の全体を $\mathcal{O}$ とすると,U の可算基 $\{U_i \,|\, i \geq 1\}$ は $\mathcal{O}$ から選ぶことができる.

証明 $U_i \in \{U_i \,|\, i \geq 1\}$ とする.$x \in U_i$ に対して,x を含む開矩形集合 B_x^i が $B_x^i \subset U_i$ を満たすように見いだすことができて,注意 2.1.6 を応用すれば,$\mu(\partial B_x^i) = 0$ なる B_x^i が存在する.$\bigcup_{x \in U_i} B_x^i = U_i$ であるから,可算個の $\{B_{x_l}^i \,|\, l \geq 1,\ i \geq 1\}$ があって

$$\bigcup_i \bigcup_l B_{x_l}^i = \bigcup_i U_i = U$$

とできる.よって $\{B_{x_l}^i\}$ は $\mu(\partial B_{x_l}^i) = 0$ を満たす U の可算基である. □

X は $\mathbb{R}^2$ の部分集合とする．関数 $\varphi : X \to \mathbb{R}$ が**上半連続** (upper semi continuous) であるとは，$x_n \to x \ (n \to \infty)$ であるとき，$\varepsilon > 0$ に対して自然数 N が存在して

$$\varphi(x) \geq \varphi(x_n) - \varepsilon \quad (n \geq N)$$

を満たすときをいう．φ が上半連続ならば，$a \in \mathbb{R}$ に対して，集合 $\{x \in X \mid \varphi(x) \geq a\}$ は X の閉集合である．

同様にして，φ の**下半連続** (lower semi continuous) 性が定義される．すなわち，$x_n \to x \ (n \to \infty)$ であるとき，$\varepsilon > 0$ に対して十分に大きなすべての n で

$$\varphi(x_n) + \varepsilon \geq \varphi(x)$$

を満たすときをいう．関数 φ が上半連続，かつ下半連続であるとき，φ は**連続** (continuous) であるという．

注意 2.1.8 $B(x,r)$ は x を中心とする 1 辺が r である（閉）正方形とする．このとき $\mu(B(x,r))$ は x に関して連続で，r に関して右連続である．

証明 $x_n \to x \ (n \to \infty)$ であれば

$$\lim_n B(x_n, r) = B(x, r)$$

であるから

$$\lim_n \mu(B(x_n, r)) = \mu(B(x, r)).$$

よって $\mu(B(x,r))$ は x に関して連続である．

$r_n \nearrow r \ (n \to \infty)$ であるとき

$$\lim_n B(x, r_n) \neq B(x, r)$$

であるから，$\mu(B(x,r))$ は r に関して連続ではない．しかし右連続である． □

コンパクト距離空間 X の閉部分集合の族を $\chi(X)$ で表し

$$\rho(A, B) = \max\left\{\sup_{b \in B} d(A, b), \ \sup_{a \in A} d(a, B)\right\} \quad (A, B \in \chi(X))$$

によって $\chi(X)$ の上に距離関数 ρ を定義する．ここに $d(a, B) = \sup_{b \in B} d(a, b)$ である．ρ を**ハウスドルフ距離関数** (Hausdorff metric function) という．

$(\chi(X), \rho)$ はコンパクトである (洋書文献 [Ao-Hi]). このとき $r_n \nearrow r$ に対して
$$\lim_n \rho(B(x, r_n), B(x, r)) = 0$$
が成り立つ.

命題 2.1.9 (ボレルの密度定理) 点 x を中心とする 1 辺が r の (閉) 正方形を $B(x, r)$ で表す. μ は $\mathbb{R}^2$ の有界な開集合 U の上のボレル確率測度として, A は U に含まれるボレル集合で $\mu(A) > 0$ とする. このとき, μ–a.e. $x \in A$ に対して
$$\lim_{r \to 0} \frac{\mu(A \cap B(x, r))}{\mu(B(x, r))} = 1.$$
さらに, $\delta > 0$ に対して $\mu(B) > \mu(A) - \delta$ を満たす $B \subset A$ と $r_0 > 0$ があって
$$\mu(A \cap B(x, r)) \geq \frac{1}{2} \mu(B(x, r)) \qquad (x \in B, \ 0 < r \leq r_0)$$
が成り立つ.

証明 $\dfrac{\mu(A \cap B(x, r))}{\mu(B(x, r))} \leq 1$ は明らかであるから
$$\liminf_{r \to 0} \frac{\mu(A \cap B(x, r))}{\mu(B(x, r))} \geq 1 \tag{2.1.3}$$
を示せば十分である.

$0 < \alpha < 1$ (α は有理数) とする. $r > 0$ を固定して
$$F_{\alpha, r} = \{x \in A \,|\, \mu(A \cap B(x, r')) < \alpha \mu(B(x, r')), \ 0 < r' \leq r\}$$
とおく. $\alpha < \alpha'$ であれば, 明らかに $F_{\alpha, r} \subset F_{\alpha', r}$ である.

$B' \subset \mathbb{R}^2$ は矩形として, $B = B' \setminus \partial B'$ とおく. $\partial B'$ は B' の境界を表す. このとき $\{B_i\}$ があって
$$\begin{aligned} &\mu(\partial B_i) = 0, \quad B_i \cap F_{\alpha, r} \neq \emptyset, \\ &F_{\alpha, r} \subset \bigcup_i \mathrm{Cl}(B_i), \quad B_i \cap B_j = \emptyset \ (i \neq j) \end{aligned} \tag{2.1.4}$$
とできる.

μ は正則であるから, $\varepsilon > 0$ に対して
$$\mu\left(\bigcup_i B_i \setminus F_{\alpha, r}\right) < \frac{\varepsilon}{2}$$

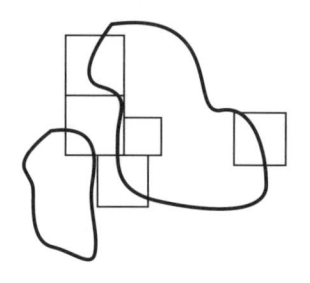

図 2.1.1

と (2.1.4) を満たすように $\{B_i\}$ を見いだすことができる. 注意 2.1.6 により各 B_i に対して, $k_i > 0$, $x_{i,l} \in F_{\alpha,r} \cap B_i$ と $r \geq r_{i,l} > 0$ $(1 \leq l \leq k_i)$ があって

$$F_{\alpha,r} \cap B_i \subset \bigcup_{l=1}^{k_i} B(x_{i,l},\ r_{i,l}),$$

$$\mathrm{int}(B(x_{i,l},\ r_{i,l})) \cap \mathrm{int}(B(x_{i,l'},\ r_{i,l'})) = \emptyset \qquad (l \neq l'),$$

$$\mu(\partial B(x_{i,l},\ r_{i,l})) = 0 \qquad (1 \leq l \leq k_i),$$

$$\mu\left(\bigcup_{l=1}^{k_i} B(x_{i,l},\ r_{i,l}) \setminus (F_{\alpha,r} \cap B_i)\right) < \frac{\varepsilon}{2^i}.$$

ここに $\mathrm{int}(B)$ は B の内点を表す.

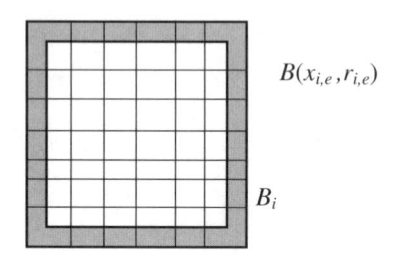

図 2.1.2

よって

$$\sum_{l=1}^{k_i} \mu(B(x_{i,l},\ r_{i,l})) < \mu(F_{\alpha,r} \cap B_i) + \frac{\varepsilon}{2^i}.$$

さらに

$$\sum_i \sum_l \mu(B(x_{i,l},\ r_{i,l})) \leq \sum_i \mu(F_{\alpha,r} \cap B_i) + \sum_i \frac{\varepsilon}{2^i}$$

$$\leq \mu(F_{\alpha,r}) + \varepsilon$$

であるから
$$\mu(F_{\alpha,r}) \leq \sum_i \sum_l \mu(F_{\alpha,r} \cap B(x_{i,l},\ r_{i,l}))$$
$$\leq \sum_i \sum_l \mu(A \cap B(x_{i,r},\ r_{i,l}))$$
$$\leq \alpha \sum_i \sum_l \mu(B(x_{i,l},\ r_{i,l}))$$
$$\leq \alpha(\mu(F_{\alpha,r}) + \varepsilon).$$

$\varepsilon > 0$ は任意であるから
$$\mu(F_{\alpha,r}) \leq \alpha \mu(F_{\alpha,r}).$$
しかし，$0 < \alpha < 1$ であるから，$\mu(F_{\alpha,r}) = 0$ である．

$A_{\alpha,r} = A \cap F_{\alpha,r}^c$ とおく．ここに，E^c は E の補集合を表す．$\mu(A_{\alpha,r}) = \mu(A)$ であるから，$A_r = \bigcap_\alpha A_{\alpha,r}$ とおくと，$\mu(A_r) = \mu(A)$ であって
$$\frac{\mu(A \cap B(x,r))}{\mu(B(x,r))} \geq \alpha \qquad (x \in A_r). \tag{2.1.5}$$

$r > 0$ は任意であるから，$(0,1)$ に属する有理数 r に対して，$(2.1.5)$ が成り立つ．よって，$A_0 = \bigcap_r A_r$ (r は有理数) とおくと，$\mu(A_0) = \mu(A)$ である．実際に，$A_r \subset A\ (r > 0)$ であって $\mu(A \setminus A_r) = 0$ であるから
$$0 = \sum_r \mu(A \setminus A_r) = \mu(A \setminus A_0).$$

よって μ–a.e. $x \in A$ と有理数 r に対して $(2.1.5)$ が成り立つ．注意 2.1.8 により
$$\liminf_{r \to 0} \frac{\mu(A \cap B(x,r))}{\mu(B(x,r))} \geq \alpha.$$
α は任意であるから，$(2.1.3)$ を得る．

命題 2.1.9 の後半を示すために，r は A_0 を定義する $(0,1)$ の有理数を表すとして
$$\varphi_r(x) = \frac{\mu(A \cap B(x,r))}{\mu(B(x,r))} \qquad (x \in A_0)$$
とおく．$\{\varphi_r\}$ は可測関数列で，$\varphi_r \to 1$ (μ–a.e. $x \in A_0$) である．エゴロフの定理により，$\delta > 0$ に対して $Z \subset A_0$ が $\mu(A_0 \setminus Z) < \delta$ を満たすように選ばれ，$\varphi_r(x)$ は Z の上で 1 に一様収束するようにできる．よって，$\varepsilon = \dfrac{1}{2}$ に対して $r_0 > 0$ があって，$(0, r_0]$ に含まれる有理数 r に対して
$$\frac{\mu(A \cap B(x,r))}{\mu(B(x,r))} \geq \frac{1}{2} \qquad (z \in Z)$$

が成り立つ．注意 2.1.8 を用いれば後半の結論を得る． □

U は $\mathbb{R}^2$ の有界開集合とする．$C^0(U, \mathbb{R})$ は U の上の有界連続関数の集合を表し，$L^1(\mu)$ は μ–可積分関数の集合を表す．第 4 章 4.9 節で定義したように $L^1(\mu)$ は線形空間で，$C^0(U, \mathbb{R})$ は部分空間をなす．

定理 2.1.10 $L^1(\mu)$ の上に $\|\xi\|_1 = \int |\xi| d\mu$ $(\xi \in L^1(\mu))$ によって，ノルムを導入する．このとき $C^0(U, \mathbb{R})$ は $L^1(\mu)$ で $\|\cdot\|_1$ に関して稠密である．

証明に対しては洋書文献 [S] を参照．

有界な閉区間 $[a, b]$ の上の連続関数 $g(t)$ に対して

$$G(x) = \int_a^x g(t) dt$$

とおく．このとき

$$g_\delta(x) = \frac{1}{\delta} \int_x^{x+\delta} g(t) dt = \frac{G(x+\delta) - G(x)}{\delta}.$$

よって平均値の定理を用いて

$$\lim_{\delta \to 0} g_\delta(x) = \lim_{\delta \to 0} \frac{G(x+\delta) - G(x)}{\delta}$$
$$= \lim_{\delta \to 0} g(y) \qquad (x < y < x + \delta)$$
$$= g(x).$$

このことを一般の場合に適用する．

μ は $\mathbb{R}^2$ の有界な開集合の上のボレル確率測度とする．$g \in L^1(\mu)$ に対して

$$g_\delta(x) = \frac{1}{\mu(B(x, \delta))} \int_{B(x, \delta)} g d\mu$$

とおく．

命題 2.1.11 $g_\delta(x) \to g(x)$ $(\mu$–a.e. $x)$ が成り立つ．

証明 $g(x) = 1_A(x)$ のとき

$$g_\delta(x) = \frac{\mu(B(x,\delta) \cap A)}{\mu(B(x,\delta))}$$

であるから，命題 2.1.9 により結論を得る．

$C^0(U, \mathbb{R})$ は U の上の有界な連続関数の集合とする．$g \in C^0(U, \mathbb{R})$ であるとき，g は非負関数 $g^+ \geq 0$, $g^- \geq 0$ によって $g = g^+ - g^-$ と表され g^+, g^- は有界である．よって，それぞれの関数は階段関数の列によって一様に近似される．

簡単のために，$g \geq 0$ とするとき g は階段関数 $g_n = \sum_{i=1}^n a_i 1_{A_i}$ によって一様近似される．よって $\varepsilon > 0$ に対して $N > 0$ があって

$$|g(x) - g_n(x)| < \varepsilon \quad (n \geq N).$$

よって $\delta > 0$ に対して

$$|g_\delta(x) - g(x)| \leq |g_\delta(x) - g_{n,\delta}(x)| + |g_{n,\delta}(x) - g_n(x)| + |g_n(x) - g(x)|$$
$$\leq 2\varepsilon + \sum_{i=1}^n a_i \left| \frac{\mu(B(x,\delta) \cap A_i)}{\mu(B(x,\delta))} - 1_{A_i}(x) \right|$$

であるから

$$\lim_{\delta \to 0} |g_\delta(x) - g(x)| \leq 2\varepsilon.$$

よって結論を得る．

$g \in L^1(\mu)$ の場合に，$g_n \in C^0(U, \mathbb{R})$ があって

$$\|g - g_n\|_1 \to 0 \quad (n \to \infty)$$

であるから，$\{n_j\} \subset \{n\}$ があって

$$g_{n_j}(x) \to g(x) \quad \mu\text{–a.e.}\, x.$$

μ–a.e. x を固定する．このとき $\varepsilon > 0$ に対して $J > 0$ があって

$$|g_{n_j}(x) - g(x)| < \varepsilon \quad (j \geq J).$$

よって $j \geq J$ を固定して，$\delta > 0$ に対して

$$|g_\delta(x) - g(x)| \leq |g_\delta(x) - g_{n_j,\delta}(x)| + |g_{n_j,\delta}(x) - g_{n_j}(x)| + |g_{n_j}(x) - g(x)|$$
$$\leq 2\varepsilon + |g_{n_j,\delta}(x) - g_{n_j}(x)|.$$

上の不等式の最後の項は $\delta \to 0$ のとき，0 に収束するから，$g_\delta(x) \to g(x)$ を得る． □

$x \in X$ に対して，$B(x, r(x))$ は x を中心とする半径 $r(x)$ の閉近傍を表す．

命題 2.1.12（ベシコビッチ (Besicovitch) の被覆定理）　$r : \mathbb{R}^2 \to (0, \infty)$ は $\sup_{x \in \mathbb{R}^2} r(x) < \infty$ を満たす関数とし，$\mathbb{R}^2$ の有界部分集合 A の被覆を

$$\mathcal{A} = \{B(x, r(x)) \mid x \in A\}$$

とする．このとき可算被覆 $\mathcal{A}' \subset \mathcal{A}$ と $c(2) = 4 > 0$ があって，各 $x \in A$ は多くても $c(2)$ 個の $\mathcal{A}'$ に属する集合に含まれる．

$c(2)$ は $\mathcal{A}'$ に関する**重複度**という．ベシコビッチの被覆定理は $\mathbb{R}^n$ $(n \geq 2)$ の有界部分集合に対しても成り立つ．

注意 2.1.12 の証明　A は $\mathbb{R}^2$ の部分集合であるから，A の可算被覆 $\mathcal{A}' \subset \mathcal{A}$ が存在する．

$$a_0 = \sup\{r(x) \mid x \in A \text{ に対して } B(x, r(x)) \in \mathcal{A}'\}$$

とする．このとき

$$a_0 = \lim_j r(x_j)$$

なる点列 $\{x_j\}$ の全体を θ で表す．

　$\varepsilon > 0$ は $\varepsilon < \dfrac{a_0}{3}$ を満たす十分に小さい数とする．$\mathbf{x} = \{x_j\} \in \theta$ に対して $J = J(\mathbf{x}, \varepsilon) > 0$ があって

$$|r(x_j) - a_0| < \varepsilon \qquad (j \geq J)$$

とできるから，複雑さを避けるために $\{x_j \mid j \geq J\}$ を再び $\mathbf{x} = \{x_j\}$ で表す．よって各 $x_j \in \mathbf{x}$ に対して

$$B\left(x_j, \frac{2}{3}a_0\right) \subset B(x_j, r(x_j))$$

である．

A は有界であるから，θ の各点列 $\mathbf{x}$ は収束する部分列をもつ．ここで θ の各点列 $\mathbf{x}$ に含まれる収束する部分列の全体を $\theta_{\mathbf{x}}$ で表し

$$\tilde{\theta} = \bigcup_{\mathbf{x} \in \theta} \theta_{\mathbf{x}}$$

とおく．$\tilde{\theta}$ に属する点列で同じ集積点 b_t をもつ点列のクラスを $[b_t]$ で表し $\tilde{\theta}$ を類別する．

$[b_t] \in \tilde{\theta}$ とする．代表元 $\{x_j^t\} \in [b_t]$ に対して $x_j^t \to b_t \ (j \to \infty)$ であるから

$$b_t \in B\left(x_J^t, \frac{2}{3}a_0\right)$$

を満たす x_J^t が存在する．x_J^t を固定して

$$B(x_J^t, r(x_J^t))$$

の外部で集積点 b_s をもつクラス $[b_s]$ が存在するとき $\{x_j^s\} \in [b_s]$ を選ぶ．このとき

$$b_s \in B\left(x_J^s, \frac{2}{3}a_0\right), \qquad x_J^s \notin B(x_J^t, r(x_J^t))$$

を満たす点 x_J^s を定めることができる．

$$B(x_J^t, r(x_J^t)) \cup B(x_J^s, r(x_J^s))$$

の外部に集積点 b_u をもつクラス $[b_u]$ が存在するとき，同じ仕方で

$$b_u \in B\left(x_J^u, \frac{2}{3}a_0\right),$$
$$x_J^u \notin B(x_J^t, r(x_J^t)) \cup B(x_J^s, r(x_J^s))$$

を満たす点 x_J^u を定める．

このことを繰り返す．A は有界であるから，有限回の繰り返しで有限個の閉球列

$$\{B(x_J^i, r(x_J^i)) \mid 1 \leq i \leq k\}$$

が

$$b_i \in B\left(x_J^i, \frac{2}{3}a_0\right) \qquad (1 \leq i \leq k),$$
$$x_q \notin \bigcup_{i=1}^{q-1} B(x_J^i, r(x_J^i)) \qquad (2 \leq q \leq k)$$

を満たし, $\bigcup_{i=1}^{k} B(x_J^i, r(x_J^i))$ には $\tilde{\theta}$ に属する点列の集積点の全体が含まれるように定まる.

簡単にするために $\{x_J^i \mid 1 \leq i \leq k\}$ を次を満たすように番号を付け替え

$$r(x_1) \geq r(x_2) \geq \cdots \geq r(x_k),$$

$$B_i = B(x_i, r(x_i)) \qquad (1 \leq i \leq k)$$

とおく. このとき

$$x_i \notin B_j \qquad (i \neq j, \ 1 \leq i, j \leq k)$$

に注意する.

次に

$$a_1 = \sup \left\{ r(x) \ \middle| \ x \in A \setminus \bigcup_{i=1}^{k} B_i \text{ に対して } B(x, r(x)) \in \mathcal{A}' \right\}$$

とおく. $a_1 < a_0$ であるから, 上と同様にして有限個の閉球列

$$B_i = B(x_i, r(x_i)) \qquad (k+1 \leq i \leq l)$$

が

$$x_i \notin B_j \qquad (i \neq j, \ k+1 \leq i, j \leq l),$$
$$r(x_k) > r(x_{k+1}) \geq r(x_{k+2}) \geq \cdots \geq r(x_l)$$

を満たすように定めることができる.

この仕方を帰納的に繰り返すとき, 閉球列 $\{B_i\}$ が

$$r(x_1) \geq \cdots \geq r(x_k) > r(x_{k+1}) \geq \cdots,$$
$$i \neq j \implies B_i \text{ の中心 } x_i \text{ は } x_i \notin B_j,$$
$$\frac{1}{3} B_i \cap \frac{1}{3} B_j = \emptyset \qquad (i \neq j)$$

を満たすように定まる. ここに $\frac{1}{3} B$ は同じ中心で, 半径は B の半径の $\frac{1}{3}$ をもつ閉球を表す.

$\{B_i\}$ が無限列であれば, A の有限性により $\{r(x_j)\}$ は単調に 0 に収束する. いずれにしても $\mathcal{A}'' = \{B_i\}$ は $\mathcal{A}'$ に含まれる A の被覆である.

$z \in A$ に対して,z を通る x 軸に平行な直線と y 軸に平行な直線は z で交わる.z を原点と見て,第 1 象限にある点 x を中心とする $\{B_i\}$ に属する閉球 $B(x, r(x))$ が z を含むとき,このような閉球は一意的である.

同様に第 2,3,4 象限に対してもそれぞれ z を含む閉球が存在すれば一意的に存在する.よって,z は高々 4 つの閉球に含まれる. □

注意 2.1.13 f はコンパクト距離空間 X から X への連続写像で,$\mathcal{B}$ は X のボレルクラスとする.このとき f は $\mathcal{B}$–可測(ボレル可測)である.

証明
$$\mathcal{U} = \{E \in \mathcal{B} \mid f^{-1}(E) \in \mathcal{B}\}$$
なる集合族は X の開集合の全体を含む σ–集合体である.だから,$\mathcal{B} = \mathcal{U}$ が成り立つ.このことは f が $\mathcal{B}$–可測であることを示している. □

ν, ν' はそれぞれ $\mathbb{R}^2$ の有界な開集合 V と U の上のボレル確率測度とする.ν は ν' に関して**絶対連続** (absolutely continuous) であるとは,同相写像 $f : U \to V$ が絶対連続であるときをいう.

$f : U \to V$ が**絶対連続**であるとは,ν が $f_*\nu' = \nu' \circ f^{-1}$ に関して絶対連続であるときをいう.このとき,ラドン–ニコディム (Radon–Nikodym) の定理により密度関数
$$J(f)(x) = \frac{d\nu}{d\nu' \circ f^{-1}}(x)$$
が存在する.

命題 2.1.14 ν と $\nu' \circ f^{-1}$ は上の確率測度とする.

(1) ν が $\nu' \circ f^{-1}$ に関して絶対連続であれば
$$J(f)(x) = \lim_{\delta \to 0} \frac{\nu(B(x, \delta))}{\nu' \circ f^{-1}(B(x, \delta))} \qquad \nu' \circ f^{-1}\text{-a.e. } x.$$
ここに,$B(x, \delta)$ は x を中心とする半径 δ の閉球を表す.

(2) $K > 0$ があって,開近傍 R の各点 x に対して $\delta(x) > 0$ が存在して
$$\frac{1}{K} \le \frac{\nu(R \cap B(x, \delta(x)))}{\nu' \circ f^{-1}(R \cap B(x, \delta(x)))} \le K$$
であれば,ν と $\nu' \circ f^{-1}$ は同値 ($\nu \sim \nu' \circ f^{-1}$) である.

証明 (1) の証明：$J(f)(x)$ は $\nu' \circ f^{-1}$-可積分であるから

$$g_\delta(x) = \frac{1}{\nu' \circ f^{-1}(B(x,\delta))} \int_{B(x,\delta)} J(f) d\nu' \circ f^{-1}$$

とおくと，注意 2.1.11 により

$$g_\delta \longrightarrow J(f) \qquad \nu' \circ f^{-1}\text{-a.e..}$$

よって $\nu' \circ f^{-1}$-a.e. x に対して

$$\begin{aligned}
J(f)(x) &= \lim_{\delta \to 0} g_\delta(x) \\
&= \lim_{\delta \to 0} \frac{1}{\nu' \circ f^{-1}(B(x,\delta))} \int_{B(x,\delta)} J(f) d\nu' \circ f^{-1} \\
&= \lim_{\delta \to 0} \frac{\nu(B(x,\delta))}{\nu' \circ f^{-1}(B(x,\delta))}.
\end{aligned}$$

(2) の証明：R は開近傍とし，R の被覆 $\{B(x,\delta(x))| x \in R\}$ を定義する．ベシコビッチの被覆定理により，重複度 c の有限部分被覆 $\{B(x_j,\delta(x_j))|0 \leq j \leq p\}$ が存在して

$$\frac{1}{c}\sum_{j=0}^{p} \nu(R \cap B(x_j,\delta(x_j))) \leq \nu(R) \leq \sum_{j=0}^{p} \nu(R \cap B(x_j,\delta(x_j))),$$

$$\frac{1}{c}\sum_{j=0}^{p} \nu' \circ f^{-1}(R \cap B(x_j,\delta(x_j))) \leq \nu' \circ f^{-1}(R)$$

$$\leq \sum_{j=0}^{p} \nu' \circ f^{-1}(R \cap B(x_j,\delta(x_j))).$$

よって

$$\begin{aligned}
\frac{\nu(R)}{\nu' \circ f^{-1}(R)} &\leq c \frac{\sum_{j=0}^{p} \nu(R \cap B(x_j,\delta(x_j)))}{\sum_{j=0}^{p} \nu' \circ f^{-1}(R \cap B(x_j,\delta(x_j)))} \\
&\leq c \max \left\{ \frac{\nu(R \cap B(x_j,\delta(x_j)))}{\nu' \circ f^{-1}(R \cap B(x_j,\delta(x_j)))} \,\bigg|\, 0 \leq j \leq p \right\} \\
&\leq cK.
\end{aligned}$$

同様にして

$$\frac{\nu(R)}{\nu' \circ f^{-1}(R)} \geq \frac{1}{cK}.$$

$\nu, \nu' \circ f^{-1}$ は正則であるから, B は $\nu(B) > 0$, $\nu' \circ f^{-1}(B) > 0$ なるボレル集合とする. $\triangle > 0$ に対して, B の近傍 R があって

$$1 - \triangle \leq \frac{\nu(B)}{\nu(R)}, \quad 1 - \triangle \leq \frac{\nu' \circ f^{-1}(B)}{\nu' \circ f^{-1}(R)}$$

とできる. よって

$$\frac{1 - \triangle}{cK} \nu' \circ f^{-1}(B) \leq \nu(B),$$
$$\frac{(1 - \triangle)c}{K} \nu(B) \leq \nu' \circ f^{-1}(B).$$

すなわち $\nu \sim \nu' \circ f^{-1}$ である. □

定理 2.1.15 (ルージン (Lusin) の定理) コンパクト距離空間の上のボレル可測関数 φ はボレル集合 A の上で μ–a.e. x で有限値をとるとする. このとき, $\varepsilon > 0$ に対して $\mu(A \setminus F) < \varepsilon$ を満たす閉集合 $F \subset A$ があって, φ は F の上で連続関数である.

証明 証明を 2 つに分ける. 最初に, φ が可測単純関数 $\varphi = \sum_{i=1}^{n} a_i 1_{A_i}$ の場合に証明を与える. ここで, $A_i \cap A_j = \emptyset$ $(i \neq j)$, $A = \bigcup_{i=1}^{n} A_i$ に注意する. μ は正則であるから

$$F_i \subset A_i, \quad \mu(F_i \setminus A_i) < \frac{\varepsilon}{n} \quad (1 \leq i \leq n)$$

を満たす閉集合 F_i が存在する. $F = \bigcup_{i=1}^{n} F_i$ は閉集合で

$$F \subset A, \quad \mu(A \setminus F) \leq \sum_{i=1}^{n} \mu(A_i \setminus F_i) < \varepsilon.$$

φ は F_i の上で定数 a_i であるから, F_i の上で連続である. 各 F_i は互いに共通部分をもたないから, φ は F の上で連続である.

次に, φ が一般の場合を示す. φ は可測単純関数列 $\{\varphi_n\}$ で近似され, かつ A の上で μ–a.e. x で φ は有限値をとるから, エゴロフの定理により $\mu(A \setminus F') < \frac{\varepsilon}{4}$ を満たすボレル集合 $F' \subset A$ があって, φ_n は F' の上で φ に一様収束する.

再び, μ の正則性を用いて, $\mu(F' \setminus F'') < \frac{\varepsilon}{4}$ を満たす閉集合 F'' が存在する. φ_n は単純関数であるから, $\mu(A \setminus F_n) < \frac{\varepsilon}{2^{n+1}}$ を満たす閉集合 $F_n \subset A$ があって, φ_n は F_n の上で連続である.

$$F = F'' \cap \bigcap_{n=1}^{\infty} F_n$$

とおくと，F は閉集合で

$$F \subset A, \quad \mu(A \setminus F) \leq \mu(A \setminus F'') + \sum_{n=1}^{\infty} \mu(A \setminus F_n) < \varepsilon.$$

φ_n は F の上で連続で，$\{\varphi_n\}$ は F の上で φ に一様収束する．よって，φ は F の上で連続関数である． □

コンパクト距離空間 X の上で定義された実数値連続関数の全体を $C(X, \mathbb{R})$ で表し，$\phi \in C(X, \mathbb{R})$ に対して

$$\|\phi\| = \max\{|\phi(x)| \,|\, x \in X\}$$

によって一様ノルム $\|\cdot\|$ を $C(X, \mathbb{R})$ に導入する．このとき $C(X, \mathbb{R})$ は完備な距離空間をなす．X はコンパクトであるから $C(X, \mathbb{R})$ は可分である．すなわち，稠密な可算集合が $C(X, \mathbb{R})$ の中に存在する．

定理 2.1.16 μ, ν はボレル確率測度とする．このとき

$$\int \varphi d\mu = \int \varphi d\nu \qquad (\varphi \in C(X, \mathbb{R}))$$

ならば，$\mu(B) = \nu(B)$ $(B \in \mathcal{B})$ が成り立つ．

証明 閉集合 C に対して，$\mu(C) = \nu(C)$ であれば，注意 2.1.4 により，$B \in \mathcal{B}$ に対して $\mu(B) = \nu(B)$ である．測度 μ は正則であるから，$\varepsilon > 0$ に対して，$U \supset C$, $\mu(U \setminus C) \leq \varepsilon$ を満たす開集合 U が存在する．

$$\varphi(x) = \begin{cases} 0 & (x \notin U) \\ \dfrac{d(x, X \setminus U)}{d(x, X \setminus U) + d(x, C)} & (x \in U) \end{cases} \qquad (2.1.6)$$

によって，連続関数 $\varphi : X \to \mathbb{R}$ を定義する．明らかに，$X \setminus U$ の上で $\varphi(x) = 0$, C の上で $\varphi(x) = 1$, X の上では $0 \leq \varphi(x) \leq 1$ が成り立つ．よって

$$\nu(C) \leq \int \varphi d\nu = \int \varphi d\mu < \mu(C) + \varepsilon.$$

ε は任意であるから，$\varepsilon \to 0$ とするとき $\nu(C) \leq \mu(C)$ である．ν と μ を入れ替えて同様にして，$\mu(C) \leq \nu(C)$ が求まる．ゆえに $\mu(C) = \nu(C)$ である． □

定理 2.1.17 X はコンパクト距離空間とし，$\mu_1, \mu_2, \cdots, \mu$ は X の上のボレル確率測度であるとする．このとき次は互いに同値である：

(1) $\displaystyle\lim_{n\to\infty}\int \varphi d\mu_n = \int \varphi d\mu \quad (\varphi \in C(X, \mathbb{R}))$.

(2) $\displaystyle\limsup_{n\to\infty} \mu_n(C) \leq \mu(C) \quad$ (閉集合 $C \subset X$).

(3) $\displaystyle\liminf_{n\to\infty} \mu_n(U) \geq \mu(U) \quad$ (開集合 $U \subset X$).

(4) $\displaystyle\lim_{n\to\infty} \mu_n(A) = \mu(A) \quad$ (A は $\mu(\partial A) = 0$ なるボレル集合，∂A は A の境界)．

証明 (2)⇔(3) は明らかである．

(1)⇒(2) の証明： C は閉集合とし，$k \geq 1$ に対して

$$U_k = \left\{ x \in X \;\middle|\; d(x, C) < \frac{1}{k} \right\}$$

とする．明らかに，$U_k \searrow C$ である．だから $\mu(U_k) \searrow \mu(C)$ が成り立つ．X はコンパクトであるから

$$\varphi_k(x) = \begin{cases} 1 & x \in C \\ 0 & x \notin U_k \end{cases}$$

を満たし，$x \in X$ に対して $0 \leq \varphi_k(x) \leq 1$ なる連続関数が存在する．ゆえに

$$\limsup_n \mu_n(C) \leq \limsup_n \int \varphi_k d\mu_n = \int \varphi_k d\mu \leq \mu(U_k).$$

k は任意であるから

$$\limsup_n \mu_n(C) \leq \mu(C).$$

(2), (3)⇒(4) の証明： $A \in \mathcal{B}$ に対して，$\mathrm{Cl}(A)$ を A の閉包，$\mathrm{int}(A)$ を A の内部とするとき，$\mu(\partial A) = 0$ とすれば

$$\mu(\mathrm{int}(A)) = \mu(A) = \mu(\mathrm{Cl}(A)).$$

ゆえに

$$\limsup_n \mu_n(A) \leq \limsup_n \mu_n(\mathrm{Cl}(A)) \leq \mu(\mathrm{Cl}(A)) = \mu(A),$$
$$\liminf_n \mu_n(A) \geq \liminf_n \mu_n(\mathrm{int}(A)) \geq \mu(\mathrm{int}(A)) = \mu(A)$$

である．だから
$$\lim_n \mu_n(A) = \mu(A)$$
が成り立つ．

(4)⇒(1) の証明：$\varphi \in C(X, \mathbb{R})$ に対して
$$m = \min\{\varphi(x) \mid x \in X\} - 1, \quad M = \max\{\varphi(x) \mid x \in X\} + 1$$
とおく．閉区間 $[m, M]$ のボレル集合 E に対して
$$\nu(E) = \mu(\varphi^{-1}E)$$
とおくと，ν は $[m, M]$ の上のボレル確率測度である．注意 2.1.6 により，$\nu(\{t\}) = 0$ を満たす $t \in [m, M]$ は稠密に存在する．よって，$\varepsilon > 0$ に対して
$$m = t_0 < t_1 < \cdots < t_k = M$$
なる t_j が存在して，すべての j に対して
$$t_j - t_{j-1} < \varepsilon, \quad \nu(\{t_j\}) = 0$$
とできる．ここで
$$A_j = \{x \in X \mid t_{j-1} \leq \varphi(x) < t_j\} \quad (1 \leq j \leq k)$$
とおくと，$A_1, A_2, \cdots, A_k \in \mathcal{B}$，かつそれらは X の分割である．
$$\mathrm{Cl}(A_j) \backslash \mathrm{int}(A_j) = \{x \in X \mid \varphi(x) = t_{j-1} \text{ あるいは } \varphi(x) = t_j\}$$
であるから，$\mu(\partial A_j) = 0$ $(1 \leq j \leq k)$ が成り立つ．よって，十分に大きな n に対して
$$|\mu_n(A_j) - \mu(A_j)| < \frac{\varepsilon}{\sum_{i=0}^{k} t_i}$$
である．単調関数列 $\{\sum_{j=0}^{k} t_j 1_{A_j}(x) \mid 0 \leq k < \infty\}$ は φ に一様収束するから，十分に大きい k と上のように選ばれた n に対して
$$\left| \int \varphi d\mu_n - \int \varphi d\mu \right| \leq \left| \int \varphi d\mu_n - \int \sum_{j=0}^{k} t_j 1_{A_j} d\mu_n \right|$$
$$+ \left| \int \sum_{j=0}^{k} t_j 1_{A_j} d\mu_n - \int \sum_{j=0}^{k} t_j 1_{A_j} d\mu \right|$$
$$+ \left| \int \sum_{j=0}^{k} t_j 1_{A_j} d\mu - \int \varphi d\mu \right|$$
$$< 3\varepsilon$$

とできる．よって (1) が求まる．　　　　　　　　　　　　　　　　　　　□

Y は集合として，Y の上の実数値関数の全体を $\mathbb{F}$ とする．$\mathbb{F}$ の部分族 $\mathbb{F}_0$ が次の条件を満たすとき，$\mathbb{F}_0$ を**初等関数族** (family of elementary functions) という：
$$\varphi, \psi \in \mathbb{F}_0 \Longrightarrow a\varphi + b\psi \in \mathbb{F}_0 \quad (a, b \in \mathbb{R}),$$
$$\min\{\varphi, \psi\},\ \min\{\varphi, 1\},\ \max\{\varphi, \psi\} \in \mathbb{F}_0.$$

コンパクト距離空間 X の上の実数値連続関数の全体 $C(X, \mathbb{R})$ は初等関数族である．

定理 2.1.18 (リース (Riesz) の表現定理) $\mathbb{F}_0$ の上の写像 (汎関数) $J : \mathbb{F}_0 \to \mathbb{R}$ が

(1)　$\varphi \geq 0 \implies J(\varphi) \geq 0,$

(2)　$J(\varphi + \psi) = J(\varphi) + J(\psi),$

(3)　$\varphi_n \searrow 0 \implies J(\varphi_n) \to 0 \quad (n \to \infty)$

を満たすならば，$\mathbb{F}_0$ の各関数を可測にする σ–集合体 $\mathcal{F}$ とその上の測度 μ が存在して
$$J(\varphi) = \int \varphi(x) d\mu \qquad (\varphi \in \mathbb{F}_0)$$
が成り立つ．

証明は邦書文献 [Ao-Sh] を参照．

注意 2.1.19 X はコンパクト距離空間とする．このとき $J : C(X, \mathbb{R}) \to \mathbb{R}$ は正値 ($\varphi \geq 0 \Rightarrow J(\varphi) \geq 0$) 線形汎関数であって，$\{\varphi_n\} \subset C(X, \mathbb{R})$ が各点 x で $\varphi_n(x) \searrow 0 \ (n \to \infty)$ ならば，$\lim_{n \to \infty} J(\varphi_n) = 0$ である．

証明 有界閉集合
$$F = \mathrm{Cl}(\{x \in X \,|\, \varphi_1(x) > 0\})$$
を定義して，F の上で $\psi(x) = 1$ で，X 全体で $\psi(x) \geq 0$ なる $\psi \in C(X, \mathbb{R})$ を構成する．$\varepsilon > 0$ に対して
$$G_n = \{x \in X \,|\, \varphi_n(x) < \varepsilon \psi(x)\} \qquad (n \geq 1)$$

とおく.各点 x で $\varphi_n(x)$ は単調減少で $\lim_{n\to\infty} \varphi_n(x) = 0$ であって,ψ の定義により $\{G_n\}$ は開集合の単調増加列で $\bigcup_{n=1}^{\infty} G_n \supset F$ である.よって $m > 0$ があって $\bigcup_{n=1}^{m} G_n = G_m \supset F$ である.すなわち

$$x \in F \Longrightarrow \varphi_m(x) < \varepsilon\psi(x),$$
$$x \notin F \Longrightarrow \varphi_n(x) \leq \varphi_1(x) = 0 \leq \varepsilon\psi(x).$$

よって X の上で $\varphi_n(x) \leq \varepsilon\psi(x)$ で

$$n \geq m \Longrightarrow \varphi_n(x) \leq \varepsilon\psi(x) \qquad (x \in X).$$

J の性質により

$$J(\varphi_n) \leq \varepsilon J(\psi) \qquad (n \geq m).$$

よって

$$\limsup_{n\to\infty} J(\varphi_n) \leq \varepsilon J(\psi)$$

であるから $\limsup_{n\to\infty} J(\varphi_n) \leq 0$ である.一方において,$\liminf_{n\to\infty} J(\varphi_n) \geq 0$ であるから $\lim_{n\to\infty} J(\varphi_n) = 0$ を得る. □

注意 2.1.20 X はコンパクト距離空間とする.J は $C(X, \mathbb{R})$ から $\mathbb{R}$ への連続線形汎関数で,$\varphi \in C(X, \mathbb{R})$ に対して $\varphi \geq 0$ のとき,$J(\varphi) \geq 0$ かつ $J(1) = 1$ を満たすならば,X の上にボレル確率測度 μ が存在して

$$J(\varphi) = \int \varphi d\mu \;\; (\xi \in C(X, \mathbb{R})).$$

2.2 エルゴード定理

X は集合とする.X の上の σ–集合体を $\mathcal{F}$ として,$\mathcal{F}$ の上の確率測度を μ とする.X から X への写像 f が $A \in \mathcal{F}$ に対して $f^{-1}(A) \in \mathcal{F}$ を満たすときに,f を $\mathcal{F}$-**可測** (measurable) という.f は $\mathcal{F}$-可測であって,$\mu(f^{-1}(A)) = \mu(A)$ を満たすとき,f を **保測** (preserving) であるといって,μ を f-**不変測度** (invariant measure) という.以後において,写像を変換と呼ぶ場合もある.

測度を不変にする写像の簡単な例を与える.

注意 2.2.1 $S^1 = \{z \in \mathbb{C} | |z| = 1\}$ とする.

(1) $\varphi : [0,1) \to S^1$ は $\varphi(x) = e^{2\pi i x}$ によって与えられた微分同相写像とする．$[0,1)$ の上のルベーグ測度 m に対して

$$\mu(E) = m(\varphi^{-1}(E)) \qquad (E \subset S^1 \text{ はボレル集合})$$

によって定義された μ を S^1 の上の**ルベーグ測度**という．$\alpha \in \mathbb{R}$ を固定して，$f(z) = e^{2\pi i \alpha} z$ による f は S^1 の上の弧を $e^{2\pi i \alpha}$ だけ移動する変換であり，μ は f-不変な測度である．α が無理数であるとき，S^1 の各点 x の f による軌道 $O_f(x)$ は S^1 で稠密である（洋書文献 [Ao-Hi]）．各点の f による軌道が稠密であるとき，f を**極小的** (minimal) であるという．

1.6 節での行列 $A = \begin{pmatrix} 1 & 1 \\ 1 & 0 \end{pmatrix}$ によって導かれたトーラス $\mathbb{T}^2$ の上の自己同型写像 f_A は $\mathbb{T}^2$ の上のルベーグ測度 μ を不変にしている．

実際に，$\varphi \in L^1(\mu)$ に対して

$$\int \varphi d\mu = \int \varphi \circ f |\det(D_x f_A)| d\mu$$

であるから，φ が定義関数 $\varphi = 1_E$ の場合に，$D_x f = A$ により $\mu(E) = \mu(f^{-1} E)$ である．

(2) $f : [-1,1] \to [-1,1]$ は $f(x) = 1 - 2x^2$ によって与えられた写像とする．このとき，$\dfrac{1}{\pi} \cos^{-1} x$ を密度関数にもつ測度は f を不変にしている．$x = h(\theta) = \sin \dfrac{\pi}{2} \theta$ によって座標変換 h を用いて $g = h^{-1} \circ f \circ h$ を定義する．g はルベーグ測度を不変にしている．

$$\begin{array}{ccc} S^1 & \xrightarrow{g} & S^1 \\ h \downarrow & & \downarrow h \\ [-1,1] & \xrightarrow{f} & [-1,1] \end{array}$$

(3) μ_0 は $Y_k = \{1, \cdots, k\}$ の上の確率測度であって，μ は $Y_k^{\mathbb{Z}}$ の上の μ_0 の無限直積測度とする．このとき，推移写像 $\sigma : Y_k^{\mathbb{Z}} \to Y_k^{\mathbb{Z}}$ は μ を不変にする．σ は $(p_1, \cdots, p_k)$-**ベルヌーイ推移変換** (Bernoulli shift) という．ここに，$p_i = \mu_0(\{i\})$ $(1 \le i \le k)$ である．$(p_1, p_2, \cdots, p_n)$ を**確率ベクトル** (probability vector) という．

$Y_k^{\mathbb{Z}}$ の上の無限直積測度 μ は次のように構成される：

$n \geq 0$ に対して

$$C_n(x) = \{x' \in Y_k^{\mathbb{Z}} | x_i = x'_i \, (|i| \leq n)\} \quad (x \in Y_k^{\mathbb{Z}})$$

を**筒集合** (cylinder set) という．筒集合の族

$$\mathcal{C}_n = \{C_n(x) | x \in Y_k^2\}$$

に属する集合の有限和の全体を $\mathcal{F}_n$ で表す．$\mathcal{F}_n$ は集合体をなし

$$\mathcal{F}_1 \subset \mathcal{F}_2 \subset \cdots \subset \bigcup_n \mathcal{F}_n$$

である．$\bigcup_n \mathcal{F}_n$ によって生成される σ–集合体を $\mathcal{F}$ で表す．

無限直積測度を構成するために，$\bigcup_n \mathcal{F}_n$ の上の σ–加法的集合関数を $Y_k = \{1, \cdots, k\}$ の上の確率測度 μ_0 を用いて構成する．$E \in \bigcup_n \mathcal{F}_n$ とする．このとき，$n \geq 0$ があって $E \in \mathcal{F}_n$ である．よって有限個の共通部分をもたない筒集合の和集合は $E = \bigcup_{k=1}^l C_n(x^k)$ として表される．

$$\mu(E) = \sum_{k=1}^l \prod_{i=-n}^n \mu_0(\{x_i^k\})$$

とおく．μ は $\bigcup_n \mathcal{F}_n$ の上の集合関数であって，$\bigcup_n \mathcal{F}_n$ の上で σ–加法的である．

実際に，$E_j \in \bigcup \mathcal{F}_n$ が $E_i \cap E_j = \emptyset \, (i \neq j)$ を満たして，$E = \bigcup_j E_j \in \bigcup_n \mathcal{F}_n$ であるとき

$$\mu(E) = \sum_j \mu(E_j)$$

を示せば十分である．$m \geq 1$ に対して

$$\mu(E) \geq \mu\left(\bigcup_{j=1}^m E_j\right) = \sum_{j=1}^m \mu(E_j)$$

であるから

$$\mu(E) \geq \sum_{j=1}^{\infty} \mu(E_j).$$

逆に，$E \in \bigcup_n \mathcal{F}_n$ であるから $E \in \mathcal{F}_n$ なる $n \geq 0$ が存在する．$\mathcal{F}_n$ は筒集合の有限和の族であるから，共通部分をもたない有限個の筒集合 C_l があって

$E = \bigcup_{l=1}^{q} C_l$ と表される．$E = \bigcup_j E_j$ であるから，各 C_l は $E_{j'l} \in \{E_j\}$ の和集合 $(C_l \subset \bigcup E_{jl})$ に含まれ $\bigcup_l C_l \subset \bigcup_l \bigcup E_{j'l} = \bigcup E_j$ であるから

$$\mu(E) \leq \sum_{l=1}^{q} \mu(C_l) \leq \sum_{j=1}^{\infty} \mu(E_j).$$

よって μ の σ–加法性が成り立つ．ここで，ホップ–コルモゴロフの定理を用いると，μ は $\mathcal{F}$ の上の確率測度に拡張される．それを同じ記号で表す．明らかに μ は σ–不変である．

$i = 1, 2$ に対して，$(X_i, \mathcal{F}_i, \mu_i)$ は確率空間とする．$f_i : X_i \to X_i$ は μ_i–不変な写像とする．$\mu_i(\tilde{X}_i) = 1$ を満たす $\tilde{X}_i \subset X_i$ と $\mu_1(S^{-1}(B)) = \mu_2(B)$ $(B \in \mathcal{F}_2)$ を満たす可測な全単射 $S : \tilde{X}_1 \to \tilde{X}_2$ が存在するとき，$(X_1, \mathcal{F}_1, \mu_1)$ と $(X_2, \mathcal{F}_2, \mu_2)$ は S によって **同型** (isomorphic) であるという．さらに，$S \circ f_1 = f_2 \circ S$ を満たすとき f_1 は f_2 に**同型**であるという．

注意 2.2.2 m は $[0, 1) \times [0, 1)$ の上のルベーグ測度とする．このとき m は

$$f(x, y) = \begin{cases} \left(2x, \dfrac{1}{2}y\right) & \left(x < \dfrac{1}{2}\right) \\ \left(2x - 1, \dfrac{1}{2}y + \dfrac{1}{2}\right) & \left(x \geq \dfrac{1}{2}\right) \end{cases}$$

によって定義された変換 $f : [0, 1) \times [0, 1) \to [0, 1) \times [0, 1)$ （パン屋の変換）を不変にしている．さらに，f は図形の縦を $\lambda_1 = \dfrac{1}{2}$ に縮め，横を $\lambda_2 = 2$ 倍に引き伸ばし，その半分をもとの位置に積み上げる操作をしている．

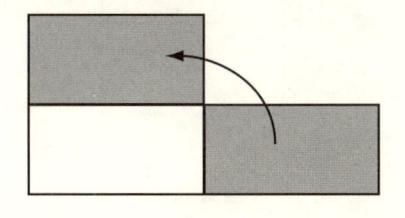

図 2.2.1

$(x, y) \in [0, 1) \times [0, 1)$ に対して

$$x = 0.x_1 x_2 \cdots \quad (x_i \in Y_2, \ i \geq 1)$$

$$y = 0.y_1 y_2 \cdots \quad (y_i \in Y_2, \ i \geq 1)$$

に 2 進展開する．例えば，0.1 は 0.011... と表すことにする．このとき

$$(x, y) = (0.x_1x_2\cdots, 0.y_1y_2\cdots) \mapsto (\cdots, y_2, y_1, x_1, x_2, \cdots)$$

によって対応 h を定義すると

$$h(x, y) \in Y_2^{\mathbb{Z}} = \{0, 1\}^{\mathbb{Z}}$$

であって，h は $[0, 1) \times [0, 1)$ から

$$Y_2^{\mathbb{Z}} \setminus (\{(\cdots, 1, 1, 1, \cdots)\} \cup \{(\cdots, 1, 1, 1, *, *, *), (\cdots, *, *, *, 1, 1, 1, \cdots)\})$$

への全単射であって，$X = [0, 1) \times [0, 1)$ とおくとき

$$\begin{array}{ccc} X & \xrightarrow{f} & X \\ h\downarrow & & \downarrow h \\ Y_2^{\mathbb{Z}} & \xrightarrow{\sigma} & Y_2^{\mathbb{Z}} \end{array} \qquad h \circ f = \sigma \circ h$$

が成り立つ．

実際に，h の全単射は明らかである．しかし，連続ではない．$x \leq \dfrac{1}{2}$ であるとき，x の 2 進展開 $x = 0.x_1x_2\cdots$ は $x_1 = 0$ であり，$y \geq \dfrac{1}{2}$ の 2 進展開 $y = 0.y_1y_2\cdots$ は $y_1 = 1$ である．

この場合に $(x, y) \in A$ である．ここに，A は図 2.2.2 の領域を表す．

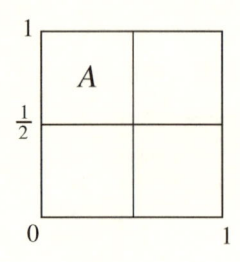

図 2.2.2

よって

$$\begin{array}{ccc} (0.x_1x_2\cdots, 0.y_1y_2\cdots) & \xrightarrow{f} & (0.x_2x_3\cdots, 0.0y_1y_2\cdots) \\ h\downarrow & & \downarrow h \\ (\cdots, y_2, y_1, \overset{\wedge}{x_1}, x_2, \cdots) & \xrightarrow{\sigma} & (\cdots, y_2, y_1, 0, \overset{\wedge}{x_2}, x_3, \cdots) \end{array}$$

であるから，$h \circ f(x,y) = \sigma \circ h(x,y)$ が成り立つ．(x,y) が図 2.2.2 のどの領域にあっても $h \circ f = \sigma \circ h$ が示される．

$z = (\cdots, y_2, 1, 0, x_2, \cdots) \in Y_2^{\mathbb{Z}}$ に対して，$h^{-1}(z) = (x,y) \in A$ である．よって筒集合
$$C(z) = \{z' \in Y_2^{\mathbb{Z}} | z'_{-1} = 1, z'_0 = 0\}$$
の h による逆像 $h^{-1}(C(z))$ は A である．すべての筒集合の h による逆像は有理点を端点にもつ矩形であることが示されるから，h は可測である．

よって，(X, m, f) は $\left(\frac{1}{2}, \frac{1}{2}\right)$-ベルヌーイ変換と同型である．

注意 2.2.3 $k \geq 2$ と $k \times k$-構造行列 $A = (a_{ij})$ があって
$$\Sigma_A = \{x \in Y_k^{\mathbb{Z}} | a_{x_i x_{i+1}} = 1, i \in \mathbb{Z}\}$$
によって得られる推移写像 $\sigma : \Sigma_A \to \Sigma_A$ はマルコフである．さらに，$N > 0$ があって A^N が正値であれば，確率ベクトル $(p_1, \cdots, p_k)$ があって，σ は $(p_1, \cdots, p_k)$-ベルヌーイ推移写像と同型である．

証明に対して，邦書文献 [To] を参照．

注意 2.2.4 $[0,1]$ の上のロジスティック写像 $g(x) = 4x(1-x)$ はルベーグ測度に関して絶対連続な不変測度
$$d\mu = \frac{1}{\pi\sqrt{x(1-x)}} dx$$
をもつ．

証明 注意 1.2.3 でテント写像とロジスティック写像は変数変換 (1.2.4)，すなわち
$$x = \sin^2 \theta = \sin^2 \frac{\pi}{2} y$$
によって位相共役であった．よって
$$dx = 2\sin\theta\cos\theta d\theta = 2\sqrt{x(1-x)} \frac{\pi}{2} dy$$
であるから
$$dy = \rho(x) dx.$$

ここに
$$\rho(x) = \frac{1}{\pi\sqrt{x(1-x)}}.$$

実数値関数 φ に対して $\mathcal{L}$ を
$$\mathcal{L}\varphi = \frac{1}{|Dg_{|I_0}|}\varphi \circ (g_{|I_0})^{-1} + \frac{1}{|Dg_{|I_1}|}\varphi \circ (g_{|I_1})^{-1} \qquad (2.2.1)$$

によって $\mathcal{L}$ を定義する（$\mathcal{L}$ は**ペロン–フロベニウス作用素**という）．ここに $I_0 = \left[0, \frac{1}{2}\right)$, $I_1 = \left[\frac{1}{2}, 1\right]$ を表す．

m は $[0,1]$ の上のルベーグ測度とするとき
$$\int \mathcal{L}\varphi \rho dm = \int \varphi \rho \circ g dm \qquad (\varphi \in L^1(m))$$

が成り立つ．(2.2.1) により
$$\mathcal{L}\rho = \rho$$

であるから
$$\int \mathcal{L}\rho\varphi dm = \int \rho\varphi \circ g dm \qquad (\varphi \in L^1(m)).$$

よって $d\mu = \rho dm$ とおくと
$$\int \varphi d\mu = \int \varphi \circ g d\mu \qquad (\varphi \in L^1(m))$$

であるから，$d\mu$ は g–不変である．

注意 1.3.9 により，g は位相混合的であるから m と絶対連続な測度 μ が一意的に存在することが示される（邦書文献 [Ao4] を参照）．一意性により $dy = d\mu$ である．注意 2.2.4 が示された． □

定理 2.2.5 (ポアンカレの回帰定理) $f: X \to X$ は確率空間 $(X, \mathcal{F}, \mu)$ の上の保測変換とする．このとき $\mu(E) > 0$ を満たす $\mathcal{F}$–可測集合 E に対して，μ–測度 0 の集合 E_1 を除いた集合 $E \setminus E_1$ の各点 x は $f^{n_i}(x) \in E$ を満たす自然数列 $n_1 < n_2 < \cdots$ が存在する．

証明 $N \geq 0$ に対して
$$E_N = \bigcup_{n=N}^{\infty} f^{-n}(E)$$

とおく．明らかに $f^{-1}(E_N) = E_{N+1}$ が成り立ち

$$E_N \subset E_{N-1} \subset \cdots \subset E_0$$

である．f は保測であるから

$$\mu(E_{N+1}) = \mu(f^{-1}(E_N)) = \mu(E_N).$$

ゆえに $N \geq 0$ に対して，$\mu(E_N) = \mu(E_0)$，さらに

$$\mu\left(\bigcap_{N=0}^{\infty} E_N\right) = \mu(E_0)$$

である．ところで

$$\bigcap_{N=0}^{\infty} E_N = \bigcap_{N=0}^{\infty} \bigcup_{n=N}^{\infty} f^{-n}(E)$$

は f の正のベキ乗で無限回 E にもどってくるすべての点の集合を示している．

$$F = E \cap \left(\bigcap_{N=0}^{\infty} E_N\right)$$

とおくと，$\bigcap_{N=0}^{\infty} E_N \subset E_0$，かつ $\mu(\bigcap_{N=0}^{\infty} E_N) = \mu(E_0)$ により

$$\mu(F) = \mu(E \cap E_0) = \mu(E)$$

である．よって，測度の値が 0 の集合 $E \setminus F$ を除いて E の各点は f の正ベキ乗で無限回 E にもどってくる． $\square$

注意 2.2.6 f は確率空間 $(X, \mathcal{F}, \mu)$ の上の保測変換とする．このとき，$\varphi \in L^1(\mu)$ に対して

$$\int \varphi \circ f d\mu = \int \varphi d\mu \tag{2.2.2}$$

が成り立つ．ここに，$L^1(\mu)$ は μ-可積分関数の集合を表す．

実際に，$\varphi = 1_A \ (A \in \mathcal{F})$ の場合に，$\varphi \circ f = 1_{f^{-1}(A)}$ であるから，$\mu(f^{-1}(A)) = \mu(A)$ である．φ が階段関数の場合も (2.2.2) が成り立つ．一般の場合で，$\varphi \geq 0$ のとき φ は階段関数で近似されるから，(2.2.2) が成り立つ．$L^1(\mu)$ に属する ψ は $\psi = \psi^+ - \psi^-$ $(\psi^+ \geq 0, \psi^- \geq 0)$ と表されるから，(2.2.2) を得る．

定理 2.2.7 (バーコフのエルゴード定理) $f: X \to X$ は確率空間 $(X, \mathcal{F}, \mu)$ の上の保測変換とする．このとき $\varphi \in L^1(\mu)$ に対して, $\tilde{\varphi}(x) = \tilde{\varphi}(f(x))$ (μ–a.e. x) を満たす $\tilde{\varphi} \in L^1(\mu)$ が存在して

$$\tilde{\varphi}(x) = \lim_{n \to \infty} \frac{1}{n} \sum_{j=0}^{n-1} \varphi(f^j(x)) \qquad \mu\text{–a.e. } x \in X$$

が成り立ち，かつ $\int \tilde{\varphi} d\mu = \int \varphi d\mu$ である．

証明を与える前に次の補題を準備する：
$m > 0$ を固定して，実数列 $a_0, a_1, \cdots, a_m$ を与える．$0 \leq N \leq m$ に対して

$$N + j \leq m, \qquad \max_{j \leq k < N+j} (a_j + \cdots + a_k) \geq 0$$

を満たすとき，a_j は $a_0, a_1, \cdots, a_m$ の N–**非負項** (nonnegative term) であるという．

注意 2.2.8 $a_0, a_1, \cdots, a_m$ の N–非負項全体の和は非負である．

証明 a_j は最初の N–非負項とする．このとき

$$a_j + \cdots + a_k \geq 0$$

なる最小数 $j \leq k < N + j$ が存在する．このとき $j < l \leq k$ なる a_l は N–非負である．

実際に，$a_l + \cdots + a_k < 0$ とすれば

$$a_j + \cdots + a_{l-1} = (a_j + \cdots + a_k) - (a_l + \cdots + a_k) > 0$$

となって，k の最小性に反する．よって a_l ($j < l \leq k$) は N–非負項である．

次に，$a_{k+1}, \cdots, a_m$ に対して，N–非負項を見いだし，この仕方を繰り返して，$a_1, \cdots, a_m$ の N–非負項をもれなく見つけることができる．N–非負項全体の和は非負であることは明らかである． □

補題 2.2.9 (最大エルゴード定理) $\varphi \in L^1(\mu)$ に対して

$$E_N = E_N(\varphi) = \left\{ x \in X \mid \max_{0 \leq n \leq N} \sum_{j=0}^{n} \varphi(f^j(x)) > 0 \right\}$$

ならば
$$\int_{E_N} \varphi d\mu \geq 0.$$

証明 $m > 0$ を固定する．$0 \leq j \leq m+N-1$ に対して

$$D_j = \{x \mid \varphi(f^j x) \text{ が } \varphi(x), \cdots, \varphi(f^{m+N-1}x) \text{ の } N\text{-非負項である}\}$$

とおく．次は互いに同値である：

(i) $f(x) \in D_{j-1}$,

(ii) $l \leq N$ であって，$\varphi(f^j x) + \cdots + \varphi(f^{j+l}x) \geq 0$,

(iii) $x \in D_j$.

よって $D_j = f^{-j}(D_0)$ $(0 \leq j \leq m)$ である．

$$\bar{D}_0 = \left\{ x \mid \max_{0 \leq n \leq N} \sum_{j=0}^{n} \varphi(f^j x) = 0 \right\}$$

とおくと
$$D_0 = E_N \cup \bar{D}_0$$
であるから
$$D_j = f^{-j}(E_N \cup \bar{D}_0) \quad (0 \leq j \leq m).$$

$x \in X$ を固定して，$\varphi(x), \cdots, \varphi(f^{m+N-1}x)$ の N-非負項全体の和は

$$S(x) = \sum_{j=0}^{m+N-1} \varphi(f^j x) 1_{D_j}(x)$$

と表されるから
$$S(x) \geq 0.$$
よって
$$\begin{aligned}
0 &\leq \int S(x) d\mu \\
&= \sum_{j=0}^{m+N-1} \int_{D_j} \varphi(f^j x) d\mu \\
&= \sum_{j=0}^{m} \int_{f^{-j}(E_N \cup \bar{D}_0)} \varphi(f^j x) d\mu + \sum_{j=m+1}^{m+N-1} \int_{D_j} \varphi(f^j x) d\mu \quad (2.2.3)
\end{aligned}$$

ところで

$$\int_{f^{-j}(E_N\cup \bar{D}_0)} \varphi(f^j x)d\mu = \int_{E_N\cup \bar{D}_0} \varphi(x)d\mu$$
$$= \int_{E_N} \varphi(x)d\mu + \int_{\bar{D}_0} \varphi(x)d\mu.$$

最後の等式の第 2 項目は

$$0 = \int_{\bar{D}_0} \max_{0\le n\le N} \sum_{j=0}^n \varphi(f^j x)d\mu \ge \int_{\bar{D}_0} d\mu$$

であり

$$\int_{D_j} \varphi(f^j x)d\mu \le \int_{D_j} |\varphi(f^j x)|d\mu = \int |\varphi|d\mu$$

である. (2.2.3) より

$$0 \le (m+1)\int_{E_N} \varphi d\mu + (N-1)\int |\varphi|d\mu.$$

よって

$$0 \le \int_{E_N} \varphi d\mu + \frac{N-1}{m+1}\int |\varphi|d\mu.$$

m は任意であるから, $m\to\infty$ とすれば結論を得る. □

注意 2.2.10 $\varphi\in L^1(\mu)$ に対して

$$E(\varphi) = \left\{x\in X \,\bigg|\, \sup_{n\ge 0}\sum_{j=0}^n \varphi(f^j(x)) > 0\right\}$$

ならば

$$\int_{E(\varphi)} \varphi d\mu \ge 0.$$

証明 $\bigcup_{N\ge 0} E_N(\varphi) = E(\varphi)$ であるから, 補題 2.2.9 により明らかである. □

注意 2.2.11 $E(\varphi)$ を注意 2.2.10 のように定義する. $A\subset E(\varphi), f^{-1}(A)=A$ を満たす $A\in \mathcal{F}$ に対して

$$\int_A \varphi d\mu \ge 0.$$

証明 A の定義関数を 1_A とすると，$f^{-1}(A) = A$ により，$E(\varphi 1_A) = A$ が成り立つ．注意 2.2.10 を用いて

$$\int_A \varphi d\mu = \int_A \varphi 1_A d\mu = \int_{E(\varphi 1_A)} \varphi 1_A d\mu \geq 0.$$

□

定理 2.2.7 の証明 $\varphi \in L^1(\mu)$ に対して

$$\varphi^*(x) = \limsup_n \frac{1}{n} \sum_{i=0}^{n-1} \varphi(f^i(x)),$$

$$\varphi_*(x) = \liminf_n \frac{1}{n} \sum_{i=0}^{n-1} \varphi(f^i(x))$$

とおく．このとき $\varphi^* \circ f = \varphi^*$, $\varphi_* \circ f = \varphi_*$ が成り立つ．実際に

$$a_n(x) = \frac{1}{n} \sum_{i=0}^{n-1} \varphi(f^i(x)) \qquad (n \geq 1)$$

とおくと

$$\left(\frac{n+1}{n}\right) a_{n+1}(x) - a_n(f(x)) = \frac{\varphi(x)}{n}$$

から理解する．

$\alpha \in \mathbb{R}$ に対して

$$E_\alpha^+(\varphi) = \left\{ x \in X \;\middle|\; \limsup_{n \to \infty} \frac{1}{n} \sum_{j=0}^{n-1} \varphi(f^j(x)) > \alpha \right\},$$

$$E_\alpha^-(\varphi) = \left\{ x \in X \;\middle|\; \liminf_{n \to \infty} \frac{1}{n} \sum_{j=0}^{n-1} \varphi(f^j(x)) < \alpha \right\}$$

とおく．定義により

$$E_\alpha^+(\varphi) = E_0^+(\varphi - \alpha), \quad E_\alpha^-(\varphi) = E_{-\alpha}^+(-\varphi)$$

が成り立つ．

$A \in \mathcal{F}$ が $A \subset E_\alpha^+(\varphi)$, $f^{-1}(A) = A$ を満たすとき $E_0^+((\varphi - \alpha)1_A) = A$ であるから，$(\varphi - \alpha)1_A$ に対して，注意 2.2.11 を用いると

$$\int_A \varphi d\mu = \int_A ((\varphi - \alpha)1_A + \alpha 1_A) d\mu$$
$$= \int_A (\varphi - \alpha)1_A d\mu + \alpha \mu(A)$$
$$\geq \alpha \mu(A).$$

同様にして，$A \subset E_\beta^-(\varphi)$ が $f^{-1}(A) = A$ を満たすとき

$$\int_A \varphi d\mu \leq \beta \mu(A).$$

$\alpha > \beta$ に対して，$A = E_\alpha^+(\varphi) \cap E_\beta^-(\varphi)$ とおけば，$f^{-1}(A) = A$ であり

$$\int_A \varphi d\mu \geq \alpha \mu(E_\alpha^+(\varphi) \cap E_\beta^-(\varphi)),$$

$$\int_A \varphi d\mu \leq \beta \mu(E_\alpha^+(\varphi) \cap E_\beta^-(\varphi)).$$

よって

$$\mu(E_\alpha^+(\varphi) \cap E_\beta^-(\varphi)) = 0.$$

ゆえに，定理 2.2.7 の前半は

$$\left\{ x \in X \ \middle| \ \limsup_{n \to \infty} \frac{1}{n} \sum_{j=0}^{n-1} \varphi(f^j(x)) > \liminf_{n \to \infty} \frac{1}{n} \sum_{j=0}^{n-1} \varphi(f^j(x)) \right\}$$
$$= \bigcup_{\alpha_n > \alpha_m} \left(E_{\alpha_n}^+(\varphi) \cap E_{\alpha_m}^-(\varphi) \right)$$

から求まる．

$\psi_n \in L^1(\mu)$ $(\psi_n \geq 0)$ なる関数列に対して

$$\liminf_n \int_X \psi_n d\mu < \infty$$

ならば，ファトウ (Fatou) の補題により，$\liminf_n \psi_n$ は可積分である．φ_* が可積分であることを示すために

$$\psi_n(x) = \frac{1}{n} \sum_{i=0}^{n-1} \varphi(f^i(x))$$

とおく．このとき

$$\int |\psi_n| d\mu = \int \left| \frac{1}{n} \sum_{i=0}^{n-1} \varphi(f^i(x)) \right| d\mu \leq \int |\varphi| d\mu$$

から，$\liminf_n \int |\psi_n| d\mu < \infty$ を得る．よって，$\liminf_n \psi_n = \varphi_*$ は可積分である．
次に

$$\int \varphi d\mu = \int \varphi^* d\mu$$

を示す．$k \in \mathbb{Z}$ と $n \geq 1$ に対して
$$D_k^n = \left\{ x \in X \,\bigg|\, \frac{k}{n} \leq \varphi^*(x) < \frac{k+1}{n} \right\}$$
とおく．このとき，$\{D_k^n\}$ は $f(D_k^n) = D_k^n$ を満たす X の分割である．十分に小さな $\varepsilon > 0$ に対して
$$D_k^n \subset \left\{ x \in X \,\bigg|\, \sup_{n \geq 1} \frac{1}{n} \sum_{i=0}^{n-1} \varphi(f^i(x)) > \frac{k}{n} - \varepsilon \right\}$$
が成り立つ．よって，注意 2.2.10 を応用するとき
$$\int_{D_k^n} \varphi d\mu \geq \left(\frac{k}{n} - \varepsilon \right) \mu(D_k^n)$$
を得る．$\varepsilon > 0$ は任意であるから
$$\int_{D_k^n} \varphi d\mu \geq \frac{k}{n} \mu(D_k^n).$$
このとき
$$\int_{D_k^n} \varphi^* d\mu \leq \frac{k+1}{n} \mu(D_k^n) \leq \frac{1}{n} \mu(D_k^n) + \int_{D_k^n} \varphi d\mu.$$
$\bigcup_{k \in \mathbb{Z}} D_k^n = X$ であるから，$n \geq 1$ に対して
$$\int \varphi^* d\mu \leq \frac{1}{n} \mu(X) + \int \varphi d\mu.$$
$n \to \infty$ のとき
$$\int \varphi^* d\mu \leq \int \varphi d\mu.$$
φ の代わりに $-\varphi$ を置き換えたとき
$$\int (-\varphi)^* d\mu \leq \int -\varphi d\mu.$$
よって
$$-\int \varphi_* d\mu \leq -\int \varphi d\mu.$$
ところで，$\varphi_* = \varphi^*$ μ–a.e. であるから
$$\int \varphi^* d\mu \geq \int \varphi d\mu.$$

よって
$$\int \varphi^* d\mu = \int \varphi d\mu.$$
□

f は確率空間 $(X, \mathcal{F}, \mu)$ の上の保測変換とする．バーコフのエルゴード定理によって，$\varphi \in L^1(\mu)$ に対して $\left\{\frac{1}{n}\sum_{j=0}^{n-1} \varphi(f^j x)\right\}$ は測度の値が 0 の集合を除いて収束する．その極限関数を $\tilde{\varphi}(x)$ とする．$\tilde{\varphi} \in L^1(\mu)$ であって，$\tilde{\varphi}(fx) = \tilde{\varphi}(x)$ (μ–a.e. x) が成り立つ．

注意 2.2.12 $\varphi \in L^1(\mu)$ に対して
$$\varphi^-(x) = \lim_{n\to\infty} \frac{1}{n} \sum_{i=1}^{n} \varphi(f^{-i}x)$$
$$\varphi^+(x) = \lim_{n\to\infty} \frac{1}{n} \sum_{i=1}^{n} \varphi(f^i x) \quad (\mu\text{–a.e. } x)$$

とおく．このとき
$$\tilde{\varphi}(x) = \lim_{n\to\infty} \frac{1}{2n+1} \sum_{i=-n}^{n} \varphi(f^i x) \quad (\mu\text{–a.e. } x)$$
が存在して
$$\tilde{\varphi}(x) = \frac{1}{2}\{\varphi^-(x) + \varphi^+(x)\} \quad (\mu\text{–a.e. } x)$$
が成り立つ．

証明 μ–a.e. x に対して
$$\frac{1}{2}\{\varphi^-(x) + \varphi^+(x)\} = \frac{1}{2}\left\{\lim_{n\to\infty} \frac{1}{n}\sum_{i=1}^{n}\varphi(f^{-i}x) + \lim_{n\to\infty}\frac{1}{n}\sum_{i=1}^{n}\varphi(f^i x)\right\}$$
$$= \frac{1}{2}\lim_{n\to\infty} \frac{1}{n} \sum_{i=-m}^{n} \varphi(f^i x)$$
$$= \frac{1}{2}\lim \frac{2n+1}{n} \frac{1}{2n+1} \sum_{i=-n}^{n} \varphi(f^i x)$$
$$= \tilde{\varphi}.$$

□

f–不変確率測度 μ が**エルゴード的** (ergodic) であるとは，$f^{-1}(A) = A$ を満たす可測集合 A に対して，$\mu(A) = 0$ であるか，もしくは 1 であるときをいい，f は μ–**エルゴード的**であるという．注意 2.2.1(1) の S^1 の上の写像 f はルベーグ測度に関してエルゴード的である．

注意 2.2.13 $\varphi \in L^1(\mu)$ は $\varphi(f(x)) = \varphi(x)$ $(\mu$–a.e. $x)$ を満たす関数とする．このとき μ がエルゴード的であれば，$\varphi(x)$ は μ に関してほとんどいたるところで定数である．

注意 2.2.14 μ はエルゴード的であるとする．このとき

(1) $A \in \mathcal{F}$ が $f^{-1}(A) = A$ $(\mu$–a.e.) であれば，$\mu(A) = 0$ であるか，$\mu(A) = 1$ である．

(2) $A \in \mathcal{F}$ が $f^{-1}(A) \subset A$ $(\mu$–a.e.) であれば，$\mu(A) = 0$ であるか，$\mu(A) = 1$ である．

注意 2.2.15 (1) μ がエルゴード的である必要十分条件は

$$\int \varphi d\mu = \tilde{\varphi}(x) \qquad \mu\text{–a.e.} \quad (\varphi \in L^1(\mu))$$

が成り立つことである．ここに $\tilde{\varphi}$ は定理 2.2.7 の関数である．

(2) $\tilde{\varphi}$ は φ の**軌道平均**という．φ が集合 $A \in \mathcal{F}$ の定義関数 1_A のとき，1_A の軌道平均 $\tilde{1}_A(x)$ は x が A に滞在する平均回数と呼ばれ，それを $\tau_A(x)$ で表す．すなわち
$$\tau_A(x) = \lim_{n \to \infty} \frac{1}{n} \sharp \left\{ 0 \leq j \leq n-1 \,|\, f^j(x) \in A \right\}.$$
このとき
$$\int \tau_A d\mu = \mu(A)$$
が成り立つ．

注意 2.2.16 $\mu, \nu \in \mathcal{M}_f(X)$ に対して，$\mu \ll \nu$ (μ は ν に関して絶対連続) であって，ν はエルゴード的であるとする．このとき $\mu = \nu$ である．

証明 $E \in \mathcal{B}$ に対して

$$\int_E \frac{d\mu}{d\nu}(f(x))d\nu = \mu(f^{-1}(E)) = \mu(E) = \int_E \frac{d\mu}{d\nu}d\nu.$$

よって，$\frac{d\mu}{d\nu}(f(x)) = \frac{d\mu}{d\nu}(x)$ (ν–a.e.) が成り立つ．ν はエルゴード的であるから，$\frac{d\mu}{d\nu}(x) = c$ (ν–a.e.) であって

$$\mu(E) = \int_E \frac{d\mu}{d\nu}(x)d\nu = c\mu(E) \qquad (E \in \mathcal{B})$$

であるから，$c = 1$ である．よって

$$\mu(E) = \int_E \frac{d\mu}{d\nu}(x)d\nu = \int_E d\nu = \nu(E) \qquad (E \in \mathcal{B}).$$

□

注意 2.2.17 $1 \leq p < \infty$ とする．f は確率空間 $(X, \mathcal{F}, \mu)$ の上の保測変換とする．p 乗可積分関数の集合 $L^p(\mu)$ の上のノルムを

$$\|\varphi\|_p = \left\{\int |\varphi|^p d\mu\right\}^{\frac{1}{p}} \qquad (\varphi \in L^p(\mu))$$

と表す．このとき $\varphi \in L^p(\mu)$ に対して，$\tilde{\varphi} \in L^p(\mu)$ が存在して

(1) $\tilde{\varphi} \circ f = \tilde{\varphi}$ 　　μ–a.e.,

(2) $\left\|\dfrac{1}{n}\sum_{i=0}^{n-1}\varphi \circ f^i - \tilde{\varphi}\right\|_p \to 0 \qquad (n \to \infty)$

が成り立つ．

証明 φ が有界可測関数であれば，$\varphi \in L^p(\mu)$ である．バーコフのエルゴード定理により

$$\frac{1}{n}\sum_{i=0}^{n-1}\varphi(f^i(x)) \longrightarrow \tilde{\varphi} \qquad \mu\text{–a.e.,}$$

かつ $\tilde{\varphi}$ は有界である．よって

$$\left|\frac{1}{n}\sum_{i=0}^{n-1}\varphi(f^i(x)) - \tilde{\varphi}(x)\right|^p \longrightarrow 0 \qquad \mu\text{–a.e.}$$

であるから，ルベーグの収束定理により

$$\left\| \frac{1}{n} \sum_{i=0}^{n-1} \varphi \circ f^i - \tilde{\varphi} \right\|_p \longrightarrow 0 \quad (n \to \infty).$$

一般の場合に，$\psi \in L^p(\mu)$ に対して

$$M_n(\psi) = \frac{1}{n} \sum_{i=0}^{n-1} \psi(f^i(x)) \quad (n \geq 1)$$

とする．このとき，$\|\cdot\|_p$ に関して $\{M_n(\psi)\}$ はコーシー (Cauchy) 列である．

実際に，ψ は μ 測度の値が 0 である集合を除いて有界な可測関数 φ によって近似される．すなわち，$\varepsilon > 0$ に対して

$$\|\psi - \varphi\|_p < \frac{\varepsilon}{4}$$

を満たす μ–a.e. で有界な関数 φ が存在する．

$k > 0$ と十分に大きい $n > 0$ に対して

$$\begin{aligned}
\|M_n(\varphi) - M_{n+k}(\varphi)\|_p &\leq \left\| \frac{1}{n} \sum_0^{n-1} \varphi \circ f^i - \frac{1}{n+k} \sum_0^{n-1} \varphi \circ f^i \right\|_p \\
&\quad + \left\| \frac{1}{n+k} \sum_n^{n+k-1} \varphi \circ f^i \right\|_p \\
&\leq \frac{2\|\varphi\|_p}{n+k} \\
&\leq \frac{\varepsilon}{2}
\end{aligned}$$

と評価できるから

$$\begin{aligned}
\|M_n(\psi) - M_{n+k}(\psi)\|_p &\leq \|M_n(\psi) - M_n(\varphi)\|_p + \|M_n(\varphi) - M_{n+k}(\varphi)\|_p \\
&\quad + \|M_{n+k}(\varphi) - M_{n+k}(\psi)\|_p \\
&< \frac{\varepsilon}{4} + \frac{\varepsilon}{2} + \frac{\varepsilon}{4} = \varepsilon.
\end{aligned}$$

さらに

$$\left(\frac{n+1}{n} \right) M_{n+1}(\psi)(x) - M_n(\psi)(f(x)) = \frac{\psi(x)}{n}$$

であるから，$\tilde{\psi} \circ f = \tilde{\psi}$ (μ–a.e.) を得る． □

$A, B \in \mathcal{F}$ は $\mu(A \cap B) = \mu(A)\mu(B)$ を満たすとき，A と B は**独立** (independent) であるという．$f : X \to X$ は μ–不変であるとする．$A, B \in \mathcal{F}$ に対して
$$\mu(f^{-n}(A) \cap B) \to \mu(A)\mu(B) \qquad (n \to \infty)$$
であるとき，f は μ–**混合的** (μ–mixing) であるという．また，μ は**混合的** (mixing) であるという．混合性はエルゴード性よりも強い性質である．

注意 2.2.18　μ は $Y_k = \{1, 2, \cdots, k\}$ の上の確率測度 μ_0 の無限直積測度を表すとする．このとき，注意 2.2.1(3) により $\sigma : Y_k^{\mathbb{Z}} \to Y_k^{\mathbb{Z}}$ は $(p_1, \cdots, p_k)$–ベルヌーイ推移写像である．ここに，$p_i = \mu_0(\{i\})$ $(1 \le i \le k)$ である．

ベルヌーイ変換は μ に関して混合的である．よって混合性は次の形で表すことができる：

$C > 0$ と $0 < \lambda < 1$ があって
$$\left| \int \varphi(\sigma^n x) \psi(x) d\mu - \int \varphi(x) d\mu \int \psi(x) d\mu \right| \le C\lambda^n \quad (\varphi, \psi \in L^1(\mu),\ n \ge 0).$$
この不等式を満たす変換を $L^1(\mu)$ の上で**指数的混合性** (exponential mixing) をもつといい，指数的混合性をもつ力学系は中心極限定理，測度論的安定性を満たす．これらは本書で議論しない．

$\mathcal{F}_1, \mathcal{F}_2$ は X の σ–集合体 $\mathcal{F}$ の部分 σ–集合体とする．このとき $\mathcal{F}_1$ と $\mathcal{F}_2$ が μ に関して等しい．すなわち
$$\mathcal{F}_1 = \mathcal{F}_2 \qquad \mu\text{–a.e.}$$
であるとは，$A_1 \in \mathcal{F}_1$ に対して $A_2 \in \mathcal{F}_2$ があって $\mu(A_1 \triangle A_2) = 0$ で，逆に $B_2 \in \mathcal{F}_2$ に対して $B_1 \in \mathcal{F}_1$ があって $\mu(B_1 \triangle B_2) = 0$ が成り立つことである．

$\bigcap_{j=0}^{\infty} f^{-j}(\mathcal{F}) = \{X, \emptyset\}$ (μ–a.e.) を満たす f を**完全** (exact) であるという．完全性は混合性よりも強い性質である（次の注意 2.2.19 により）．完全性は f^{-1} の可測性 ($E \in \mathcal{F} \Rightarrow f(E) \in E$) が保証されていないときに定義される概念であることに注意する．

μ–保測な写像 f がベルヌーイ変換と同型であるとき，f は**ベルヌーイ** (Bernoulli) であるという．ベルヌーイ変換が単射でないとき完全である．よって

$$\text{ベルヌーイ}\ (\Longrightarrow \text{完全}) \Longrightarrow \text{混合的} \Longrightarrow \text{エルゴード的}$$

が成り立つ.

注意 2.2.19 f は完全であるとする. このとき f は混合的である.

証明 完全性の定義により

$$\mathcal{F} \supset f^{-1}(\mathcal{F}) \supset \cdots \supset \bigcap_{i=0}^{\infty} f^{-i}(\mathcal{F}) = \{X, \emptyset\} \qquad \mu\text{-a.e.}$$

であるから

$$L^2(\mu) = L^2(\mathcal{F}) \supset L^2(f^{-1}(\mathcal{F})) \supset \cdots \supset \bigcap_{i=0}^{\infty} L^2(f^{-i}(\mathcal{F})) = \mathbb{R}.$$

ここに, $L^2(f^{-i}(\mathcal{F}))$ は $f^{-i}(\mathcal{F})$–可測で $L^2(\mu)$ に属する関数の集合を表す. $\varphi, \psi \in L^2(\mu)$ に対して

$$\langle \varphi, \psi \rangle = \int \varphi \psi d\mu$$

によって $L^2(\mu)$ に内積を導入する. このとき

$$L^2(\mu) = \mathbb{R} \oplus \bigoplus_{i=0}^{\infty} (L^2(f^{-i}(\mathcal{F})) \cap L^2(f^{-(i+1)}(\mathcal{F}))^{\perp})$$

に直交分解される. 直交射影を

$$P_i : L^2(\mu) \longrightarrow L^2(f^{-i}(\mathcal{F})) \cap L^2(f^{-(i+1)}(\mathcal{F}))^{\perp} \quad (i \geq 0),$$
$$P : L^2(\mu) \longrightarrow \mathbb{R}$$

と表す.

$\varphi \in L^2(\mu)$ に対して, $\varphi \circ f^i \in L^2(f^{-i}(\mathcal{F}))$ $(i \geq 0)$ である. よって $\varphi, \psi \in L^2(\mu)$ に対して

$$\int \varphi \circ f^i \psi d\mu = \langle \varphi \circ f^i, \psi \rangle$$
$$= \left\langle \varphi \circ f^i, P\psi + \sum_{j=0}^{\infty} P_j \psi \right\rangle$$
$$= \langle \varphi \circ f^i, P\psi \rangle + \left\langle \varphi \circ f^i, \sum_{j=0}^{\infty} P_j \psi \right\rangle$$

$$= \langle \varphi \circ f^i, P\psi \rangle + \left\langle \varphi \circ f^i, \sum_{j=i+1}^{\infty} P_j \psi \right\rangle$$

$$= \int \varphi d\mu \int \psi d\mu + \left\langle \varphi \circ f^i, \sum_{j=i+1}^{\infty} P_j \psi \right\rangle.$$

シュワルツ (Schwarz) の不等式により

$$\left| \left\langle \varphi \circ f^i, \sum_{j=i+1}^{\infty} P_j \psi \right\rangle \right| \leq \|\varphi\|_2 \left\| \sum_{j=i+1}^{\infty} P_j f \right\|_2 \longrightarrow 0 \quad (i \to \infty).$$

よって

$$\lim_i \int \varphi \circ f^i \psi d\mu = \int \varphi d\mu \int \psi d\mu.$$

□

コンパクト距離空間 X の上の同相写像 $f : X \to X$ に対して，エルゴード性を位相的に焼き変えた概念として位相推移性がある．f が**位相推移的** (topological transitive) であるとは，開集合 A, B に対して

$$f^{-n}(A) \cap B \neq \emptyset$$

を満たす $n > 0$ が存在することである．位相推移性はエルゴード性を意味しない．

混合性の位相的な概念に位相混合性がある．f が**位相混合的** (topological mixing) であるとは，開集合 A, B に対して

$$f^{-n}(A) \cap B \neq \emptyset \qquad (n \geq N)$$

を満たす N が存在することである．

注意 2.2.20 コンパクト距離空間 X の上の同相写像 $f : X \to X$ に対して，次は同値である：

(1) $x_0 \in X$ があって，軌道 $O(x_0) = \{f^n(x_0) \mid n \in \mathbb{Z}\}$ の閉包 $\mathrm{Cl}(O(x_0))$ が X と一致する．

(2) 閉部分集合 $E \subsetneq X$ が $f(E) = E$ を満たせば，E の補集合 E^c は X で稠密である．

(3) f は位相推移的である．

(4) $\{x \in X \,|\, \mathrm{Cl}(O(x)) \neq X\}$ は第 1 類集合である.

ここに,E が**第 1 類集合** (the first category) であるとは,E の内点をもたない閉部分集合の可算和集合で E が表されるときをいう.

証明 (1)$\Rightarrow$(2): $\emptyset \neq E = f(E) \neq X$ なる E が開集合 U を含むとする.(1) により,$x_0 \in X$ があって $\mathrm{Cl}(O(x_0)) = X$ とできる.よって,$f^k(x_0) \in U \subset E$ なる $k \in \mathbb{Z}$ が存在するから,$O(x_0) \subset E$ が成り立つ.よって,$\mathrm{Cl}(O(x_0)) \neq X$ となって矛盾を得る.ゆえに E は内点をもたないから,E^c は X で稠密である.

(2)$\Rightarrow$(3): U, V は空でない開集合とする.$\bigcup_{n=-\infty}^{\infty} f^n(U)$ は f–不変開集合であるから,(2) により $\bigcup_{n=-\infty}^{\infty} f^n(U) \cap V \neq \emptyset$ を得る.

(3)$\Rightarrow$(4): $\{U_i \,|\, i \geq 1\}$ は X の可算基とする.(3) により,$\bigcup_{n=-\infty}^{\infty} f^n(U_i)$ は X で稠密であるから,$\bigcap_{n=-\infty}^{\infty} f^n(X \setminus U_i)$ は内点をもたない閉集合である.

$$\begin{aligned}
\mathrm{Cl}(O(x)) \neq X &\iff n \geq 1 \text{ があって},\ \mathrm{Cl}(O(x)) \cap U_n = \emptyset \\
&\iff n \geq 1 \text{ があって } m \geq 0 \text{ に対して } f^m(x) \in X \setminus U_n \\
&\iff n \geq 1 \text{ があって } x \in \bigcap_{m=-\infty}^{\infty} f^m(X \setminus U_n) \\
&\iff x \in \bigcup_{n=1}^{\infty} \bigcap_{m=-\infty}^{\infty} f^m(X \setminus U_n)
\end{aligned}$$

であるから

$$\{x \in X \,|\, \mathrm{Cl}(O(x)) \neq X\} = \bigcup_{i=1}^{\infty} \bigcap_{n=-\infty}^{\infty} f^n(X \setminus U_i) \tag{2.2.4}$$

は第 1 類集合である.

(4)$\Rightarrow$(1): コンパクト距離空間は完備であるから,ベイル (Baire) の定理により結論を得る. $\square$

注意 2.2.21 コンパクト距離空間 X の上の同相写像 $f: X \to X$ が位相混合的であれば,$k > 0$ に対して $x_0 \in X$ があって f^k による x_0 の軌道 $O(f^k, x_0) = \{f^{kn}(x_0) \,|\, n \in \mathbb{Z}\}$ は X で稠密である.

証明 U, V は空でない X の開集合とする.f は位相混合的であるから,$f^{kn}(U) \cap V \neq \emptyset$ を満たす n が存在する.よって,注意 2.2.20(4) により $O(f^k, x_0)$ は X で稠密である. $\square$

注意 2.2.22 f が極小的であれば，f は位相推移的である．

X はコンパクト距離空間であるとする．点 $x \in X$ が連続写像 f の**回帰点** (recurrent point) であるとは，$n_1 < n_2 < \cdots$ が存在して $\{f^{n_i}(x)\}$ は x に収束することである．f の回帰点の集合を $R(f)$ で表し，$R(f)$ を**回帰集合** (recurrent set) という．明らかに $f(R(f)) \subset R(f)$ である．

注意 2.2.23 $R(f)$ はボレル集合で，$\mu \in \mathcal{M}_f(X)$ に対して $\mu(R(f)) = 1$ である．

証明 A は X のボレル集合とする．$n, k \geq 0$ に対して

$$A_n = f^{-n}(A), \quad A_{k,n} = A_k \cap A_n, \quad A_{k,\infty} = A_k \setminus \bigcup_{n=k+1}^{\infty} A_{k,n}$$

とおく．このとき

$$\mu(A_{0,\infty}) = 0 \qquad (\mu \in \mathcal{M}_f(X))$$

が成り立つ．実際に，$f^{-1}(A_{0,n}) = f^{-1}(A_0 \cap A_n) = A_1 \cap A_{n+1}$ $(n \geq 1)$ であるから

$$f^{-1}(A_{0,\infty}) = f^{-1}\left(A_0 \setminus \bigcup_{n=1}^{\infty} A_{0,n}\right) = A_1 \setminus \bigcup_{n=1}^{\infty} A_{1,n+1} = A_{1,\infty}.$$

帰納的に

$$f^{-1}(A_{k,\infty}) = A_{k+1,\infty} \qquad (k \geq 1)$$

を得る．$A_{i,\infty} \cap A_{j,\infty} = \emptyset$ $(i \neq j)$ であるから

$$\mu\left(\bigcup_k A_{k,\infty}\right) = \mu\left(\bigcup_k f^{-k}(A_{0,\infty})\right) = \sum_k \mu(A_{0,\infty}).$$

よって $\mu(A_{0,\infty}) = 0$ である．すなわち，$\mu(X \setminus A_{0,\infty}) = 1$ が成り立つ．

$\{U^{(n)}\}$ は X の可算開基として，$U^{(n)}$ に対して，上のように $U^{(n)}_{0,\infty}$ を定義する．

$$H = \bigcup_n U^{(n)}_{0,\infty}$$

とおく．明らかに，$\mu(H) = 0$ $(\mu \in \mathcal{M}_f(X))$ が成り立つ．$x \in X$ に対して

$$\omega(x) = \{y \in X \,|\, n_1 < n_2 < \cdots \text{ を満たす自然数に対して } \lim_{i \to \infty} f^{n_i}(x) = y\}$$

を定義する．このとき，$x \in X \setminus H$ に対して $x \in \omega(x)$ が成り立つ．

実際に，$x \in U_0^{(n)}$ を満たす $U_0^{(n)}$ が存在する．$m \geq 1$ に対して，$x \notin U_m^{(n)}$ であるとき

$$x \in U_0^{(n)} \setminus \bigcup_{m=1}^{\infty} U_m^{(n)} = U_{0,\infty}^{(n)} \subset H$$

となって $x \in X \setminus H$ に矛盾する．ゆえに，n に対して $m \geq 1$ があって

$$x \in U_m^{(n)} = f^{-m}(U_0^{(n)})$$

である．よって $f^m(x) \in U_0^{(n)}$ が成り立つ．点 x を含む $U_0^{(k)}$ に対して $\bigcap U_0^{(k)} = \{x\}$ であるから，$x \in \omega(x)$ が成り立つ．

ゆえに，$X \setminus H \subset R(f)$ である．

$x \in R(f)$ とする．このとき $x \in U^{(j)}$ を満たす $U^{(j)}$ が存在する．$n_1 < n_2 < \cdots$ があって，$\lim f^{n_i}(x) = x$ であるから $x \in f^{-n_i}(U^{(j)})$ $(i \geq 1)$ である．よって，$x \in \bigcup_n f^{-n}(U^{(j)})$ が成り立つ．よって，$x \notin U_{0,\infty}^{(j)}$ である．このことは $x \in U^{(j)}$ を満たす j に対して成り立つから，$x \notin \bigcup_j U_{0,\infty}^{(j)} = H$ である．すなわち，$R(f) \subset X \setminus H$ が成り立つ．よって

$$R(f) = X \setminus H$$

であるから，$R(f) \in \mathcal{B}$ であって，$\mu(R(f)) = 1$ である． $\square$

$R(f)$ の閉包 $\mathrm{Cl}(R(f))$ は**バーコフセンター** (Birkhoff center) と呼ばれている．

X の点 x の近傍 V に対して，$f^n(V) \cap V \neq \emptyset$ を満たす $n > 0$ が存在するとき，x を**非遊走点** (nonwandering set) という．このような点の集合を**非遊走集合** (nonwandering set) といい，$\Omega(f)$ で表す．$\Omega(f)$ は閉集合で，$f(\Omega(f)) \subset \Omega(f)$ である．f が同相写像であるとき，または f の周期点の集合 $P(f)$ が $\Omega(f)$ で稠密であるとき，$f(\Omega(f)) = \Omega(f)$ が成り立つ．

$\Omega(f)$ の点 y の近傍（相対位相に関して）に対して，$n > 0$ があって $f^n(V') \cap V' \neq \emptyset$ である y の集合を $\Omega^1(f) = \Omega(f_{|\Omega(f)})$ で表す．$\Omega^1(f)$ は $\Omega(f)$ の非遊走集合である．このことを帰納的に繰り返して

$$\Omega(f) \supset \Omega^1(f) \supset \cdots$$

を得る．$\mathrm{Cl}(R(f)) \subset \Omega^n(f)$ $(n > 0)$ であるから，次が成り立つ．

注意 2.2.24 $\bigcap_{n>0} \Omega^n(f) \supset \mathrm{Cl}(R(f))$ である．

μ はボレル確率測度とする．$x \in X$ の任意の近傍 $U(x)$ に対して $\mu(U(x)) > 0$ を満たす点 x の集合を $\mathrm{Supp}(\mu)$ で表す．明らかに，$\mathrm{Supp}(\mu)$ は閉集合である．μ が f–不変であれば $f(\mathrm{Supp}(\mu)) = \mathrm{Supp}(\mu)$ (μ–a.e.) である．$\mathrm{Supp}(\mu)$ を μ の台 (support) という．

注意 2.2.25 $\mu(\mathrm{Supp}(\mu)) = 1$ である．

証明 X はコンパクト距離空間であるから，可算個の開球列 $\{U_i\}$ が X の可算基をなす．結論を得るために $\mu(X \setminus \mathrm{Supp}(\mu)) > 0$ を仮定し，$r_j \searrow 0$ $(j \to \infty)$ を満たす数列 $\{r_j\}$ を選ぶ．このとき，r_1 より小さい直径である $X \setminus \mathrm{Supp}(\mu)$ の被覆 $\{U_{j_n}\} \subset \{U_j\}$ ($\bigcup_n U_{j_n} = X \setminus \mathrm{Supp}(\mu)$) を見いだすことができる．このとき，いずれかの U_{j_n} に対して $\mu(U_{j_n}) > 0$ である．$V_1 = U_{j_n}$ とおく．V_1 に含まれる閉球列 $\{F_t\}$ が $\mu(\partial F_t) = 0$, $F_t \nearrow$, $V_1 = \bigcup_t F_t$ を満たすように選ぶことができる．よって $F_1 \subset V_1$ があって $\mu(F_1) > 0$ が成り立つ．r_2 より小さい直径である F_1 の被覆を $\{U_j\}$ から選ぶとき，そこから $\mu(V_2) > 0$ なる V_2 を見いだすことができ，閉球 $F_2 \subset V_2$ があって $\mu(F_2) > 0$ とできる．このことを繰り返して，開集合列 $V_1 \supset V_2 \supset \cdots \supset \bigcap_n V_n = \{x\}$ が構成される．$\mu(V_j) > 0$ $(j \geq 1)$ であるから，$x \in \mathrm{Supp}(\mu)$ である．しかし，これは矛盾である． □

注意 2.2.26 $\mu \in \mathcal{M}_f(X)$ に対して，$\mathrm{Supp}(\mu) \subset \mathrm{Cl}(R(f))$ は明らかである．

注意 2.2.27 X の上の同相写像 f を不変にするボレル確率測度 μ がエルゴード的であれば，点 $y \in \mathrm{Supp}(\mu)$ があって，y の軌道 $O(y) = \{f^n(y) \mid n \geq 0\}$ は稠密 $(\mathrm{Supp}(\mu) = \mathrm{Cl}(O(y)))$ で y の集合は μ–測度 1 だけ存在する．すなわち，$f_{|\mathrm{Supp}(\mu)} : \mathrm{Supp}(\mu) \to \mathrm{Supp}(\mu)$ は位相推移的である．

証明 X はコンパクト距離空間であるから，$Y = \mathrm{Supp}(\mu)$ もコンパクトである．よって，Y に可算基 $\{U_i\}$ が存在する．$U_n \in \{U_i\}$ に対して，$E_n = \bigcap_{i=0}^{\infty} f^{-i}(Y \setminus U_n)$ とおく．このとき $f(E_n) \subset E_n$ が成り立つ．さらに (2.2.4) により

$$\bigcup_{n=1}^{\infty} E_n = \{x \in Y \mid \mathrm{Cl}(O(x)) \neq Y\}$$

が成り立つ．f は μ に関してエルゴード的であるから，$\mu(E_n) = 0$ であるか，または $\mu(E_n) = 1$ である．Y の開集合 V が $\mu(V) > 0$ をもつ．よって $\mu(E_n^c) > 0$

が成り立つ．よって $\mu(E_n^c) = 1$ であって

$$\mu(\{x \in Y \mid \mathrm{Cl}(O(x)) = Y\}) = \mu\left(\bigcap_{n=1}^{\infty} E_n^c\right) = 1.$$

□

注意 2.2.28 B は閉集合で $\mu(B) > 0$ であるとする．このとき μ–a.e. $x \in B$ と $\delta > 0$ に対して $n_1 < n_2 < \cdots$ があって

$$f^{n_i}(x) \in B, \qquad d(f^{n_i}(x), x) < \delta \quad (i \geq 1)$$

が成り立つ．

証明 μ による B の上の確率測度を $\mu_B(E) = \dfrac{\mu(B \cap E)}{\mu(B)}$ で表す．明らかに $\mu(\mathrm{Supp}(\mu_B)) = \mu(B)$ である．$z \in \mathrm{Supp}(\mu_B)$ の δ–半径の近傍 $V = \{y \mid d(y, t) \leq \delta\}$ に対して $\mu_B(V) > 0$ であるから，ポアンカレの回帰定理により，μ_B–a.e. $x \in V$ に対して $n_1 < n_2 < \cdots$ があって $f^{n_i}(x) \in V \subset B$ $(i \geq 1)$ が成り立つ． □

2.3 確率測度の集合

コンパクト距離空間 X の上のボレル確率測度の全体を $\mathcal{M}(X)$ で表す．X はコンパクトであるから，完備距離空間 $C(X, \mathbb{R})$ (φ のノルムは $\|\varphi\| = \max\{|\varphi(x)| \mid x \in X\}$ によって定義されている) に稠密な可算集合が存在する．それを $\{\varphi_1, \varphi_2, \cdots\}$ で表す．$\mu, \nu \in \mathcal{M}(X)$ に対して

$$D(\mu, \nu) = \frac{1}{2^i \|\varphi_i\|} \sum_{i=1}^{\infty} \left| \int \varphi_i d\mu - \int \varphi_i d\nu \right|$$

とおくと，D は $\mathcal{M}(X)$ の上の距離関数であることが簡単に示される．

定理 2.3.1 距離空間 $(\mathcal{M}(X), D)$ はコンパクトである．

距離空間 $(\mathcal{M}(X), D)$ がコンパクトであるためには，$\mathcal{M}(X)$ の点列 $\{\mu_n \mid n \geq 1\}$ が収束する部分列をもつことが必要十分である（ボルツァーノ–ワイエルストラス (Bolzano–Weierstrass) の定理）．したがって次の命題を証明すれば十分である：

命題 2.3.2 $\mathcal{M}(X)$ の任意の列 $\{\mu_n \mid n \geq 1\}$ に対して, その部分列 $\{\mu_{n_i}\}$ と $\mu \in \mathcal{M}(X)$ が存在して, $\varphi \in C(X, \mathbb{R})$ に対して

$$\lim_{i \to \infty} \int \varphi d\mu_{n_i} = \int \varphi d\mu$$

が成り立つ.

証明 $\varphi \in C(X, \mathbb{R})$ に対して

$$\mu_n(\varphi) = \int \varphi d\mu_n \quad (n \geq 1)$$

とおく. このとき $\mu_n(\varphi) \leq \int_X |\varphi| d\mu_n \ (n \geq 1)$ である.

 $C(X, \mathbb{R})$ で稠密な可算集合 $\{\varphi_1, \varphi_2, \cdots\}$ の φ_1 に対して, 実数列 $\{\mu_n(\varphi_1)\}$ は有界である. よって収束する部分列 $\{\mu_n^{(1)}(\varphi_1)\}$ が存在する. 列 $\{\mu_n^{(1)}(\varphi_2)\}$ は再び有界であるから, 収束する部分列 $\{\mu_n^{(2)}(\varphi_2)\}$ が存在する. これを帰納的に続けるとき

$$\{\mu_n\} \supset \{\mu_n^{(1)}\} \supset \{\mu_n^{(2)}\} \supset \cdots$$

となる部分列の族を得る. 任意の $i \geq 1$ に対して, $\varphi = \varphi_j \ (1 \leq j \leq i)$ であれば列 $\{\mu_n^{(i)}(\varphi)\}$ は収束する. ゆえに $\{\mu_n^{(n)}\}$ に対して $\{\mu_n^{(n)}(\varphi_i)\} \ (i = 1, 2, \cdots)$ は収束する.

 $\psi \in C(X, \mathbb{R})$ に対して, 列 $\{\mu_n^{(n)}(\psi)\}$ が収束することを示すために

$$\lim_{i \to \infty} \|\varphi_i - \psi\| = 0$$

とすると, ルベーグの収束定理によって

$$\lim_{i \to \infty} \mu_n^{(n)}(\varphi_i) = \mu_n^{(n)}(\psi) \quad (n \geq 1)$$

が成り立つ. よって $\varepsilon > 0$ に対して i が存在して $\|\varphi_i - \psi\| < \dfrac{\varepsilon}{3}$ とできる. この i を固定する. このとき, $n \geq 1$ に対して

$$|\mu_n^{(n)}(\varphi_i) - \mu_n^{(n)}(\psi)| < \frac{\varepsilon}{3}$$

が成り立つ. ところで $\{\mu_n^{(n)}(\varphi_i)\}$ は収束するから, 十分に大きな n, m に対して

$$|\mu_n^{(n)}(\varphi_i) - \mu_m^{(m)}(\varphi_i)| < \frac{\varepsilon}{3}$$

とできる．よって三角不等式を用いるとき

$$|\mu_n{}^{(n)}(\psi) - \mu_m{}^{(m)}(\psi)| \leq \varepsilon$$

を得る．$\varepsilon > 0$ は任意であるから $\{\mu_n{}^{(n)}(\psi)\}$ は収束する．

$\varphi \in C(X, \mathbb{R})$ に対して

$$K(\varphi) = \lim_{n \to \infty} \mu_n{}^{(n)}(\varphi)$$

とおくと，K は $C(X, \mathbb{R})$ から $\mathbb{R}$ への正値線形汎関数である．$\varphi \in C(X, \mathbb{R})$ に対して

$$|K(\varphi)| = |\lim_{n \to \infty} \mu_n{}^{(n)}(\varphi)| \leq \lim_{n \to \infty} |\mu_n{}^{(n)}(\varphi)| \leq \|\varphi\|$$

であるから，K は有界である．よって K は連続である．さらに $K(1) = 1$，$\varphi \geq 0$ のとき $K(\varphi) \geq 0$ を満たす．ゆえに注意 2.1.20 により，ボレル確率測度 μ が存在して

$$K(\varphi) = \int \varphi d\mu \quad (\varphi \in C(X, \mathbb{R}))$$

とできる．よって

$$\int \varphi d\mu_n{}^{(n)} \to \int \varphi d\mu \quad (n \to \infty) \quad (\varphi \in C(X, \mathbb{R}))$$

である． □

コンパクト距離空間 X の上の同相写像 f はボレル確率測度 μ に対して，μ–保測であるとする．このとき

$$\mu(f^{-1}B) = \mu(fB) = \mu(B) \qquad (B \in \mathcal{B})$$

が成り立つ．実際に，ボレル集合 E に対して，$E = f^{-1}(E')$ を満たすボレル集合 E' が存在する（注意 2.1.13）．よって，$f(E) = E'$ である．μ は f–不変測度であるから $\mu(f(E)) = \mu(E') = \mu(f^{-1}(E')) = \mu(E)$ が成り立つ．

f–不変ボレル確率測度の全体を $\mathcal{M}_f(X)$ で表す．

線形空間 $\mathbb{E}$ の2つの点 x, y に対して，$\alpha x + (1-\alpha)y$ $(0 \leq \alpha \leq 1)$ という形の点の全体を x, y の**線分** (segment) といい，$\langle x, y \rangle$ で表す．V の部分集合 A が $x, y \in A$ のとき，必ずまた $\langle x, y \rangle \subset A$ を満たすとき，A を**凸集合** (convex set) であるという．凸集合 A の点 x が**端点** (extremal point) であると

は，$x = \beta y + (1-\beta)z$ $(0 < \beta < 1, y, z \in A)$ と表すことができないときをいう．

凸集合がコンパクトでないとき，その集合の端点は存在しない場合がある．

注意 2.3.3 閉区間 $[0,1]$ の上の狭義単調増加な関数の集合 P は $\mathbb{R}^{[0,1]}$ ($=\prod_{x \in [0,1]} \mathbb{R}_x$, $\mathbb{R}_x \doteq \mathbb{R}$) の凸集合である．ところで，$f \in P$ に対して $g = \frac{1}{2}f$ は P に属する．$f \neq g$ で

$$f = \frac{1}{2}g + \frac{1}{2}(f+g)$$

であるから，f は P の端点ではない．

定理 2.3.4 コンパクト距離空間 X から X への連続写像 f に対して，次が成り立つ：

(1) $\mathcal{M}_f(X) \neq \emptyset$.

(2) $\mathcal{M}_f(X)$ は $\mathcal{M}(X)$ の閉部分集合である．

(3) $\mathcal{M}_f(X)$ は凸集合である．

証明 (1) の証明：写像 $f_* : \mathcal{M}(X) \to \mathcal{M}(X)$ を

$$(f_*\mu)(A) = \mu(f^{-1}(A)) \qquad (A \subset X : \text{ボレル 集合})$$

によって定義する．このとき $f_* : \mathcal{M}(X) \to \mathcal{M}(X)$ は連続である．$f_*\mu = \mu$ を満たす $\mu \in \mathcal{M}(X)$ の存在を示せば十分である．

$\mu_0 \in \mathcal{M}(X)$ に対して

$$\mu_n = \frac{1}{n+1} \sum_{m=0}^{n} f_*^{\,m} \mu_0$$

とおく．$\mathcal{M}(X)$ はコンパクトであるから，収束部分列 $\{\mu_{n_j}\}_{j \geq 1}$ が存在する．

$$\mu = \lim_{j \to \infty} \mu_{n_j}$$

とおく．このとき

$$\begin{aligned}
f_* \mu_{n_j} &= \frac{1}{n_j+1} \sum_{m=0}^{n_j} f_*^{\,m+1} \mu_0 \\
&= \frac{1}{n_j+1} \sum_{m=0}^{n_j} f_*^{\,m} \mu_0 - \frac{1}{n_j+1} \mu_0 + \frac{1}{n_j+1} f_*^{\,n_j+1} \mu_0
\end{aligned}$$

であるから

$$f_*\mu = \lim_{j\to\infty} f_*\mu_{n_j}$$
$$= \lim_{j\to\infty} \frac{1}{n_j+1} \sum_{m=0}^{n_j} f_*{}^m \mu_0$$
$$= \lim_{j\to\infty} \mu_{n_j} = \mu.$$

(2) の証明：f–不変ボレル確率測度の列 $\{\mu_n\} \subset \mathcal{M}_f(X)$ が $\mathcal{M}(X)$ の点 μ に収束するとする．このとき，$\mu \in \mathcal{M}_f(X)$ を示せばよい．$\varphi \in C(X, \mathbb{R})$ と $n > 0$ に対して

$$\int \varphi \circ f d\mu_n = \int \varphi d\mu_n = \int \varphi \circ f^{-1} d\mu_n$$

が成り立つから，$n \to \infty$ として

$$\int \varphi \circ f d\mu = \int \varphi d\mu = \int \varphi \circ f^{-1} d\mu.$$

よって μ は f–不変である．すなわち $\mu \in \mathcal{M}_f(X)$ である．

(3) の証明：$\mu, \nu \in \mathcal{M}_f(X)$ と $0 < t < 1$ なる t に対して

$$\tau(B) = t\mu(B) + (1-t)\nu(B) \quad (B \in \mathcal{B})$$

とおくと，τ はボレル確率測度で，f–不変である．よって $\tau \in \mathcal{M}_f(X)$ である．すなわち $\mathcal{M}_f(X)$ は凸集合である． □

定理 2.3.5 $\mu \in \mathcal{M}_f(X)$ とする．μ が $\mathcal{M}_f(X)$ の端点であるための必要十分条件は μ が f のエルゴード的確率測度である．

証明 μ は f のエルゴード的確率測度ではないと仮定する．このとき，$f^{-1}(E) = E$ かつ $0 < \mu(E) < 1$ を満たすボレル集合 E が存在する．任意の $B \in \mathcal{B}$ に対して

$$\mu_1(B) = \frac{\mu(B \cap E)}{\mu(E)}, \quad \mu_2(B) = \frac{\mu(B \cap (X \setminus E))}{\mu(X \setminus E)}$$

とおくと，μ_1 と μ_2 は f–不変ボレル確率測度である．よって $\mu_1, \mu_2 \in \mathcal{M}_f(X)$ である．明らかに $\mu_1 \neq \mu_2$ であって

$$\mu(B) = \mu(E)\mu_1(B) + (1 - \mu(E))\mu_2(B)$$

と表されるから，μ は $\mathcal{M}_f(X)$ の端点ではない.

逆に，μ が f のエルゴード的確率測度で，$\mu_1, \mu_2 \in \mathcal{M}_f(X)$ によって

$$\mu = t\mu_1 + (1-t)\mu_2 \quad (0 < t < 1)$$

と表されたとする．このとき，μ_1 は μ に関して絶対連続 ($\mu(E) = 0 \Rightarrow \mu_1(E) = 0$) であるから，ラドン–ニコディム (Radon–Nikodym) の定理により，$\mathcal{B}$–可測関数

$$\frac{d\mu_1}{d\mu}(x)$$

が存在して，すべての $E \in \mathcal{B}$ に対して

$$\mu_1(E) = \int_E \frac{d\mu_1}{d\mu}(x) d\mu.$$

よって

$$\mu_1(E) = \mu_1(f^{-1}E) = \int_{f^{-1}(E)} \frac{d\mu_1}{d\mu}(x) d\mu = \int_E \frac{d\mu_1}{d\mu}(f(x)) d\mu.$$

E は任意のボレル集合であるから

$$\frac{d\mu_1}{d\mu}(x) = \frac{d\mu_1}{d\mu}(f(x)) \quad \mu\text{–a.e.}$$

である．$\frac{d\mu_1}{d\mu}(x)$ はほとんどいたるところで定数である．すなわち

$$\frac{d\mu_1}{d\mu}(x) = k \quad \mu\text{–a.e.}$$

である．

$$1 = \mu_1(X) = \int_X k d\mu = k\mu(X) = k$$

から，$\frac{d\mu_1}{d\mu}(x) = 1$ μ–a.e. である．よって任意のボレル集合 E に対して

$$\mu_1(E) = \int_E \frac{d\mu_1}{d\mu}(x) d\mu = \int_E 1 d\mu = \mu(E).$$

したがって $\mu = \mu_1$, 同様に $\mu = \mu_2$ となり，μ は端点である． □

$P(f)$ は f の周期点の集合を表し，周期 k をもつ $p \in P(f)$ に対して

$$\mu_p = \frac{1}{k} \sum_0^{k-1} \delta_{f^i(p)}$$

を定義する．ここに δ_x は

$$\delta_x(B) = \begin{cases} 1 & (x \in B) \\ 0 & (x \notin B) \end{cases} \quad (B : \text{ボレル集合})$$

によって与えられたボレル確率測度である．このような測度を**ディラック測度** (Dirac measure) という．

μ_p は f–不変ボレル確率測度，すなわち $\mu_p \in \mathcal{M}_f(X)$ である．$O(p) = \{p, f(p), \cdots, f^{k-1}(p)\}$ は f–不変集合の最小な集合であるから，μ_p はエルゴード的である．

$\mathcal{E}(X)$ は $\mathcal{M}_f(X)$ に属するエルゴード的測度の集合とする．明らかに

$$\mathcal{E}(X) \supset p(X) = \{\mu_p \mid p \in \mathrm{per}(f)\}$$

である．

$\mathbb{E}$ が**線形位相空間** (linear topological space) であるとは，$\mathbb{E}$ は線形空間であってスカラー倍とベクトルの和の演算が連続になる位相が導入されていることである．

定理 2.3.6 (クライン–ミルマン (Krein–Milmann)) $\mathbb{E}$ は線形位相空間で，その位相はハウスドルフ (Hausdorff) とする．このとき，空でないコンパクト凸集合はその端点の集合 A の凸包 (convex hull)

$$c_0(A) = \left\{ \sum_{1}^{n} \alpha_i x_i \,\middle|\, \sum_{1}^{n} \alpha_i = 1,\ \alpha_i \geq 0,\ x_i \in A,\ 1 \leq i \leq k,\ k \in \mathbb{N} \right\}$$

の閉包 (closure) と一致する．

命題 2.3.7 $c_0(\mathcal{E}(X))$ の閉包は $\mathcal{M}_f(X)$ と一致する．

クライン–ミルマンの定理を直接証明することを避けて，命題 2.3.7 を証明する．

命題 2.3.7 の証明 $\mathcal{M}_f(X)$ の 1 次結合の全体

$$\mathbb{E} = \left\{ \sum_{i=1}^{n} \alpha_i \mu_i \,\middle|\, \alpha_i \in \mathbb{R},\ \mu_i \in \mathcal{M}_f(X),\ 1 \leq i \leq n,\ n \in \mathbb{N} \right\}$$

は線形空間をなす（$\mathbb{E}$ の要素は測度ではないが σ-加法的集合関数である）．稠密な可算集合 $\{\varphi_i\} \subset C(X,\mathbb{R})$ を固定して

$$\|\mu\| = \sum_i \frac{1}{2^i \|\varphi_i\|} \left| \int \varphi_i d\mu \right| \quad (\mu \in \mathbb{E}) \tag{2.3.1}$$

とおく．ここに $\mu \in \mathbb{E}$ であるから

$$\mu = \sum_{k=1}^n \alpha_k \mu_k \quad (\mu_k \in \mathcal{M}_f(X),\ \alpha_k \in \mathbb{R})$$

に注意する．このとき有限測度 μ^+, μ^- があって

$$\mu = \mu^+ - \mu^-$$

と分解できる．(2.3.1) の右辺の積分は

$$\int \varphi_i d\mu = \int \varphi_i d\mu^+ - \int \varphi_i d\mu^-$$

を意味する．

$\|\cdot\|$ は $\mathbb{E}$ の上のノルム $\|\cdot\|$ である．

実際に

$$\|\mu\| = 0 \Longrightarrow \left| \int \varphi_i d\mu \right| = 0 \quad (\varphi_i \in \{\varphi_i\}).$$

よって

$$\left| \int \psi d\mu \right| = 0 \quad (\psi \in C(X,\mathbb{R})).$$

よって $\mu = 0$ である．次は容易に示される：

$$\|\beta \mu\| = |\beta| \|\mu\| \quad (\beta \in \mathbb{R},\ \mu \in \mathbb{E}),$$

$$\|\mu + \nu\| \leq \|\mu\| + \|\nu\|.$$

$(\mathbb{E}, \|\cdot\|)$ はノルム空間，すなわち線形位相空間である．定理 2.3.4(2) により $\mathcal{M}_f(X)$ は $\mathbb{E}$ に含まれるコンパクト凸集合である．

命題 2.3.7 を結論するために

$$B = \mathrm{Cl}(c_0(\mathcal{E}(X))) \neq \mathcal{M}_f(X)$$

を仮定する．このとき $\mu \in \mathcal{M}_f(X) \setminus B$ が存在する．次の命題 2.3.8 により有界線形汎関数 $f : \mathbb{E} \to \mathbb{R}$ があって

$$f(\mu) > \max\{f(\nu) | \nu \in B\}$$

とできる．
$$M = \max\{f(\nu)\,|\,\nu \in \mathcal{M}_f(X)\}$$
とおき
$$F = \{\nu \in \mathcal{M}_f(X)\,|\,f(\nu) = M\}$$
を定義する．F は空でない**支持集合** (support)，すなわち $\nu, \lambda \in \mathcal{M}_f(X)$, $0 < \alpha < 1$ に対して
$$\alpha\nu + (1-\alpha)\lambda \in F \Longrightarrow \nu, \lambda \in F.$$
実際に，$\nu \notin F$ とすると
$$\begin{aligned}M = f(\alpha\nu + (1-\alpha)\lambda) &= \alpha f(\nu) + (1-\alpha)f(\lambda) \\ &< \alpha M + (1-\alpha)M \\ &= M\end{aligned}$$

であって矛盾を得る．よって $\nu \in F$ で，同様にして $\lambda \in F$ である．

F はコンパクト凸集合であるから F の端点 ν が存在する．このとき ν はエルゴード的であることが定理 2.3.5 の証明と同様に示される．しかし，$F \cap B = \emptyset$ であるから矛盾を得る．よって $B = \mathcal{M}_f(X)$ である． □

命題 2.3.8 B は $\mathbb{E}$ に含まれるコンパクト凸集合とする．$\mu \notin B$ であれば有界線形汎関数 $f : \mathbb{E} \to \mathbb{R}$ があって
$$f(\mu) > \max\{f(\nu)\,|\,\nu \in B\}.$$

証明 $0 \in B$ であるとして証明を与える．十分に小さい $\varepsilon > 0$ を選んで $\|\mu - \nu\| < \varepsilon$ のとき，$\nu \notin B$ となる．U は半径 ε をもつ 0 の開近傍とする．$C = B + U$ は凸集合で吸収的 (absorbing)，すなわち $\lambda \in \mathbb{E}$ に対して $\alpha_0 > 0$ があって
$$\alpha\lambda \in C \quad (0 \leq \alpha \leq \alpha_0)$$
を満たす．さらに $\mu \notin C$ である．

ここでゲージ (gauge)（ミンコウスキー (Minkowski) 汎関数）
$$P_C(x) = \inf\{\alpha > 0 \,|\, x \in \alpha C\} \quad (x \in \mathbb{E})$$

を定義する．明らかに

$$P_C(u) < \infty \quad (u \in \mathbb{E}),$$
$$P_C(u+v) \leq P_C(u) + P_C(v) \quad (u,v \in \mathbb{E}),$$
$$P_C(\beta u) = \beta P_C(u) \quad (\beta > 0, u \in \mathbb{E}).$$

$\mu \notin C$ であるから

$$P_C(\mu) \geq 1$$

である．

1次元部分空間

$$D = \{\alpha\mu \mid \alpha \in \mathbb{R}\}$$

の上に

$$f(\alpha\mu) = \alpha \tag{2.3.2}$$

によって線形汎関数 (linear functional) $f: D \to \mathbb{R}$ を定義する．このとき

$$\alpha > 0 \implies P_C(\alpha\mu) = \alpha P_C(\mu) \geq \alpha = f(\alpha\mu),$$
$$\alpha \leq 0 \implies f(\alpha\mu) < 0 \leq P_C(\alpha\mu).$$

いずれの場合でも

$$f(y) \leq P_C(y) \quad (y \in D).$$

f を $\mathbb{E}$ に拡張するために，次の定理2.3.9を用いると線形汎関数 $\hat{f}: \mathbb{E} \to \mathbb{R}$ があって

$$\begin{aligned}\hat{f}(y) &\leq P_C(y) \quad (y \in \mathbb{E}),\\ \hat{f}(x) &= f(x) \quad (x \in D)\end{aligned} \tag{2.3.3}$$

を満たす．$\varepsilon > 0$ に対して十分に小さい $\delta > 0$ を選び $\|x - y\| < \delta$ のとき $x - y \in U$ である．よって

$$|\hat{f}(x) - \hat{f}(y)| \leq \varepsilon.$$

すなわち $\hat{f}: \mathbb{E} \to \mathbb{R}$ は連続である．

(2.3.2), (2.3.3) により

$$\hat{f}(\mu) = 1, \quad \hat{f}(x) \leq 1 \ (x \in C).$$

$\varepsilon > 0$ が十分に小さければ，$x \in B$ に対して
$$x + \frac{\varepsilon}{\|\mu\|}\mu \in B + U = C$$
とできる．よって
$$\hat{f}\left(x + \frac{\varepsilon}{\|\mu\|}\mu\right) \leq 1$$
であるから
$$\hat{f}(x) \leq 1 - \frac{\varepsilon}{\|\mu\|}.$$
よって
$$\max\{\hat{f}(x) \,|\, x \in B\} \leq 1 - \frac{\varepsilon}{\|\mu\|} < 1 = \hat{f}(\mu).$$

$0 \notin B$ の場合は，$a \in B$ をとり $B - a$, $\mu - a$ を考えて，有界線形汎関数 $\hat{f}: \mathbb{E} \to \mathbb{R}$ を構成すれば
$$\begin{aligned}\hat{f}(\mu) = \hat{f}(a) + \hat{f}(\mu - a) &> \hat{f}(a) + \max\{\hat{f}(x) \,|\, x \in B - a\} \\ &= \max\{\hat{f}(x) + \hat{f}(a) \,|\, x \in B - a\} \\ &= \max\{\hat{f}(x) \,|\, x \in B\}.\end{aligned}$$

$\hfill \square$

定理 2.3.9 (ハーン–バナッハ (Hahn–Banach)) $\mathbb{E}$ を実線形空間とし，$\mathbb{E}$ の上に次の 2 つの性質を満たす関数 $p: \mathbb{E} \to \mathbb{R}$ が与えられているとする：
$$\begin{aligned}p(u + v) &\leq p(u) + p(v) \quad (u, v \in \mathbb{E}), \\ p(cu) &= cp(u) \quad (c > 0, u \in \mathbb{E}).\end{aligned}$$
このとき，$\mathbb{E}$ の部分空間 V の上の線形汎関数 $G: V \to \mathbb{R}$ が
$$G(u) \leq p(u) \quad (u \in V)$$
を満たすならば
$$\begin{aligned}\bar{G}(u) &\leq p(u) \quad (u \in \mathbb{E}), \\ \bar{G}(u) &= G(u) \quad (u \in V)\end{aligned}$$
を満たす線形汎関数 $\bar{G}: \mathbb{E} \to \mathbb{R}$ が存在する．

詳細は関数解析の洋書文献 [Al-Bo] を参照.

2.4 エルゴード分解定理

この節で解説するエルゴード分解定理はクライン–ミルマンの定理に基づき不変確率測度の台に焦点を絞って見直している.

コンパクト距離空間を X とする. f は X から X への連続写像とする. 点 x の f による時間発展

$$x,\ f(x),\ f^2(x),\ \cdots$$

を x の**前方軌道** (forward orbit) と呼び, $O_+(x)$ で表す. このような軌道によって f–不変ボレル確率測度を構成することができる.

X の点 x が $\mu \in \mathcal{M}_f(X)$ に関して**準生成的** (quasi-generic) であるとは, 自然数の増大列 $\{N_k\}$ が存在して, $\varphi \in C(X, \mathbb{R})$ に対して

$$\lim_{k\to\infty} \frac{1}{N_k} \sum_{i=0}^{N_k-1} \varphi(f^i x) = \int \varphi d\mu$$

が成り立つときをいう.

特に

$$\frac{1}{N} \sum_{i=0}^{N-1} \varphi(f^i x) \qquad (\varphi \in C(X, \mathbb{R}))$$

が収束するとき, その極限値を $\varphi^*(x)$ で表す. このときリースの表現定理により

$$\varphi^*(x) = \int \varphi d\mu \quad (\varphi \in C(X, \mathbb{R}))$$

が成り立つ. 点 x を μ に関して**生成的** (generic) であるという.

点 $x \in X$ がある f–不変ボレル確率測度 μ に関して生成的であるとき, 点 x を f に関して**準正則** (quasi-regular) であるといい, すべての準正則点の集合を $Q(f)$ で表す. 準正則点より強い概念に正則点がある. 正則点はよりきびしい条件のもとで定義される.

命題 2.4.1 (1) $Q(f)$ はボレル集合である.

(2) $\mu \in \mathcal{M}_f(X)$ に対して, $\mu(Q(f)) = 1$ である.

証明 $\varphi \in C(X, \mathbb{R})$ と $N > 0$ に対して

$$\varphi^N = \frac{1}{N} \sum_{j=0}^{N-1} \varphi \circ f^j$$

とおき

$$Q_\varphi = \left\{ x \in X \mid \lim_{N \to \infty} \varphi^N(x) = \varphi^*(x) \text{ が存在する} \right\}$$

とする. このとき

$$Q_\varphi = \left\{ x \in X : \{\varphi^N(x)\} \text{ はコーシー列} \right\}$$
$$= \bigcap_{k \geq 1} \bigcup_{l \geq 1} \bigcap_{N \geq l} \bigcap_{M \geq l} \left\{ x \in X : |\varphi^N(x) - \varphi^M(x)| < \frac{1}{k} \right\}$$

が成り立つ. $\left\{ x \in X : |\varphi^N(x) - \varphi^M(x)| < \frac{1}{k} \right\}$ は開集合であるから, Q_φ はボレル集合である.

バーコフのエルゴート定理によって, $\mu \in \mathcal{M}_f(X)$ に対して

$$\mu(Q_\varphi) = 1$$

が成り立つ. X はコンパクト距離空間であるから, $C(X, \mathbb{R})$ の一様ノルムに関して稠密な可算集合 $\{\varphi_n : n \geq 1\}$ が存在する. このとき

$$Q(f) = \bigcap_{n=1}^{\infty} Q_{\varphi_n}$$

が成り立つ. よって $Q(f)$ はボレル集合で, $\mu \in \mathcal{M}_f(X)$ に対して $\mu(Q(f)) = 1$ である. □

点 x が $Q(f)$ に属するための必要十分条件は, $\varphi \in C(X, \mathbb{R})$ に対して, $\varphi^*(x)$ が存在することである. この場合に, 定理 2.1.18 (リースの表現定理) によって線形写像 $\varphi \mapsto \varphi^*(x)$ は f–不変ボレル確率測度 μ_x に対応する. よって, 点 x は μ_x に対して生成的である.

一般に対応 $x \mapsto \mu_x$ は $Q(f)$ から $\mathcal{M}_f(X)$ への写像を定義するが, 単射でも全射でもない. このことがエルゴード分解定理を導き出す要因になっている.

f–不変ボレル確率測度 μ に対して, 生成的である点の集合を $B(\mu)$ で表す. すなわち

$$B(\mu) = \left\{ x \in X \mid \varphi^*(x) = \int \varphi d\mu, \ \varphi \in C(X, \mathbb{R}) \right\}.$$

明らかに $B(\mu)$ は f–不変集合である. $B(\mu) = \emptyset$ の場合も起こり得る.

注意 2.4.2 $\mu \in \mathcal{M}_f(X)$ がエルゴード的であれば，$B(\mu)$ はボレル集合で $\mu(B(\mu)) = 1$ である．

証明 $\{\varphi_n\}$ は $C(X, \mathbb{R})$ に含まれる稠密な関数列として，φ_n に対して

$$G(\varphi_n) = \left\{ x \in X \ \middle| \ \lim_{m \to \infty} \frac{1}{m} \sum_{j=0}^{m-1} \varphi_n(f^j(x)) = \int \varphi_n d\mu \right\}$$

とおく．μ はエルゴード的であるから，バーコフのエルゴード定理により $\mu(G(\varphi_n)) = 1$ である．$B(\mu) = \bigcap_n G(\varphi_n)$ であるから，$\mu(B(\mu)) = 1$ を得る． □

命題 2.4.3 (1) $B(\mu) \subset Q(f)$ である．

(2) μ がエルゴード的であれば $\mathrm{Supp}(\mu) \subset \mathrm{Cl}(B(\mu))$ である．

証明 (1) は明らかである．(2) を示すために注意 2.3.15 を用いる．μ はエルゴード的であるから，$\mu(B(\mu)) = 1$ である．よって

$$\mu(B(\mu) \cap \mathrm{Supp}(\mu)) = 1.$$

よって $y \in B(\mu) \cap \mathrm{Supp}(\mu)$ があって

$$\mathrm{Supp}(\mu) = \mathrm{Cl}(O(y)) = \mathrm{Cl}(B(\mu)) \cap \mathrm{Supp}(\mu).$$

□

注意 2.4.4 $x \in B(\mu)$ に対して，$\mu_x = \mu$ である．$\mu \neq \nu$ ならば，$B(\mu) \cap B(\nu) = \emptyset$ である．

証明 $B(\mu)$ に属する点 x は，$\varphi \in C(X, \mathbb{R})$ に対して，$\lim_{n \to \infty} \frac{1}{n} \sum_{i=0}^{n-1} \varphi(f^i(x)) = \varphi^*(x)$ である．よって注意 2.1.20 により，$\mu_x \in \mathcal{M}_f(X)$ があって

$$\varphi^*(x) = \int \varphi d\mu_x.$$

$x \in B(\mu)$ であるから

$$\int \varphi d\mu_x = \int \varphi d\mu \qquad (\varphi \in C(X, \mathbb{R})).$$

定理 2.1.16 により，$\mu_x = \mu$ $(x \in B(\mu))$ である．このことから $B(\mu) \cap B(\nu) = \emptyset$ $(\mu \neq \nu)$ が成り立つ． □

命題 2.4.5 $\mu \in \mathcal{M}_f(X)$ に対して，$\mu(B(\mu)) > 0$ であれば，μ はエルゴード的である．

証明 有界な可測関数 φ に対して

$$\lim_{n\to\infty} \frac{1}{n} \sum_{i=0}^{n-1} \varphi(f^i(x)) = \int \varphi d\mu \qquad \mu\text{-a.e. } x$$

を示せば十分である．

$C(X, \mathbb{R})$ は $L^1(\mu)$ の中でノルム $\|\cdot\|_1$ に関して稠密であるから，有界な可測関数 ψ に対して，$\varphi_k \in C(X, \mathbb{R})$ $(k \geq 1)$ があって

$$\|\varphi_k - \psi\|_1 \longrightarrow 0 \qquad (k \to \infty).$$

$\varepsilon > 0$ とする．$k_0 > 0$ があって $k \geq k_0$ に対して

$$\|\varphi_k - \psi\|_1 \leq \varepsilon \Longrightarrow \left\| \frac{1}{n} \sum_{i=0}^{n-1} \varphi_k \circ f^i - \frac{1}{n} \sum_{i=0}^{n-1} \psi \circ f^i \right\|_1 \leq \varepsilon \quad (n \geq 1).$$

$\varphi_k \in C(X, \mathbb{R})$ であるから，$N_k > 0$ があって

$$\left\| \frac{1}{n} \sum_{i=0}^{n-1} \varphi_k \circ f^i - \int \varphi_k d\mu \right\|_1 \leq \varepsilon \qquad (n \geq N_k).$$

よって

$$\left\| \frac{1}{n} \sum_{i=0}^{n-1} \psi \circ f^i - \int \varphi_k d\mu \right\|_1 \leq 2\varepsilon \qquad (k \geq k_0, \ n \geq N_k).$$

ψ は有界であるから，ルベーグの収束定理により

$$\left\| \lim_{n\to\infty} \frac{1}{n} \sum_{i=0}^{n-1} \psi \circ f^i - \int \varphi_k d\mu \right\|_1 \leq 2\varepsilon.$$

再び，ルベーグの収束定理を用いて

$$\left\| \lim_{n\to\infty} \frac{1}{n} \sum_{i=0}^{n-1} \psi \circ f^i - \lim_{k\to\infty} \int \varphi_k d\mu \right\|_1$$
$$= \left\| \lim_{n\to\infty} \frac{1}{n} \sum_{i=0}^{n-1} \psi \circ f^i - \int \psi d\mu \right\|_1 \leq 2\varepsilon.$$

$\varepsilon > 0$ は任意であるから結論を得る. □

注意 2.4.6 $\mu \in \mathcal{M}_f(X)$ に対して μ–a.e. x を固定して

$$\lim_{n \to \infty} \frac{1}{n} \sum_{i=0}^{n-1} \varphi(f^i x) = \int \varphi d\mu_x \qquad (\varphi \in C(X, \mathbb{R}))$$

であり

$$x \longmapsto \int \varphi d\mu_x$$

は $\mathcal{B}$–可測である. さらに

$$\int \varphi d\mu = \int \left\{ \int \varphi d\mu_x \right\} d\mu \qquad (\varphi \in C(X, \mathbb{R}))$$

が成り立つ.

注意 2.4.7 $E \in \mathcal{B}$ に対して

$$\mu(E) = \int \mu_x(E) d\mu$$

が成り立つ.

証明 C は $\mu(C) > 0$ を満たす閉集合とする. $\varepsilon > 0$ に対して

$$U_\varepsilon = \{y \mid d(C, y) < \varepsilon\}$$

によって, $U_\varepsilon \searrow C$ なる開集合列 $\{U_\varepsilon \mid \varepsilon > 0$ は有理数$\}$ が存在する. C と U_ε に関して φ は (2.1.6) で与えた連続関数 $\varphi: X \to \mathbb{R}$ とする.

このとき注意 2.4.6 により

$$\mu(C) \leq \int \varphi d\mu = \int \int \varphi d\mu_x d\mu \leq \int \mu_x(U_\varepsilon) d\mu.$$

$\varepsilon > 0$ は任意であるから, $\varepsilon \to 0$ とするときルベーグの収束定理により

$$\mu(C) \leq \int \mu_x(C) d\mu.$$

逆に

$$\int \mu_x(C) d\mu \leq \int \int \varphi d\mu_x d\mu = \int \varphi d\mu \leq \mu(U_\varepsilon).$$

よって
$$\mu(C) = \int \mu_x(C) d\mu$$
を得る.

E はボレル集合とし, $C_\varepsilon \subset E$ は $C_\varepsilon \nearrow E$ を満たす閉集合列とする. 注意 2.1.4 により
$$\mu(E) = \sup_\varepsilon \mu(C_\varepsilon), \ \mu_x(E) = \sup_\varepsilon \mu_x(C_\varepsilon)$$
が成り立つから
$$\mu(E) = \sup_\varepsilon \int \mu_x(C_\varepsilon) d\mu$$
$$\leq \int \sup_\varepsilon \mu_x(C_\varepsilon) d\mu$$
$$= \int \mu_x(E) d\mu.$$
逆に, 部分列 $\{C_{\varepsilon_i}\} \subset \{C_\varepsilon\}$ があって
$$\lim_i \mu_x(C_{\varepsilon_i}) = \sup_\varepsilon \mu_x(C_\varepsilon) = \mu_x(E)$$
であるから
$$\lim_i \int \mu_x(C_{\varepsilon_i}) d\mu = \int \mu_x(E) d\mu.$$
よって
$$\mu(E) \geq \int \mu_x(E) d\mu.$$
$\square$

X の点 x を含む部分集合 $\hat{W}^s(x)$ を
$$\hat{W}^s(x) = \{y \in X \,|\, d(f^i(x), f^i(y)) \to 0 \ (i \to \infty)\}$$
によって定義して, 点 x の**安定集合** (stable set) と呼んでいる. 点 x の**不安定集合** (unstable set) は
$$\hat{W}^u(x) = \{y \in X \,|\, d(f^{-i}(x), f^{-i}(y)) \to 0 \ (i \to \infty)\}$$
によって定義される.

注意 2.4.8 $x \in B(\mu)$ とする. このとき $\hat{W}^s(x) \subset B(\mu)$ が成り立つ.

証明 $y \in \hat{W}^s(x)$ とする. $\varepsilon > 0$ と $\varphi \in C(X, \mathbb{R})$ に対して, $\delta > 0$ と $J > 0$ があって

$$d(f^j(x), f^j(y)) < \delta \; (j \geq J) \implies |\varphi(f^j(x)) - \varphi(f^j(y))| < \varepsilon \; (j \geq J)$$

が成り立つ. よって, $n \geq 0$ に対して

$$\left| \frac{1}{n} \sum_{i=0}^{n-1} \varphi(f^{i+J}(x)) - \frac{1}{n} \sum_{i=0}^{n-1} \varphi(f^{i+J}(y)) \right| < \varepsilon \qquad (i \geq 0).$$

このことから

$$\lim_{n \to \infty} \frac{1}{n} \sum_{i=0}^{n-1} \varphi(f^i(x)) = \lim_{n \to \infty} \frac{1}{n} \sum_{i=0}^{n-1} \varphi(f^i(y)).$$

よって $y \in B(\mu)$ である. □

$$\mathcal{E}(f) = \bigcup \{ B(\mu) \,|\, \mu \in \mathcal{M}_f(X) \text{ はエルゴード的} \} \tag{2.4.1}$$

とおく.

注意 2.4.9 $\mathcal{E}(f) \subset Q(f)$ である.

命題 2.4.10 $\mathcal{E}(f)$ はボレル集合であって, $\mu \in \mathcal{M}_f(X)$ に対して $\mu(\mathcal{E}(f)) = 1$ である.

証明 $\psi \in C(X, \mathbb{R})$ に対して

$$\psi^N = \frac{1}{N} \sum_{i=0}^{N-1} \psi \circ f^i \qquad (N > 0)$$

と表す. $\psi \in C(X, \mathbb{R})$ を固定して

$$\mathcal{E}(\psi) = \left\{ x \in Q(f) \;\middle|\; \lim_{N \to \infty} \psi^N(y) = \int \psi d\mu_x \; (\mu_x\text{-a.e. } y) \right\}$$

とおく. $z, y \in Q(f)$ に対して

$$\varphi(z, y) = \left| \lim_N \psi^N(z) - \lim_M \psi^M(y) \right|^2$$

とおくと
$$\varphi : Q(f) \times Q(f) \to \mathbb{R}$$
は $\mathcal{B} \times \mathcal{B}$–可測関数である．$x \in \mathcal{E}(\psi)$ であれば
$$\int \psi d\mu_x = \lim_N \psi^N(x),$$
かつ $\mathcal{E}(\psi)$ の定義により
$$\lim_{N \to \infty} \psi^N(y) = \varphi(x, y) = 0 \qquad \mu_x\text{–a.e. } y.$$
よって
$$\mathcal{E}(\psi) = \left\{ x \in Q(f) \,\middle|\, \int \varphi(x, y) d\mu_x = 0 \right\}$$
が成り立つ．$\int \varphi(x, y) d\mu_x(y)$ は x に関して $\mathcal{B}$–可測関数であるから，$\mathcal{E}(\psi)$ は $\mathcal{B}$–可測である．

次に，$\mu \in \mathcal{M}_f(X)$ に対して，$\mu(\mathcal{E}(f)) = 1$ を示すために
$$\int \int \left| \lim_N \psi^N(x) - \lim_M \psi^M(y) \right|^2 d\mu_x(y) d\mu(x) = 0 \tag{2.4.2}$$
を示せば十分である．実際に，(2.4.2) が成り立てば
$$\int \left| \lim_N \psi^N(x) - \lim_M \psi^M(y) \right|^2 d\mu_x(y) = \int \varphi(x, y) d\mu_x = 0 \qquad \mu\text{–a.e. } x.$$
よって，$\mu(\mathcal{E}(\psi)) = 1$ である．

$\{\psi_n\}$ は $C(X, \mathbb{R})$ の稠密な可算集合とすると，$\mathcal{E}(f) = \bigcap_n \mathcal{E}(\psi_n)$ であるから，$\mu(\mathcal{E}(f)) = 1$ を得て，命題 2.4.10 の証明は完了する．

(2.4.2) を示すだけである．最初に，$\varphi, \psi \in L^2(\mu)$ に対して $\varphi \circ f = \varphi$，$\psi \circ f = \psi$ (μ–a.e.) であれば
$$\int \varphi(x) \int \psi(y) d\mu_x(y) d\mu(x) = \int \varphi \psi d\mu$$
が成り立つ．このとき $L^2(\mu)$ は内積 $\langle \psi, \varphi \rangle = \int \psi \varphi d\mu$ をもつヒルベルト空間であるから
$$\int \int \left| \lim_N \psi^N(x) - \lim_M \psi^M(y) \right|^2 d\mu_x(y) d\mu(x)$$
$$= 2 \int \left| \lim_N \psi^N(x) \right|^2 d\mu - 2 \int \left| \lim_N \psi^N(x) \right| \int \left| \lim_M \psi^M(y) \right| d\mu_x(y) d\mu(x)$$
$$= 2 \int |\psi^*|^2 d\mu - 2 \int |\psi^*|^2 d\mu$$
$$= 0.$$

(2.4.2) が示された. □

命題 2.4.10 により, $\mathcal{E}(f)$ は測度論的に全空間 X と見てよい. $\mathcal{E}(f) \subset Q(f)$ であるから $y \in \mathcal{E}(f)$ に対して μ_y があって

$$\Gamma_y = \{z \in \mathcal{E}(X) \mid \mu_y = \mu_z\}$$

は $\Gamma_y = B(\mu_y)$ であるから, Γ_y は f–不変ボレル集合である.

μ_y はエルゴード的であるから, 注意 2.4.2 により $\mu_y(\Gamma_y) = 1$ が成り立つ.

$$\mathcal{E}(f) = \bigcup_{y \in \mathcal{E}(f)} \Gamma_y \tag{2.4.3}$$

である. $\mu_y \neq \mu_z$ のとき $\Gamma_y \cap \Gamma_z = \emptyset$ に注意する.

Γ_y を点 y の**エルゴード的ファイバー** (ergodic fiber) または μ_y の**エルゴード的鉢** (ergodic basin) あるいは μ_y の**エルゴード領域** (ergodic region) という. μ がエルゴード的であれば, $B(\mu)$ はエルゴード領域である.

X のボレルクラス $\mathcal{B}$ を Γ_y に制限したクラスを $\mathcal{B}_y$ で表し, μ_y を $\mathcal{B}_y$ に制限した測度であるとする. このとき確率空間 $(\Gamma_y, \mathcal{B}_y, \mu_y)$ が構成され

$$f|\Gamma_y : \Gamma_y \longrightarrow \Gamma_y$$

は μ_y に関してエルゴード的である.

可測集合の族 ξ が $A, B \in \xi$ に対して $A \neq B$ のとき, $A \cap B = \emptyset$ であって, $\bigcup_{A \in \xi} A = X$ を満たすときに, ξ を X の**可測分割** (measurable partition) という. ここでの可測分割はルベーグ空間の上の可測分割とは異なっていることに注意する (ルベーグ空間の定義は邦書文献 [To] を参照).

次の定理が証明された:

定理 2.4.11 (エルゴード分解定理) f はコンパクト距離空間 X から X の上への連続写像として, $\mu \in \mathcal{M}_f(X)$ とする. このとき, 注意 2.4.6 を満たす $\{\mu_y\}$ が存在して, $\varphi \in C(X, \mathbb{R})$ に対して

(1) φ は μ_y-可積分である,

(2) $\displaystyle\lim_{n \to \infty} \frac{1}{n} \sum_{j=0}^{n-1} \varphi(f^j(y)) = \int \varphi d\mu_y \qquad \mu$–a.e. y,

(3) $y \mapsto \displaystyle\int \varphi d\mu_y$ は $\mathcal{B}$-可測である,

(4) $\int \varphi d\mu = \int \left(\int \varphi d\mu_y \right) d\mu(y)$

が成り立つ．

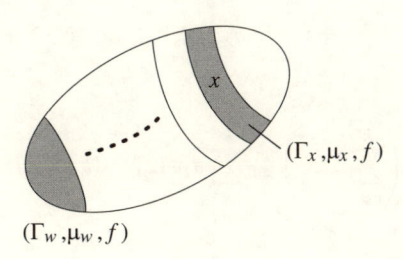

図 2.4.1

注意 2.4.12 μ はエルゴード的であるとする．このとき $\mathcal{M}_f(B(\mu)) = \{\mu\}$ である．

証明 $\nu \in \mathcal{M}_f(B(\mu))$ に対して，ν をエルゴード分解する．このとき，ν–a.e. x に対してエルゴード的ファイバー $\Gamma_x \subset B(\mu)$ が存在して，Γ_x は

$$\nu(E) = \int \nu_x(E) d\nu \tag{2.4.4}$$

を満たす f–不変エルゴード的測度 ν_x に関して $\nu_x(\Gamma_x) = 1$ である．ν–a.e. $x \in B(\mu)$ に対して

$$\lim_{n \to \infty} \frac{1}{n} \sum_{i=0}^{n-1} \varphi(f^i x) = \int \varphi d\nu_x \quad (\varphi \in C(X, \mathbb{R})) \ .$$

よって，$\mu = \nu_x$ (ν–a.e. x) である．(2.4.4) により，$\nu = \mu$ を得る． □

$\varphi(x) = -\log x \ (x > 0)$ は

$$\varphi\left(\frac{a+b}{2}\right) \leq \frac{1}{2}\varphi(a) + \frac{1}{2}\varphi(b)$$

を満たすから，**凸関数** (convex function) である．

注意 2.4.13 (イエンゼン (Jensen) の不等式) 連続写像 $\phi : [0,1] \to \mathbb{R}$ は

$$\phi(x) = \begin{cases} 0 & (x = 0) \\ -x \log x & (x \neq 0) \end{cases}$$

によって定義されているとする．このとき，$k > 0$ と $\sum_{i=1}^{k} a_i = 1$ を満たす正の実数 a_i に対して

$$\phi\left(\sum_{i=1}^{k} a_i x_i\right) \geq \sum_{i=1}^{k} a_i \phi(x_i) \quad (x_i \in [0,1])$$

が成り立つ．

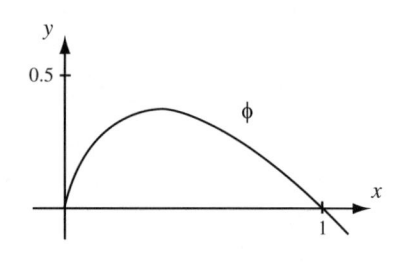

図 2.4.2

証明 $\phi(x)$ は $[0, \infty)$ の上の関数と考える．$\phi(x)$ を微分すると，$D_x \phi = -1 - \log x$ である．$(0, \infty)$ の上で $D_x \phi$ を微分すると，$D_x^2 \phi = -\dfrac{1}{x} < 0$ である．2 点 x, y は $[0, \infty)$ に属し，α, β は $\alpha + \beta = 1$ を満たす正の実数とすると

$$\phi(\alpha x + \beta y) \geq \alpha \phi(x) + \beta \phi(y)$$

が成り立つことを示す．

$y > x$ としてよい．このとき平均値の定理により

$$\alpha x + \beta y < z < y$$

となる z が存在して

$$\phi(y) - \phi(\alpha x + \beta y) = D_z \phi \alpha (y - x).$$

ここに $D_z\phi$ は $\phi(z)$ の z での微係数を表す．さらに
$$x < w < \alpha x + \beta y$$
となる w が存在して
$$\phi(\alpha x + \beta y) - \phi(x) = D_w \phi \beta (y - x).$$
$(0, \infty)$ の上で $D^2\phi \leq 0$ である．だから $D_z\phi < D_w\phi$ である．よって
$$\begin{aligned}
\beta\{\phi(y) - \phi(\alpha x + \beta y)\} &= D_z\phi\alpha\beta(y - x) \\
&\leq D_w\phi\alpha\beta(y - x) \\
&= \alpha\{\phi(\alpha x + \beta y) - \phi(x)\}.
\end{aligned}$$
$x > 0, y > 0$ のとき，上の不等式から $\phi(\alpha x + \beta y) \geq \alpha\phi(x) + \beta\phi(y)$ が求まる．$x \geq 0, y \geq 0$ のときは，ϕ の連続性を用い，あとは数学的帰納法を用いて結論を得る． □

注意 2.4.14 $\phi : [0, 1] \to \mathbb{R}$ は命題 2.4.13 の関数とする．注意 2.4.7 の $\mu_y(E)$ は y の関数として可測関数であるから，$\mu_y(E)$ は階段関数 $\varphi_k = \sum_{i=1}^{k} a_i 1_{E_i}$ によって一様に近似することができる．$\int \varphi_k d\mu = \sum_{i=1}^{k} a_i \mu(E_i)$ であるから
$$\phi\left(\sum_{i=1}^{k} a_i \mu(E_i)\right) \geq \sum_{i=1}^{k} \mu(E_i)\phi(a_i).$$
ルベーグの収束定理により
$$\phi\left(\int \mu_y(E) d\mu\right) \geq \int \phi(\mu_y(E)) d\mu.$$
すなわち
$$-\mu(E) \log \mu(E) \geq \int -\mu_y(E) \log \mu_y(E) d\mu$$
が成り立つ．

2.5 条件付き確率測度の標準系

$\mathcal{B}$ はコンパクト距離空間 X の上のボレルクラスとし，確率空間 $(X, \mathcal{B}, \mu)$ を与える．ξ は X の可測分割とする．$x \in X$ に対して x を含む ξ に属する集合を $\xi(x)$ で表す．$\mathcal{B}_\xi$ は ξ によって生成された σ–集合体とする．

定理 2.5.1　μ を X の上のボレル確率測度とする．このとき可測分割 ξ に対して，$\mu(Y) = 1$ を満たす $Y \subset X$ があって次の (1) を満たす測度の族 $\{\mu_x^\xi | x \in Y\}$ が存在して，それは μ–測度 0 の集合を除いて一意的に存在する：

(1)　$B \in \mathcal{B}$ に対して，対応 $x \mapsto \mu_x^\xi(B)$ は $\mathcal{B}$–可測関数であって
$$\mu(E \cap B) = \int_E \mu_x^\xi(B)\,d\mu(x) \quad (E \in \mathcal{B}_\xi)$$
が成り立つ．

(2)　特に，可算可測分割 ξ_n $(n \geq 1)$ があって
$$\xi_1 \leq \xi_2 \leq \cdots \leq \bigvee_{n \geq 1} \xi_n = \xi$$
を満たすならば，$\mu_x^\xi(\xi(x)) = 1$ $(x \in Y)$ である．すなわち，μ_x^ξ は確率測度である．ここに
$$\bigvee_{n \geq 1} \xi_n = \left\{\bigcap_{n \geq 1} A_n \,\Big|\, A_n \in \xi_n,\ n \geq 1\right\}$$
である．

　(1) を満たす測度の族 $\{\mu_x^\xi\}$ を ξ に関する μ の**条件付き測度の族** (family of conditional probability) といい，(1) と (2) を満たす $\{\mu_x^\xi\}$ を ξ に関する μ の**条件付き確率測度の標準系** (standard system of conditional probability) という．

　L は線形空間 $L^1(\mu)$ の部分空間とする．$E : L^1(\mu) \to L$ が**射影** (projection) であるとは，次の (1),(2) を満たすことである：

(1)　E は線形写像，

(2)　$E^2(\varphi) = \varphi$ $(\varphi \in L^2(\mu))$．

注意 2.5.2　X はコンパクト距離空間として，$\mathcal{B}'$ はボレルクラス $\mathcal{B}$ の部分 σ–集合体とする．このとき，$\mathcal{B}'$ の要素からなる分割 ξ が存在して，ξ によって生成された σ–集合体 $\mathcal{B}_\xi$ が $\mathcal{B}'$ と μ–a.e. で一致する ($\mathcal{B}_\xi = \mathcal{B}'$ μ–a.e.)．

証明　$L^1(\mathcal{B}')$ は $\mathcal{B}'$–可測で，μ–可積分関数の全体として
$$E\ :\ L^1(\mu) \longrightarrow L^1(\mathcal{B}')$$

は射影とする．すなわち，$\varphi \in L^1(\mu)$ に対して，φ の条件付き平均 $E(\varphi|\mathcal{B}')$ を対応させる写像である．E は有界線形写像である．

$\{\varphi_n\}$ は $L^1(\mu)$ で稠密な可算集合とする．このとき $\{E(\varphi_n)\}$ は $L^1(\mathcal{B}')$ で稠密である．実際に，$\psi \in L^1(\mu)$ に対して

$$\psi^+ = \max\{\psi, 0\}, \quad \psi^- = \max\{-\psi, 0\}$$

とおく．

$$\psi = \psi^+ - \psi^-, \quad |\psi| = \psi^+ + \psi^-$$

であるから，条件付き平均の定義から

$$E(|\psi| \,|\mathcal{B}') = |E(\psi|\mathcal{B}')|$$

である．

$\{\varphi_n\}$ は稠密であるから，$\psi \in L^1(\mu)$ に対して $\{\varphi_{n_i}\} \subset \{\varphi_n\}$ があって

$$\int |E(\varphi_{n_i}|\mathcal{B}') - E(\psi|\mathcal{B}')| d\mu = \int |E(\varphi_{n_i} - \psi|\mathcal{B}')| d\mu$$
$$= \int E(|\varphi_{n_i} - \psi| \,|\mathcal{B}') d\mu$$
$$= \int |\varphi_{n_i} - \psi| d\mu$$
$$\to 0 \quad (i \to \infty).$$

よって $\{E(\varphi_n)\}$ は $L^1(\mathcal{B}')$ で稠密である．$E(\varphi_n)$ は階段関数 $\sum_i a_i^{(n)} 1_{A_i^n} (A_i^n \in \mathcal{B}')$ で近似される．ここで $\{A_i^n\}$ を $\mathcal{O}_n$ で表す．

$\bigcup_n \mathcal{O}_n$ によって生成された σ–集合体を $\mathcal{B}_0$ とするとき，$L^1(\mathcal{B}_0) \supset \{E(\varphi_n)\}$ である．よって $L^1(\mathcal{B}_0) = L^1(\mathcal{B}')$ である．すなわち，$\mathcal{B}_0 = \mathcal{B}'$ (μ–a.e.) が成り立つ．可算集合 $\bigcup_n \mathcal{O}_n = \bigcup_n \{A_i^n\}$ から，分割 ξ を構成すると，$\mathcal{B}_\xi = \mathcal{B}'$ (μ–a.e.) である．よって，ξ が求める分割である．　□

注意 2.5.3 X はコンパクト距離空間とする．このとき

(1) $\xi_1 \leq \xi_2 \leq \cdots \leq \bigvee_{j=1}^\infty \xi_j$ ，

(2) ξ_j の各要素の直径は $\mathrm{diam}(\xi_j) \leq \dfrac{1}{j}$ $(j \geq 1)$，

(3) $\bigvee_{j=1}^\infty \xi_j$ は各点分割

を満たす有限分割の列 $\{\xi_j\}$ が存在する．

証明 $n > 0$ に対して，$\mathrm{diam}(U_j) \leq \dfrac{1}{n}$ をもつ開集合 U_j からなる X の有限被覆 $\theta_n = \{U_1, \cdots, U_{k_n}\}$ に対して

$$A_1 = U_1,$$
$$A_i = U_i \setminus \bigcup_{k=1}^{i-1} U_k \quad (2 \leq i \leq k_n)$$

によって，有限分割

$$\xi_n = \{A_1, \cdots, A_{k_n}\}$$

を構成する．各 A_i の閉包 $\mathrm{Cl}(A_i)$ はコンパクトであるから，直径 $\leq \dfrac{1}{n+1}$ をもつ開集合からなる A_i の被覆によって分割を構成する．それぞれの分割を i について和集合して，それを ξ_{n+1} とすれば

$$\xi_n \leq \xi_{n+1}, \quad \mathrm{diam}(\xi_{n+1}) \leq \frac{1}{n+1}$$

なる X の分割を得る．この仕方を繰り返して結論を導く． □

注意 2.5.4 可測分割 ξ に対して定理 2.5.1(2) を満たす有限可測分割 η_n $(n \geq 1)$ が存在する．

実際に，$\{\xi_j\}$ は注意 2.5.3 の有限分割の列として，$\mathcal{B}_j$ は ξ_j によって生成された $(\sigma-)$ 集合体とする．このとき

$$\mathcal{B}_\xi \cap \mathcal{B}_j = \mathcal{B}_{\eta_j}$$

を満たす有限分割 η_j が存在して

$$\eta_1 \leq \eta_2 \leq \cdots \leq \bigvee_{j=1}^{\infty} \eta_j$$

が成り立つ．このとき $\bigcup_{j=1}^{\infty}(\mathcal{B}_\xi \cap \mathcal{B}_j) = \mathcal{B}_\xi \cap \bigcup_{j=1}^{\infty} \mathcal{B}_j$ であって，$\bigcup_{j=1}^{\infty} \mathcal{B}_j$ はボレルクラス $\mathcal{B}$ を生成するから

$$\bigvee_{j=1}^{\infty} \eta_j = \xi$$

を得る.

μ–a.e. x に対して,Γ_x はエルゴード的ファイバーとする.このとき,$X = \bigcup_x \Gamma_x$ (μ–a.e. x) であるから,$\gamma = \{\Gamma_x\}$ は X から μ–測度の値が 0 の集合を除いた空間の分割である.

よって γ に関する μ の条件付き確率測度の標準系 $\{\mu_x^\gamma\}$ (μ–a.e. x) が存在する.

注意 2.5.5

$$\mu_x^\gamma = \mu_x \qquad \mu\text{–a.e.}\, x$$

が成り立つ.

証明 γ の各要素 Γ_x は f–不変であるから,μ_x^γ は f–不変である.実際に,定理 2.5.1(1) により
$$\mu(f(E) \cap A) = \int_A \mu_x^\gamma(f(E)) d\mu.$$
$\mu(f(E) \cap A) = \mu(E \cap f^{-1}(A))$ であるから
$$\mu(E \cap f^{-1}(A)) = \int_{f^{-1}(A)} \mu_x^\gamma(E) d\mu$$
$$= \int_A \mu_{f^{-1}(x)}^\gamma(E) d\mu.$$
$f(\Gamma_x) = \Gamma_x$ であるから
$$\mu_x^\gamma(f(E)) = \mu_{f^{-1}(x)}^\gamma(E) = \mu_x^\gamma(E).$$

$\mu_x^\gamma(\Gamma_x) = 1$ であるから,Γ_x の上で μ_x^γ をエルゴード分解する.その分解を $\{\mu_{x,z}^\gamma\}$ (μ_x^γ–a.e. z) で表す.このとき連続関数 φ に対して
$$\lim_{n\to\infty} \frac{1}{n} \sum_{i=0}^{n-1} \varphi(f^i z) = \int \varphi d\mu_{x,z}^\gamma.$$
$z \in \Gamma_x$ であるから,$\mu_z = \mu_x$ すなわち
$$\lim_{n\to\infty} \frac{1}{n} \sum_{i=0}^{n-1} \varphi(f^i z) = \lim_{n\to\infty} \frac{1}{n} \sum_{i=0}^{n-1} \varphi(f^i x)$$
$$= \int \varphi d\mu_x.$$

よって
$$\int \varphi d\mu_{x,z}^{\gamma} = \int \varphi d\mu_x$$
であるから，$\mu_{x,z}^{\gamma} = \mu_x$ である．すなわち，μ_x^{γ} はエルゴード的で $\mu_x^{\gamma} = \mu_x$ である． □

定理 2.5.1 の証明は一般のルベーグ空間の上の条件付き確率測度の標準系の存在を示すときにも適用できるように与えてある．

定理 2.5.1 の証明　最初に，X は $Y_2 = \{0,1\}$ の直積空間 $X = Y_2^{\mathbb{N}}$ の場合に定理 2.5.1 の証明を与える．X の上の距離関数 d は
$$d((x_i),(y_i)) = \sum_{i=1}^{\infty} \frac{1}{2^i} |x_i - y_i| \qquad ((x_i),(y_i) \in X)$$
によって与える．このとき $(x_i) \in X$ に対して，集合
$$\{(y_i) \in X \mid x_i = y_i \ (1 \leq i \leq n)\} \qquad (n \geq 1)$$
は開かつ閉集合である．上のような集合の有限個の和集合の全体（空集合を含む）を $\mathcal{A}$ とする．

(i)　$\mathcal{A}$ は可算濃度の集合族であって，各集合は開かつ閉集合である．

(ii)　$\mathcal{A}$ は集合体である．

(iii)　$\mathcal{A}$ を含む最小の σ–集合体は X のボレルクラス $\mathcal{B}$ と一致する．

X の部分集合からなる集合族 $\mathcal{M}$ が**単調族** (monotone class) であるとは，$B_i \in \mathcal{M} (i \geq 1)$ に対して
$$B_1 \supset B_2 \supset \cdots \Longrightarrow \bigcap_{i \geq 1} B_i \in \mathcal{M},$$
$$B_1 \subset B_2 \subset \cdots \Longrightarrow \bigcup_{i \geq 1} B_i \in \mathcal{M}$$
が成り立つことである．$\mathcal{A}$ を含む最小の単調族は $\mathcal{A}$ を含む最小の σ–集合体（ボレルクラス $\mathcal{B}$）と一致するから，(iii) により次の (iv) が成り立つ．

(iv)　$\mathcal{B}$ は $\mathcal{A}$ を含む最小の単調族である．

$\mathcal{A}$ に属する集合は開かつ閉集合であるから, $A_i \in \mathcal{A}$ $(i \geq 1)$ が

$$A_1 \supset A_2 \supset \cdots \supset \bigcap_{i \geq 1} A_i = \emptyset$$

を満たすならば, $A_i = A_{i+1} = \cdots = \emptyset$ を満たす i が存在する. よって第 4 章補遺の定理 4.5.7 により次の (v) が成り立つ:

(v) X の値が 1 である非負有限加法的集合関数 $\mu : \mathcal{A} \to [0,1]$ は $\mathcal{B}$ の上の確率測度に一意的に拡張される.

$\mathcal{A}$ の性質 (i)〜(v) を用いて証明を進める.

μ を X の上のボレル確率測度とする. このとき, $x \in X$ に対して $\mathcal{A}$ の上の非負集合関数 $\mu_x^\xi : \mathcal{A} \to \mathbb{R}$ を次のように構成する:

$A \in \mathcal{A}$ を固定して, $\mathcal{B}_\xi$ の上の測度 λ_A を

$$\lambda_A(E) = \mu(E \cap A) \qquad (E \in \mathcal{B}_\xi)$$

により定義する. このとき, $\mathcal{B}_\xi$ の上で λ_A は μ に関して絶対連続であるから, ラドン–ニコディムの定理によって

$$\lambda_A(E) = \int_E \rho_A(x) \, d\mu(x) \quad (E \in \mathcal{B}_\xi)$$

を満たす $\mathcal{B}_\xi$-非負可測関数 $\rho_A : X \to \mathbb{R}$ が存在する. $x \in X$ に対して $\mathcal{A}$ の上の集合関数 $\mu_x^\xi : \mathcal{A} \to \mathbb{R}$ を

$$\mu_x^\xi(A) = \rho_A(x) \quad (A \in \mathcal{A})$$

によって定義する.

$$\mu(E \cap A) = \int_E \mu_x^\xi(A) \, d\mu(x) \quad (E \in \mathcal{B}_\xi) \tag{2.5.1}$$

であるから, $\mu(Y) = 1$ を満たす $Y \in \mathcal{B}_\xi$ が存在して, $x \in Y$ に対して μ_x^ξ は $\mathcal{A}$ の上の有限加法的集合関数である.

実際に, (2.5.1) により次が成り立つ:

$$\int_E \mu_x^\xi(\emptyset) \, d\mu(x) = 0 \quad (E \in \mathcal{B}_\xi), \tag{2.5.2}$$

$$\int_E \mu_x^\xi(X) \, d\mu(x) = \int_E 1 \, d\mu(x) \quad (E \in \mathcal{B}_\xi). \tag{2.5.3}$$

互いに共通部分をもたない $A_i \in \mathcal{A}$ $(1 \leq i \leq n)$ に対して

$$\int_E \mu_x^\xi \left(\bigcup_{i=1}^n A_i \right) d\mu(x) = \int_E \sum_{i=1}^n \mu_x^\xi(A_i) \, d\mu(x) \quad (E \in \mathcal{B}_\xi). \qquad (2.5.4)$$

ここに $n \geq 1$ は任意である．(2.5.2) により，$\mu(Y_{-1}) = 1$ なる $Y_{-1} \in \mathcal{B}_\xi$ があって

$$\mu_x^\xi(\emptyset) = 0 \qquad (x \in Y_{-1}).$$

(2.5.3) により，$\mu(Y_0) = 1$ なる $Y_0 \in \mathcal{B}_\xi$ があって

$$\mu_x^\xi(X) = 1 \qquad (x \in Y_0)$$

が成り立つ．

$n \geq 1$ に対して

$$\theta_n = \left\{ \bigcup_{i=1}^n A_i \ \middle| \ A_i \cap A_j = \emptyset \ (i \neq j), \ A_i \in \mathcal{A} \ (1 \leq i \leq n) \right\}$$

とおく．$\mathcal{A}$ の濃度は可算であるから，θ_n の濃度も可算である．

(2.5.4) により，$\mu(Y_n) = 1$ なる $Y_n \in \mathcal{B}_\xi$ があって，$\bigcup_{i=1}^n A_i \in \theta_n$ に対して

$$\mu_x^\xi \left(\bigcup_{i=1}^n A_i \right) = \sum_{i=1}^n \mu_x^\xi(A_i) \qquad (x \in Y_n)$$

が成り立つ．

$Y = \bigcap_{n=-1}^\infty Y_n$ とおくと，$\mu(Y) = 1$ である．よって $x \in Y$ に対して

$$\mu_x^\xi(\emptyset) = 0,$$
$$\mu_x^\xi(X) = 1$$

$n \geq 1$ があって $x \in Y_n$ であるから

$$\mu_x^\xi \left(\bigcup_i A_i \right) = \sum_i \mu_x^\xi(A_i) \qquad (A_i \in \mathcal{A}, \ A_i \cap A_j = \emptyset \ (i \neq j)$$

が成り立つ．

$\mathcal{A}$ の性質 (v) により $x \in Y$ に対して μ_x^ξ は $\mathcal{B}$ の上の確率測度に一意的に拡張される．$\mathcal{B}$ の上に拡張された確率測度を再び μ_x^ξ と表し，$x \notin Y$ のときは

$$\mu_x^\xi(B) = 0 \quad (B \in \mathcal{B})$$

とする．

$A \in \mathcal{A}$ に対して $\mu_x^\xi(A) : X \to \mathbb{R}$ は $\mathcal{B}_\xi$-可測関数であって

$$\mu(A \cap E) = \int_E \mu_x^\xi(A) \, d\mu(x) \quad (E \in \mathcal{B}_\xi) \tag{2.5.5}$$

が成り立つ．このとき $B \in \mathcal{B}$ に対して $\mu_x^\xi(B) : X \to \mathbb{R}$ は $\mathcal{B}_\xi$-可測関数であって

$$\mu(B \cap E) = \int_E \mu_x^\xi(B) \, d\mu(x) \quad (E \in \mathcal{B}_\xi). \tag{2.5.6}$$

実際に，(2.5.6) を満たす $\mathcal{B}$ に属する集合 B の全体からなる集合族を $\mathcal{M}$ とする．(2.5.5) により $\mathcal{A} \subset \mathcal{M}$ である．$\mathcal{M}$ が単調族であることを示せば，(iv) により $\mathcal{B} = \mathcal{M}$ であるから (2.5.6) が成り立つ．

$B_i \in \mathcal{M}(i \geq 1)$ が $B_1 \supset B_2 \supset \cdots$ を満たすとき，μ_x^ξ の定義により

$$\mu_x^\xi \left(\bigcap_{i \geq 1} B_i \right) = \begin{cases} \lim_{i \to \infty} \mu_x^\xi(B_i) & (x \in Y), \\ 0 & (x \notin Y). \end{cases}$$

$\mu_x^\xi(B_i)$ は $\mathcal{B}_\xi$-可測関数であるから，$\mu_x^\xi(\bigcap B_i) : X \to \mathbb{R}$ も $\mathcal{B}_\xi$-可測関数である．$\mu_x^\xi(B_i) \geq \mu_x^\xi(B_{i+1})$ $(x \in Y, i \geq 1)$ であるから

$$\begin{aligned}
\mu \left(\bigcap_{i \geq 1} B_i \cap E \right) &= \lim_{i \to \infty} \mu(B_i \cap E) \\
&= \lim_{i \to \infty} \int_E \mu_x^\xi(B_i) \, d\mu(x) \quad (B_i \in \mathcal{M} \text{ より}) \\
&= \int_E \lim_{i \to \infty} \mu_x^\xi(B_i) \, d\mu(x) \\
&= \int_E \mu_x^\xi \left(\bigcap_{i \geq 1} B_i \right) d\mu(x) \quad (E \in \mathcal{B}_\xi).
\end{aligned}$$

よって $\bigcap B_i \in \mathcal{M}$ である．同様にして $B_i \in \mathcal{M}(i \geq 1)$ が $B_1 \subset B_2 \subset \cdots$ を満たすときも $\bigcup B_i \in \mathcal{M}$ が成り立つ．よって $\mathcal{M}$ は単調族である．

δ_x は**ディラック測度** (Dirac measure) であるとは

$$\delta_x(B) = \begin{cases} 1 & x \in B \\ 0 & x \notin B \end{cases} \quad (B \text{ はボレル集合})$$

を満たすことである．

ξ に関する μ の X の上の確率測度の族 $\{\mu_x^\xi | x \in X\}$ を

$$\mu_x^\xi = \begin{cases} \mu_x^\xi & (x \in Y) \\ \delta_x & (x \notin Y) \end{cases} \tag{2.5.7}$$

によって定義すればよい．

　実際に，(2.5.6) と (2.5.7) により $B \in \mathcal{B}$ に対して $\mu_x^\xi(B) : Y \to \mathbb{R}$ は $\mathcal{B}$-可測関数である．$B \in \mathcal{B}$ に対して $\delta_x(B) = 1_B(x)$ はボレル可測であるから，(2.5.7) により $\{\mu_x^\xi\}$ は X の上の確率測度の族である．

　$\{\mu_x^\xi\}$ の存在の一意性を示すために，2 つの確率測度の族 $\{\mu_x^\xi\}$ と $\{\nu_x^\xi\}$ が定理 2.5.1(1) を満たすとする．このとき $A \in \mathcal{A}$ に対して

$$\int_E \mu_x^\xi(A)\,d\mu(x) = \mu(E \cap A) = \int_E \nu_x^\xi(A)\,d\mu(x) \quad (E \in \mathcal{B}_\xi). \qquad (2.5.8)$$

$\mathcal{A}$ は可算濃度の集合族（性質 (i)）であるから，(2.5.8) により $\mu(W) = 1$ を満たす $W \in \mathcal{B}_\xi$ が存在して，$A \in \mathcal{A}$ に対して

$$\mu_x^\xi(A) = \nu_x^\xi(A) \quad (x \in W). \qquad (2.5.9)$$

よって (2.5.9) を満たす $\mathcal{B}$ の集合 A の全体からなる集合族を $\mathcal{M}$ とすると，$\mathcal{M}$ は $\mathcal{A}$ を含む．さらに $\{\mu_x^\xi\}$ と $\{\nu_x^\xi\}$ は確率測度の族であるから $\mathcal{M}$ は単調族であることが示される．よって (iv) により $\mathcal{B}$ と $\mathcal{M}$ は一致する．このことは $x \in W$ に対して $\mu_x^\xi = \nu_x^\xi$ を満たすことを意味する．すなわち，一意性が示され，(1) が示された．

　次に，X が一般のコンパクト距離空間の場合に定理 2.5.1 を証明する．$\mathcal{B}$ を X のボレルクラスとする．X の可算基 $\mathcal{K} = \{U_1, U_2, \cdots\}$ を固定して，写像 $\varphi : X \to Y_2^\mathbb{N}$ を

$$\varphi(x) = (1_{U_i}(x))_{i \geq 1} \quad (x \in X)$$

により定義する．このとき，写像 $\varphi : X \to Y_2^\mathbb{N}$ は次の (a), (b) を満たす：

(a) φ は単射でボレル可測（ボレル集合 $B \subset Y_2^\mathbb{N}$ に対して，$\varphi^{-1}(B)$ はボレル集合）な写像である．

(b) $\varphi(X)$ はボレル集合であって，$\varphi^{-1} : \varphi(X) \to X$ は連続写像である．

　実際に，各 $1_{U_i} : X \to \{0,1\}$ $(i \geq 1)$ は可測関数であるから，φ は可測な写像である．$\{U_1, U_2, \cdots\}$ は X の可算基であるから異なる 2 点 $x, y \in X$ に対して $x \in U_i, y \notin U_i$ を満たす U_i が存在する．よって φ は単射である．すなわち (a) が示された．

　(b) を示すために，$i \geq 1$ に対して $V_i \subset U_i$ を満たすコンパクト集合 V_i を選

ぶ．各定義関数 1_{U_i} を $V_i \cup U_i^c$ の上に制限すれば連続である．よって

$$D = \bigcap_{i \geq 1} \{V_i \cup U_i^c\}$$

に制限された写像 $\varphi|_D$ は連続である．D はコンパクト集合であるから，$\varphi(D)$ もコンパクト集合である．V_i は U_i にいくらでも近くに選ぶことができるから，$\varphi(X)$ はコンパクト集合によって近似される．よって $\varphi(X)$ はボレル集合である．$\varphi^{-1}: \varphi(X) \to X$ の連続性は $\{U_1, U_2, \cdots\}$ が可算基であることから容易に示される．よって (b) が示された．

ξ を X の可測分割として，$\varphi(\xi)$ を ζ とする．ζ は $\varphi(X)$ の可測分割である．μ を X の上のボレル確率測度とし，$\hat{\mathcal{B}}$ を $\varphi(X)$ のボレルクラスとする．このとき $\varphi(X)$ の上のボレル確率測度 λ を次のように定義する：

$$\lambda(B) = \mu(\varphi^{-1}(B)) \quad (B \in \hat{\mathcal{B}}).$$

上で述べたように，空間が $\varphi(X)$ のときは主張が示されているので，λ と ζ に関する条件付き測度の標準系 $\{\lambda_p^\zeta | p \in \varphi(X)\}$ が存在する．よって $\lambda(Z) = 1$ を満たす $Z \in \hat{\mathcal{B}}$ が存在する．このとき X の上の確率測度の族 $\{\mu_x^\xi | x \in X\}$ を次のように定義する．$B \in \mathcal{B}$ に対して

$$\mu_x^\xi(B) = \begin{cases} \lambda_{\varphi(x)}^\zeta(\varphi(B)) & (\varphi(x) \in Z), \\ \delta_x(B) & (\varphi(x) \notin Z). \end{cases}$$

このとき，$\{\mu_x^\xi\}$ が求める確率測度の族であることが確かめられる．一意性も $\varphi(X)$ の上での条件付き測度の標準系の存在の一意性から導かれる．一般の場合に (1) が示された．

(2) を示すときに

$$\xi_1 \leq \xi_2 \leq \cdots \leq \bigvee_{n \geq 1} \xi_n = \xi$$

を満たす可算可測分割の列 $\{\xi_n\}$ の存在が重要である．

$x \in X$ を含む ξ に属する集合 $\xi(x)$ は $\mathcal{B}_\xi$-可測集合である $(\xi(x) \in \mathcal{B}_\xi)$．このとき $\mu(Z) = 1$ を満たす $Z \in \mathcal{B}_\xi$ があって

$$\mu_x^\xi(\xi(x)) = 1 \quad (x \in Z) \tag{2.5.10}$$

が成り立つ．

実際に，μ–a.e. x に対して，μ_x^ξ は $\mathcal{B}$ の上の確率測度であるから

$$\int_E \mu_x^\xi(K)\,d\mu(x) = \mu(K\cap E) = \int_E 1_K(x)\,d\mu(x) \quad (K \in \xi_n\ (n \geq 1),\ E \in \mathcal{B}_\xi). \tag{2.5.11}$$

各 ξ_n の濃度は可算であるから，(2.5.11) により $\mu(Z) = 1$ を満たす $Z \in \mathcal{B}_\xi$ が存在して，$x \in Z$ に対して

$$\mu_x^\xi(K) = 1_K(x) \quad (K \in \xi_n, n \geq 1). \tag{2.5.12}$$

$\bigvee_{n \geq 1} \xi_n = \xi$ であるから，$x \in X$ に対して

$$K_1 \supset K_2 \supset \cdots \supset \bigcap_{n>0} K_n = \xi(x) \tag{2.5.13}$$

を満たす $K_n \in \xi_n\ (n > 0)$ が存在する．$x \in Z$ のとき，(2.5.12) により

$$\mu_x^\xi(\xi(x)) = \mu_x^\xi\left(\bigcap_{n>0} K_n\right) = \lim_{n\to\infty} \mu_x^\xi(K_n) = \lim_{n\to\infty} 1_{K_n}(x) = 1. \tag{2.5.14}$$

よって (2.5.10) が成り立つ．(2) が示された．定理 2.5.1 が証明された． □

注意 2.5.6 $\mathcal{E}$ は各点分割とする．このとき $\mathcal{E}$ に関する μ の条件付き確率測度 $\mu_x^\mathcal{E}$ (μ–a.e. x) はディラック測度 δ_x と一致する．

注意 2.5.7 $\{\mu_x^\xi\}$ は定理 2.5.1 の条件付き測度の標準系とする．すなわち，$\mu(Z) = 1$ を満たす $Z \subset X$ があって，$x \in Z$ に対して μ_x^ξ は $\mathrm{Supp}(\mu_x^\xi) = \mathrm{Cl}(\xi(x))$ なる確率測度である．このとき，(2.5.13) と (2.5.14) により

$$\mu_x^\xi = \mu_z^\xi \quad (z \in \xi(x)).$$

2.6 条件付き確率測度の絶対連続性

$B = [0,1] \times [0,1]$ の上のルベーグ測度 m は y 軸の上のルベーグ測度 m_V と x 軸の上のルベーグ測度 m_H の積

$$m = m_H \times m_V$$

で表される．連続関数 $\varphi: [0,1] \to [0,1]$ のグラフ V の点 w に対して

$$V = \xi(w) = \{(x, \varphi(x)) \mid x \in [0,1]\}$$

2.6 条件付き確率測度の絶対連続性

と表す．連続関数からなるグラフの族

$$\xi = \{\xi(w) \mid w \in B\}$$

が次を満たすとする：

(1) $w_2 \in \xi(w_1) \Longrightarrow \xi(w_2) = \xi(w_1)$,
 $w_2 \notin \xi(w_1) \Longrightarrow \xi(w_1) \cap \xi(w_2) = \emptyset$,

(2) $B = \bigcup_{w \in B} \xi(w)$.

このとき，ξ は B の可測分割をなし，定理 2.5.1(2) を満たす．よって，ξ に関する m の条件付き確率測度の標準系 $\{m_w^\xi\}$ (m–a.e. w) が存在する．

ξ の要素を点とする空間

$$\hat{B} = B/\xi = \{\xi(w) \mid w \in B\}$$

を**商空間** (factor space) といい

$$\psi(w) = \xi(w) \quad (w \in B)$$

によって

$$\psi : B \longrightarrow \hat{B}$$

を与え

$$\hat{\mathcal{B}} = \{\hat{A} \mid \psi^{-1}(\hat{A}) \in \mathcal{B}\}$$

によって $\hat{B}$ の上の σ–集合体を定義する．ここに，$\mathcal{B}$ は B のボレルクラスとする．

$\hat{B}$ の上の測度を

$$\hat{m}(\hat{A}) = m(\psi^{-1}(\hat{A})) \quad (\hat{A} \in \hat{\mathcal{B}})$$

によって与える．このとき，$(\hat{B}, \hat{\mathcal{B}}, \hat{m})$ を $(B, \mathcal{B}, m)$ の**商測度空間** (factor measure space) という．

$$\alpha(\xi(w)) = \xi(w) \cap (\{0\} \times [0,1])$$

によって，全単射

$$\alpha : \hat{B} \longrightarrow \{0\} \times [0,1]$$

を定義する．明らかに，α, α^{-1} は可測である．

注意 2.6.1
$$\hat{m} \circ \alpha^{-1} = m_V.$$

証明　ボレル集合 $A \subset \{0\} \times [0,1]$ に対して
$$\psi^{-1}\alpha^{-1}(A) = \bigcup_{w \in A} \xi(w).$$
よって
$$\begin{aligned}
\hat{m}(\alpha^{-1}(A)) &= m(\psi^{-1}\alpha^{-1}(A)) \\
&= \int m_w^\xi(\psi^{-1}\alpha^{-1}(A))dm \\
&= \int_A m_w^\xi(\xi(w))dm_V \\
&= m_V(A) \quad (m_w^\xi(\xi(w)) = 1 \text{ により}).
\end{aligned}$$
□

B の y-軸の閉区間 $[0,1]$ の部分集合 J が $m_V(J) = 1$ であって，各 $y \in J$ を通る長さ 1 の x-軸に平行な B 内の線分を I_y で表し
$$\hat{\eta} = \{I_y \mid y \in J\}, \qquad \hat{B} = \bigcup_{y \in J} I_y$$
とおく．$m(\hat{B}) = 1$ である．
$$\hat{\xi} = \{\xi(x,y) \mid (x,y) \in [0,1] \times J\}$$
は (1) を満たすグラフの族とし
$$\hat{B}' = \bigcup\{\xi(x,y) \mid (x,y) \in [0,1] \times J\}$$
とおく．$\hat{B}' \subset B$ である．

$\hat{\eta}, \hat{\xi}$ はそれぞれ $\hat{B}, \hat{B}'$ の分割である．グラフ $\xi(x,y)$ は関数
$$\varphi : [0,1] \times \{y\} \longrightarrow \mathbb{R}$$
が存在して
$$\xi(x,y) = \{(x, \varphi(x,y)) \mid y \in J\}$$

と表される.
$$\Phi(x,y) = (x, \varphi(x,y)) \qquad ((x,y) \in \hat{B})$$
によって全単射
$$\Phi : \hat{B} \longrightarrow \hat{B}'$$
を定義する.

$y \in J$ を固定して
$$\varphi(\cdot, y) : I_y \longrightarrow \mathbb{R}$$
は連続微分可能で
$$\frac{\partial \varphi}{\partial x} > 0 \qquad m_H\text{-a.e.}$$
であるとし,$\Phi : \hat{B} \to \hat{B}'$ はリプシッツ同相写像であるとする.

Φ が**リプシッツ同相写像** (Lipschitz homeomorphism) であるとは,$\Phi : \hat{B} \to \hat{B}'$ が同相であって**リプシッツ条件** (Lipschitz condition) と呼ばれる次の式が成り立つことである:

$\alpha > 0,\ \alpha' > 0$ があって
$$\|\Phi(x,y) - \Phi(x',y')\| \leq \alpha \|(x,y) - (x',y')\|,$$
$$\|\Phi^{-1}(x,y) - \Phi^{-1}(x',y')\| \leq \alpha' \|(x,y) - (x',y')\|.$$

α, α' を**リプシッツ定数** (Lipschitz constant) という.ここに $\|\cdot\|$ は $\mathbb{R}^2$ の通常のノルムを表す.

仮定によって Φ はリプシッツ条件をもつから,第 4 章の注意 4.8.9 により $m \sim m \circ \Phi$,$m \sim m \circ \Phi^{-1}$ が成り立つ.x–軸の閉区間 $[0,1]$ にある測度 m_H を y–軸の上の y に平行移動した測度を l_y で表し,$l_y(I_y) = 1$,$l_y(I_y^c) = 0$ であるとする.同様にして,y–軸の $[0,1]$ にある m_V の x–軸の上の x への平行移動を l_x で表し,$l_x(\{x\} \times [0,1]) = 1$ で $\{x\} \times [0,1]$ の補集合の l_x の値を 0 とする.

$\Phi(\hat{B}) = \hat{B}'$ に含まれる曲線 $\Phi(I_y) = \xi(x,y)$ の上の測度を
$$l_{\Phi(x,y)}(A) = \int_{\Phi^{-1}(A)} |\frac{\partial}{\partial x}\varphi| dl_y \qquad (A \subset \hat{B}',\ A \subset \xi(x,y))$$
$$= \int_A |\frac{\partial}{\partial x}\varphi \circ \Phi^{-1}| dl_y \circ \Phi^{-1} \tag{2.6.1}$$
によって定義し,$\hat{\xi}$ に関する m の条件付き確率測度の標準系を $\{m_{\Phi(x,y)}\}$ (m-a.e.) で表す.$l_{\Phi(x,y)}$ を $\xi(x,y)$ の上の**ルベーグ測度**という.$A \subset \hat{B}'$ を固定して $l_{\Phi(x,y)}(A)$,$m_{\Phi(x,y)}(A)$ は y を固定するとき,x の関数として定数である.

定理 2.6.2 m–a.e. $(x,y) \in \hat{B}$ で曲線 $\xi(x,y)$ の上の測度 $l_{\Phi(x,y)}$, $m_{\Phi(x,y)}$ は同値であって

$$dm_{\Phi(x,y)} = \left| \frac{\partial}{\partial x} \varphi \circ \Phi^{-1} \right| dl_{\Phi(x,y)}$$

が成り立つ.

証明 $\mathcal{B}$ は B のボレルクラスを表し, $\mathcal{B}'$ は $\{I_y | y \in J\}$ を含む最小の σ–集合体とする. 明らかに, $\mathcal{B}' \subset \mathcal{B}$ であって $\Phi(\mathcal{B}')$ は $\hat{\xi}$ を含む最小の σ–集合体である.

可測空間 $(\Phi(\hat{B}), \Phi(\mathcal{B}))$ の上の測度, より明確に表現すると y を固定して $\Phi(I_y) = \xi(x,y)$ の上の測度, を定義するために x の関数 $\dfrac{dm \circ \Phi}{dm}(\cdot, y)$ を用いて

$$\tilde{m}_{\Phi(x,y)}(A) = \int_{\Phi^{-1}(A)} \frac{dm \circ \Phi}{dm} dl_y \qquad (A \in \Phi(\mathcal{B}'))$$

$$= \int_{\Phi^{-1}(A)(y)} \frac{dm \circ \Phi}{dm} dl_y$$

$$= \int_A \frac{dm \circ \Phi}{dm} \circ \Phi^{-1} dl_y \circ \Phi^{-1} \qquad (2.6.2)$$

とおく. ここに

$$\Phi^{-1}(A)(y) = \{x \in [0,1] \,|\, (x,y) \in \Phi^{-1}(A)\} \times \{y\}$$

を表す.

$m_{\Phi(x,y)}$ は $\xi(x,y)$ の上の条件付き確率測度であるから, 矩形 $E = [0,1] \times E_2 \in \mathcal{B}'$ に対して

$$m(A \cap \Phi(E)) = \int_{\Phi(E)} m_{\Phi(x,y)}(A) dm \qquad (A \in \Phi(\mathcal{B})).$$

一方において

$$m(A \cap \Phi(E)) = \int_{\Phi^{-1}(A) \cap E} dm \circ \Phi$$

$$= \int_{\Phi^{-1}(A) \cap E} \frac{dm \circ \Phi}{dm} dm$$

$$= \int_{E_2} \int_{\Phi^{-1}(A)(y)} \frac{dm \circ \Phi}{dm} dl_y dl_x$$

$$= \int_{E_2} \tilde{m}_{\Phi(x,y)}(A) dl_x \qquad ((2.6.2) \text{ により})$$

$$= \int_E \tilde{m}_{\Phi(x,y)}(A) dm$$

$$= \int_{\Phi(E)} \tilde{m}_{\Phi(x,y)}(A) \frac{dm \circ \Phi^{-1}}{dm} dm.$$

よって

$$\int_{\Phi(E)} m_{\Phi(x,y)}(A) dm = \int_{\Phi(E)} \tilde{m}_{\Phi(x,y)}(A) \frac{dm \circ \Phi^{-1}}{dm} dm. \quad (2.6.3)$$

(2.6.3) の 2 つの被積分関数は $\Phi(\mathcal{B}')$-可測であって

$$m_{\Phi(x,y)}(A) = \tilde{m}_{\Phi(x,y)}(A) \frac{dm \circ \Phi^{-1}}{dm} \qquad m\text{--a.e. } \Phi(x,y) \quad (2.6.4)$$

を示すために, θ を $\Phi(\hat{B})$ の可算基とする. $A \in \theta$ を固定して

$$\mathcal{M} = \{E \in \mathcal{B}' \,|\, (2.6.3) \text{ を満たす}\}$$

とおく. $\mathcal{M}$ は $E = [0,1] \times E_2$ なる矩形を含み, かつ σ–集合体であるから $\mathcal{M} = \mathcal{B}'$ である. よって $m(N_A) = 0$ なる $N_A \in \Phi(\mathcal{B}')$ があって N_A^c の上で (2.6.4) が成り立つ. θ は可算であるから, $\hat{N} = \bigcup_{A \in \theta} N_A$ とおくと θ に属する A と $\hat{N}^c \ni \Phi(x,y)$ に対して (2.6.4) が成り立つ. $m_{\Phi(x,y)}, \tilde{m}_{\Phi(x,y)}$ は $\Phi(\hat{B})$ の上で正則であるから, $A \in \Phi(\mathcal{B}')$ に対して $\hat{N}$ の外側の点で (2.6.4) が成り立つ.

(2.6.4) は m–a.e. $\Phi(x,y)$ の y を固定して, x を I_y の中で変化させても測度の値は一定であるから, $\dfrac{dm \circ \Phi^{-1}}{dm}$ は $\Phi(I_y)$ の上で定数である. $\Phi(\mathcal{B}')$ の上の測度 $l_{\Phi(x,y)}, \, l_y \circ \Phi^{-1}$ は (2.6.1) により

$$dl_{\Phi(x,y)} = \left| \frac{\partial}{\partial x} \varphi \circ \Phi^{-1} \right| dl_y \circ \Phi^{-1} \qquad (2.6.5)$$

である. (2.6.2), (2.6.4) を用いて m–a.e. (x,y) で

$$m_{\Phi(x,y)}(A) = \frac{dm \circ \Phi^{-1}}{dm} \int_{\Phi^{-1}(A)} \frac{dm \circ \Phi}{dm} dl_y \qquad (A \in \Phi(\mathcal{B}'))$$

$$= \frac{dm \circ \Phi^{-1}}{dm} \int_A \frac{dm \circ \Phi}{dm} \circ \Phi^{-1} \left| \frac{\partial}{\partial x} \varphi \circ \Phi^{-1} \right|^{-1} dl_{\Phi(x,y)}$$

$$= \int_A \frac{dm \circ \Phi^{-1}}{dm} \frac{dm \circ \Phi}{dm} \circ \Phi^{-1} \left| \frac{\partial}{\partial x} \varphi \circ \Phi^{-1} \right|^{-1} dl_{\Phi(x,y)}$$

$$\left(\frac{dm \circ \Phi^{-1}}{dm} \text{ は } \Phi(I_y) = \xi(x,y) \text{ の上で定数により} \right).$$

よって

$$dm_{\Phi(x,y)} = \frac{dm \circ \Phi^{-1}}{dm} \frac{dm \circ \Phi}{dm} \circ \Phi^{-1} \left| \frac{\partial}{\partial x} \varphi \circ \Phi^{-1} \right|^{-1} dl_{\Phi(x,y)}$$

$$m\text{-a.e.} \, \Phi(x,y)$$

であるから, m–a.e. $\Phi(x,y)$ に対して $m_{\Phi(x,y)}$ と $l_{\Phi(x,y)}$ は同値である.

後半を示す. $E \in \Phi(\mathcal{B})$ に対して

$$\int_E \frac{dm \circ \Phi}{dm} \circ \Phi^{-1} \frac{dm \circ \Phi^{-1}}{dm} dm = \int_E \frac{dm \circ \Phi}{dm} \circ \Phi^{-1} dm \circ \Phi^{-1}$$

$$= \int_{\Phi^{-1}(E)} \frac{dm \circ \Phi}{dm} dm$$

$$= m(E)$$

$$= \int_E dm$$

であるから

$$\frac{dm \circ \Phi}{dm} \circ \Phi^{-1} \frac{dm \circ \Phi^{-1}}{dm} = 1 \qquad m\text{–a.e.} \, \Phi(x,y) \in \Phi(\hat{B}).$$

よって m–a.e. $\Phi(x,y)$, 言い換えると $m \circ \Phi^{-1}$–a.e. (x,y) で

$$dm_{\Phi(x,y)} = \left| \frac{\partial}{\partial x} \varphi \circ \Phi^{-1} \right| dl_{\Phi(x,y)}$$

が成り立つ. $m \circ \Phi^{-1} \sim m$ により m–a.e. (x,y) で上の等式を得る. □

2.7 マルチンゲール収束定理

X を集合として, $(X, \mathcal{F}, \mu)$ を確率空間とする. ψ は μ–可積分関数とし, $\mathcal{F}'$ は部分 σ–集合体とする. $E(\psi|\mathcal{F}')(x)$ は $\mathcal{F}'$ に関する ψ の条件付き平均を表す.

$\mathcal{F}_1 \subset \mathcal{F}_2 \subset \cdots$ は σ–集合体 $\mathcal{F}$ の部分 σ–集合体の列とする. $\varphi_1, \varphi_2, \cdots \in L^1(\mu)$ があって 各 φ_n が $\mathcal{F}_n$ に関して可測関数であるとする. このとき

$\{\varphi_n\}_{n=1}^\infty$ が**劣マルチンゲール** (submartingale) であるとは，各 $n \geq 1$ に対して

$$E(\varphi_{n+1}|\mathcal{F}_n) \geq \varphi_n \quad \mu\text{–a.e.},$$

$\{\varphi_n\}_{n=1}^\infty$ が**マルチンゲール** (martingale) であるとは，各 $n \geq 1$ に対して

$$E(\varphi_{n+1}|\mathcal{F}_n) = \varphi_n \quad \mu\text{–a.e.},$$

$\{\varphi_n\}_{n=1}^\infty$ が**優マルチンゲール** (supermartingale) であるとは，各 $n \geq 1$ に対して

$$E(\varphi_{n+1}|\mathcal{F}_n) \leq \varphi_n \quad \mu\text{–a.e.}$$

を満たすことである．

マルチンゲールは賭事のシステムに対して使われた用語である．関数 φ_n は n 回繰り返したプレー後のギャンブラーの運を表す関数であるとする．このとき，劣マルチンゲールはそのギャンブラーの運が不利であることを示している．

関数列 $\{\varphi_n\}$ は σ–集合体の列 $\{\mathcal{F}_n\}$ に関して**劣マルチンゲール**，**マルチンゲール**，**優マルチンゲール**と呼ぶ．

マルチンゲールの基本はドウブ (Doob) のマルチンゲール収束定理にある．この定理は以後においてエルゴード定理と同様に重要である．

定理 2.7.1（ドウブの定理） 劣マルチンゲール $\{\varphi_n\}_{n=1}^\infty$ が $\sup_n \int |\varphi_n| d\mu < \infty$ を満たすならば可積分関数 φ に概収束する．

注意 2.7.2 劣マルチンゲール $\{\varphi_n\}$ が $\sup_n \int |\varphi_n| d\mu < \infty$ であれば，$\{\varphi_n\}$ は φ に L^1–収束（平均収束）する．

証明 定理 2.7.1 により，μ–a.e. に対して $|\varphi_n - \varphi| \to 0 \ (n \to \infty)$ である．ファトウの補題により

$$\liminf_n \int |\varphi_n - \varphi| d\mu \geq \int \liminf_n |\varphi_n - \varphi| d\mu = 0,$$
$$\limsup_n \int |\varphi_n - \varphi| d\mu \leq \int \limsup_n |\varphi_n - \varphi| d\mu = 0.$$

よって

$$\lim_n \int |\varphi_n - \varphi| d\mu = 0.$$

□

定理 2.7.1 を証明するために 2 つの補題を準備する．

補題 2.7.3 劣マルチンゲール $\{\varphi_n\}_{n=1}^\infty$ に対して，非負マルチンゲール $\{M_n\}$ と非負優マルチンゲール $\{S_n\}$ が存在して，各 n に対して

$$\varphi_n = M_n - S_n$$

と表すことができる．ここに，M_n が非負であるとは $M_n \geq 0$ (μ–a.e.) を満たすことである．

証明 $n \geq 1$ に対して $\varphi_n^+ = \max\{\varphi_n, 0\}$ とおく．$\{\varphi_n^+\}$ は非負劣マルチンゲールである．実際に $A \in \mathcal{F}_n$ に対して

$$\int_A E(\varphi_{n+1}^+|\mathcal{F}_n)d\mu = \int_A \varphi_{n+1}^+ d\mu \geq \int_A \varphi_{n+1} d\mu = \int_A E(\varphi_{n+1}|\mathcal{F}_n)d\mu$$

であるから

$$E(\varphi_{n+1}^+|\mathcal{F}_n) \geq E(\varphi_{n+1}|\mathcal{F}_n) \geq \varphi_n \quad \mu\text{–a.e.}$$

である．$E(\varphi_{n+1}^+|\mathcal{F}_n) \geq 0$ であるから，各 $n \geq 1$ に対して

$$E(\varphi_{n+1}^+|\mathcal{F}_n) \geq \varphi_n^+ \quad \mu\text{–a.e..}$$

したがって $\{\varphi_n^+\}$ は非負劣マルチンゲールである．

m を固定する．$n \geq m$ に対して $A \in \mathcal{F}_m$ ならば $A \in \mathcal{F}_n$ である．したがって

$$\int_A E(E(\varphi_{n+1}^+|\mathcal{F}_n)|\mathcal{F}_m) = \int_A E(\varphi_{n+1}^+|\mathcal{F}_n)$$
$$= \int_A \varphi_{n+1}^+ d\mu$$
$$= \int_A E(\varphi_{n+1}^+|\mathcal{F}_m)d\mu$$

であるから

$$E(\varphi_{n+1}^+|\mathcal{F}_m) = E(E(\varphi_{n+1}^+|\mathcal{F}_n)|\mathcal{F}_m) \geq E(\varphi_n^+|\mathcal{F}_m).$$

よって $E(\varphi_n^+|\mathcal{F}_m)$ は n に関して増加する．

$$M_m = \lim_n E(\varphi_n^+|\mathcal{F}_m)$$

とおく．

$\{M_m\}$ がマルチンゲールであることを示す．単調収束定理により

$$E(M_{n+1}|\mathcal{F}_n) = E(\lim_k E(\varphi_k^+|\mathcal{F}_{n+1})|\mathcal{F}_n)$$
$$= \lim_k E(E(\varphi_{n+1}^+|\mathcal{F}_n)|\mathcal{F}_m)$$
$$= \lim_k E(\varphi_k^+|\mathcal{F}_n) = M_n,$$
$$\int M_n d\mu = \lim_k \int E(\varphi_k^+|\mathcal{F}_n) d\mu$$
$$= \lim_k \int \varphi_k^+ d\mu$$
$$\leq \sup_k \int |\varphi_k| d\mu < \infty$$

であるから M_n は可積分である．したがって $\{M_n\}$ はマルチンゲールである．

$n \geq 1$ に対して

$$S_n = M_n - \varphi_n$$

とおく．このとき

$$S_m = M_m - \varphi_m$$
$$= \lim_n E(\varphi_n^+|\mathcal{F}_m) - \varphi_m$$
$$\geq E(\varphi_{m+1}^+|\mathcal{F}_m) - \varphi_m$$
$$\geq \varphi_m - \varphi_m$$
$$= 0 \quad \mu\text{–a.e.}$$

であるから $S_n \geq 0$ (μ–a.e.) である．各 S_n は可積分で

$$E(S_{n+1}|\mathcal{F}_n) = E(M_{n+1}|\mathcal{F}_n) - E(\varphi_{n+1}|\mathcal{F}_n)$$
$$\leq M_n - \varphi_n = S_n \quad \mu\text{–a.e.}$$

を満たすから，$\{S_n\}$ は非負優マルチンゲールである． □

$\sigma : X \to \{1, 2, \cdots, \infty\}$ が各 n に対して $\{x \in X : \sigma(x) \leq n\} \in \mathcal{F}_n$ を満たす (σ は $\mathcal{F}_n$-可測である) とき，σ は $\{\mathcal{F}_n\}$ に関する**停止時間** (stopping time) という．

補題 2.7.4 $\{\varphi_n\}$ を $\{\mathcal{F}_n\}$ に関する非負優マルチンゲールで,σ, τ は $\{\mathcal{F}_n\}$ に関する停止時間とする.

$$\varphi_\sigma(x) = \begin{cases} \varphi_{\sigma(x)}(x) & (\sigma(x) < \infty \text{ のとき}), \\ 0 & (\sigma(x) = \infty \text{ のとき}), \end{cases}$$

を定義する.φ_τ も同様に定義する.このとき $\sigma(x) \leq \tau(x)$ (μ–a.e. x) ならば

$$\int \varphi_\sigma d\mu \geq \int \varphi_\tau d\mu$$

である.

 優マルチンゲールの場合に,ギャンブラーの運は時間の経過と共に減少していく.補題はギャンブラーの運があるうちにゲームを停止することを意味する.

補題 2.7.4 の証明 φ_σ が可測関数であることを示す.実際に

$$\Theta_n = \{x \in X \,|\, \sigma(x) = n\}$$

とすると,Θ_n は $\mathcal{F}_n$–可測集合である.実数 α に対して

$$\Theta_{n,\alpha} = \{x \in \Theta_n \,|\, \varphi_n(x) > \alpha\}$$

を定義する.$\Theta_{n,\alpha}$ は $\mathcal{F}_n$–可測であり

$$\{x \in X \,|\, \varphi_\sigma(x) > \alpha\} = \bigcup_{n=1}^{\infty} \Theta_{n,\alpha}.$$

よって φ_σ は可測である.

 $n \geq 1$ に対して

$$\tau\hat{\ }n(x) = \min\{\tau(x), n\}$$

を定義する.$m \geq 1$ を固定する.$\{\varphi_n\}$ は優マルチンゲールであるから,$n \geq m$ ならば

$$\int_{\{\sigma=m\}} \varphi_{\tau\hat{\ }n} d\mu = \int_{\{\sigma=m, \tau \leq n\}} \varphi_\tau d\mu + \int_{\{\sigma=m, \tau > n\}} \varphi_n d\mu$$

$$\geq \int_{\{\sigma=m, \tau \leq n\}} \varphi_\tau d\mu + \int_{\{\sigma=m, \tau > n\}} \varphi_{n+1} d\mu$$

$$= \int_{\{\sigma=m\}} \varphi_{\tau\hat{\ }(n+1)} d\mu.$$

$\sigma \leq \tau$ であるから

$$\int_{\{\sigma=m\}} \varphi_\sigma d\mu = \int_{\{\sigma=m\}} \varphi_m d\mu$$
$$= \int_{\{\sigma=m\}} \varphi_{\tau \frown m} d\mu$$
$$\geq \int_{\{\sigma=m\}} \varphi_{\tau \frown n} d\mu.$$

$\varphi_i \geq 0 \ (i \geq 1)$ であるから

$$\int_{\{\sigma=m\}} \varphi_{\tau \frown n} d\mu \geq \int_{\{\sigma=m, \tau<\infty\}} \varphi_{\tau \frown n} d\mu.$$

よって

$$\int_{\{\sigma=m\}} \varphi_\sigma d\mu \geq \int_{\{\sigma=m, \tau<\infty\}} \varphi_{\tau \frown n} d\mu.$$

集合 $\{\sigma = m, \ \tau < \infty\}$ の上で $\varphi_{\tau \frown n} \to \varphi_\tau \ (n \to \infty)$ であり,集合 $\{\tau(x) = \infty\}$ の上で $\varphi_\tau = 0$ である.ファトウの補題により

$$\int_{\{\sigma=m\}} \varphi_\sigma d\mu \geq \liminf_n \int_{\{\sigma=m, \tau<\infty\}} \varphi_{\tau \frown n} d\mu$$
$$\geq \int_{\{\sigma=m, \tau<\infty\}} \liminf_n \varphi_{\tau \frown n} d\mu$$
$$= \int_{\{\sigma=m, \tau<\infty\}} \varphi_\tau d\mu$$
$$= \int_{\{\sigma=m\}} \varphi_\tau d\mu.$$

m は任意であるから,m について積分の和をとると

$$\int \varphi_\sigma d\mu \geq \int \varphi_\tau d\mu.$$

□

注意 2.7.5 補題 2.7.4 と同じ仮定のもとで,φ_τ は可積分である.

実際に,補題 2.7.4 の結論において $\sigma = 1$ とすればよい.

定理 2.7.1 の証明 補題 2.7.3 により,非負優マルチンゲール $\{\varphi_n\}_{n=1}^\infty$ が概収束することを証明すれば十分である.このことを否定する.このとき

$$\mu\left(\left\{x \in X \ \middle| \ \liminf_n \varphi_n(x) < \limsup_n \varphi_n(x)\right\}\right) > 0.$$

有理数 $\beta > \alpha \geq 0$ に対して

$$E_{\alpha,\beta} = \left\{ x \in X \ \Big|\ \liminf_n \varphi_n(x) < \alpha < \beta < \limsup_n \varphi_n(x) \right\}$$

とするならば

$$\bigcup_{\alpha < \beta} E_{\alpha,\beta} = \left\{ x \in X \ \Big|\ \liminf_n \varphi_n(x) < \limsup_n \varphi_n(x) \right\}.$$

よって有理数 $\alpha > \beta \geq 0$ が存在して

$$\mu(E) > 0.$$

ここに

$$E = \left\{ x \in X \ \Big|\ \liminf_n \varphi_n(x) < \alpha < \beta < \limsup_n \varphi_n(x) \right\}.$$

停止時間の列 $\{\tau_i\}$ を次のように定義する：

$$\tau_0(x) = 1 \qquad (x \in X),$$
$$\tau_{2i+1}(x) = \inf\{n > \tau_{2i}(x) \,|\, \varphi_n(x) > \beta\} \qquad (i \geq 0),$$
$$\tau_{2i}(x) = \inf\{n > \tau_{2i-1}(x) \,|\, \varphi_n(x) < \alpha\} \qquad (i \geq 1).$$

ただし，集合 { } が空集合の場合は $\inf \emptyset = +\infty$ とする．このとき

$$\tau_0 \leq \tau_1 \leq \tau_2 \leq \cdots,$$
$$\varphi_{\tau_{2i}} < \alpha \quad (\tau_{2i} < \infty \text{ のとき}),$$
$$\varphi_{\tau_{2i+1}} > \beta \quad (\tau_{2i+1} < \infty \text{ のとき}).$$

$p_i = \mu(\{x \,|\, \tau_i(x) < \infty\})$ とおけば $p_{2i} \leq p_{2i-1}$ であり，補題 2.7.4 により

$$\beta p_{2i+1} \leq \int \varphi_{\tau_{2i+1}} d\mu \leq \int \varphi_{\tau_{2i}} d\mu \leq \alpha p_{2i}$$

を得る．したがって

$$p_{2i+1} \leq \frac{\alpha}{\beta} p_{2i} \leq \frac{\alpha}{\beta} p_{2i-1} \leq \left(\frac{\alpha}{\beta}\right)^2 p_{2i-2} \leq \cdots \leq \left(\frac{\alpha}{\beta}\right)^i p_i \longrightarrow 0.$$

しかし

$$p_{2i+1} \geq \mu(E) > 0$$

に矛盾する. □

2.8 誘導変換

$(X, \mathcal{F}, \mu)$ は確率空間として, $f : X \to X$ は全単射とし, f と f^{-1} は μ–保測とする. ポアンカレの回帰定理により, $\mu(A) > 0$ を満たす A に対して μ–測度の値が 0 である集合 N を除いた集合 $A \setminus N$ は回帰点の集合である. すなわち, f と f^{-1} は μ–保測であるから, $x \in A \setminus N$ に対して, $n_i \nearrow$ と $m_i \nearrow$ があって

$$f^{n_i}(x),\ f^{-m_i}(x) \in A \setminus N \qquad (i \geq 1)$$

が成り立つ.

μ は f–不変であるから, $N_1 = \bigcup_{n=-\infty}^{\infty} f^{-n}(N)$ とおくと $\mu(N_1) = 0$ である. $\mathbb{N}$ は自然数の集合とする. $A \setminus N_1$ の各点 x の**回帰時間** (return time) $n_A : A \setminus N_1 \to \mathbb{N}$ が定義される:

$$n_A(x) = \inf\{n \geq 1 \mid f^n(x) \in A\} \qquad (x \in A \setminus N_1)$$

このとき $x \in A \setminus N_1$ に対して

$$f_A(x) = f^{n_A(x)}(x)$$

によって変換 $f_A : A \setminus N_1 \to A \setminus N_1$ を定義する. f_A を**誘導変換** (induced transformation) という.

注意 2.8.1 $f_A : A \setminus N_1 \to A \setminus N_1$ は全単射である.

証明 $i > 0$ に対して

$$A_i = \{x \in A \mid n_A(x) = i\} \tag{2.8.1}$$

とおく. 明らかに, $A_i \cap A_j = \emptyset$ $(i \neq j)$ であって, $A \setminus N_1 = \bigcup_{i>0} A_i$ が成り立つ. 各 A_i は

$$A_i = (A \setminus N_1) \cap f^{-1}(A \setminus N_1)^c \cap \cdots \cap f^{-(i-1)}(A \setminus N_1)^c \cap f^{-i}(A \setminus N_1)$$

と表される. よって

$$\begin{aligned} f^i(A_i) &= f^i(A \setminus N_1) \cap f^{i-1}(A \setminus N_1)^c \cap \cdots \cap f(A \setminus N_1)^c \cap (A \setminus N_1) \\ &= \{x \in A \setminus N_1 \mid n'_A(x) = i\}. \end{aligned}$$

ここに
$$n'_A(x) = \inf\{n > 0 \mid f^{-n}(x) \in A\} \quad (x \in A \setminus N_1)$$
とする．よって $f^i(A_i)$ は点 $x \in f^i(A)$ が時間 i で初めて $A \setminus N_1$ に回帰する ($f^{-i}(x) \in A \setminus N_1$) 点 x の集合である．よって
$$f^i(A_i) \cap f^j(A_j) = \emptyset \ (i \neq j), \quad \bigcup_{i>0} f^i(A_i) = A \setminus N_1$$
である．よって f_A は全単射である． $\square$

$\mathcal{F}_A$ は $\mathcal{F}$ の $A \setminus N_1$ への制限とする．$A \setminus N_1$ の上の確率測度 μ_A を
$$\mu_A(E) = \frac{\mu(E)}{\mu(A)} \qquad (E \in \mathcal{F}_A) \tag{2.8.2}$$
によって定義する．このとき，確率空間 $(A, \mathcal{F}_A, \mu_A)$ と力学系 $f_A : A \setminus N_1 \to A \setminus N_1$ を得る．

命題 2.8.2 (1) n_A, f_A は $\mathcal{F}_A$-可測である．

(2) f_A は μ_A-保測である．f がエルゴード的ならば，f_A もエルゴード的である．

証明 n_A の可測性は明らかである．

f_A の可測性を示す．$B \in \mathcal{F}_A$ とする．このとき
$$f_A^{-1}(B)$$
$$= \{x \in A \setminus N_1 \mid f_A(x) = f^{n_A(x)}(x) \in B\}$$
$$= \bigcup_{n>0} \{x \in A \setminus N_1 \mid n_A(x) = n, \ f^n(x) \in B\}$$
$$= \bigcup_{n>0} \{x \in A \setminus N_1 \mid f(x) \notin A \setminus N_1, \cdots, f^{n-1}(x) \notin A \setminus N_1, \ f^n(x) \in B\}$$
$$= \bigcup_{n>0} ((A \setminus N_1) \cap f^{-1}(A \setminus N_1)^c \cap \cdots \cap f^{-n+1}(A \setminus N_1)^c \cap f^{-n}(B)).$$
よって $f_A^{-1}(B) \in \mathcal{F}_A$ である．(1) が示された．

(2) の証明：$B \in \mathcal{F}_A$ に対して
$$f_A^{-1}(B)$$

$$= \bigcup_{n>0}((A \setminus N_1) \cap f^{-1}(A \setminus N_1)^c \cap \cdots \cap f^{-n+1}(A \setminus N_1)^c \cap f^{-n}(B))$$
$$= \bigcup_{n>0}(A_n \cap f^{-n}(B)).$$

よって
$$\mu_A(f_A^{-1}(B)) = \frac{\mu\left(\bigcup_{n>0}(A_n \cap f^{-n}(B))\right)}{\mu(A)}$$
$$= \frac{\sum_{n>0}\mu(A_n \cap f^{-n}(B))}{\mu(A)}$$
$$= \frac{\sum_{n>0}\mu(f^n(A_n) \cap B)}{\mu(A)}$$
$$= \frac{\mu\left(\bigcup_{n>0}f^n(A_n) \cap B\right)}{\mu(A)}$$
$$= \frac{\mu(B)}{\mu(A)}$$
$$= \mu_A(B).$$

f がエルゴード的であれば, μ_A に関して f_A もエルゴード的であることの証明が残っている. $f_A^{-1}(B) = B$ を満たす $B \in \mathcal{F}_A$ が $\mu_A(B) > 0$ とする. このとき $\mu_A(B) = 1$ を示せば十分である.

そのために, $E = \bigcup_{n=-\infty}^{\infty} f^{-n}(B)$ とおく. このとき
$$(A \setminus N_1) \cap E \subset B. \tag{2.8.3}$$

実際に, $x \in (A \setminus N_1) \cap E = \bigcup_{n=-\infty}^{\infty}((A \setminus N_1) \cap f^{-n}(B))$ とする. このとき, $n_0 \in \mathbb{Z}$ があって $x \in (A \setminus N_1) \cap f^{-n_0}(B)$ である. $n_0 > 0$ のとき, $m > 0$ があって
$$f_A^m(x) = f^{n_0}(x) \in B.$$
$n_0 = 0$ のときは, $x \in B$ である. $n_0 < 0$ のとき, $x \in A \setminus N_1$ で, かつ $f^{n_0}(x) \in B \subset A \setminus N_1$ であるから, $l > 0$ があって
$$x = f_A^l(f^{n_0}(x)) \in f_A^l(B) = B.$$
いずれにしても, $x \in B$ である. よって (2.8.3) が成り立つ.

$f^{-1}(E) = E$ で, $\mu(E) > 0$ であるから, f のエルゴード性により $\mu(E) = 1$ である. よって
$$\mu(A) = \mu(A \cap E) = \mu((A \setminus N_1) \cap E) \leq \mu(B),$$

かつ $A \subset B$ であるから，$\mu(A \cap B) = \mu(A)$ である．よって $\mu_A(B) = 1$ である．
□

誘導変換 $f_A : A \setminus N_1 \to A \setminus N_1$ の挙動を図で表示すると，次の図 2.8.1 のように説明できる：

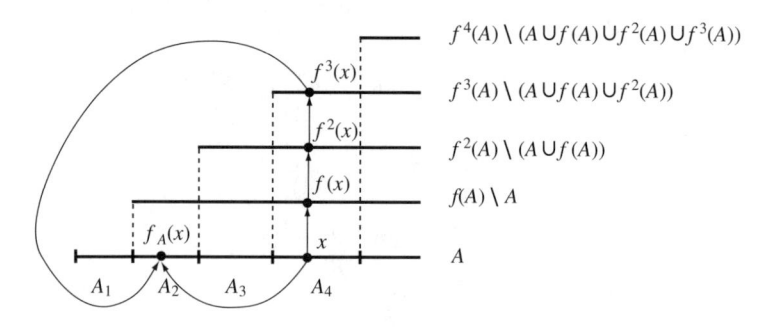

図 2.8.1

命題 2.8.3 (カツ (Kac) の定理) f はエルゴード的であるとする．このとき $\mu(A) > 0$ に対して
$$\int_A n_A d\mu_A = \frac{1}{\mu(A)}.$$

証明 (2.8.1) によって，$A \setminus N_1 = \bigcup_{n>0} A_n$ であるから
$$\int_A n_A d\mu = \sum_{n=1}^{\infty} n\mu(A_n) = \sum_{n=1}^{\infty} \sum_{k=0}^{n-1} \mu(f^k(A_n))$$
$$= \mu\left(\bigcup_{n=1}^{\infty} \bigcup_{k=0}^{n-1} f^k(A_n)\right).$$

ここに，$\bigcup_{n=1}^{\infty} \bigcup_{k=0}^{n-1} f^k(A_n)$ は f–不変である．
実際に
$$\bigcup_{n=1}^{\infty} \bigcup_{k=0}^{n-1} f^k(A_n) = \bigcup_{n=1}^{\infty} (A_n \cup f(A_n) \cup \cdots \cup f^{n-1}(A_n))$$
$$= A_1 \cup (A_2 \cup f(A_2)) \cup (A_3 \cup f(A_3) \cup f^2(A_3)) \cup \cdots$$
$$= \bigcup_{n=1}^{\infty} A_n \cup \bigcup_{n=2}^{\infty} f(A_n) \cup \bigcup_{n=3}^{\infty} f^2(A_n) \cup \cdots.$$

$\bigcup_{n=1}^{\infty} A_n = A \setminus N_1$ で, $f(A_1) \subset A \setminus N_1$, $f^2(A_2) \subset A \setminus N_1$ であるから

$$\bigcup_{n=1}^{\infty} A_n \cup \bigcup_{n=2}^{\infty} f(A_n) = (A \setminus N_1) \cup f(A \setminus N_1), \qquad (2.8.4)$$

$$\begin{aligned}
\bigcup_{n=1}^{\infty} A_n \cup \bigcup_{n=2}^{\infty} f(A_n) \cup \bigcup_{n=3}^{\infty} f^2(A_n) &= (A \setminus N_1) \cup \bigcup_{n=1}^{\infty} f(A_n) \cup \bigcup_{n=2}^{\infty} f^2(A_n) \\
&= (A \setminus N_1) \cup f \left\{ \bigcup_{n=1}^{\infty} A_n \cup \bigcup_{n=2}^{\infty} f(A_n) \right\} \\
&= (A \setminus N_1) \cup f\{(A \setminus N_1) \cup f(A \setminus N_1)\}. \\
&\qquad ((2.8.3) \text{ により})
\end{aligned}$$

このことを続けるとき, $\bigcup_{n=1}^{\infty} \bigcup_{k=0}^{n-1} f^k(A_n)$ は f–不変であることを得る. よって, $\int_A n_A d\mu = 1$ である. μ_A の定義により, 結論を得る. □

$\varphi : X \to \mathbb{N}$ は μ–可積分関数として

$$X^\varphi = \{(x, n) \mid x \in X, \ 0 \le n < \varphi(x)\}$$

とおく. $\mathbb{N}_0 = \mathbb{N} \cup \{0\}$ とする. 明らかに, $X^\varphi \subset X \times \mathbb{N}_0$ である. $f^\varphi : X^\varphi \to X^\varphi$ を

$$f^\varphi(x, n) = \begin{cases} (x, n+1) & (n < \varphi(x) - 1) \\ (f(x), 0) & (n = \varphi(x) - 1) \end{cases}$$

によって定義する. このとき, 関数 φ を (X^φ, f^φ) の**天井関数** (ceiling function) という.

注意 2.8.4 $f^\varphi : X^\varphi \to X^\varphi$ は全単射である.

証明 $f^\varphi(x, n) = f^\varphi(y, m)$ とする. このとき, f^φ の定義により

(i) $n < \varphi(x) - 1$, $m < \varphi(y) - 1 \Longrightarrow (x, n+1) = (y, m+1)$,

(ii) $n = \varphi(x) - 1$, $m = \varphi(y) - 1 \Longrightarrow (f(x), 0) = (f(y), 0)$.

(i) の場合は $x = y$, $n = m$ である. (ii) の場合に f は単射であるから, $x = y$ である. よって $\varphi(x) = \varphi(y)$ であるから, $n = m$ である.

$n < \varphi(x) - 1$ で, $m = \varphi(y) - 1$ の場合は $(x, n+1) = (f(y), 0)$ で, $n+1 = 0$ により $n = -1$ を得る. しかし, $n \in \mathbb{N}_0$ であるから矛盾である. いずれにしても f^φ は単射である.

全射は明らかである. □

$i > 0$ に対して

$$A_i = \{x \in X \mid \varphi(x) = i\} \tag{2.8.5}$$

とおく. このとき $A_i \cap A_j = \emptyset$ $(i \neq j)$, $X = \bigcup_{i>0} A_i$ である.

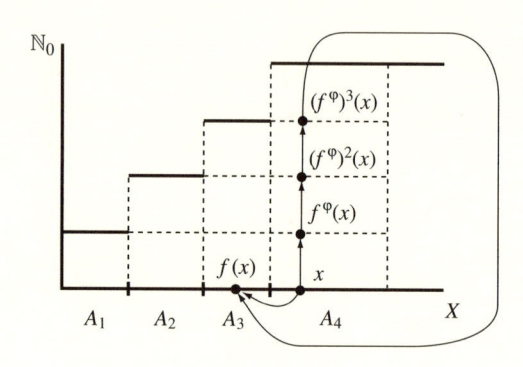

図 2.8.2

$\mathcal{N}$ を $\mathbb{N}_0$ の部分集合の全体として, $\mathcal{F} \times \mathcal{N}$ は $X \times \mathbb{N}_0$ の σ-集合体を表し, X^φ への制限を $\mathcal{F}^\varphi$ とする. $A \in \mathcal{F}$, $n \in \mathbb{N}_0$ に対して

$$\tilde{\mu}(A \times \{n\}) = \mu(\{x \in A \mid n < \varphi(x)\})$$

とおく. このとき $\tilde{\mu}$ は $\mathcal{F}^\varphi$ の上の測度に拡張される. それを同じ記号で表す.

$$\mu^\varphi(B) = \frac{\tilde{\mu}(B)}{\int \varphi d\mu} \qquad (B \in \mathcal{F}^\varphi)$$

によって, X^φ の上の確率測度を定義する. $(X^\varphi, \mathcal{F}^\varphi, \mu^\varphi)$ は確率空間である.

命題 2.8.5 (1) f^φ は可測である.

(2) μ^φ は f^φ-不変である.

証明 $A \in \mathcal{F}$, $n \in \mathbb{N}_0$ に対して，$A \times \{n\} \in \mathcal{F} \times \mathcal{N}$ である．各 A_i は (2.8.5) の集合とする．$i > 0$ に対して，$A_i' = A \cap A_i$ とおく．このとき

$$A \times \{n\} = \bigcup_{i>0} (A_i' \times \{n\})$$

である．$x \in A_i'$ に対して $i_0 > 0$ があって

$$n < \varphi(x) - 1 \qquad (x \in A_{i_0+1}'),$$
$$n = \varphi(x) - 1 \qquad (x \in A_{i_0}')$$

であるから

$$X^\varphi \cap (A_i \times \{n\}) = \emptyset \qquad (0 < i \leq i_0).$$

よって

$$X^\varphi \cap (A \times \{n\}) = \bigcup_{i \geq i_0} (A_i' \times \{n\}) \in \mathcal{F}^\varphi,$$
$$(f^\varphi)^{-1}(X^\varphi \cap (A \times \{n\})) = \bigcup_{i \geq i_0} (A_i' \times \{n-1\}). \qquad (2.8.6)$$

(1) を得るために

$$\mathcal{A} = \{A \times \{n\} \in \mathcal{F}^\varphi \mid (f^\varphi)^{-1}(A \times \{n\}) \in \mathcal{F}^\varphi\}$$

とおく．このとき，$\mathcal{A}$ は基本集合を含む σ–集合体である．よって $\mathcal{F}^\varphi = \mathcal{A}$ が成り立つ．f^φ は可測である．

(2) の証明：(2.8.6) により

$$\tilde{\mu}((f^\varphi)^{-1}(X^\varphi \cap (A \times \{n\}))) = \tilde{\mu}\left(\bigcup_{i \geq i_0}(A_i' \times \{n-1\})\right)$$
$$= \mu\left(\bigcup_{i \geq i_0} A_i'\right)$$
$$= \tilde{\mu}(X^\varphi \cap (A \times \{n\})). \qquad (2.8.7)$$

よって，基本集合に対しても (2.8.7) は成り立つ．よって，$\tilde{\mu}((f^\varphi)^{-1}(B)) = \tilde{\mu}(B)$ $(B \in \mathcal{F}^\varphi)$ が求まる．μ^φ は f^φ–不変である． □

確率空間 $(X^\varphi, \mathcal{F}^\varphi, \mu^\varphi)$ を $(X, \mathcal{F}, \mu)$ の**原始的確率空間** (primitive probability space)，または**タワー拡大** (tower extension) といい，f^φ を f の**原始的誘導変換** (primitive transformation) という．

$X \times \{0\} \in \mathcal{F}^\varphi$ に対して，$\mu^\varphi(X \times \{0\}) > 0$ である．ポアンカレの回帰定理を用いて，f^φ の誘導変換 $(f^\varphi)_{X \times \{0\}}$ が定義される．$(\mathcal{F}^\varphi)_{X \times \{0\}}$ を $\mathcal{F}^\varphi$ の $X \times \{0\}$ への制限であるとする．(2.8.2) のように確率測度 $(\mu^\varphi)_{X \times \{0\}}$ を定義する．

$(X^\varphi)_{X \times \{0\}} = X \times \{0\}$ であるから，μ^φ-a.e. $(x,0) \in X \times \{0\}$ に対して

$$n_{X \times \{0\}}(x,0) = \inf\{n \geq 1 \mid (f^\varphi)^n(x,0) \in X \times \{0\}\}$$

とおくと

$$(f^\varphi)^{n_{X \times \{0\}}(x,0)}(x,0) = (f(x), 0).$$

よって

$$(f^\varphi)_{X \times \{0\}}(x,0) = (f(x), 0)$$

であって，$C \in \mathcal{F}$ に対して

$$C \times \{0\} \in (\mathcal{F}^\varphi)_{X \times \{0\}}.$$

よって

$$(\mu^\varphi)_{X \times \{0\}}(C \times \{0\}) = \frac{\mu^\varphi(C \times \{0\})}{\mu^\varphi(X \times \{0\})} = \frac{\tilde{\mu}(C \times \{0\})}{\tilde{\mu}(X \times \{0\})} = \frac{\mu(C)}{\mu(X)} = \mu(C).$$

$(x,0) \in (X^\varphi)_{X \times \{0\}}$ に対して，$\pi(x,0) = x$ によって $\pi : (X^\varphi)_{X \times \{0\}} \to X$ を定義する．明らかに，π は全単射であって，$(\mu^\varphi)_{X \times \{0\}}(\pi^{-1}(C)) = \mu(C)$ $(C \in \mathcal{F})$ が成り立つ．よって，次の命題が示された：

命題 2.8.6 確率空間 $((X^\varphi)_{X \times \{0\}}, (\mathcal{F}^\varphi)_{X \times \{0\}}, (\mu^\varphi)_{X \times \{0\}})$ と確率空間 $(X, \mathcal{F}, \mu)$ は π によって同型であって，$\pi \circ (f^\varphi)_{X \times \{0\}} = f \circ \pi$ が成り立つ．

$$
\begin{array}{ccc}
(X^\varphi)_{X \times \{0\}} & \xrightarrow{f^\varphi} & (X^\varphi)_{X \times \{0\}} \\
\pi \downarrow & & \downarrow \pi \\
X & \xrightarrow{f} & X
\end{array}
$$

= まとめ =

この章は測度を用いて力学系を解析する場合に，エルゴード理論の数多くある定理の中で必要とする最小限の定理だけを用意している．なかでも重要な定理と

して，エルゴード定理，エルゴード分解定理，条件付き確率測度の標準系，マルチンゲール収束定理がある．

力学系を確率測度によって解析するときに基本となる定理がエルゴード定理である．すなわち，$f: X \to X$ は確率空間 $(X, \mathcal{F}, \mu)$ の上の保測変換とする．$\varphi \in L^1(\mu)$ に対して $\tilde{\varphi} \in L^1(\mu)$ があって

$$\tilde{\varphi}(x) = \lim_n \frac{1}{n} \sum_0^{n-1} \varphi(f^i(x)) \quad \mu\text{–a.e.} \, x$$

が成り立つ．明らかに $\tilde{\varphi}(f(x)) = \tilde{\varphi}(x)$ (μ–a.e. x) である．特に

$$\tilde{\varphi}(x) = \int \varphi d\mu \quad \mu\text{–a.e.} \, x$$

であるときに，μ は**エルゴード的**であるという．

コンパクト距離空間 X の上の確率測度の集合 $\mathcal{M}(X)$ に距離関数が自然に導入される．その距離に関して $\mathcal{M}(X)$ はコンパクトである．$\mathcal{M}(X)$ の f–不変な確率測度の部分集合 $\mathcal{M}_f(X)$ は空でない凸閉集合をなし，$\mathcal{M}_f(X)$ に含まれるエルゴード的測度の集合 $\mathcal{E}(X)$ は $\mathcal{M}_f(X)$ の端点集合である．

エルゴード定理は μ をエルゴード的確率測度に分解する．実際に，μ–a.e. x を固定して

$$\Gamma_x = \left\{ y \in X \,\middle|\, \lim_n \frac{1}{n} \sum_{i=0}^{n-1} \varphi(f^i(y)) = \tilde{\varphi}(x), \, \varphi \in C(X, \mathbb{R}) \right\}$$

とおく．このとき，$f(\Gamma_x) = \Gamma_x$ なるボレル集合の上に $\varphi \in C(X, \mathbb{R})$ を制限した関数を φ' で表す．リースの表現定理を用いて

$$\lim_n \frac{1}{n} \sum_{i=0}^{n-1} \varphi'(f^i(x)) = \int \varphi' d\mu_x \quad (\varphi \in C(X, \mathbb{R}))$$

で $\mu_x(X \setminus \Gamma_x) = 0$ を満たす $\mu_x \in \mathcal{M}_f(X)$ が存在する．μ_x は $\{\varphi' \mid \varphi \in C(X, \mathbb{R})\}$ を可測にする σ–集合体の上の確率測度で

$$\int \varphi' d\mu_x = \lim_n \frac{1}{n} \sum_{i=0}^{n-1} \varphi'(f^i(y)) \quad (y \in \Gamma_x)$$

を満たす．よって μ_x はエルゴード的である．$\{\Gamma_x\}$ (μ–a.e. x) は μ–測度が 0 である集合を除いて X の分割になっている．

よって，μ は μ–a.e. x で Γ_x を台にもつエルゴード的な μ_x に次の意味で分解される：

$$\mu(E) = \int \mu_x(E) d\mu \quad (E: \text{ボレル集合}).$$

$\mathcal{F}' = \{A, A^c, X, \phi\}$ は $\mathcal{F}$ の部分 σ–集合体である．$0 < \mu(A) < 1$ とする．$L^1(\mathcal{F}')$ は $\mathcal{F}'$–可測で可積分関数の集合を表すとする．このとき，$L^1(\mathcal{F}')$ は $L^1(\mu)$ の部分空間で，$1_A, 1_{A^c} \in L^1(\mathcal{F}')$ は 1 次独立であるから，$L^1(\mathcal{F}')$ は 2 次元である．

よって，$\varphi \in L^1(\mu)$ に対して，φ の $\mathcal{F}'$ に関する条件付き平均 $E(\varphi|\mathcal{F}')$ は

$$E(\varphi|\mathcal{F}')(x) = \left(\frac{1}{\mu(A)} \int_A \varphi d\mu\right) 1_A(x) + \left(\frac{1}{\mu(A^c)} \int_{A^c} \varphi d\mu\right) 1_{A^c}(x)$$

と表される．$\varphi = 1_B$ ($B \in \mathcal{F}$) の場合に

$$E(1_B|\mathcal{F}')(x) = \begin{cases} \dfrac{\mu(B \cap A)}{\mu(A)} & (x \in A) \\ \dfrac{\mu(B \cap A^c)}{\mu(A^c)} & (x \in A^c) \end{cases}$$

であるから

$$P(B|\mathcal{F}')(x) = E(1_B|\mathcal{F}')(x)$$

または $\mu_x^{\mathcal{F}'}(B)$ と表し，$\mathcal{F}'$ に関する条件付き確率測度という．

しかし，$\mathcal{F}'$ が単に $\mathcal{F}$ の部分 σ–集合体である場合は一般に条件付き確率測度は存在しないが，コンパクト距離空間のボレルクラスの部分 σ–集合体に関して条件付き確率測度は μ–a.e. で存在が保証される．

σ–集合体 $\mathcal{F}$ の部分 σ–集合体の列

$$\mathcal{F}_1 \subset \mathcal{F}_2 \subset \cdots$$

に対して，$\bigcup_{n>0} \mathcal{F}_n$ が $\mathcal{F}$ を生成するとき，$\varphi \in L^1(\mu)$ に対して

$$E(\varphi|\mathcal{F}_n) \to E(\varphi|\mathcal{F}) = \varphi \quad (n \to \infty)$$

は概収束，かつ L^1–収束である．これをドゥブの定理，またはマルチンゲール収束定理という．

この章は邦書文献 [To], [K], [B] と洋書文献 [D-G-Sig], [Wa] を参考にして書かれた．

エルゴード理論に撞球問題 (billiard problem) がある．この問題に触れることができなかった．撞球問題に対しては関連論文 [Mor3] を参照されたい．

第3章　測度的エントロピー

エントロピーは情報理論において情報の不確実さを数量化するためにシャノン (Shannon) によって導入され，後に力学系理論で力学系がいかに複雑に挙動しているのかを見る概念に改良された．

情報理論でのエントロピーを簡単に解説する．k 個の互いに排反する事象をもつ実験 $\alpha = \{A_1, \cdots, A_k\}$ に対して，A_i は確率 $p_i = \mathrm{prob}(A_i)$ で起こるとして，α から得られる情報の不確実さの量は確率ベクトルの関数 $H(p_1, \cdots, p_k)$ で，次の (1) 〜 (6) を満たすと考える．ここに，$(p_1, \cdots, p_k)$ が $0 \leq p_i \leq 1$，$\sum p_i = 1$ を満たすとき，それを**確率ベクトル** (probability vector) という：

(1) $H(\cdots, p_i, \cdots, p_j \cdots) = H(\cdots, p_j, \cdots, p_i \cdots)$,

(2) $H(0, p_2, \cdots, p_k) = H(p_2, \cdots, p_k)$,

(3) $H(1, 0, \cdots, 0) = 0$,

(4) $H\left(\dfrac{1}{k}, \cdots, \dfrac{1}{k}\right) \geq H(p_1, \cdots, p_k)$,

$H\left(\dfrac{1}{k}, \cdots, \dfrac{1}{k}\right) = H(p_1, \cdots, p_k) \iff p_i = \dfrac{1}{k} \quad (1 \leq i \leq k)$,

(5) $H \geq 0$,

(6) $k > 0$ を固定するとき，H は $p_1, \cdots, p_k$ の連続関数である．

2つの実験 $\alpha = \{A_1, \cdots, A_n\}$，$\beta = \{B_1, \cdots, B_l\}$ に対して，$A_i \cap B_j$ の起きる確率を $\pi_{ij} = \mathrm{prob}(A_i \cap B_j)$ とおく．このとき，$\mathrm{prob}(B_j|A_i) = \dfrac{\pi_{ij}}{p_i}$ は A_i が起きたときの B_j の条件付き確率である．A_i が起きたときの β の事象から得られる情報の不確実さの量を $H\left(\dfrac{\pi_{i1}}{p_i}, \cdots, \dfrac{\pi_{il}}{p_i}\right)$ とすると

(7) $H(\{\pi_{ij}\}) = H(p_1, \cdots, p_n) + \sum_i p_i H\left(\left\{\dfrac{\pi_{ij}}{p_i}\right\}\right)$.

(1)〜(7) を満たす関数として
$$H(p_1, \cdots, p_n) = -\sum_i p_i \log p_i$$
がある. ここに $0\log 0 = 0$ と約束する.

情報の不確実さの量として採用した H を保測変換に適用するとき, 次のように説明される:

$(X, \mathcal{F}, \mu)$ は確率空間として, $\alpha = \{A_1, \cdots, A_k\}$, $\beta = \{B_1, \cdots, B_l\}$ は X の可測分割とする. すなわち, α に属する集合は互いに交わらない可測集合で, $\bigcup_{A\in\alpha} A$ は全空間をなす. β も同様である. このとき
$$H_\mu(\alpha) = -\sum_i \mu(A_i)\log\mu(A_i),$$
$$H_\mu(\beta|\alpha) = \sum_i \mu(A_i)\left\{-\sum_j \mu(B_j|A_i)\log\mu(B_j|A_i)\right\}$$
は次のように解釈することができる:

点 x が A_i に属しているとき, x は α の集合 A_i に所属している点である. これを簡単に, x は α–アドレス の A_i に属するということにする. このとき, α のエントロピー $H(\alpha)$ は点 x が α–アドレスのどの集合に属するのかを推測するための不確実さの量を表し, $H(\beta|\alpha)$ は α–アドレスを与えたときに, 点 x が β–アドレスのどの集合に所属するのかを推測するときの不確実さの量を与えている. $H(\beta|\alpha)$ を α を与えたときの β の条件付きエントロピーという.

$f: X \to X$ を保測変換として, 有限分割 α に対して
$$\bigvee_{i=0}^{n-1} f^{-i}(\alpha) = \left\{\bigcap_{i=0}^{n-1} f^{-i}(A_i) \,\middle|\, A_i \in \alpha\right\}$$
と表し
$$h_\mu(f, \alpha) = \lim_{n\to\infty}\frac{1}{n}H_\mu\left(\bigvee_{i=0}^{n-1} f^{-i}\alpha\right),$$
$$h_\mu(f) = \sup h_\mu(f, \alpha)$$
を定義する. $\dfrac{1}{n}H(\bigvee_{i=0}^{n-1} f^{-i}\alpha)$ は点 x の軌道 $x, f(x), \cdots, f^{n-1}(x)$ が α–アドレスのどの集合にあるのかを知るための平均情報量を与え, $h_\mu(f, \alpha)$ は f の反復

回数の平均量である．このとき

$$h_\mu(f,\alpha) = \lim_{n\to\infty} H_\mu\left(\alpha \,\middle|\, \bigvee_{i=1}^{n-1} f^{-i}\alpha\right)$$

であることが示される．

この章はエントロピーの基本的な性質を調べ，以後の話題において有効な働きをする次の関係式を解説する：

可算可測分割 α に属する集合が点 x を含むときに，それを $\alpha(x)$ で表し，$\bigvee_{i=0}^{n-1} f^{-i}(\alpha)$ に属する集合を $\alpha^n(x)$ で表す．このとき，$H_\mu(\alpha) < \infty$ であれば

(1) $h_\mu(f,\alpha,x) = \lim_{n\to\infty} -\dfrac{1}{n}\log\mu(\alpha^n(x))$ μ–a.e. x が存在して，

(2) $h_\mu(f,\alpha) = -\displaystyle\int \lim_{n\to\infty} \dfrac{1}{n}\log\mu(\alpha^n(x))d\mu$　　　　が成り立つ．

$h_\mu(f,\alpha,x)$ を**情報関数** (information function) という．

f はコンパクト距離空間の上の同相写像であるとき

$$B_n(x,r) = \bigcap_{i=0}^{n-1} f^{-i}(B(f^i(x),r))$$

とおく．ここに $B(x,r)$ は x を中心とする半径 r の閉球を表す．

このとき μ がエルゴード的であれば

(3) $\begin{aligned} h_\mu(f) &= \lim_{r\to 0} \liminf_{n\to\infty} -\dfrac{1}{n}\log\mu(B_n(x,r)) \\ &= \lim_{r\to 0} \limsup_{n\to\infty} -\dfrac{1}{n}\log\mu(B_n(x,r)) \qquad \mu\text{–a.e. } x \end{aligned}$

が成り立つ．(3) を**局所エントロピー公式**と呼んでいる．

さらに，$B_n(x,r)$ の和集合の μ–測度の値が $1-\delta$ 以上になるために必要な $B_n(x,r)$ の最小個数を $N_f(x,r,\delta)$ で表す．このとき，μ がエルゴード的であれば

(4) $h_\mu(f) = \lim_{\delta\to 0} \liminf_{n\to\infty} \dfrac{1}{n}\log N_f(n,r,\delta)$

が成り立つ．

ξ は可測分割とし，ξ に関する μ の条件付き確率測度の標準系を $\{\mu_x^\xi\}$ (μ–a.e. x) で表す．このとき

$$\hat{H}_\mu(\xi|f(\xi)) = \int -\log\mu_x^{f(\xi)}(\xi(x))d\mu$$

を**準エントロピー** (quasi–entropy) という．

準エントロピーは測度を用いて力学系を解析するときに重要な役割を果たす．

3.1 有限分割のエントロピー

X を集合として，$(X, \mathcal{F}, \mu)$ を確率空間とする．有限集合族 $\xi = \{C_1, \cdots, C_k\}$ が X の**可測分割** (measurable partition)，略して**分割** (partition) であるとは

$$C_i \in \mathcal{F} \ (1 \leq i \leq k), \quad C_i \cap C_j = \emptyset \ (i \neq j), \quad \bigcup_{i=1}^{k} C_i = X$$

を満たすときをいう．このような分割 ξ を**有限分割** (finite partition) という．可算集合族が分割であるとき**可算分割** (countable partition) という．

この節では有限分割に対して，エントロピーを定義する．その定義の仕方から，可算分割に対してもエントロピーを与えることができる．この両者の関係は次節で詳細に議論する．

X の有限分割 $\xi = \{C_i\}$ が与えられたとき，ξ に属する各 C_i の測度は正であると考えてよい．しかし，一般に有限分割といった場合は測度の値が 0 の集合もその分割の要素である場合がある．

ξ, ξ' は X の有限分割とする．$A \in \xi$ に対して，$B \in \xi'$ があって，μ–測度の値が 0 である集合を除いて $B \subset A$ であるとき

$$\xi \leq \xi' \qquad \mu\text{–a.e.}$$

で表す．ξ' は ξ の**細分** (refinement) であるという．$\xi \leq \xi' \ (\mu\text{–a.e.})$ で，$\xi' \leq \xi \ (\mu\text{–a.e.})$ のとき ξ と ξ' は同じ分割であるといい

$$\xi = \xi' \qquad \mu\text{–a.e.}$$

と表す．しかし，簡単に μ–a.e. を省略して $\xi \leq \xi'$，$\xi = \xi'$ と書く場合がある．

有限分割 ξ の 1 つの量

$$H_\mu(\xi) = \sum_{i=1}^{k} -\mu(C_i) \log \mu(C_i)$$

を定義する（$x \log x$ は自然対数とし $0 \log 0 = 0$ とする）．明らかに $0 \leq H_\mu(\xi) < \infty$ である．

注意 3.1.1 $H_\mu(\xi) = 0$ である必要十分条件は $\mu(C) = 1$ を満たす分割 $\xi = \{C, X \setminus C\}$ である.

注意 3.1.2 $\xi \leq \eta$ ならば, $H_\mu(\xi) \leq H_\mu(\eta)$ である. $\xi \leq \eta$ で, かつ $H_\mu(\xi) = H_\mu(\eta)$ ならば, $\xi = \eta$ である.

証明 $\xi = \{C_1, \cdots, C_k\}$, $\eta = \{D_1, \cdots, D_l\}$ とし, $\xi \leq \eta$ (μ–a.e.) を仮定する. このとき $D_j \subset C_i$ (μ–a.e.) である D_j を D_j^i とおくと, $C_i = \sum_{t=1}^{s_i} D_t^i$ (μ–a.e.) と表せる. したがって

$$\begin{aligned}
&H_\mu(\eta) - H_\mu(\xi) \\
&= \sum_{j=1}^l -\mu(D_j) \log \mu(D_j) - \sum_{i=1}^k -\mu(C_i) \log \mu(C_i) \\
&= \sum_{j=1}^l -\mu(D_j) \log \mu(D_j) - \sum_{i=1}^k \left[\left(-\sum_{t=1}^{s_i} \mu(D_t^i) \right) \log \sum_{t=1}^{s_i} \mu(D_t^i) \right] \\
&= \sum_{i=1}^k \left[\left(-\sum_{t=1}^{s_i} \mu(D_t^i) \right) \log \mu(D_t^i) \right] - \sum_{i=1}^k \left[\left(-\sum_{t=1}^{s_i} \mu(D_t^i) \right) \log \mu(C_i) \right] \\
&= -\sum_{i=1}^k \left[\left(\sum_{t=1}^{s_i} \mu(D_t^i) \right) \log \frac{\mu(D_t^i)}{\mu(C_i)} \right] \geq 0.
\end{aligned}$$

$H_\mu(\xi) = H_\mu(\eta)$ ならば, 各 i, t に対して $\mu(D_t^i) = 0$ または $\frac{\mu(D_t^i)}{\mu(C_i)} = 1$ が成り立つ. η が有限分割であることから, i に対して $\mu(D_t^i) = \mu(C_i)$ が成り立つ t が存在する. したがって $C_i \subset D_t^i$ (μ–a.e.) である. $\eta \leq \xi$ (μ–a.e.) であるから $\xi = \eta$ (μ–a.e.) を得る. □

X の有限分割 ξ, η に対して

$$\{C_i \cap D_j \,|\, C_i \in \xi, D_j \in \eta\}$$

は X の有限分割で, これを $\xi \vee \eta$ で表す.

注意 3.1.3 $n \geq 1$ とする. $\mu_i \in \mathcal{M}(X)$ と実数 $p_i \geq 0$ ($1 \leq i \leq n$) が $\sum_{i=1}^n p_i = 1$ を満たすならば, $\sum_{i=1}^n p_i \mu_i$ は確率測度であって, 有限可測分割

$\xi = \{A_1, \cdots, A_k\}$ に対して

$$H_{\sum_{i=1}^n p_i \mu_i}(\xi) \geq \sum_{i=1}^n p_i H_{\mu_i}(\xi)$$

が成り立つ．このことは注意 2.4.13 を用いれば容易に示される．

注意 3.1.4 有限分割 ξ, η に対して

(1) $H_\mu(\xi \vee \eta) \leq H_\mu(\xi) + H_\mu(\eta)$ が成り立つ．

(2) 有限分割 $\xi = \{C_1, \cdots, C_k\}$ に対して

$$H_\mu(\xi) \leq \log k.$$

証明 (1) の証明：

$$\begin{aligned} H_\mu(\xi \vee \eta) - H_\mu(\xi) &= \sum_{i,j} -\mu(C_i \cap D_j) \log \mu(C_i \cap D_j) \\ &\quad - \sum_i -\mu(C_i) \log \mu(C_i) \\ &= \sum_{i,j} -\mu(C_i \cap D_j) \log \frac{\mu(C_i \cap D_j)}{\mu(C_i)} \\ &= \sum_j \sum_i -\mu(C_i) \left\{ \frac{\mu(C_i \cap D_j)}{\mu(C_i)} \log \frac{\mu(C_i \cap D_j)}{\mu(C_i)} \right\}. \end{aligned}$$

i に対して $a_i = \mu(C_i)$ とおく．j を固定して $x_i = \dfrac{\mu(C_i \cap D_j)}{\mu(C_i)}$ とおき，関数 $\phi(x) = -x \log x$ に対して注意 2.4.13 を適用すると

$$\sum_i \mu(C_i) \phi\left(\frac{\mu(C_i \cap D_j)}{\mu(C_i)} \right) \leq \phi\left(\sum_i \mu(C_i \cap D_j) \right) = \phi(\mu(D_j)).$$

よって

$$H_\mu(\xi \vee \eta) - H_\mu(\xi) \leq \sum_j \phi(\mu(D_j)) = H_\mu(\eta).$$

(2) の証明：$a_i = \dfrac{1}{k},\ x_i = \mu(C_i)\ (1 \leq i \leq k)$ とおくと

$$\phi\left(\sum_{i=1}^k \frac{\mu(C_i)}{k} \right) = -\sum_{i=1}^k \frac{\mu(C_i)}{k} \log \sum_{i=1}^k \frac{\mu(C_i)}{k} = -\frac{1}{k} \log \frac{1}{k} = \frac{1}{k} \log k.$$

ここで命題 2.4.5 を適用すると

$$\phi\left(\sum_{i=1}^{k}\frac{\mu(C_i)}{k}\right) = \frac{1}{k}\log k \geq \sum_{i=1}^{k}\frac{1}{k}\phi(\mu(C_i)).$$

よって

$$\sum_{i=1}^{k}\frac{1}{k}\phi(\mu(C_i)) = -\sum_{i=1}^{k}\frac{1}{k}\mu(C_i)\log\mu(C_i)$$

であるから

$$-\sum_{i=1}^{k}\mu(C_i)\log\mu(C_i) \leq \log k$$

を得る. □

f は確率空間 $(X,\mathcal{F},\mu)$ の上の保測変換 (写像) $(\mu(f^{-1}E)=\mu(E),\ E\in\mathcal{F})$ とし, ξ は X の有限分割とする. 明らかに $H_\mu(f^{-1}(\xi)) = H_\mu(\xi)$ が成り立つ. $n>0$ に対して

$$\xi \vee f^{-1}(\xi) \vee \cdots \vee f^{-(n-1)}(\xi)$$

は X の有限分割であるから

$$a_n = H_\mu(\xi \vee f^{-1}(\xi) \vee \cdots \vee f^{-(n-1)}(\xi))$$

とおくと, 注意 3.1.4(1) によって, $m,n>0$ に対して $a_{n+m} \leq a_n + a_m$, $a_n \geq 0$ である. ゆえに注意 1.8.2 により $\left\{\dfrac{a_n}{n}\right\}$ は収束する. このとき

$$h_\mu(f,\xi) = \lim_{n\to\infty}\frac{1}{n}H_\mu(\xi \vee f^{-1}(\xi) \vee \cdots \vee f^{-(n-1)}(\xi))$$

と表し

$$h_\mu(f) = \sup\{h_\mu(f,\xi)\,|\,\xi \text{は有限分割}\,\} \tag{3.1.1}$$

を f の**測度的エントロピー** (metric entropy) という.

注意 3.1.5 $h_\mu\left(f,\xi \vee f^{-1}(\xi) \vee \cdots \vee f^{-k}(\xi)\right) = h_\mu(f,\xi) \quad (k \geq 0)$.

証明 $\eta = \xi \vee \cdots \vee f^{-k}\xi$ $(n \geq 0)$ とおくと

$$\frac{1}{m}H_\mu\left(\bigvee_{i=0}^{m-1}f^{-i}(\eta)\right) = \frac{1}{m}H_\mu\left(\bigvee_{i=0}^{m+k-1}f^{-i}(\xi)\right).$$

$m \to \infty$ とすれば,$\dfrac{m+k}{m} \to 1$ であるから,$h_\mu(f,\eta) = h_\mu(f,\xi)$ である. □

$(Y_2^{\mathbb{Z}}, \sigma)$ は記号力学系とする.このとき σ は同相写像である.
$$C(1) = \{(x_i) \in Y_2^{\mathbb{Z}} \mid x_0 = 1\}, \qquad C(2) = \{(x_i) \in Y_2^{\mathbb{Z}} \mid x_0 = 2\}$$
からなる $Y_2^{\mathbb{Z}}$ の分割 $\xi = \{[1], [2]\}$ に対して
$$\bigvee_{i=-n+1}^{n-1} \sigma^{-i}(\xi)$$
に属する集合は
$$C(i_{-n+1}, \cdots, i_{-1}, i_0, i_1, \cdots, i_{n-1})$$
$$= \{(x_i) \mid x_{-n+1} = i_{-n+1}, \cdots, x_{-1} = i_{-1}, x_0 = i_0, x_1 = i_1, \cdots, x_{n-1} = i_{n-1}\}$$
である.Y_2 の各点に $\dfrac{1}{2}$ の確率を与え,それを $Y_2^{\mathbb{Z}}$ に拡張した無限直積確率測度を μ とする.すなわち,$(Y_2^{\mathbb{Z}}, \mu, \sigma)$ はベルヌーイ系である.明らかに
$$\mu(C(i_{-n+1}, \cdots, i_{-1}, i_0, i_1, \cdots, i_{n-1})) = \left(\dfrac{1}{2}\right)^{2n-1}$$
である.このとき
$$h_\mu(\sigma, \xi)$$
$$= \lim_{n \to \infty} \dfrac{1}{n} H_\mu\left(\bigvee_{i=0}^{n-1} \sigma^{-i}(\xi)\right)$$
$$= \lim_{n \to \infty} \dfrac{1}{n} \left\{ -\sum_{i_{-n+1}, \cdots, i_0, \cdots, i_{n-1}} \mu(C(i_{-n+1}, \cdots, i_{-1}, i_0, i_1, \cdots, i_{n-1})) \right.$$
$$\left. \log \mu(C(i_{-n+1}, \cdots, i_{-1}, i_0, i_1, \cdots, i_{n-1})) \right\}$$
$$= \lim_{n \to \infty} -\dfrac{1}{n} 2^{2n-1} \left(\dfrac{1}{2}\right)^{2n-1} \log \left(\dfrac{1}{2}\right)^n$$
$$= \log 2.$$

注意 3.1.5 を応用すると $h_\mu(\sigma, \xi) = h_\mu(\sigma)$ であるから,$h_\mu(\sigma) = \log 2$ である.

注意 3.1.6 確率空間 $(X_i, \mathcal{F}_i, \mu_i)$ $(i = 1, 2)$ を与え,$f_i : X_i \to X_i$ は全単射である μ_i-保測変換とする.$(X_i, \mathcal{F}_i, \mu_i, f_i)$ は互いに**同型** (isomorphic) であるとする.すなわち,$\varphi : X_1 \to X_2$ が存在して,次の (i), (ii), (iii), (iv) を満たす:

(i) φ は全単射である,

(ii) $E_1 \in \mathcal{F}_1$ に対して $\varphi(E_1) \in \mathcal{F}_2$ であって,$E_2 \in \mathcal{F}_2$ に対して $\varphi^{-1}(E_2) \in \mathcal{F}_1$,

(iii) $\mu_2 \circ \varphi = \mu_1$, $\mu_1 \circ \varphi^{-1} = \mu_2$.

(iv) $f_1 \circ \varphi = \varphi \circ f_2$.

このとき,X_i のすべての有限分割の族を θ_i とするとき,$\varphi^{-1}(\theta_2) = \theta_1$ であるから

$$h_{\mu_1}(f_1) = h_{\mu_2}(f_2)$$

が成り立つ.

注意 3.1.7 f は注意 2.2.2 に与えられているパン屋の変換とする.f はルベーグ測度 m を保つ変換で,$\left(\dfrac{1}{2}, \dfrac{1}{2}\right)$–ベルヌーイ変換 σ と同型であるから

$$h_m(f) = \log 2$$

が成り立つ.

一方において,$\mathbb{R}^2$ の上に馬蹄写像と呼ばれる変換 f が構成される.この写像は微分力学系の一様双曲性を満たす典型的な例の一つとして重要な働きをしてきた.実際に,f は次のように構成される:

正方形 $B = [0,1] \times [0,1] \subset \mathbb{R}^2$ に対して,図 3.1.1 のように図形を f によって縦に $\lambda_1 < \dfrac{1}{2}$ 倍に縮小し,横に $\lambda_2 > 2$ 倍に伸ばす操作である(詳細は 1.2 節を参照).このとき

$$\Lambda = \bigcap_{n=-\infty}^{\infty} f^{-n}(P_0 \cup P_1) = \bigcap_{n=-\infty}^{\infty} f^{-n}(B)$$

とおくとき,Λ はコンパクトで,(カントール集合) × (カントール集合) の構造をもつ集合で,X の上のルベーグ測度 m に対して $m(\Lambda) = 0$ である.

定理 1.2.1 によって,記号力学系 $(Y_2^{\mathbb{Z}}, \sigma)$ と (Λ, f) は位相共役である.すなわち,同相写像 $h: Y_2^{\mathbb{Z}} \to \Lambda$ があって

$$\begin{array}{ccc} Y_2^{\mathbb{Z}} & \xrightarrow{\sigma} & Y_2^{\mathbb{Z}} \\ h \downarrow & & \downarrow h \\ \Lambda & \xrightarrow{f} & \Lambda \end{array} \qquad h \circ \sigma = f \circ h$$

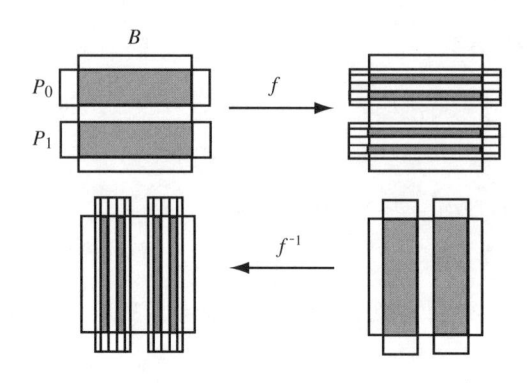

図 3.1.1

が成り立つ．ここで，μ は注意 3.1.5 で構成した $(Y_2^{\mathbb{Z}}, \sigma)$ の上の無限直積ボレル確率測度とする．$\nu = \mu \circ h^{-1}$ によって Λ の上にボレル確率測度を定義する．ν は f–不変であって

$$h_\nu(f) = h_\mu(\sigma) = \log 2 < \log \lambda_2$$

が成り立つ．しかし ν はルベーグ測度でない．

注意 3.1.7 において，パン屋の変換と馬蹄写像のそれぞれの不変確率測度 m と ν に関するエントロピーは等しく，その値は $\log 2$ であった．しかし，幾何学的構成の仕方は異なっている．パン屋の変換は正方形 B から B の上への写像であるのに対して，馬蹄写像は B の部分集合 Λ を空間として作用している．

この相異をエントロピー，フラクタルと伸び率を用いて明らかにする．そのために測度的エントロピー，特に準エントロピー（3.7 節）を必要とする．

注意 3.1.8 行列 $A = \begin{pmatrix} 1 & 1 \\ 1 & 0 \end{pmatrix}$ は固有値 $\lambda_u = \dfrac{1+\sqrt{5}}{2}$, $\lambda_s = \dfrac{1-\sqrt{5}}{2}$ をもつ．A によって導かれた自己同型写像 $f : \mathbb{T}^2 \to \mathbb{T}^2$ は $\mathbb{T}^2$ の上のルベーグ測度 m を不変にしている．このとき

$$h_m(f) = \log \lambda_u$$

が成り立つ．

有限分割 ξ, η に対して，ξ の η に関する**条件付きエントロピー** (conditional entropy)，または**相対エントロピー** (relative entropy) $H_\mu(\xi|\eta)$ を

$$H_\mu(\xi|\eta) = H_\mu(\xi \vee \eta) - H_\mu(\eta) \tag{3.1.2}$$

によって定義する．この量はエントロピーの計算に便利である．

注意 3.1.9 次が成り立つ：

(1) $H_\mu(\xi|\eta) \geq 0$,

(2) $H_\mu(\xi|\eta) \leq H_\mu(\xi)$.

証明

$$\begin{aligned} H_\mu(\xi|\eta) &= H_\mu(\xi \vee \eta) - H_\mu(\eta) \leq H_\mu(\xi) + H_\mu(\eta) - H_\mu(\eta) \\ &= H_\mu(\xi) \, . \end{aligned}$$

$\square$

命題 3.1.10 $\xi, \eta, \mathcal{E}$ は X の有限分割とする．このとき

(1) η は $\mathcal{E}$ の細分 ($\mathcal{E} \leq \eta$ μ–a.e.) $\Longrightarrow H_\mu(\xi|\eta) \leq H_\mu(\xi|\mathcal{E})$.

(2) $\xi \leq \eta \iff H_\mu(\xi|\eta) = 0$.

(3) $H_\mu(\xi \vee \eta|\mathcal{E}) = H_\mu(\eta|\mathcal{E}) + H_\mu(\xi|\mathcal{E} \vee \eta) \leq H_\mu(\xi|\mathcal{E}) + H_\mu(\eta|\mathcal{E})$.

(4) $H_\mu(\xi) \leq H_\mu(\eta) + H_\mu(\xi|\eta)$.

証明 (1) の証明：定義によって

$$H_\mu(\xi|\eta) = \sum_j \sum_i \mu(D_i) \phi\left(\frac{\mu(C_j \cap D_i)}{\mu(D_i)}\right) .$$

$\mathcal{E} \leq \eta$ であるから

$$H_\mu(\xi|\eta) = \sum_j \sum_{E \in \mathcal{E}} \mu(E) \sum_{D_i \subset E} \frac{\mu(D_i)}{\mu(E)} \phi\left(\frac{\mu(C_j \cap D_i)}{\mu(D_i)}\right) .$$

$a_i = \dfrac{\mu(D_i)}{\mu(E)}$, j を固定して $x_i = \dfrac{\mu(C_j \cap D_i)}{\mu(D_i)}$ とおき，注意 2.4.13 を適用すると

$$H_\mu(\xi|\eta) \leq \sum_j \sum_{E \in \mathcal{E}} \mu(E) \phi\left(\frac{\mu(C_j \cap E)}{\mu(E)}\right) = H_\mu(\xi|\mathcal{E}) .$$

(2) の証明：$\xi \leq \eta$ (μ–a.e.) から，$\xi \vee \eta = \eta$ (μ–a.e.) である．よって
$$H_\mu(\xi|\eta) = H_\mu(\xi \vee \eta) - H_\mu(\eta) = H_\mu(\eta) - H_\mu(\eta) = 0\,.$$
逆は注意 3.1.2 から明らかである．

(3) の証明：
$$\begin{aligned}H_\mu(\xi \vee \eta|\mathcal{E}) &= H_\mu(\xi \vee \eta \vee \mathcal{E}) - H_\mu(\mathcal{E}) \\ &= H_\mu(\xi \vee \eta \vee \mathcal{E}) - H_\mu(\eta \vee \mathcal{E}) \\ &\quad + H_\mu(\eta \vee \mathcal{E}) - H_\mu(\mathcal{E}) \\ &= H_\mu(\xi|\eta \vee \mathcal{E}) + H_\mu(\eta|\mathcal{E}) \\ &\leq H_\mu(\xi|\mathcal{E}) + H_\mu(\eta|\mathcal{E})\,.\end{aligned}$$

(4) の証明：
$$\begin{aligned}H_\mu(\xi) &= H_\mu(\xi \vee \eta) - H_\mu(\eta|\xi) \\ &\leq H_\mu(\xi \vee \eta) \\ &= H_\mu(\eta) + H_\mu(\xi|\eta)\,.\end{aligned}$$

$\square$

$f : X \to X$ は全単射で μ–保測であるとする．記号の複雑さを避けるために分割 ξ に対して
$$\xi^n = \bigvee_{i=0}^{n-1} f^{-i}(\xi), \qquad \xi^{-n} = \bigvee_{k=0}^{n-1} f^k(\xi) \qquad (n \geq 1),$$
$$\xi_l^n = \bigvee_{i=l}^{n-1} f^{-i}(\xi), \qquad \xi_{-l}^{-n} = \bigvee_{k=l}^{n-1} f^k(\xi) \qquad (n > l)$$
と表す．

定理 3.1.11 X の有限分割 η に対して，次が成り立つ：
$$\begin{aligned}h_\mu(f, \eta) &= \lim_{n \to \infty} \frac{1}{n} \sum_{j=1}^{n-1} H_\mu(\eta|\eta_1^{j+1}) \\ &= \lim_{n \to \infty} H_\mu(\eta|\eta_1^{n+1})\,.\end{aligned}$$

証明 (3.1.2) により

$$H_\mu(\eta|\eta_1^k) = H_\mu(\eta^k) - H_\mu(\eta_1^k)$$
$$= H_\mu(\eta^k) - H_\mu(\eta^{k-1}).$$

帰納的に

$$H_\mu(\eta^k) = H_\mu(\eta) + \sum_{j=1}^{k-1} H_\mu(\eta|\eta_1^{j+1}). \tag{3.1.3}$$

命題 3.1.10(1) により，$H_\mu(\eta|\eta_1^{j+1})$ は j に関して単調減少であるから有限な極限値をもつ．よって算術平均の定理により

$$h_\mu(f,\eta) = \lim_{k \to \infty} \frac{1}{k} H_\mu(\eta^k)$$
$$= \lim_{k \to \infty} \frac{1}{k} \sum_{j=1}^{k-1} H_\mu(\eta|\eta_1^{j+1})$$
$$= \lim_{k \to \infty} H_\mu(\eta|\eta_1^{k+1})$$

が成り立つ． □

以後において

$$\lim_{n \to \infty} H_\mu(\eta|\eta_1^{n+1}) = H_\mu\left(\eta \,\bigg|\, \bigvee_{i=1}^\infty f^{-i}(\eta)\right)$$

と表す．

注意 3.1.12 有限分割 η に対して

$$h_\mu(f,\eta) = \lim_{n \to \infty} \frac{1}{n} \sum_{j=0}^{n-1} H_\mu(\eta|\eta_{-1}^{-(j+1)})$$
$$= \lim_{n \to \infty} H_\mu(\eta|\eta_{-1}^{-(n+1)}).$$

実際に，$k > 0$ に対して

$$H_\mu(\eta^k) = H_\mu(f^{-k}(\eta^k)) = H_\mu(\eta^{-k})$$

から結論を得る．

命題 3.1.13 f は確率空間 $(X, \mathcal{F}, \mu)$ の上の保測変換（写像）（単射とは限らない），ξ, η は X の有限分割とする．このとき次が成り立つ：

(1) $H_\mu(f^{-k}\xi | f^{-k}\eta) = H_\mu(\xi|\eta)$ $(k \geq 0)$.

(2) $h_\mu(f, \xi) \leq h_\mu(f, \eta) + H_\mu(\xi|\eta)$.

証明 (1) の証明：μ は f-不変確率測度であるから

$$H_\mu(f^{-k}\xi | f^{-k}\eta) = H_\mu(f^{-k}\xi \vee f^{-k}\eta) - H_\mu(f^{-k}\eta)$$
$$= H_\mu(\xi \vee \eta) - H_\mu(\eta)$$
$$= H_\mu(\xi|\eta).$$

(2) の証明：

$$H_\mu(\xi^m) \leq H_\mu(\eta^m) + H_\mu(\xi^m | \eta^m) \quad \text{（命題 3.1.10(4)）}$$
$$\leq H_\mu(\eta^m) + \sum_{i=0}^{m-1} H_\mu(f^{-i}\xi | \eta^m) \quad \text{（命題 3.1.10(3)）}$$
$$\leq H_\mu(\eta^m) + \sum_{i=0}^{m-1} H_\mu(f^{-i}\xi | f^{-i}\eta) \quad \text{（命題 3.1.10(1)）}$$
$$= H_\mu(\eta^m) + m H_\mu(\xi|\eta) \quad \text{（命題 3.1.13(1)）}.$$

□

命題 3.1.14 ζ, ξ は有限分割で f は保測変換とする．このとき次が成り立つ：

(1) $h_\mu(f, \zeta) \leq H_\mu(\zeta)$.

(2) $h_\mu(f, \zeta \vee \xi) \leq h_\mu(f, \zeta) + h_\mu(f, \xi)$.

(3) $\zeta \leq \xi$ (μ–a.e.) $\Longrightarrow h_\mu(f, \zeta) \leq h_\mu(f, \xi)$.

(4) f が単射で f^{-1} も保測であれば，$m \geq 0$ に対して

$$h_\mu(f, \zeta) = h_\mu(f, \zeta_{-m}^{m+1}).$$

証明 (1) の証明：

$$\frac{1}{n} H_\mu(\zeta^n) \leq \frac{1}{n} \sum_{i=0}^{n-1} H_\mu(f^{-i}\zeta) \quad \text{（注意 3.1.4(1)）}$$

$$= \frac{1}{n} \sum_{i=0}^{n-1} H_\mu(\zeta) = H_\mu(\zeta).$$

(2) の証明：

$$H_\mu((\zeta \vee \xi)^n) = H_\mu\left((\zeta^n) \vee (\xi^n)\right)$$
$$\leq H_\mu(\zeta^n) + H_\mu(\xi^n).$$

(3) の証明：$\zeta \leq \xi$ (μ–a.e.) であるから，$n \geq 1$ に対して

$$\zeta^n \leq \xi^n \quad (\mu\text{–a.e.}).$$

よって

$$h_\mu(f, \zeta) = \lim_{n \to \infty} \frac{1}{n} H_\mu(\zeta^n) \leq \lim_{n \to \infty} \frac{1}{n} H_\mu(\xi^n)$$
$$= h_\mu(f, \xi).$$

(4) の証明：

$$h_\mu(f, \zeta_{-m}^{m+1}) = \lim_{k \to \infty} \frac{1}{k} H_\mu\left(\bigvee_{j=0}^{k-1} f^{-j}(\zeta_{-m}^{m+1})\right)$$
$$= \lim_{k \to \infty} \frac{1}{k} H_\mu(\zeta_{-m}^{m+k})$$

である．さらに

$$H_\mu(\zeta_{-m}^{m+k}) = H_\mu\left((\zeta_{-m}^m) \vee (\zeta_{-m}^{m+k})\right)$$
$$= H_\mu(\zeta_m^{m+k}) + H_\mu\left((\zeta_{-m}^m)|(\zeta_{-m}^{m+k})\right)$$
$$= H_\mu(\zeta^k) + H_\mu\left((\zeta_{-m}^m)|(\zeta_{-m}^{m+k})\right)$$
$$\leq H_\mu(\zeta^k) + H_\mu(\zeta_{-m}^m) \quad (\text{注意 } 3.1.9(2)).$$

ゆえに

$$\frac{1}{k} H_\mu(\zeta_{-m}^{m+k}) \leq \frac{1}{k} H_\mu(\zeta^k) + \frac{1}{k} H_\mu(\zeta_{-m}^m).$$

$H_\mu(\zeta_{-m}^m)$ は k に無関係であるから

$$\frac{1}{k} H_\mu(\zeta_{-m}^m) \longrightarrow 0 \quad (k \to \infty).$$

したがって，(3) と併せて (4) を得る． □

定理 3.1.15 (1) f が保測であれば，$m \geq 0$ に対して $h_\mu(f^m) = mh_\mu(f)$ が成り立つ．

(2) f が単射で f^{-1} も保測であれば，$h_\mu(f^m) = |m|h_\mu(f)$ が $m \in \mathbb{Z}$ に対して成り立つ．

証明 (1) の証明：

$$\lim_{k \to \infty} \frac{1}{k} H_\mu \left(\bigvee_{j=0}^{k-1} f^{-mj}(\zeta^m) \right) = \lim_{k \to \infty} \frac{m}{km} H_\mu(\zeta^{km})$$
$$= mh_\mu(f, \zeta)$$

であるから

$$h_\mu(f^m, \zeta^m) = mh_\mu(f, \zeta).$$

よって

$$mh_\mu(f) = m \sup\{h_\mu(f, \zeta) | \zeta \text{ は有限分割}\}$$
$$= \sup\{h_\mu(f^m, \zeta^m) | \zeta \text{ は有限分割}\}$$
$$\leq \sup\{h_\mu(f^m, \xi) | \xi \text{ は有限分割}\}$$
$$= h_\mu(f^m).$$

一方において，命題 3.1.14(3) により

$$h_\mu(f^m, \zeta) \leq h_\mu(f^m, \zeta^m) = mh_\mu(f, \zeta).$$

よって $h_\mu(f^m) = mh_\mu(f)$ が成り立つ．

(2) の証明：$h_\mu(f^{-1}) = h_\mu(f)$ を示せば十分である．$H_\mu(\zeta) = H_\mu(f^{-i}\zeta)$ $(i \geq 0)$ であるから

$$H_\mu(\zeta^n) = H_\mu \left(f^{n-1}(\zeta^n) \right) = H_\mu \left(\bigvee_{i=0}^{n-1} f^i(\zeta) \right).$$

よって，$h_\mu(f^{-1}, \zeta) = h_\mu(f, \zeta)$ が有限分割に対して成り立つ．ゆえに $h_\mu(f^{-1}) = h_\mu(f)$ が求まる． □

命題 3.1.16 X はコンパクト距離空間，μ は X の上のボレル確率測度とする．有限分割 $\eta = \{D_1, \cdots, D_n\}$ と

$$\max \{\mathrm{diam}(C) | C \in \xi_m\} \longrightarrow 0 \quad (m \to \infty)$$

を満たす有限分割の列 $\{\xi_m \mid m \geq 1\}$ に対して，次を満たす有限分割の列 $\mathcal{E}_m = \{E_1{}^m, \cdots, E_n{}^m\}$ が存在する．ここに $\operatorname{diam}(C)$ は集合 C の直径を表す．

(1) $\mathcal{E}_m \leq \xi_m \quad (m = 1, 2, \cdots)$,

(2) $\displaystyle\lim_{m \to \infty} \mu(E_i{}^m \Delta D_i) = 0 \quad (1 \leq i \leq n)$.

ここに $E \Delta D = (E \setminus D) \cup (D \setminus E)$ である．

証明 $\eta = \{D_1, \cdots, D_n\}$ は有限分割とする．μ は正則であるから，$\varepsilon > 0$ に対して
$$K_i \subset D_i, \ \mu(D_i \setminus K_i) < \varepsilon \quad (1 \leq i \leq n)$$
を満たす閉集合 K_i が存在する．
$$\delta = \inf \{d(K_i, K_j) \mid i \neq j\}$$
とおく．$\delta > 0$ に対して
$$\max \{\operatorname{diam}(C) \mid C \in \xi_m\} < \frac{\delta}{2}$$
を満たす分割を ξ_m とする．ξ_m を固定して
$$E_i{}^m = \bigcup \{C \mid C \in \xi_m, C \cap K_i \neq \emptyset\} \quad (1 \leq i \leq n)$$
とおく．ξ_m の各集合の直径が $\dfrac{\delta}{2}$ 以下であるから，いずれの K_i とも共通部分をもたない $C \in \xi_m$ が存在する．この場合はいずれかの $E_i{}^m$ に C を加えておく．このとき $\mathcal{E}_m = \{E_i{}^m \mid 1 \leq i \leq n\}$ は X の分割で $\mathcal{E}_m \leq \xi_m$ である．

各 i に対して，$E_i{}^m \supset K_i$ であるから
$$\mu(E_i{}^m \Delta D_i) = \mu(D_i \setminus E_i{}^m) + \mu(E_i{}^m \setminus D_i)$$
$$\leq \varepsilon + \mu \left(X \setminus \bigcup_{i=1}^n K_i \right)$$
$$\leq \varepsilon + n\varepsilon = (1 + n)\varepsilon.$$

$\varepsilon > 0$ は任意であるから (2) が求まる． □

命題 3.1.17 X はコンパクト距離空間とし，μ は X の上のボレル確率測度とする．有限分割 ξ と $\varepsilon > 0$ に対して $\delta > 0$ が存在して
$$\max\{\operatorname{diam}(D) \mid D \in \eta\} < \delta$$

を満たす有限分割 η に対して

$$H_\mu(\xi|\eta) < \varepsilon$$

が成り立つ.

証明 分割 $\xi = \{C_1, \cdots, C_n\}$ に対して命題 3.1.16 を適用すると, $\alpha > 0$ に対して $\delta > 0$ が存在して

$$\max\{\mathrm{diam}(D) \,|\, D \in \eta\} < \delta$$

を満たす分割 η より細かくない分割 $\mathcal{E} = \{E_1, \cdots, E_n\}$ が存在して, $\mu(E_i \Delta C_i) < \alpha$ を満たすようにできる. $\phi(x) = -x \log x$ は $\phi(0) = \phi(1) = 0$ を満たす上に凸なる関数であるから, 正数 $\delta_0 < \dfrac{1}{3}$ があって

$$[0, \delta_0] \cup [1-\delta_0, 1] \text{ の上で}, \phi(x) < \frac{\varepsilon}{2n}$$

とできる. $\alpha > 0$ は

$$\min\left\{ \frac{\mu(C_i)\delta_0}{2} \,\bigg|\, 1 \leq i \leq m \right\} \geq \alpha$$

となるように選ばれているとする. このとき

$$\mu(C_i) \leq \mu(E_i) + \alpha \leq \mu(E_i) + \frac{\mu(C_i)}{2}$$

であるから, $\dfrac{\mu(C_i)}{2} \leq \mu(E_i)$ が求まる.

$$\mu(E_i) - \mu(E_i \cap C_i) \leq \mu(E_i \Delta C_i) < \alpha < \delta_0 \mu(E_i)$$

であるから, $\dfrac{\mu(E_i \cap C_i)}{\mu(E_i)} \geq 1 - \delta_0$ である. よって $j \neq i$ であれば, $\delta_0 < \dfrac{1}{3}$ に注意すると

$$\frac{\mu(E_i \cap C_j)}{\mu(E_i)} \leq \delta_0 .$$

よって

$$H_\mu(\xi|\mathcal{E}) = \sum_i \mu(E_i) \sum_j \phi\left(\frac{\mu(E_i \cap C_j)}{\mu(E_i)} \right)$$

$$\leq \sum_i \mu(E_i) \sum_j \frac{\varepsilon}{2n} < \varepsilon.$$

命題 3.1.10(1) により, $H_\mu(\xi|\eta) \leq H_\mu(\xi|\mathcal{E}) < \varepsilon$ が求まる. □

定理 3.1.18 f はコンパクト距離空間 X から X の上への連続写像とする. ボレル集合からなる有限分割の列 $\{\eta_n\}$ があって

$$\max\{\operatorname{diam}(D)\,|\,D \in \eta_n\} \longrightarrow 0 \quad (n \to \infty)$$

を満たしているとする. このとき $\mu \in \mathcal{M}_f(X)$ に対して

$$h_\mu(f) = \lim_{n \to \infty} h_\mu(f, \eta_n)$$

が成り立つ.

証明 $n > 0$ に対して, $h_\mu(f) \geq h_\mu(f, \eta_n)$ であるから, $h_\mu(f, \eta_n)$ の上極限は

$$h_\mu(f) \geq \limsup_{n \to \infty} h_\mu(f, \eta_n)$$

である. 有限分割 ξ に対して, 命題 3.1.17 と命題 3.1.13(2) によって

$$h_\mu(f, \xi) \leq h_\mu(f, \eta_n) + H_\mu(\xi | \eta_n) \leq h_\mu(f, \eta_n) + \varepsilon.$$

よって

$$h_\mu(f, \xi) \leq \liminf_{n \to \infty} h_\mu(f, \eta_n).$$

ξ は任意であるから

$$h_\mu(f) \leq \liminf_{n \to \infty} h_\mu(f, \eta_n)$$

である. ゆえに $h_\mu(f) = \lim h_\mu(f, \eta_n)$ を得る. □

3.2 分割の集合と距離空間

3.1 節において, 確率空間 $(X, \mathcal{F}, \mu)$ の有限可測分割に対して測度的エントロピーを与えた. この節では有限分割を可算分割に拡張してエントロピーを定義し, 3.1 節のエントロピーとの関連性を見る.

ξ は X の可算可測分割であって, μ–測度の値が正である集合 $C_1, C_2, \cdots$ からなる分割とする. ξ に対するエントロピーを

$$H_\mu(\xi) = -\sum_k \mu(C_k) \log \mu(C_k) \tag{3.2.1}$$

によって与える.

$x \in X$ を含む ξ に属する集合を $\xi(x)$ で表す．このとき $\mu(\xi(x))$ は x の可測関数で

$$H_\mu(\xi) = -\int \log \mu(\xi(x)) d\mu. \tag{3.2.2}$$

$\log 0 = -\infty$ とする．

ξ が可算であれば，(3.2.2) は (3.2.1) を意味する．

可測分割の集合

$$\mathcal{Z} = \{\xi \mid H_\mu(\xi) < \infty\}$$

を定義する．

注意 3.2.1 測度的エントロピーが有限分割に限って成り立つ性質以外は $\mathcal{Z}$ に属する ξ に対して同じ性質が成り立つ．

有限分割に対して与えたように，$\xi, \eta \in \mathcal{Z}$ に対して条件付きエントロピーを

$$H_\mu(\xi|\eta) = H_\mu(\xi \vee \eta) - H_\mu(\eta) \qquad (\xi, \eta \in \mathcal{Z})$$

によって定義する．このとき，命題 3.1.10, 命題 3.1.13(1) が成り立つ．

$\xi, \eta \in \mathcal{Z}$ に対して

$$\rho(\xi, \eta) = H_\mu(\xi|\eta) + H_\mu(\eta|\xi)$$

とおく．ρ は $\mathcal{Z}$ の上の距離関数である．ρ を**ローリン距離関数** (Rohlin metric function) という．

実際に $\xi, \eta, \zeta \in \mathcal{Z}$ に対して

$$H_\mu(\xi|\zeta) \le H_\mu(\xi \vee \eta|\zeta) = H_\mu(\eta|\zeta) + H_\mu(\xi|\eta \vee \zeta)$$
$$\le H_\mu(\eta|\zeta) + H_\mu(\xi|\eta).$$

同様にして

$$H_\mu(\zeta|\xi) \le H_\mu(\eta|\xi) + H_\mu(\zeta|\eta)$$

が成り立つ．よって

$$\rho(\xi, \zeta) \le \rho(\xi, \eta) + \rho(\eta, \zeta).$$

ρ の定義により

$$\rho(\xi, \eta) = \rho(\eta, \xi), \qquad \rho(\xi, \eta) \ge 0$$

は明らかである．命題 3.1.10(2) により

$$\rho(\xi,\eta) = 0 \iff \xi = \eta \quad \mu\text{–a.e.}$$

よって ρ は $\mathcal{Z}$ の上の距離関数である．

命題 3.2.2 $H_\mu(\cdot) : \mathcal{Z} \to \mathbb{R}$, $H_\mu(\cdot|\cdot) : \mathcal{Z} \times \mathcal{Z} \to \mathbb{R}$ は連続である．

証明 $\xi, \eta, \zeta \in \mathcal{Z}$ に対して

$$\begin{aligned}
H_\mu(\xi|\zeta) - H_\mu(\eta|\zeta) &\leq H_\mu(\xi \vee \eta|\zeta) - H_\mu(\eta|\zeta) \\
&= H_\mu(\xi|\eta \vee \zeta) + H_\mu(\eta|\zeta) - H_\mu(\eta|\zeta) \\
&= H_\mu(\xi|\eta \vee \zeta) \\
&\leq H_\mu(\xi|\eta), \\
H_\mu(\xi|\eta) - H_\mu(\xi|\zeta) &\leq H_\mu(\xi \vee \zeta|\eta) - H_\mu(\xi|\eta \vee \zeta) \\
&= H_\mu(\zeta|\eta).
\end{aligned}$$

よって

$$\begin{aligned}
|H_\mu(\xi|\zeta) - H_\mu(\eta|\zeta)| &\leq \rho(\xi,\eta), \\
|H_\mu(\xi|\eta) - H_\mu(\xi|\zeta)| &\leq \rho(\zeta,\eta).
\end{aligned}$$

このことから，$H_\mu(\cdot|\cdot)$ は連続である．$\nu = \{X\}$ (μ–a.e.) に対して

$$|H_\mu(\xi|\nu) - H_\mu(\eta|\nu)| = |H_\mu(\xi) - H_\mu(\eta)| < \rho(\xi,\eta)$$

であるから，$H_\mu(\cdot)$ は連続である． □

注意 3.2.3 有限可測分割の集合は $\mathcal{Z}$ で稠密である．

証明 $\xi \in \mathcal{Z}$ とする．$H_\mu(\xi) < \infty$ であるから

$$\xi' = \{C \in \xi \mid \mu(C) > 0\}$$

とする．このとき，ξ' は μ–測度が 0 の集合を加えると X の可算分割である．X の分割 ξ' を $\xi' = \{C_i \mid i \geq 1\}$ と表すとき，$n \geq 1$ に対して

$$\xi_n = \left\{ C_1, \cdots, C_n, X \setminus \bigcup_{i=1}^{n} C_i \right\}$$

は有限分割で

$$\xi_1 \leq \xi_2 \leq \cdots \leq \bigvee_{n=1}^{\infty} \xi_n = \xi$$

であって，$\mu(X \setminus \bigcup_{i=1}^{n-1} C_i) \to 0 \ (n \to \infty)$ である．$n \geq 1$ に対して

$$H_\mu(\xi_n) = \sum_{i=1}^{n-1} -\mu(C_i) \log \mu(C_i) - \mu\left(X \setminus \bigcup_{i=1}^{n-1} C_i\right) \log \mu\left(X \setminus \bigcup_{i=1}^{n-1} C_i\right)$$

であるから

$$\lim_{n \to \infty} H_\mu(\xi_n) = \sum_{i=1}^{\infty} -\mu(C_i) \log \mu(C_i) = H_\mu(\xi).$$

よって

$$\begin{aligned}\rho(\xi_n, \xi) &= H_\mu(\xi_n|\xi) + H_\mu(\xi|\xi_n) \\ &= H_\mu(\xi|\xi_n) \\ &= H_\mu(\xi) - H_\mu(\xi_n) \longrightarrow 0 \qquad (n \to \infty).\end{aligned}$$

□

注意 3.2.4 $\xi_n, \xi \in \mathcal{Z}$ に対して

$$\xi_1 \leq \xi_2 \leq \cdots \leq \bigvee_{n=1}^{\infty} \xi_n = \xi$$

($\xi_n \nearrow \xi$ と表す) とする．このとき $\eta \in \mathcal{Z}$ に対して

$$H_\mu(\xi_n|\eta) \nearrow H_\mu(\xi|\eta) \qquad (n \to \infty)$$

が成り立つ．

命題 3.2.5 $\xi_n \in \mathcal{Z} \ (n \geq 1)$ は

$$\xi_1 \leq \xi_2 \leq \cdots \leq \bigvee_n \xi_n = \mathcal{E}$$

を満たし，$\mathcal{E}$ は $\mathcal{F}$ を生成するとする．このとき $\bigcup_{n \geq 1} \{\xi \in \mathcal{Z} \mid \xi \leq \xi_n\}$ は $\mathcal{Z}$ で稠密である．

証明 有限分割 $\eta \in \mathcal{Z}$ と $\delta > 0$ に対して,$n > 0$ と $\xi \in \mathcal{Z}$ があって

$$\xi \leq \xi_n, \qquad \rho(\xi, \eta) < \delta$$

を示せば十分である.

$\eta = \{C_1, \cdots, C_m\}$ とする.$\xi_n \nearrow \mathcal{E}$ であるから,$\mathcal{F}_{\xi_n} \nearrow \mathcal{F}$ である.ここに,$\mathcal{F}_{\xi_n}$ は ξ_n によって生成された σ-集合体とする.$\delta' > 0$ に対して,$n > 0$ があって η の各 C_i は ξ_n に属するいくつかの集合の和集合 C_i^n によって

$$\mu(C_i \Delta C_i^n) < \delta' \qquad (1 \leq i \leq m-1)$$

とできる.ここに $C \Delta D = (C \setminus D) \cup (D \setminus C)$ を表す.

$$D_1 = C_1^n, \qquad D_i^n = C_i^n \setminus \bigcup_{j=1}^{i-1} C_j^n \quad (1 \leq i \leq m-1),$$

$$D_m^n = X \setminus \bigcup_{j=1}^{m-1} C_j^n$$

とおき,X の分割 $\xi^n = \{D_1^n, \cdots, D_m^n\}$ を定義する.明らかに,$\xi^n \leq \xi_n$ であって

$$\begin{aligned}\rho(\xi^n, \eta) &= H_\mu(\xi^n | \eta) + H_\mu(\eta | \xi^n) \\ &= 2H_\mu(\xi^n \vee \eta) - H_\mu(\eta) - H_\mu(\xi^n) \\ &= \sum_{i=1}^{m} \mu(C_i) \log \mu(C_i) + \sum_{i=1}^{m} \mu(D_i^n) \log \mu(D_i^n) \\ &\quad - 2 \sum_{i=1}^{m} \sum_{j=1}^{m} \mu(C_i \cap D_j^n) \log \mu(C_i \cap D_j^n).\end{aligned}$$

$1 \leq i \leq m-1$ を固定して,$\mu(C_i^n \Delta C_i) \to 0$ であれば,$\mu(D_i^n \Delta C_i) \to 0$ であるから $\mu(D_i^n \cap C_i) \to \mu(C_i)$ である.よって $\rho(\xi^n, \eta) \to 0$ が成り立つ.よって $\delta' > 0$ に対して,$\mu(D_i^n \Delta C_i) < \delta'$ ならば $\rho(\xi, \eta) < \delta$ が成り立つ. $\square$

確率空間 $(X, \mathcal{B}, \mu)$ をなす X はコンパクト距離空間とし,$\mathcal{B}$ はボレルクラスとする.可算分割の列 $\{\eta_n\}$ に対して,次の条件を満たす分割 η を

$$\bigwedge_n \eta_n = \eta$$

で表す:

(i) $\eta_n \geq \eta \quad (n \geq 1)$,

(ii) $\eta_n \geq \eta' \ (n \geq 1) \Rightarrow \eta \geq \eta'$.

$\eta_1 \geq \eta_2 \geq \cdots$ (μ-a.e.) のとき，注意 2.5.2 によって $\bigwedge_n \eta_n$ が存在する．

定理 3.2.6 X はコンパクト距離空間とする．このとき

(1) $\mathcal{Z}$ は完備である．

(2) $\xi_n \in \mathcal{Z}$ $(n \geq 1)$ に対して

$$\xi_1 \leq \xi_2 \leq \cdots \leq \bigvee_{n=1}^{\infty} \xi_n$$

は $\mathcal{F}$ を生成するとする．このとき $\mathcal{Z}$ は可分である．

証明 まず，可分性を示す．$n \geq 1$ に対して，ξ_n よりも粗い有限分割の集合 $\mathcal{C}_n$ は可算である．命題 3.2.5 により，$\bigcup_n \mathcal{C}_n$ は $\mathcal{Z}$ で稠密である．よって，$\mathcal{Z}$ は可分である．(2) が示された．

完備性を示す．$\{\eta_n\} \subset \mathcal{Z}$ はコーシー列として

$$\eta = \bigwedge_{l=1}^{\infty} \bigvee_{n=l}^{\infty} \eta_n$$

とおく．結論を得るために，$\eta \in \mathcal{Z}$ であって，$\rho(\eta_n, \eta) \to 0$ を示せば十分である．十分に大きく $n \geq 1$ を選び

$$\rho(\eta_n, \eta_{n+p}) < 2^{-n} \quad (p \geq 1)$$

とする．$q > l > n$ に対して

$$H_\mu\left(\bigvee_{k=l}^{q} \eta_k \middle| \bigvee_{k=n}^{l-1} \eta_k\right) = H_\mu\left(\eta_l \middle| \bigvee_{k=n}^{l-1} \eta_k\right) + H_\mu\left(\bigvee_{k=l+1}^{q} \eta_k \middle| \bigvee_{k=n}^{l} \eta_k\right)$$

$$\cdots$$

$$= \sum_{j=l}^{q} H_\mu\left(\eta_j \middle| \bigvee_{k=n}^{j-1} \eta_k\right)$$

$$\leq \sum_{j=l}^{q} H_\mu(\eta_j | \eta_{j-1})$$

$$\leq \sum_{j=l}^{q} 2^{-(j-1)} \leq 2^{-(n-1)}.$$

q は任意であって，条件付きエントロピーの定義により

$$H_\mu\left(\bigvee_{k=l}^{q}\eta_k\bigg|\bigvee_{k=n}^{l-1}\eta_k\right) = H_\mu\left(\bigvee_{k=n}^{q}\eta_k\right) - H_\mu\left(\bigvee_{k=n}^{l-1}\eta_k\right) \leq 2^{-(n-1)} \tag{3.2.3}$$

であるから

$$H_\mu\left(\bigvee_{k=n}^{\infty}\eta_k\right) < \infty.$$

$\eta \leq \bigvee_{k=n}^{\infty}\eta_k$ であるから，$H_\mu(\eta) < \infty$ である．よって $\eta \in \mathcal{Z}$ である．

$$H_\mu\left(\eta\bigg|\bigvee_{k=n}^{l-1}\eta_k\right) \leq H_\mu\left(\bigvee_{k=l}^{q}\eta_k\bigg|\bigvee_{k=n}^{l-1}\eta_k\right)$$

で，l は $q > l > n$ の範囲で任意であるから

$$H_\mu(\eta|\eta_{l-1}) \leq 2^{-(n-1)}.$$

一方において，$\bigvee_{k=n}^{\infty}\eta_k \searrow \eta\ (n \to \infty)$ であるから，ルベーグの収束定理により $H_\mu(\eta_l|\eta) \to 0$ である．よって $\rho(\eta, \eta_l) = H_\mu(\eta|\eta_l) \to 0\ (l \to \infty)$ が成り立つ． □

可算可測分割によって与えた測度的エントロピーは有限可測分割によって与えたエントロピーの拡張になっている．

注意 3.2.7 $\xi \in \mathcal{Z}$ に対して

$$H_\mu\left(\xi\bigg|\bigvee_{i=1}^{\infty}f^{-i}\xi\right) = \lim_{n\to\infty} H_\mu\left(\xi\bigg|\bigvee_{i=1}^{n}f^{-i}\xi\right)$$

とする．このとき

$$h_\mu(f) = \sup_{\xi \in \mathcal{Z}} H_\mu\left(\xi\bigg|\bigvee_{i=1}^{\infty}f^{-i}\xi\right).$$

証明 $h_\mu(f)$ の定義の仕方により

$$h_\mu(f) \leq \sup_{\xi \in \mathcal{Z}} H_\mu\left(\xi\bigg|\bigvee_{i=1}^{\infty}f^{-i}\xi\right).$$

よって逆の不等式を求めれば十分である．

$\{\eta_n\}$ は

$$\eta_1 \leq \eta_2 \leq \cdots \leq \bigvee_{n=1}^{\infty} \eta_n = \mathcal{E}$$

を満たす有限分割の列とする．ここに $\mathcal{E}$ は各点分割である．$H_\mu(\cdot|\cdot) : \mathcal{Z} \times \mathcal{Z} \to \mathbb{R}$ は連続である．命題 3.1.1 により，$\varepsilon > 0$ と $\xi \in \mathcal{Z}$ に対して $n_0 > 0$ があって

$$H_\mu(\xi|\eta_n) \leq \varepsilon \quad (n \geq n_0).$$

よって $n \geq n_0$ に対して

$$H_\mu\left(\xi \bigg| \bigvee_{i=1}^{\infty} f^{-i}\xi\right) \leq h_\mu(f, \eta_n) + H_\mu(\xi|\eta_n)$$
$$\leq h_\mu(f, \eta_n) + \varepsilon$$

を求めることができる．定理 3.1.18 により

$$H_\mu\left(\xi \bigg| \bigvee_{i=1}^{\infty} f^{-i}\xi\right) \leq \lim_n h_\mu(f, \eta_n) + \varepsilon$$
$$\leq h_\mu(f) + \varepsilon.$$

$\square$

3.3　条件付きエントロピーの性質

$\mathcal{Z}$ に属する分割の条件付きエントロピーは 3.1 節で与えた有限分割による条件付きエントロピーと同じ性質をもつ．

条件付きエントロピーを条件付き確率測度を用いて定義すると，以後の議論の展開が容易になる．そこで，条件付き確率測度の存在を保証するために，X はコンパクト距離空間とし，$\mathcal{B}$ はボレルクラスとする．μ は X の上のボレル確率測度とし，確率空間 $(X, \mathcal{B}, \mu)$ を与える．

$f : X \to X$ は同相写像として，$\mu \circ f^{-1} = \mu$ を満たすとする．

可測分割 ξ に対して

$$\xi^- = \bigvee_{k=0}^{\infty} f^{-k}(\xi) \qquad \xi^+ = \bigvee_{k=0}^{\infty} f^k(\xi),$$
$$\xi_l^\infty = \bigvee_{k=l}^{\infty} f^{-k}(\xi) \qquad \xi_{-l}^{-\infty} = \bigvee_{k=l}^{\infty} f^k(\xi) \qquad (l \geq 1),$$
$$\xi_f = \bigvee_{k=-\infty}^{\infty} f^{-k}(\xi)$$

と表す．

命題 3.3.1 $\mathcal{C}$ は $\mathcal{Z}$ の稠密な集合とし，$\xi, \eta \in \mathcal{Z}$ とする．このとき

$$H_\mu(\alpha|\xi) = H_\mu(\alpha|\eta) \ (\alpha \in \mathcal{C}) \Longrightarrow \xi = \eta \quad \mu\text{--a.e.}$$

が成り立つ．

証明 命題 3.2.2 により，$H_\mu(\alpha|\xi) = H_\mu(\alpha|\eta) \ (\alpha \in \mathcal{Z})$ が成り立つ．よって，命題 3.1.10(2) を応用することにより，$\alpha = \xi$ のとき $\xi \leq \eta$ である．$\alpha = \eta$ のとき $\eta \leq \xi$ であるから，$\eta = \xi$ を得る． □

補題 3.3.2 $\eta, \xi \in \mathcal{Z}$ に対して

$$\eta \leq \xi \Rightarrow H_\mu(\xi^n | f^{-n}(\eta^-)) = \sum_{k=0}^{n-1} H_\mu(\xi | f^{-1}(\eta^- \vee \xi^k)).$$

証明 $k \geq 1$ に対して，$\xi^k = \xi \vee f^{-1}(\xi^{k-1})$ であるから

$$H_\mu(\xi^k | f^{-k}(\eta^-))$$
$$= H_\mu(f^{-1}(\xi^{k-1}) | f^{-k}(\eta^-)) + H_\mu(\xi | f^{-k}(\eta^-) \vee f^{-1}(\xi^{k-1})).$$

明らかに

$$H_\mu(f^{-1}(\xi^{k-1}) | f^{-k}(\eta^-)) = H_\mu(\xi^{k-1} | f^{-(k-1)}(\eta^-)).$$

$\eta \leq \xi$ であるから

$$f^{-k}(\eta^-) \vee f^{-1}(\xi^{k-1}) = f^{-1}(\eta^- \vee \xi^{k-1}).$$

よって

$$H_\mu(\xi^k | f^{-k}(\eta^-)) = H_\mu(\xi^{k-1} | f^{-(k-1)}(\eta^-)) + H_\mu(\xi | f^{-1}(\eta^- \vee \xi^{k-1})).$$

このことを帰納的に続けて，$n \geq 1$ に対して

$$H_\mu(\xi^n | f^{-n}(\eta^-)) = \sum_{k=0}^{n-1} H_\mu(\xi | f^{-1}(\eta^- \vee \xi^k))$$

を得る． □

注意 3.3.3 $\eta, \xi \in \mathcal{Z}$ に対して

$$\eta \leq \xi \Longrightarrow \frac{1}{n} H_\mu(\xi^n | f^{-n}(\eta^-)) \longrightarrow h_\mu(f, \xi) \qquad (n \to \infty).$$

証明 $\xi^n \nearrow \xi^-, \eta^- \vee \xi^n \nearrow \xi^-$ であるから

$$H_\mu(\xi | f^{-1}(\eta \vee \xi^n)) \searrow H_\mu(\xi | f^{-1}(\xi^-)) = h_\mu(f, \xi)$$

補題 3.3.2 と算術平均の定理により結論を得る． □

注意 3.3.4 $\xi \in \mathcal{Z}$ に対して

$$\frac{1}{n} H_\mu(\xi^n) \longrightarrow h_\mu(f, \xi) \qquad (n \to \infty).$$

証明 $\eta = \{X\}$ (μ–a.e.) とおけば，注意 3.3.3 より結論を得る． □

定理 3.3.5 $\xi, \eta \in \mathcal{Z}$ に対して

$$\eta \geq \xi \Longrightarrow \lim_{n \to \infty} \frac{1}{n} H_\mu(\xi^n | f^{-n}(\eta^-)) = h_\mu(f, \xi).$$

証明 $\eta \geq \xi$ であるから

$$\frac{1}{n} H_\mu(\xi^n | f^{-n}(\eta^-)) \leq \frac{1}{n} H_\mu(\xi^n | f^{-n}(\xi^-)).$$

注意 3.3.3 により

$$\frac{1}{n} H_\mu(\xi^n | f^{-n}(\xi^-)) \searrow h_\mu(f, \xi). \tag{3.3.1}$$

$\delta > 0$ に対して $n > 0$ があって

$$\frac{1}{n} H_\mu(\xi^n | f^{-n}(\xi^-)) < h_\mu(f, \xi) + \delta. \tag{3.3.2}$$

このとき

$$\frac{1}{n} H_\mu(\xi^n | f^{-n}(\eta^-)) > h_\mu(f, \xi) - 2\delta$$

を示せば十分である．

実際に

$$
\begin{aligned}
&\frac{1}{n} H_\mu(\xi^n | (f^{-n}(\eta^-))) \\
&= \frac{1}{n} H_\mu(\eta^n | (f^{-n}(\eta^-))) - \frac{1}{n} H_\mu(\eta^n | \xi^n \vee f^{-n}(\eta^-)) \\
&\geq h_\mu(f,\eta) - \frac{1}{n} H_\mu(\eta^n | \xi^n \vee (f^{-n}(\xi^-))) \quad ((3.3.1) \text{により}) \\
&\geq h_\mu(f,\xi) - \frac{1}{n} H_\mu(\eta^n | \xi^n \vee (f^{-n}(\xi^-))) \\
&\geq \frac{1}{n} H_\mu(\xi^n | (f^{-n}(\xi^-))) - \delta - \frac{1}{n} H_\mu(\eta^n | \xi^n \vee f^{-n}(\xi^-)) \quad ((3.3.2) \text{により}) \\
&= \frac{1}{n} H_\mu(\eta^n | f^{-n}(\xi^-)) - \delta \\
&> h_\mu(f,\xi) - 2\delta.
\end{aligned}
$$

□

定理 3.3.6 $\xi, \eta, \zeta \in \mathcal{Z}$ とする．このとき

$$\xi \leq \eta \implies \lim_{n \to \infty} H_\mu(\xi | f^{-1}(\eta^-) \vee f^{-n}(\zeta^-)) = H_\mu(\xi | f^{-1}(\eta^-)).$$

証明 $k \geq 1$ に対して

$$
\begin{aligned}
&H_\mu(\eta^k | f^{-k}(\eta^-) \vee f^{-n}(\zeta^-)) \\
&= H_\mu(f^{-(k-1)}(\eta) | f^{-k}(\eta^-) \vee f^{-n}(\zeta^-)) \\
&\quad + H_\mu(\eta^{k-1} | f^{-(k-1)}(\eta^-) \vee f^{-n}(\zeta^-)) \\
&= H_\mu(\eta | f^{-1}(\eta^-) \vee f^{-(n+1-k)}(\zeta^-)) + H_\mu(\eta^{k-1} | f^{-(k-1)}(\eta^-) \vee f^{-n}(\zeta^-)).
\end{aligned}
$$

帰納法を用いて，$n \geq 1$ に対して

$$H_\mu(\eta^n | f^{-n}(\eta^- \vee \zeta^-)) = \sum_{k=1}^{n-1} H_\mu(\eta | f^{-1}(\eta^-) \vee f^{-k}(\zeta^-)). \quad (3.3.3)$$

$\xi = \eta$ の場合に，定理 3.3.5 により (3.3.3) の左辺の平均は $H_\mu(\eta | f^{-1}(\eta^-))$ に収束する．よって $\{H_\mu(\eta | f^{-1}(\eta^-) \vee f^{-k}(\xi^-)) \mid k > 0\}$ は単調増加であるから，それは収束しその極限値は (3.3.3) の算術平均 $H_\mu(\eta | f^{-1}(\eta^-))$ と一致する．よって結論を得る．

一般の場合に

$$
\begin{aligned}
H_\mu(\xi | f^{-1}(\eta^- \vee f^{-n}(\zeta^-))) &= H_\mu(\eta | f^{-1}(\eta^- \vee f^{-n}(\zeta^-))) \\
&\quad - H_\mu(\eta | \xi \vee f^{-1}(\eta^- \vee f^{-n}(\zeta^-))).
\end{aligned}
$$

よって

$$\lim_{n\to\infty} H_\mu(\xi|f^{-1}(\eta^-) \vee f^{-n}(\zeta^-)) \geq H_\mu(\eta|f^{-1}(\eta^-)) - H_\mu(\eta|\xi \vee f^{-1}(\eta^-))$$
$$= H_\mu(\xi|f^{-1}(\eta^-)). \qquad (3.3.4)$$

(3.3.4) の逆の不等式は明らかである． □

命題 3.3.7 $\xi, \eta \in \mathcal{Z}$ とする．このとき

$$h_\mu(f, \xi \vee \eta) - h_\mu(f, \xi) = H_\mu(\eta|f^{-1}(\eta^-) \vee \xi_f)).$$

ここに $\xi_f = \bigvee_{n=-\infty}^{\infty} f^{-n}(\xi)$ である．

証明 $k \geq 1$ に対して

$$H_\mu(\eta^k|\xi^- \vee f^{-k}(\eta^-))$$
$$= H_\mu(f^{-(k-1)}(\eta)|\xi^- \vee f^{-k}(\eta^-)) + H_\mu(\eta^{k-1}|\xi^- \vee f^{-(k-1)}(\eta^-))$$
$$= H_\mu(\eta|f^{k-1}(\xi^-) \vee f^{-1}(\eta^-)) + H_\mu(\eta^{k-1}|\xi^- \vee f^{-(k-1)}(\eta^-)).$$

この計算を帰納的に繰り返して

$$H_\mu(\eta^n|\xi^- \vee f^{-n}(\eta^-)) = \sum_{k=0}^{n-1} H_\mu(\eta|f^{-1}(\eta^-) \vee f^k(\xi^-)). \qquad (3.3.5)$$

よって

$$\frac{1}{n} \left\{ H_\mu(\xi^n \vee \eta^n|f^{-n}(\xi^- \vee \eta^-)) - H_\mu(\xi^n|f^{-n}(\xi^- \vee \eta^-)) \right\}$$
$$= \frac{1}{n} H_\mu(\eta^n|\xi^n \vee f^{-n}(\xi^-) \vee f^{-n}(\eta^-))$$
$$= \frac{1}{n} H_\mu(\eta^n|\xi^- \vee f^{-n}(\eta^-)).$$

定理 3.3.5 により

$$\lim_{n\to\infty} \frac{1}{n} H_\mu(\eta^n|\xi^- \vee f^{-n}(\eta^-)) = h_\mu(f, \xi \vee \eta) - h_\mu(f, \xi).$$

(3.3.5) に対して算術平均の定理を用いて

$$\lim_{n\to\infty} H_\mu(\eta|f^{-1}(\eta^-) \vee f^n(\xi^-)) = H_\mu(\eta|f^{-1}(\eta^-) \vee \xi_f).$$

よって結論を得る. □

X の可測分割 $\alpha = \{A, X \setminus A\}$ に対して, $h_\mu(f, \alpha) = 0$ である A の全体を含む最小の σ–集合体を $\mathcal{B}_\pi$ で表す. $\mathcal{B}_\pi$ は**ピンスカー σ–集合体** (Pinsker's σ–field) という. $\mathcal{B}_\pi$ は f–不変である $(f(\mathcal{B}_\pi) = \mathcal{B}_\pi)$. ピンスカー σ–集合体 $\mathcal{B}_\pi$ を生成する分割 π を**ピンスカー分割** (Pinsker's partition) という. π は f–不変である.

確率空間 $(X, \mathcal{B}, \mu)$ の上で f が $h_\mu(f) = 0$ をもてば, ピンスカー σ–集合体は $\mathcal{B}_\pi = \mathcal{B}$ である.

注意 3.3.8 確率空間 $(X, \mathcal{B}_\pi, \mu)$ の上で f のエントロピーは $h_\mu(f) = h_\mu(f^{-1}) = 0$ である.

実際に, ξ は $\mathcal{B}_\pi$–可測な有限分割とする. $\xi = \{C_1, \cdots, C_k\}$ と表し, $\alpha_i = \{C_i, X \setminus C_i\}$ $(1 \leq i \leq k)$ とする. 明らかに

$$\xi = \alpha_1 \vee \cdots \vee \alpha_k.$$

よって命題 3.1.14(2) により

$$h_\mu(f, \xi) \leq h_\mu(f, \alpha_1) + \cdots + h_\mu(f, \alpha_k) = 0.$$

ξ が可算の場合も $h_\mu(f, \xi) = 0$ を示すことができる.

可測分割 η を含む最小の σ–集合体を $\mathcal{B}_\eta$ で表す.

定理 3.3.9 $\xi \in \mathcal{Z}$ とする. このとき

$$\xi \leq f(\xi) \leq \cdots \leq \bigvee_{n=0}^{\infty} f^n(\xi) = \xi^+$$

であって, ξ^+ は $\mathcal{B}$ を生成するとする. このとき

$$\mathcal{B}_{\bigwedge_{n=0}^{\infty} f^{-n}(\xi)} \supset \mathcal{B}_\pi.$$

証明 $\bigwedge_{n=0}^{\infty} f^{-n}(\xi) = \xi_0$ とおく. $\eta \in \mathcal{Z}$ に対して, η は $\mathcal{B}_\pi$–可測分割であるならば, $\eta \leq \xi_0$ を示せば十分である.

そのために，命題 3.2.5 を用いる．このとき $\mathcal{C} = \bigcup_{n \geq 0} \{\zeta \in \mathcal{Z} \mid \zeta \leq f^n(\xi)\}$ は稠密であるから

$$H_\mu(\zeta | \xi_0 \vee \eta^-) = H_\mu(\zeta | \xi_0) \qquad (\zeta \in \mathcal{C}) \tag{3.3.6}$$

を示せば，命題 3.3.1 により $\xi_0 \vee \eta^- = \xi_0$ である．よって $\eta \leq \xi_0$ を得る．

定理 3.3.9 を結論するために，(3.3.6) を示すだけである．$p > 0$ に対して

$$H_\mu(\zeta | \xi_0) \geq H_\mu(\zeta | \xi_0 \vee \eta^-) \geq H_\mu(\zeta | f^{-p}(\zeta_{f^p}^-) \vee \xi_0 \vee \eta^-). \tag{3.3.7}$$

ここに $\zeta_{f^p}^- = \bigvee_{k=0}^\infty f^{-pk}(\zeta)$ を表す．

$f^{-1}(\xi_0) = \xi_0$ であるから

$$f^{-p}(\zeta_{f^p}^-) \vee \xi_0 = f^{-p}((\zeta \vee \xi_0)_{f^p}^-).$$

η は $\mathcal{B}_\pi$-可測分割であるから

$$H_\mu(\eta | f(\eta^-)) = h_\mu(f, \eta) = 0.$$

よって命題 3.1.10(2) により，$\eta \leq f(\eta^-)$ であるから $f^{-1}(\eta^-) = \eta^-$ である．よって

$$\eta^- = f^{-pn}(\eta^-) \qquad (n \geq 0).$$

$$H_\mu(\zeta | f^{-p}(\zeta_{f^p}^-) \vee \xi_0 \vee \eta^-)$$
$$= H_\mu(\zeta | f^{-p}((\zeta \vee \xi_0)_{f^p}^-) \vee f^{-pn}(\eta^-))$$
$$\to H_\mu(\zeta | f^{-p}(\zeta_{f^p}^-) \vee \xi_0) \qquad (n \to \infty) \qquad (\text{定理 3.3.6 により})$$

であるから

$$H_\mu(\zeta | f^{-p}(\zeta_{f^p}^-) \vee \xi_0 \vee \eta^-) = H_\mu(\zeta | f^{-p}(\zeta_{f^p}^-) \vee \xi_0).$$

$\zeta \in \mathcal{C}$ であるから，$m > 0$ があって $\zeta \leq f^k(\xi)$ $(k \geq m)$ である．よって

$$f^{-p}(\zeta_{f^p}^-) \vee \xi_0 \searrow \xi_0 \qquad (p \to \infty)$$

であるから

$$H_\mu(\zeta | f^{-p}(\zeta_{f^p}^-) \vee \xi_0) \nearrow H_\mu(\zeta | \xi_0).$$

よって (3.3.6) は (3.3.7) から求まる． □

3.3 条件付きエントロピーの性質

注意 3.3.10 可測分割 ξ は

$$\xi \leq f(\xi) \leq \cdots \leq \bigvee_{n=1}^{\infty} f^n(\xi) = \xi^+$$

であって，ξ^+ は $\mathcal{B}$ を生成し，有限分割の列 $\{\xi_j\}$ があって

$$\xi_1 \leq \xi_2 \leq \cdots \leq \bigvee_{j=1}^{\infty} \xi_j = \xi.$$

を満たすとする．このとき

$$\bigcap_{n=1}^{\infty} f^{-n}(\mathcal{B}_\xi) \supset \mathcal{B}_\pi$$

が成り立つ．

証明 $n > 0$ を固定して

$$\eta_n = \bigvee_{j=0}^{n} f^j(\xi_j)$$

とおく．このとき $\eta_n \nearrow \xi^+ \ (n \to \infty)$ である．よって命題 3.2.5 により

$$\mathcal{C} = \bigcup_{n \geq 0} \{\eta \in \mathcal{Z} \mid \eta \leq \eta_n\}$$

は稠密である．

$\eta \in \mathcal{Z}$ は $\mathcal{B}_\pi$-可測分割とし，$\zeta \in \mathcal{C}$ とする．

$$\xi_{0,j} = \bigwedge_{n=0}^{\infty} f^{-n}(\xi_j) \quad (j \geq 1)$$

とおき，定理 3.3.9 の証明の ξ_0 を $\xi_{0,j}$ に置き換える．このとき $j > 0$ があって

$$H_\mu(\zeta \mid \xi_{0,j} \vee \eta) = H_\mu(\zeta \mid \xi_{0,j})$$

が求まる．よって

$$\eta \leq \xi_{0,j} \leq \xi_j.$$

$\mathcal{B}_j$ は ξ_j によって生成された σ-集合体とするとき

$$\mathcal{B}_\eta \subset \bigcap_{n=0}^{\infty} f^{-n}(\mathcal{B}_j) \quad (j \geq 1).$$

$\bigvee_{j=1}^{\infty} \xi_j = \xi$ であるから

$$\mathcal{B}_\eta \subset \bigcap_{n=0}^{\infty} f^{-n}(\mathcal{B}_\xi).$$

□

定理 3.3.11 $\zeta \in \mathcal{Z}$ とする. このとき

$$\mathcal{B}_{\bigwedge_{n=0}^{\infty} f^{-n}(\zeta)} \subset \mathcal{B}_\pi.$$

証明 $\xi \in \mathcal{Z}$ が $\xi \leq \eta = \bigwedge_{n=0}^{\infty} f^{-n}(\zeta) \leq \zeta$ を満たすならば, $h_\mu(f,\xi) = 0$ を示せば十分である.

$\zeta_n \nearrow \zeta$ となる有限分割 $\zeta_n \in \mathcal{Z}$ を選ぶ. 命題 3.3.7 により

$$H_\mu(\zeta_n | f^{-1}(\zeta_n^-) \vee \xi_f) + h_\mu(f,\xi) = h_\mu(f, \zeta_n \vee \xi). \tag{3.3.8}$$

仮定によって $\zeta_n^- \leq \zeta^-$ で, $\xi_f \leq \eta_f = \eta \leq f^{-1}(\zeta)$ であるから

$$f^{-1}(\zeta_n^-) \vee \xi_f \leq f^{-1}(\zeta).$$

よって

$$\begin{aligned}
H_\mu(\zeta_n | f^{-1}(\zeta_n^-) \vee \xi_f) &\geq H_\mu(\zeta_n | f^{-1}(\zeta)) \\
&\to H_\mu(\zeta | f^{-1}(\zeta)) \quad (n \to \infty) \\
&= h_\mu(f^{-1}, \zeta) \\
&= h_\mu(f, \zeta).
\end{aligned}$$

(3.3.8) により

$$\begin{aligned}
h_\mu(f,\zeta) + h_\mu(f,\xi) &\leq h_\mu(f, \zeta_n \vee \xi) \leq h_\mu(f, \zeta \vee \xi) \\
&= h_\mu(f, \zeta) \quad (\xi \leq \zeta \text{ により}).
\end{aligned}$$

よって, $h_\mu(f,\xi) = 0$ である. このことは ξ が $\mathcal{B}_\pi$-可測分割であることを示している. よって定理は成り立つ. □

注意 3.3.12 可測分割 ξ に対して

$$\bigcap_{n=0}^{\infty} f^n(\mathcal{B}_\xi) \subset \mathcal{B}_\pi$$

が成り立つ.

自明でない $\xi \in \mathcal{Z}$ $(\xi \neq \{X\}$ $(\mu\text{-a.e.}))$ が $h_\mu(f,\xi) > 0$ を満たすとき，f は**完全正のエントロピー** (completely positive entropy) をもつという．$\mathcal{B}_\pi = \{X, \emptyset\}$ (μ-a.e.) であれば，f は完全正のエントロピーをもつ．

注意 3.3.13 $k > 0$ に対して f^k が完全正のエントロピーをもてば，f^k はエルゴード的である．

実際に，f がエルゴード的でないとする．このとき，$f^k(A) = A$, $0 < \mu(A) < 1$ を満たす $A \in \mathcal{F}$ が存在する．

$$\xi = \left\{A, f(A), \cdots, f^{k-1}(A), X \setminus \bigcup_{i=0}^{k-1} f^i(A)\right\}$$

は $f(\xi) = \xi$ を満たす分割で，$\xi \neq \{X\}$ である．よって，$0 < h_\mu(f^k, \xi) = 0$ となって矛盾を得る．

注意 3.3.14 f は完全正のエントロピーをもてば，f は混合的である．

証明 $A, B \in \mathcal{B}$ $(A \cap B = \emptyset)$ に対して，X の分割

$$\eta = \{A, B, X \setminus A \cup B\}$$

を定義して

$$\eta_n = \bigvee_{i=0}^{n-1} f^i(\eta) \quad (n \geq 1)$$

とおく．明らかに

$$\eta_1 \leq \eta_2 \leq \cdots \leq \bigvee_{n=0}^{\infty} \eta_n = \xi$$

であって，$f(\xi) \leq \xi$ を満たす．定理 3.3.11 により

$$\bigcap_{i=0}^{\infty} f^i(\mathcal{B}_\xi) = \mathcal{B}_{\bigwedge_{i=0}^{\infty} f^i(\xi)} \subset \mathcal{B}_\pi.$$

ここに，$\mathcal{B}_\xi$ は ξ を含む最小の σ-集合体を表す．

f は完全正のエントロピーをもつから，$\mathcal{B}_\pi = \{\emptyset, X\}$ (μ-a.e.) である．よって定義関数 $1_A, 1_B \in L^2(\mathcal{B})$ に対して，注意 2.2.19 の証明を繰り返せば

$$\mu(f^n(A) \cap B) \to \mu(A)\mu(B) \quad (n \to \infty)$$

を得る. □

3.4 情報関数

f はコンパクト距離空間 X の上の同相写像として，μ は f–不変ボレル確率測度とする.

$n > 0$ に対して $\xi^n(x)$ は ξ^n に属する集合を表す．特に，$n = 0$ のとき $\xi^0(x) = X$ $(x \in X)$ とする.

各 $(f^{-i}\xi)(x)$ は x を含む $f^{-i}\xi$ の要素を表す．このとき

$$(f^{-i}\xi)(x) = f^{-i}\xi(f^i x) \quad (0 \leq i \leq n-1).$$

よって

$$\xi^n(x) = \xi(x) \cap f^{-1}\xi(fx) \cap \cdots \cap f^{-n+1}\xi(f^{n-1}x) \tag{3.4.1}$$

と表すことができる.

次の定理は測度的エントロピーを見方を変えて得た不変量を与えている．それはエルゴード的である場合に測度的エントロピーと一致する.

定理 3.4.1(シャノン–マクミラン–ブレイマン (Shannon–McMillan–Breiman) の定理) ξ は X の可算分割であって

$$H_\mu(\xi) = -\int \log \mu(\xi(x)) d\mu < \infty$$

を満たすとする．このとき，次の (1), (2) を満たす f–不変な可積分関数 $h_\mu(f, \xi, \cdot)$ が存在する：

(1) $h_\mu(f, \xi, x) = \lim_{n \to \infty} -\dfrac{1}{n} \log \mu(\xi^n(x)) \quad \mu\text{–a.e.}$

(2) $\displaystyle\int h_\mu(f, \xi, x) d\mu = h_\mu(f, \xi) \leq h_\mu(f).$

$\mathcal{Z}$ は 3.3 節で与えた可測分割の集合として

$$h_\mu(f, x) = \sup_{\mathcal{Z}} h_\mu(f, \xi, x)$$

とおく．X はコンパクト距離空間であるから，注意 2.5.3, 定理 3.2.6(2) により $\mathcal{Z}$ は可分である．よって $h_\mu(f, x)$ の可測性が示される．$h_\mu(f, x)$ を**情報関数** (information function) という．

注意 3.4.2 $h_\mu(f, \xi, \cdot)$ は μ–a.e. において，f–不変であるから f がエルゴード的（μ がエルゴード的）ならば

$$h_\mu(f, \xi, x) = h_\mu(f, \xi) \qquad \mu\text{–a.e.}$$

証明 定理 3.4.1(2) により，明らかである． □

注意 3.4.3 定理 3.4.1 から

$$h_\mu(f, \xi, x) = \lim_{n\to\infty} -\frac{1}{2n+1} \log \mu(\xi^n_{-n}(x)) \qquad \mu\text{–a.e.}$$

が成り立つ．ここに $\xi^n_{-n}(x) = \bigcap_{i=-n+1}^{n-1} f^{-i}\xi(f^i(x))$ である．

定理 3.4.1 の証明 $H_\mu(\xi) < \infty$ であるから，$\xi = \{C_1, C_2, \cdots\}$ は可算分割であると仮定することができる．すなわち，各 C_i に対して $\mu(C_i) > 0$ であって

$$H_\mu(\xi) = -\sum_{i=1}^{\infty} \mu(C_i) \log \mu(C_i) < \infty$$

であると仮定してよい．以後において，点 x を含む ξ に属する集合を $\xi(x)$ と表すことにする．$n \geq 1$ に対して $\xi^n = \bigvee_{i=0}^{n-1} f^{-i}(\xi)$ として，$F_n : X \to [0, \infty]$ を

$$F_n(x) = \begin{cases} -\log \dfrac{\mu(\xi^n(x))}{\mu(\xi^{n-1}(fx))} & (\mu(\xi^{n-1}(fx)) > 0) \\ \infty & (\mu(\xi^{n-1}(fx)) = 0) \end{cases} \qquad (3.4.2)$$

によって定義する．$F_n(x) = \infty$ となる点は μ–測度の値が 0 であることに注意する．このとき $x \in X$ に対して

$$\begin{aligned}
0 &\leq -\frac{1}{n} \log \mu(\xi^n(x)) \\
&= -\frac{1}{n} \log \mu(\xi^n(x)) + \frac{1}{n} \log \mu(\xi^0(f^n(x))) \\
&= -\frac{1}{n} \log \left(\frac{\mu(\xi^n(x))}{\mu(\xi^{n-1}(fx))} \frac{\mu(\xi^{n-1}(fx))}{\mu(\xi^{n-2}(f^2x))} \cdots \frac{\mu(\xi^1(f^{n-1}x))}{\mu(\xi^0(f^nx))} \right)
\end{aligned}$$

$$= -\frac{1}{n}\sum_{j=0}^{n-1}\log\frac{\mu(\xi^{n-j}(f^j x))}{\mu(\xi^{n-j-1}(f^{j+1}x))}$$

$$= \frac{1}{n}\sum_{j=0}^{n-1} F_{n-j}(f^j x) \tag{3.4.3}$$

であるから，証明を次の 3 段階に分けることができる．

(I)　各 F_n は可積分である．

(II)　可積分関数 F があって，$F_n(x) \to F(x)$ $(n \to \infty)$ μ–a.e. が成り立つ．

(III) $\displaystyle\lim_{n\to\infty}\frac{1}{n}\sum_{j=0}^{n-1} F_{n-j}(f^j x) = \lim_{n\to\infty}\frac{1}{n}\sum_{j=0}^{n-1} F(f^j x)$　μ–a.e..

これらが示されたとして，μ–測度の値が 0 の集合を除いて

$$h_\mu(f,\xi,x) = \lim_{n\to\infty}\frac{1}{n}\sum_{j=0}^{n-1} F(f^j x)$$

とおくと

$$h_\mu(f,\xi,x) = \lim_{n\to\infty}\frac{1}{n}\sum_{j=0}^{n-1} F_{n-j}(f^j x)$$

$$= \lim_{n\to\infty} -\frac{1}{n}\log\mu(\xi^n(x)) \quad \mu\text{–a.e.} \quad ((3.4.3)\text{ により}) \tag{3.4.4}$$

である．バーコフのエルゴード定理により $h_\mu(f,\xi,\cdot)$ は可積分で，μ–a.e. x に対して f–不変である．ゆえに (1) が成り立つ．

実際には (III) の概収束は L^1–収束でもあることが示される．よって

$$\tilde{F}_n = F_n - F \quad (n \geq 1)$$

とおくと

$$\lim_{n\to\infty}\int \frac{1}{n}\sum_{j=0}^{n-1}\tilde{F}_{n-j}(f^j x)d\mu = 0$$

を得る．このことから

$$\int h_\mu(f,\xi,x)d\mu = \lim_{n\to\infty}\int \frac{1}{n}\sum_{j=0}^{n-1} F_{n-j}(f^j x)d\mu$$

$$= \lim_{n\to\infty}\int -\frac{1}{n}\log\mu(\xi^n(x))d\mu$$

$$= \lim_{n\to\infty} \frac{1}{n} H_\mu(\xi^n)$$
$$= h_\mu(f, \xi).$$

よって (2) が成り立つ.

したがって, (I), (II), (III) を示すことだけである.

(I) の証明: $H_\mu(\xi) = -\sum_{i=1}^\infty \mu(C_i) \log \mu(C_i) < \infty$ であるから, $\varepsilon > 0$ に対して $N > 0$ があって
$$-\sum_{i>N} \mu(C_i) \log \mu(C_i) < \varepsilon$$
を満たす. $A = \bigcup_{k=1}^N C_i$ $(C_i \in \xi)$ とおく. このとき, A の補集合を A^c とする. $n \geq 1$ に対して

$$\begin{aligned}
\int_{A^c} |F_n| d\mu &= \int_{A^c} F_n d\mu \quad (F_n \geq 0 \text{ により}) \\
&= \int_{A^c} -\log \frac{\mu(\xi^n(x))}{\mu(\xi^{n-1}(fx))} d\mu \\
&= -\sum_{i>N} \sum_{D \in f^{-1}\xi^{n-1}} \mu(C_i \cap D) \log \frac{\mu(C_i \cap D)}{\mu(D)} \\
&= -\sum_{i>N} \sum_{D \in f^{-1}\xi^{n-1}} \mu(D) \frac{\mu(C_i \cap D)}{\mu(D)} \log \frac{\mu(C_i \cap D)}{\mu(D)} \\
&= \sum_{i>N} \sum_{D \in f^{-1}\xi^{n-1}} \mu(D) \phi\left(\frac{\mu(C_i \cap D)}{\mu(D)}\right) \quad (\phi(x) = -x \log x \text{ と表す}) \\
&\leq \sum_{i>N} \phi\left(\sum_{D \in f^{-1}\xi^{n-1}} \mu(D) \frac{\mu(C_i \cap D)}{\mu(D)}\right) \\
&= \sum_{i>N} \phi(\mu(C_i)) \\
&= -\sum_{i>N} \mu(C_i) \log \mu(C_i) < \varepsilon.
\end{aligned} \quad (3.4.5)$$

(3.4.5) を用いて
$$\int_A |F_n| d\mu \leq \sum_{l=0}^\infty (l+1) N e^{-l} + \varepsilon < \infty$$
を示す.

そのために, $l \geq 0$ に対して $A_l = \{x \in A \mid |F_n(x)| \geq l\}$ とおく. 明らかに $A_l \subset \bigcup_{i=1}^N C_i$ である. μ–a.e. $x \in A_l$ に対して
$$\frac{\mu(\xi^n(x))}{\mu(\xi^{n-1}(fx))} = e^{-|F_n(x)|}.$$

(3.4.1) を用いると

$$\frac{\mu(\xi(x) \cap f^{-1}\xi^{n-1}(fx))}{\mu(f^{-1}\xi^{n-1}(fx))} = e^{-|F_n(x)|} \leq e^{-l}$$

であるから

$$\mu(\xi(x) \cap f^{-1}\xi^{n-1}(fx)) \leq e^{-l}\mu(f^{-1}\xi^{n-1}(fx)).$$

すなわち $D \in f^{-1}\xi^{n-1}$ に対して

$$\mu(\xi(x) \cap D) \leq e^{-l}\mu(D).$$

$x \in A_l$, $y \in \xi(x) \cap f^{-1}\xi^{n-1}(fx)$ に対して

$$F_n(x) = F_n(y).$$

$y \in A_l$ が成り立つ. $C \in \xi$ に対して, $D_1, D_2, \cdots \in f^{-1}\xi^{n-1}$ が存在して

$$C \cap A_l = \bigcup_{j \geq 1}(C \cap D_j) \cap A_l,$$

$$\mu(C \cap D_j) \leq e^{-l}\mu(D_j)$$

が成り立つ. よって

$$\mu(C \cap A_l) \leq \sum_{j \geq 1}\mu(C \cap D_j) \leq e^{-l}\sum_{j \geq 1}\mu(D_j) \leq e^{-l}.$$

一方において, A_l を構成する $C \in \xi$ は高々 N 個 ($A_l \subset A = \bigcup_{i=1}^{N} C_i$) であるから

$$\mu(A_l) \leq Ne^{-l}.$$

ゆえに

$$\int_A |F_n|d\mu \leq \sum_{l=0}^{\infty}(l+1)\mu\{x \in A \,|\, l \leq |F_n(x)| < l+1\}$$
$$\leq \sum_{l=0}^{\infty}(l+1)\mu(A_l)$$
$$\leq \sum_{l=0}^{\infty}(l+1)Ne^{-l}.$$

よって (3.4.5) と併せて

$$\int |F_n| d\mu = \int_A |F_n| d\mu + \int_{A^c} |F_n| d\mu$$
$$< \sum_{l=0}^{\infty} (l+1) N e^{-l} + \varepsilon < \infty \quad (n \geq 1). \qquad (3.4.6)$$

このことから, 関数 F_n は可積分である. (I) が示された.

(II) の証明: $n \geq 1$ に対して

$$G_n(x) = \exp\{-F_n(x)\}$$

とおく. このとき (3.4.2) により

$$G_n(x) = \begin{cases} \dfrac{1}{\mu(\xi^{n-1}(fx))} \displaystyle\int_{f^{-1}(\xi^{n-1})(fx)} 1_{\xi(x)} d\mu & (\mu(\xi^{n-1}(fx)) > 0) \\ 0 & (\mu(\xi^{n-1}(fx)) = 0). \end{cases}$$

ξ は可算であるから, $\xi = \{C_i\}$ と表し, 各 C_i は $\mu(C_i) > 0$ と仮定してよい. $x \in C_i$ のとき $C_i = \xi(x)$ である. よって

$$G_n(x) = \mu_x^{f^{-1}\xi^{n-1}}(C_i) = E(1_{C_i} | f^{-1}\mathcal{B}_{\xi^{n-1}})(x).$$

ドゥブの定理により $\mathcal{B}$–可測関数 $G(x)$ があって $G_n(x)$ は $G(x)$ に概収束し, かつ L^1–収束する.

$$A = \{x \in C_i | \mu_x^{f^{-1}\xi^-}(C_i) = 0\}$$

とおくと $\mu(A) = 0$ である. 実際に, $\mu(A) > 0$ とすると

$$0 < \mu(A) = \mu(A \cap C_i) = \int_A \mu_x^{f^{-1}\xi^-}(C_i) d\mu = 0$$

となって矛盾である. よって

$$\mu_x^{f^{-1}\xi^-}(C_i) = G(x) > 0 \quad (\mu\text{–a.e.}\, x)$$

であるから, $F(x) = -\log G(x)$ (μ–a.e. x) とおく.

ファトウの補題と (3.4.6) により

$$\int \lim_n |F_n| d\mu \leq \liminf_n \int |F_n| d\mu < \infty.$$

よって $F(x)$ は可積分で $F_n(x) \to F(x)$ (μ–a.e. x) が成り立つ. (II) が示された.

(III) の証明：$\{F_n\}$, F は (II) の関数として，$n \geq 1$ に対して $\tilde{F}_n = F_n - F$ とおけば，(II) により各 $\tilde{F}_n$ は可積分であって，$\tilde{F}_n(x) \to 0$ $(n \to \infty)$ μ–a.e. が成り立つ．

$$\frac{1}{n} \sum_{j=0}^{n-1} F_{n-j}(f^j x) = \frac{1}{n} \sum_{j=0}^{n-1} \tilde{F}_{n-j}(f^j x) + \frac{1}{n} \sum_{j=0}^{n-1} F(f^j x)$$

であるから，結論を得るために

$$\frac{1}{n} \sum_{j=0}^{n-1} \tilde{F}_{n-j}(f^j x) \to 0 \qquad n \to \infty \qquad \mu\text{–a.e.}$$

を示せばよい．その証明を 2 つの場合に分割する．

場合 1 $G \in L^1(\mu)$ があって，$\sup_{n \geq 1} |\tilde{F}_n(x)| \leq G(x)$ (μ–a.e.) が成り立つ場合：

$k \geq 1$ に対して，$G_k(x) = \sup\{|\tilde{F}_n(x)| \mid n \geq k\}$ とおく．このとき

$$G_k(x) \searrow 0 \quad (k \to \infty) \quad \mu\text{–a.e.}$$

さらに

$$\begin{aligned}
&\limsup_{n \to \infty} \left| \frac{1}{n} \sum_{j=0}^{n-1} \tilde{F}_{n-j}(f^j x) \right| \\
&= \limsup_{n \to \infty} \left| \frac{1}{n-k} \sum_{j=0}^{n-k} \tilde{F}_{n-j}(f^j x) \right| \quad (k \geq 1 \text{ を固定}) \\
&\leq \limsup_{n \to \infty} \frac{1}{n-k} \sum_{j=0}^{n-k} |\tilde{F}_{n-j}(f^j x)| \\
&\leq \limsup_{n \to \infty} \frac{1}{n-k} \sum_{j=0}^{n-k} G_k(f^j x) \\
&= \limsup_{n \to \infty} \frac{1}{n} \sum_{j=0}^{n-1} G_k(f^j x).
\end{aligned}$$

$G_k(x)$ は可積分であるから，バーコフのエルゴード定理により

$$\lim_{n \to \infty} \frac{1}{n} \sum_{j=0}^{n-1} G_k(f^j(x)) = G_k^*(x) \qquad \mu\text{–a.e.}$$

が存在する．よって，ルベーグの収束定理により
$$\int G_k^* d\mu = \int G_k d\mu \to 0 \quad (k \to \infty).$$

μ–a.e. x に対して
$$\limsup_{n\to\infty} \left| \frac{1}{n} \sum_{0}^{n-1} \tilde{F}_{n-j}(f^j x) \right| \le G_k^*(x)$$

であるから
$$\int \limsup_{n\to\infty} \left| \frac{1}{n} \sum_{j=0}^{n-1} \tilde{F}_{n-j}(f^j x) \right| d\mu \le \int G_k^* d\mu \longrightarrow 0 \quad (k \to \infty).$$

このことから
$$\frac{1}{n} \sum_{j=0}^{n-1} \tilde{F}_{n-j}(f^j x) \longrightarrow 0 \quad \mu\text{-a.e.}$$

が成り立つ．

場合 2 一般の場合：

$n \ge 1$ に対して
$$\tilde{F}_n^{(k)}(x) = \begin{cases} \tilde{F}_n(x) & (|n| \le k) \\ 0 & (|n| > k), \end{cases}$$

とおく．このとき $\varepsilon > 0$ に対して $k_0 \ge 1$ があって
$$\int |\tilde{F}_n^{(k_0)}(x) - \tilde{F}_n(x)| d\mu < \varepsilon \quad (n \ge 1) \tag{3.4.7}$$

が成り立つ．実際に
$$|\tilde{F}_n^{(k)}(x) - \tilde{F}_n(x)| = |\tilde{F}_n(x)| \le k \quad (n > k).$$

よって
$$\int |\tilde{F}_n^{(k)}(x) - \tilde{F}_n(x)| d\mu = \int |\tilde{F}_n(x)| d\mu \quad (n > k).$$

一方において，$\tilde{F}_n(x) \to 0$ $(n \to \infty)$ μ–a.e. であるから，$n_0 > 0$ があって $n \ge n_0$ に対して
$$\int |\tilde{F}_n^{(k)}(x) - \tilde{F}_n(x)| d\mu < \varepsilon \quad (k \ge 1). \tag{3.4.8}$$

$\tilde{F}_n$ は可積分であるから,$1 \leq n \leq n_0$ に対して,$k_n > 1$ があって $k \geq k_n$ に対して

$$\int |\tilde{F}_n^{(k)}(x) - \tilde{F}_n(x)| d\mu < \varepsilon. \tag{3.4.9}$$

実際に

$$\int |\tilde{F}_n(x)| d\mu < \infty \iff \sum_{l=0}^{\infty} (l+1)\mu(\{x \mid l < |\tilde{F}_n(x)| \leq l+1\}) < \infty$$
$$\implies k_n \text{ があって}$$
$$\sum_{l \geq k_n} (l+1)\mu\{x \mid l < |\tilde{F}_n(x)| \leq l+1\} < \varepsilon.$$

ゆえに $k \geq k_n$ に対して

$$\int |\tilde{F}_n^{(k)}(x) - \tilde{F}_n(x)| d\mu = \int_{\{x \mid |\tilde{F}_n(x)| > k\}} |\tilde{F}_n(x)| d\mu$$
$$\leq \sum_{l \geq k_n} (l+1)\mu(\{x \mid l < |\tilde{F}_n(x)| \leq l+1\}) \quad < \varepsilon.$$

(3.4.9) が示された.

(3.4.8), (3.4.9) により,$k_0 = \max\{k_1, \cdots, k_{n_0}\}$ とおけば (3.4.7) が成り立つ.
$n \geq 1$ に対して

$$H_n(x) = \frac{1}{n} \sum_{j=0}^{n-1} \tilde{F}_{n-j}(f^j x),$$
$$H_n^{(k)}(x) = \frac{1}{n} \sum_{j=0}^{n-1} \tilde{F}_{n-j}^{(k)}(f^j x)$$

とおく.このとき (3.4.7) により

$$\int |H_n^{(k_0)}(x) - H_n(x)| d\mu \leq \frac{1}{n} \sum_{j=0}^{n-1} \int |\tilde{F}_{n-j}^{(k_0)}(f^j x) - \tilde{F}_{n-j}(f^j x)| d\mu$$
$$= \frac{1}{n} \sum_{j=0}^{n-1} \int |\tilde{F}_{n-j}^{(k_0)}(x) - \tilde{F}_{n-j}(x)| d\mu < \varepsilon \quad (n \geq 1).$$

ゆえに

$$\mu(\{x \mid |H_n^{(k_0)}(x) - H_n(x)| > \sqrt{\varepsilon}\}) \leq \sqrt{\varepsilon} \qquad (n \geq 1).$$

このことから，$A_\varepsilon \in \mathcal{B}$ が存在して

$$\mu(A_\varepsilon) \geq 1 - \sqrt{\varepsilon},$$
$$|H_n^{(k_0)}(x) - H_n(x)| \leq \sqrt{\varepsilon} \qquad (x \in A_\varepsilon, n \geq 1) \tag{3.4.10}$$

が成り立つ．一方において

$$\sup_{n \geq 1} |\tilde{F}_n^{(k_0)}(x)| \leq k_0$$

であるから，場合 1 により

$$H_n^{(k_0)}(x) = \frac{1}{n} \sum_{j=0}^{n-1} \tilde{F}_{n-j}^{(k_0)}(f^j x) \longrightarrow 0 \quad (n \to \infty) \quad \mu\text{-a.e.} \tag{3.4.11}$$

(3.4.10), (3.4.11) により

$$\limsup_{n \to \infty} |\frac{1}{n} \sum_{j=0}^{n-1} \tilde{F}_{n-j}(f^j x)|$$
$$\leq \limsup_{n \to \infty} |H_n(x) - H_n^{(k_0)}(x)| + \limsup_{n \to \infty} |H_n^{(k_0)}(x)| \leq \sqrt{\varepsilon} \quad (\mu\text{-a.e. } x \in A_\varepsilon).$$

$\varepsilon \to 0$ とすれば

$$\limsup_{n \to \infty} \frac{1}{n} \sum_{j=0}^{n-1} \tilde{F}_{n-j}(f^j x) = 0 \qquad \mu\text{-a.e.}$$

(III) が示された．さらに，L^1-収束に対しても示される． $\square$

シャノン–マクミラン–ブレイマンの定理の別証明 η は $\mathcal{Z}$ に属する X の可算分割とする．x を含む η の要素を $\eta(x)$ で表す．

$$\eta^2(x) = \eta(x) \cap f^{-1}\eta(fx)$$

であるから

$$\mu(\eta^2(x)) = \mu(\eta(x)) \frac{\mu(\eta(x) \cap f^{-1}\eta(fx))}{\mu(\eta(x))}$$
$$= \mu(\eta(x)) \mu_x^\eta(f^{-1}\eta(fx))$$
$$= \mu(\eta(x)) \mu_{f(x)}^{f(\eta)}(\eta(fx)).$$

よって $n > 0$ に対して

$$\mu(\eta^n(x)) = \mu(\eta(x))\mu_{f(x)}^{f(\eta)}(\eta(fx))\mu_{f^2(x)}^{f(\eta^2)}(\eta(f^2x))\cdots\mu_{f^n(x)}^{f(\eta^n)}(\eta(f^nx))$$

を得る．よって

$$-\frac{1}{n}\log\mu(\eta^n(x)) = -\frac{1}{n}\sum_{k=1}^{n}\log\mu_{f^k(x)}^{f(\eta^k)}(\eta(f^kx)).$$

各 $k \geq 1$ に対して $-\log\mu_x^{f(\eta^k)}(\eta(x))$ は定理 3.4.1 の証明の (I) により可積分で

$$\int \limsup_{k\to\infty} |\log\mu_{f^k(x)}^{f(\eta^k)}(\eta(f^kx)) - \log\mu_{f^k(x)}^{f(\eta^-)}(\eta(f^kx))|d\mu$$
$$= \int \limsup_{k\to\infty} |\log\mu_x^{f(\eta^k)}(\eta(x)) - \log\mu_x^{f(\eta^-)}(\eta(x))|d\mu$$

であるから，ドゥブの定理により上式の最後の項は 0 である．よって

$$\lim_{k\to\infty} |\log\mu_{f^k(x)}^{f(\eta^k)}(\eta(f^kx)) - \log\mu_{f^k(x)}^{f(\eta^-)}(\eta(f^kx))| = 0 \qquad \mu\text{-a.e. }x$$

であるから

$$\lim_{n\to\infty}\left|\frac{1}{n}\sum_{k=1}^{n}\log\mu_{f^k(x)}^{f(\eta^k)}(\eta(f^kx)) - \frac{1}{n}\sum_{k=1}^{n}\log\mu_{f^k(x)}^{f(\eta^-)}(\eta(f^kx))\right| = 0 \ \mu\text{-a.e. }x.$$

よって

$$\lim_{n\to\infty} -\frac{1}{n}\log\mu(\eta^n(x))$$
$$= \lim_{n\to\infty} -\frac{1}{n}\sum_{k=1}^{n}\log\mu_{f^k(x)}^{f(\eta^-)}(\eta(f^kx)) \quad \mu\text{-a.e. }x. \qquad (3.4.12)$$

$$h_\mu(f,\eta,x) = \lim_{n\to\infty} -\frac{1}{n}\log\mu(\eta^n(x)) \quad \mu\text{-a.e. }x$$

とおく．このとき

$$\int h_\mu(f,\eta,x)d\mu = \int -\log\mu_x^{f(\eta^-)}(\eta(x))d\mu = h_\mu(f,\eta).$$

μ がエルゴード的であれば

$$h_\mu(f,\eta,x) = h_\mu(f,\eta) \qquad \mu\text{-a.e..}$$

□

3.5 局所エントロピー

測度的エントロピーは不変確率測度によって与えられる．そのエントロピーの値は微分同相写像の特性（リャプノフ指数）を反映した不変ボレル確率測度に依存する．不変ボレル確率測度の性質はその台の状態，例えばハウスドルフ次元の値に影響を受ける．この関連性を局所エントロピーを用いて解析する．

f はコンパクト距離空間 X から X の上への同相写像として，$0 < r < 1$ を固定する．X の閉部分集合 $B_n(x, r)$ を

$$B_n(x, r) = \bigcap_{k=0}^{n-1} f^{-k}\left(B(f^k(x), r)\right)$$
$$= \{y \in X \mid d(f^k(x), f^k(y)) \leq r, 0 \leq k \leq n-1\}$$

によって定義する．

μ は X の上の f-不変ボレル確率測度とする．このとき

$$\limsup_{n \to \infty} -\frac{1}{n} \log \mu(B_n(x, r))$$

は点 x の軌道に沿った点の集合の μ-測度による平均率を表している．

注意 3.5.1 $\mu \in \mathcal{M}(X)$ とする．$\delta > 0$ に対して次を満たす X の有限可測分割 $\xi = \{A_1, \cdots, A_k\}$ が存在する：

$$\mathrm{diam}(A_i) < \delta, \quad \mu(\partial A_i) = 0 \quad (1 \leq i \leq k).$$

証明 注意 2.1.6 と同様にして示すことができる．

$\delta_0 > 0$ を固定する．$x \in X$ と $0 < \delta < \delta_0$ に対して，$B(x, \delta)$ は点 x を中心に半径 δ の閉近傍を表し，$\partial B(x, \delta)$ はその境界を表すとする．このとき，すべての δ に対して $\mu(\partial B(x, \delta)) > 0$ であると仮定すると，十分に大きな $n > 0$ があって $\left\{\delta \mid \mu(\partial B(x, \delta)) \geq \frac{1}{n}\right\}$ は無限集合をなす．その集合から可算個の δ_j を選ぶとき

$$1 \geq \mu(B(x, \delta)) \geq \sum_j \mu(\partial B(x, \delta_j)) \geq \sum_j \frac{1}{n} = \infty$$

となって矛盾を得る．よって，$\delta_x > 0$ があって $\mu(\partial B(x, \delta_x)) = 0$ である．

X はコンパクトであるから，$x_1, \cdots, x_n$ があって

$$B(x_1, \delta_{x_1}) \cup \cdots \cup B(x_n, \delta_{x_n}) = X$$

が成り立つ．

$$\begin{aligned}
A_1 &= B(x_1, \delta_{x_1}), \\
A_2 &= B(x_2, \delta_{x_2}) \setminus A_1, \\
&\vdots \\
A_n &= B(x_n, \delta_{x_n}) \setminus \bigcup_{j=1}^{n-1} A_j
\end{aligned}$$

とおくとき，$\partial A_j \subset \partial B(x_j, \delta_{x_j})$ である．よって $\mu(\partial A_j) = 0$ であって，$\mathrm{diam}(A_j) < \delta_0$ が成り立つ． □

次の定理はコンパクト距離空間の上の拡大性，追跡性と位相混合性をもつ同相写像に対して示されたボウエンの結果の一般化である（拡大性と追跡性については邦書文献 [Ao1] を参照）．

定理 3.5.2 (ブリン–カトック (Brin–Katok) の局所エントロピー)　X をコンパクト距離空間，$f: X \to X$ を同相写像，μ を f–不変ボレル確率測度として，$h_\mu(f) < \infty$ であるとする．このとき μ がエルゴード的であれば

$$\begin{aligned}
h_\mu(f) &= \lim_{r \to 0} \limsup_{n \to \infty} -\frac{1}{n} \log \mu(B_n(x, r)) \\
&= \lim_{r \to 0} \liminf_{n \to \infty} -\frac{1}{n} \log \mu(B_n(x, r)) \qquad \mu\text{–a.e.}
\end{aligned}$$

が成り立つ．

証明　$r > 0$ を固定し，X の有限分割 ξ を $\mathrm{diam}(\xi) < r$ を満たすように選ぶ．$x \in X$ と $n \geq 1$ に対して

$$B_n(x, r) \supset \xi^n(x)$$

であるから

$$\begin{aligned}
\limsup_{n \to \infty} -\frac{1}{n} \log \mu(B_n(x, r)) &\leq \lim_{n \to \infty} -\frac{1}{n} \log \mu(\xi^n(x)) \qquad \mu\text{–a.e.} \\
&= h_\mu(f, \xi) \quad \mu\text{–a.e.} \quad (\text{注意 3.4.2 により}).
\end{aligned}$$

右辺は $r > 0$ によらないから

$$\lim_{r \to 0} \limsup_{n \to \infty} -\frac{1}{n} \log \mu(B_n(x,r)) \leq h_\mu(f) \quad \mu\text{--a.e..} \tag{3.5.1}$$

$h_\mu(f) = 0$ の場合は定理は結論されている．よって $h_\mu(f) > 0$ の場合に

$$\lim_{r \to 0} \liminf_{n \to \infty} -\frac{1}{n} \log \mu(B_n(x,r)) \geq h_\mu(f) \quad \mu\text{--a.e.}$$

を示せば結論を得る．

$0 < \gamma < 1$ を固定して

$$\mu(\partial \eta) = 0, \quad h_\mu(f, \eta) \geq h_\mu(f) - \gamma \tag{3.5.2}$$

を満たす有限分割 $\eta = \{D_1, \cdots, D_N\}$ を選び，分割 η を固定する．ここに $\partial \eta$ は各 D_i の境界の和集合を表す．さらに N に対して

$$2q \log(N-1) - 2q \log 2q - (1-2q) \log(1-2q) + q < \gamma \tag{3.5.3}$$

を満たす $0 < q < \dfrac{1}{2}$ を固定する．明らかに $q < \gamma$ である．閉集合 A に対して

$$U(A, \delta) = \{x \mid d(A, x) < \delta\}$$

とする．$\mu(\partial \eta) = 0$ であるから，$\delta_0 > 0$ が存在して，$0 < \delta < \delta_0$ に対して

$$\mu(U(\partial \eta, \delta)) < q$$

が成り立つ．エルゴード定理により μ–a.e. x に対して

$$\frac{1}{n} \sum_{i=0}^{n-1} 1_{U(\partial \eta, \delta)}(f^i(x)) \longrightarrow \mu(U(\partial \eta, \delta)) \quad (n \to \infty). \tag{3.5.4}$$

よって漸近収束する．すなわち

$$\mu\left(\left\{x \ \middle| \ \frac{1}{n} \sum_{i=0}^{n-1} 1_{U(\partial \eta, \delta)}(f^i(x)) \leq 2q, n \geq n_1 \right\}\right) \geq 1 - \gamma \tag{3.5.5}$$

を満たす $n_1 \geq 1$ が存在する．

定理 3.4.1(1) により μ–a.e. x に対して

$$-\frac{1}{n} \log \mu(\eta^n(x)) \longrightarrow h_\mu(f, \eta, x) \quad (n \to \infty).$$

μ はエルゴード的であるから, $h_\mu(f,\eta,x) = h_\mu(f,\eta)$ (μ–a.e. x) が成り立つ. よって

$$\mu\left(\left\{x \,\middle|\, -\frac{1}{n}\log\mu\left(\eta^n(x)\right) \geq h_\mu(f,\eta) - \gamma, n \geq n_2 \right\}\right) \geq 1 - \gamma \quad (3.5.6)$$

を満たす $n_2 \geq 1$ が存在する.

$$E = E(\gamma) = \left\{ x \,\middle|\, \begin{array}{l} \sum_{i=0}^{n-1} 1_{U(\partial\eta,\delta)}(f^i(x)) \leq 2qn, \\ \mu(\eta^n(x)) \leq \exp((-h_\mu(f,\eta) + \gamma)n), \\ n \geq \max\{n_1, n_2\} \end{array} \right\} \quad (3.5.7)$$

とおく. (3.5.5) の μ による評価式の μ の中の集合を A で表し, (3.5.6) の μ による評価式の μ の中の集合を B で表す. このとき, A と B に現れる n を $n \geq \max\{n_1, n_2\}$ にとれば, $E = A \cap B$ である. よって

$$\mu(E) \geq 1 - 2\gamma. \quad (3.5.8)$$

$n \geq 1$ を固定する. η^n に属する集合

$$W = \bigcap_{j=0}^{n-1} f^{-j}(D_{i_j}), \quad W' = \bigcap_{j=0}^{n-1} f^{-j}(D_{i'_j}) \quad (3.5.9)$$

に対して, **ハミング**(Hamming)**距離関数**を次のように定義する:

$$H_n(W, W') = \frac{1}{n}\sum_{j=0}^{n-1}(1 - \delta(D_{i_j}, D_{i'_j})), \quad \delta(a,b) = \begin{cases} 1 & (a = b) \\ 0 & (a \neq b). \end{cases}$$

$0 < r < 1$ を固定する. このとき十分に大きい $n > 0$ に対して

$$G_n(W, r) = \{W' \in \eta^n \,|\, H_n(W, W') \leq r\}$$

とおく. このとき

$$\sharp G_n(W, r) \leq \sum_{m=0}^{[nr]}(N-1)^m {}_nC_m. \quad (3.5.10)$$

ここに ${}_nC_m = \dfrac{n!}{(n-m)!m!}$ である.

実際に, W は η に属する集合 $D_{i_0}, D_{i_1}, \cdots, D_{i_{n-1}}$ に関して (3.5.9) のように構成されている. W' も (3.5.9) のように $D_{i'_0}, D_{i'_1}, \cdots, D_{i'_{n-1}}$ によって構成され

ている. $W = W'$ のとき, $D_{i_j} = D_{i'_j}$ $(0 \leq j \leq n-1)$ であるから

$$H_n(W, W') = \frac{1}{n} \sum_{j=0}^{n-1} (1 - \delta(i_j, i'_j)) = 0 < r,$$

$$(N-1)^0 {}_nC_0 = 1$$

である. 次に

$$D_{i_{j_0}} \neq D_{i'_{j_0}}, \qquad D_{i_j} = D_{i'_j} \quad (j \neq j_0) \tag{3.5.11}$$

の場合に

$$H_n(W, W') = \frac{1}{n} < r$$

であるから, $W' \in G_n(W, r)$ である.

(3.5.11) を満たす W' の個数を評価する. 実際に, $D_{i_{j_0}}$ と異なる η に属する集合の個数は $N-1$ 個存在する. j_0 は $0 \leq j_0 \leq n-1$ であるから, (3.5.9) を満たす W' の個数は $(N-1) {}_nC_1$ を越えない.

次に, $D_{i_{j_0}} \neq D_{i'_{j_0}}$, $D_{i_{j_1}} \neq D_{i'_{j_1}}$ であって, その他の j に対して, $D_{i_j} = D_{i'_j}$ の場合に

$$H_n(W, W') = \frac{2}{n} < r$$

であるから, $W' \in G_n(W, r)$ である. この場合の W' の個数は $(N-1)^2 {}_nC_2$ を越えない. このことを $[nr]$ まで繰り返すとき, $G_n(W, r)$ に属する集合の個数は $\sum_{m=0}^{[nr]} (N-1)^m {}_nC_m$ を越えない. よって (3.5.10) が示された.

(3.5.10) と次の注意 3.5.3 により, $n_3 \geq 0$ が存在して, $n \geq n_3$ と $W \in \eta^n$ に対して

$$\sharp G_n(W, 2q) \leq \exp\{(2q \log(N-1) - 2q \log 2q - (1-2q) \log(1-2q) + q)n\}$$
$$\leq \exp(\gamma n) \qquad ((3.5.3) により). \tag{3.5.12}$$

$x \in E$, $n \geq \max\{n_1, n_2, n_3\}$ とする. $y \in B_n(x, \delta)$ に対して

(1) $0 \leq i \leq n-1$ なる i に対して, $f^i(y) \in \eta(f^i(x))$ であるか, または

(2) $0 \leq i \leq n-1$ なる i があって, $f^i(y) \notin \eta(f^i(x))$ である.

(2) が起こる場合は $f^i(y) \in U(\partial \eta, \delta)$ であって E の定義により

$$\sum_{i=0}^{n-1} 1_{U(\partial \eta, \delta)}(f^i(x)) \leq 2qn$$

であるから，高々 $2qn$ 個の $0 \leq i \leq n-1$ に対して

$$\eta(f^i(y)) \cap \eta(f^i(x)) = \emptyset. \tag{3.5.13}$$
$$\eta(f^i(x)) = D_{i_x}, \quad \eta(f^i(y)) = D_{i_y}$$

と表す．このとき (3.5.13) が起こるとき，$i_x \neq i_y$ である．$x \in E$ であるから

$$H_n(\eta^n(x), \eta^n(y)) = \frac{1}{n}\sum_{i=0}^{n-1}(1 - \delta(i_x, i_y)) \leq 2q.$$

このことから

$$\eta^n(y) \in G_n\left(\eta^n(x), 2q\right).$$

上の関係式は (1) が起こる場合も同様に成り立つ．よって

$$B_n(x, \delta) \subset \bigcup_{W \in G_n(\eta^n(x), 2q)} W. \tag{3.5.14}$$

$W \in G_n(\eta^n(x), 2q)$ に対して

$$\mu(W) \leq \exp\{(-h_\mu(f, \eta) + 3\gamma)n\}$$

であるとき

$$\begin{aligned}
\mu(B_n(x, \delta)) &\leq \sum_{W \in G_n(\eta^n(x), 2q)} \mu(W) \quad &((3.5.14)\text{ により}) \\
&\leq \sharp G_n(\eta^n(x), 2q) \exp\{(-h_\mu(f, \eta) + 3\gamma)n\} \\
&\leq \exp(\gamma n)\exp\{(-h_\mu(f, \eta) + 3\gamma)n\} \quad &((3.5.12)\text{ により}) \\
&= \exp\{(-h_\mu(f, \eta) + 4\gamma)n\}. \tag{3.5.15}
\end{aligned}$$

この場合に

$$-\frac{1}{n}\log\mu(B_n(x, \delta)) \geq h_\mu(f, \eta) - 4\gamma.$$

一方において，$W \in G_n(\eta^n(x), 2q)$ が

$$\mu(W) > \exp\{(-h_\mu(f, \eta) + 3\gamma)n\}$$

の場合に，$x \in E$ であれば起こり得ない．よって μ–a.e. $x \in E$ に対して

$$\begin{aligned}
\liminf_{n \to \infty} -\frac{1}{n}\log\mu(B_n(x, \delta)) &\geq h_\mu(f, \eta) - 4\gamma \\
&\geq h_\mu(f) - 5\gamma \quad ((3.5.2)\text{ により}).
\end{aligned}$$

γ は任意であったので，(3.5.8) により $\gamma \to 0$ のとき $\mu(E) \to 1$ である．よって

$$\lim_{\delta \to 0} \liminf_{n \to \infty} -\frac{1}{n} \log \mu(B_n(x, \delta)) \geq h_\mu(f) \qquad \mu\text{--a.e. } x.$$

□

注意 3.5.3 自然数 $N > 1$ を固定して，r は $0 < r < \dfrac{N-1}{N}$ を満たすとする．このとき

$$\lim_{n \to \infty} \frac{1}{n} \log \sum_{m=0}^{[nr]} (N-1)^m {}_n C_m \leq r \log(N-1) - r \log r - (1-r) \log(1-r)$$

が成り立つ．

証明 スターリング (Stirling) の公式

$$\frac{n!}{n^{n+\frac{1}{2}} e^{-n}} \longrightarrow \sqrt{2\pi} \quad (n \to \infty)$$

により，十分に大きい n に対して

$$\sqrt{\pi} \leq \frac{n!}{n^{n+\frac{1}{2}} e^{-n}} \leq \sqrt{3\pi}. \tag{3.5.16}$$

$$\sum_{m=0}^{[nr]} (N-1)^m {}_n C_m \leq ([nr]+1)(N-1)^{[nr]} {}_n C_{[nr]} \tag{3.5.17}$$

が成り立つ．

実際に，$N > 1$, $0 < r < \dfrac{N-1}{N}$ のとき

$$0 \leq m \leq [nr] \Longrightarrow (N-1)^m {}_n C_m \leq (N-1)^{[nr]} {}_n C_{[nr]}$$

を示す．

$$\frac{{}_n C_m}{{}_n C_{[nr]}} = \frac{[nr]}{n-m} \frac{[nr]-1}{n-m-1} \cdots \frac{m+k}{n-[nr]+k} \cdots \frac{m+1}{n-[nr]+1} \tag{3.5.18}$$

であるから，$\dfrac{{}_n C_m}{{}_n C_{[nr]}}$ は $[nr] - m$ 個の分数の積である．

$m \leq n - [nr]$ のとき

$$\frac{m+k}{n-[nr]+k} \leq 1 \quad (k \geq 0).$$

よって (3.5.18)≤ 1 である. $m > n - [nr]$ のとき

$$\frac{m+k}{n-[nr]+k} \leq \frac{m}{n-[nr]}$$
$$\leq \frac{r}{1-r} \quad (m \leq [nr] \leq nr \text{ により})$$
$$\leq N-1 \quad (0 < r < \frac{N-1}{N} \text{ により}).$$

よって (3.5.18)$\leq (N-1)^{[nr]-m}$ である. いずれにしても

$$\frac{{}_nC_m}{{}_nC_{[nr]}} \leq (N-1)^{[nr]-m}.$$

よって

$$(N-1)^m {}_nC_m \leq (N-1)^m (N-1)^{[nr]-m} {}_nC_{[nr]} = (N-1)^{[nr]} {}_nC_{[nr]}.$$

(3.5.17) が示された.

結論を得るために

$$\frac{1}{n}\log \sum_{m=0}^{[nr]}(N-1)^m {}_nC_m \leq \frac{1}{n}\log([nr]+1) + \frac{1}{n}\log(N-1)^{[nr]} {}_nC_{[nr]}$$
$$\leq \frac{1}{n}\log([nr]+1) + \frac{1}{n}\log(N-1)^{[nr]}$$
$$+ \frac{1}{n}\log \frac{n!}{[nr]!(n-[nr])!}. \qquad (3.5.19)$$

(3.5.16) を用いると

$$\frac{n!}{[nr]!(n-[nr])!} \leq \sqrt{\frac{3}{\pi}} \frac{n^{n+\frac{1}{2}}}{[nr]^{[nr]+\frac{1}{2}}(n-[nr])^{n-[nr]+\frac{1}{2}}}.$$

よって

$$(3.5.19) \leq \frac{1}{n}\log([nr]+1) + \frac{[nr]}{n}\log(N-1) + \frac{1}{n}\log\sqrt{\frac{3}{\pi}}$$
$$+ \frac{1}{n}\left([nr]+\frac{1}{2}\right)\log\left(\frac{n}{[nr]}\right)$$
$$+ \frac{1}{n}\left(n-[nr]+\frac{1}{2}\right)\log\left(\frac{n}{n-[nr]}\right) - \frac{1}{2n}\log n.$$

このことから結論が求まる. □

$r > 0$ と $n_1 > 0, n_2 > 0$ に対して

$$B_{n_1,n_2}(x,r) = \{y \in X \mid d(f^k(x), f^k(y)) \leq r,\ -n_1 \leq k \leq n_2 - 1\}$$

とおく．

注意 3.5.4 定理 3.5.2 の仮定のもとで，次が成り立つ：

μ–a.e. x で

$$h_\mu(f) = \lim_{r \to 0} \limsup_{\substack{n_1 \to \infty \\ n_2 \to \infty}} -\frac{1}{n_1 + n_2} \log \mu(B_{n_1,n_2}(x,r))$$
$$= \lim_{r \to 0} \liminf_{\substack{n_1 \to \infty \\ n_2 \to \infty}} -\frac{1}{n_1 + n_2} \log \mu(B_{n_1,n_2}(x,r)).$$

証明 $B_{n,n}(x,r)$ に対して，定理 3.6.2 の証明を繰り返すと

$$h_\mu(f) = \lim_{r \to 0} \liminf_{n \to \infty} -\frac{1}{2n} \log \mu(B_{n,n}(x,r))$$

を得る．よって $n > m > 0$ のとき

$$B_{n,n}(x,r) \subset B_{n,m}(x,r) \subset B_{m,m}(x,r)$$

であるから結論を得る． □

3.6 閉球の個数とエントロピー

位相的エントロピー $h(f)$ が正の値をもつ場合に，変分原理を用いると，$0 < \delta < 1$ に対して $\mu_\delta \in \mathcal{M}_f(X)$ があって，$h_{\mu_\delta}(f) \geq h(f) - \delta$ が成り立つ．このとき，δ に依存してフラクタル構造をもつ f–不変集合 Γ_δ があって，$h(f_{|\Gamma_\delta}) \geq h_{\mu_\delta}(f) - \delta$ を得る（関連論文 [Ka] 参照）．よって，$\delta > 0$ に依存してフラクタル構造をもつ集合が変化する．このことを明らかにするために，この節の主定理である次の定理 3.6.1 が用意される．

f はコンパクト距離空間 X から X の上への同相写像として，μ は X の上の f–不変ボレル確率測度とする．$1 > \mu(X \setminus A) \geq \delta > 0$ を満たすボレル集合 A を与える．このとき，$\mu(A) \geq 1 - \delta$ である．$\varepsilon > 0$ と $n > 0$ に対して，$B_n(x, \varepsilon)$ によって A を被覆するための最小個数を $N(n, \varepsilon, \delta)$ とする．μ がエルゴード的であれば，f のエントロピーは

$$h_\mu(f) \sim \frac{1}{n} \log N(n, \varepsilon, \delta)$$

であることが示される.

$0 < \delta < 1$ を固定する. $\varepsilon > 0$ と $n > 0$ に対して, X の被覆 $\{B_n(x,\varepsilon) | x \in X\}$ に属する集合 $B_n(x,\varepsilon)$ の和集合の μ–測度の値が $1 - \delta$ 以上になるために必要な $B_n(x,\varepsilon)$ の最小個数を $N_f(n,\varepsilon,\delta)$ で表す. すなわち

$$N_f(n,\varepsilon,\delta) = \inf\left\{k \,\middle|\, \mu\left(\bigcup_{x_1,\cdots,x_k \in X} B_n(x_i,\varepsilon)\right) \geq 1 - \delta\right\}$$

を定義する. $n > m$ とする. 明らかに, $B_n(x,\varepsilon) \subset B_m(x,\varepsilon)$ であるから

$$N_f(n,\varepsilon,\delta) \geq N_f(m,\varepsilon,\delta)$$

が成り立つ.

次の定理は, 位相的エントロピーと測度的エントロピーとの関連を調べるためにディナブルク (Dinaburg) (関連論文 [Di]) によって見いだされ, その後カトック (関連論文 [Ka]) によって改良されている.

定理 3.6.1 f–不変ボレル確率測度 μ はエルゴード的であるとする. このとき $h_\mu(f) < \infty$ であれば

$$\begin{aligned} h_\mu(f) &= \lim_{\varepsilon \to 0} \liminf_{n \to \infty} \frac{1}{n} \log N_f(n,\varepsilon,\delta) \\ &= \lim_{\varepsilon \to 0} \limsup_{n \to \infty} \frac{1}{n} \log N_f(n,\varepsilon,\delta). \end{aligned}$$

証明 不等式

$$h_\mu(f) \leq \lim_{\varepsilon \to 0} \liminf_{m \to \infty} \frac{1}{m} \log N_f(m,\varepsilon,\delta)$$

を示すために, $\lambda > 0$ を固定して X の有限可測分割 $\alpha = \{A_1, \cdots, A_l\}$ を

$$h_\mu(f,\alpha) \geq h_\mu(f) - \lambda \tag{3.6.1}$$

を満たすように選ぶ. 各 A_i に対して, $B_i \subset A_i$ を満たす閉集合 B_i と $B_0 = X \setminus \bigcup_{i=1}^{l} B_i$ によって, 分割 $\beta = \{B_0, B_1, \cdots, B_l\}$ を構成し

$$|h_\mu(f,\beta) - h_\mu(f,\alpha)| < \lambda \tag{3.6.2}$$

を満たすように B_i を選ぶことができる. B_0 は閉集合とは限らない.

シャノン–マクミラン–ブレイマンの定理により

$$h_\mu(f,\beta,x) = \lim_{n \to \infty} -\frac{1}{n} \log \mu(\beta^n(x))$$

であって，μ はエルゴード的であるから

$$h_\mu(f, \beta, x) = h_\mu(f, \beta) \quad \mu\text{-a.e. } x$$

である．

$N \geq 1$ に対して

$$Y_N = \left\{ y \in X \ \middle| \ -\frac{1}{n} \log \mu(\beta^n(y)) \geq h_\mu(f, \beta) - \lambda \quad (n \geq N) \right\}$$

とおく．このとき

$$\mu(Y_N) \longrightarrow 1 \quad (N \to \infty).$$

よって，$\delta > 0$ に対して $N_1 > 0$ が存在して

$$\mu(Y_n) \geq \frac{1+\delta}{2} \qquad (n \geq N_1).$$

一方において，$B_i \ (1 \leq i \leq l)$ は互いに共通部分をもたない閉集合であるから，$d(B_i, B_j) \neq 0 \ (1 \leq i < j \leq l)$ である．よって

$$0 < \varepsilon < \frac{1}{2} \min\{d(B_i, B_j) | i \neq j, \ 1 \leq i, \ j \leq l\}$$

を満たす ε と $x \in X$ に対して，$B_n(x, \varepsilon)$ は分割 β^n に属する高々 2^n 個の集合と交わる．

実際に，$k \geq 0$ に対して $B(f^k(x), \varepsilon) = \{y | d(f^k(x), y) \leq \varepsilon\}$ は分割 β の高々 2 個の集合で被覆される（図 3.6.1）．すなわち $B_0, B_{j_k} \in \beta$ があって

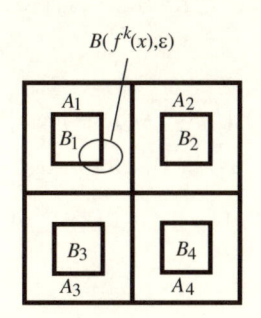

図 **3.6.1**

$$B(f^k(x), \varepsilon) \subset B_0 \cup B_{j_k}.$$

よって
$$f^{-k}(B(f^k(x),\varepsilon)) \subset f^{-k}(B_0) \cup f^{-k}(B_{j_k}).$$
このことから
$$B_n(x,\varepsilon) = \bigcap_{k=0}^{n-1} f^{-k}(B(f^k(x),\varepsilon)) \subset \bigcap_{k=0}^{n-1}(f^{-k}(B_0) \cup f^{-k}(B_{j_k})). \quad (3.6.3)$$

(3.6.3) の右辺の共通集合は β^n に属する高々 2^n 個の集合の和集合である.

したがって $n \geq N_1$ のとき

$$\begin{aligned}
\mu(B_n(x,\varepsilon) \cap Y_n) &\leq \mu\left(\bigcup\{B \cap Y_n \,|\, B \in \beta^n,\ B \cap B_n(x,\varepsilon) \neq \emptyset\}\right) \\
&\leq 2^n \exp[-n\{h_\mu(f,\beta) - \lambda\}] \\
&\leq \exp[-n\{h_\mu(f) - 3\lambda - \log 2\}] \quad ((3.6.1),\,(3.6.2) \text{ により}).
\end{aligned}$$
(3.6.4)

よって有限点列 $K = \{x_1, \cdots, x_t\}$ が

$$\mu\left(\bigcup_{i=1}^{t} B_n(x_i,\varepsilon)\right) \geq 1 - \delta$$

を満たすならば

$$\sharp K \geq \frac{1-\delta}{2} \exp[n\{h_\mu(f) - 3\lambda - \log 2\}]. \quad (3.6.5)$$

実際に
$$K' = \{x_i \in K \,|\, B_n(x_i,\varepsilon) \cap Y_n \neq \emptyset\}$$
とおくと

$$\begin{aligned}
&\sharp K \exp[-n\{h_\mu(f) - 3\lambda - \log 2\}] \\
&\geq \sharp K' \exp[-n\{h_\mu(f) - 3\lambda - \log 2\}] \\
&\geq \sum_{x_i \in K'} \mu(B_n(x_i,\varepsilon) \cap Y_n) \quad ((3.6.4) \text{ により}) \\
&= (*).
\end{aligned}$$

$K' \neq K$ であれば, $x_s \in K \setminus K'$ に対して $B_n(x_s,\varepsilon) \cap Y_n = \emptyset$ である. よって, そのような s に関する μ–測度の和は $\sum_s \mu(B_n(x_s,\varepsilon) \cap Y_n) = 0$ であるから

$$(*) = \sum_{i=1}^{t} \mu(B_n(x_i,\varepsilon) \cap Y_n)$$

$$\geq \mu\left(\bigcup_{i=1}^{t} B_n(x_i,\varepsilon) \cap Y_n\right)$$

$$= \mu\left(\bigcup_{i=1}^{t} B_n(x_i,\varepsilon)\right) - \mu\left(\bigcup_{i=1}^{t} B_n(x_i,\varepsilon) \cap Y_n^c\right)$$

$$\geq \mu\left(\bigcup_{i=1}^{t} B_n(x_i,\varepsilon)\right) - \mu(Y_n^c)$$

$$\geq (1-\delta) - \left(1 - \frac{1+\delta}{2}\right)$$

$$= \frac{1-\delta}{2}.$$

よって (3.6.5) が成り立つ．

このような集合 K のうち濃度が最小となる K は $N_f(n,\varepsilon,\delta)$ であるから

$$N_f(n,\varepsilon,\delta) \geq \frac{1-\delta}{2}\exp[n\{h_\mu(f) - 3\lambda - \log 2\}] \quad (n \geq N_1).$$

この不等式を f^r $(r \geq 1)$ に適用すれば，$N_r > 0$ が存在して $n \geq N_r$ に対して

$$N_f(nr,\varepsilon,\delta) \geq N_{f^r}(n,\varepsilon,\delta)$$
$$\geq \frac{1-\delta}{2}\exp[n\{h_\mu(f^r) - 3\lambda - \log 2\}]$$
$$= \frac{1-\delta}{2}\exp\left[nr\left\{h_\mu(f) - \frac{3\lambda}{r} - \frac{\log 2}{r}\right\}\right].$$

よって，$m \geq N_r$ に対して $m = nr + k \geq 1$ $(0 \leq k < r)$ と表す．このとき

$$\frac{1}{m}\log N_f(m,\varepsilon,\delta) \geq \frac{1}{m}\log N_f(nr,\varepsilon,\delta)$$
$$\geq \frac{1}{m}\log\left[\frac{1-\delta}{2}\exp\left\{nr\left(h_\mu(f) - \frac{3\lambda}{r} - \frac{\log 2}{r}\right)\right\}\right]$$
$$= \frac{1}{m}\log\frac{1-\delta}{2} + \frac{nr}{m}\left\{h_\mu(f) - \frac{3\lambda}{r} - \frac{\log 2}{r}\right\}$$
$$\to h_\mu(f) - \frac{3\lambda}{r} - \frac{\log 2}{r} \quad (m \to \infty).$$

すなわち

$$\liminf_{m \to \infty} \frac{1}{m}\log N_f(m,\varepsilon,\delta) \geq h_\mu(f) - \frac{3\lambda}{r} - \frac{\log 2}{r}.$$

r と ε は任意であるから

$$h_\mu(f) \leq \lim_{\varepsilon \to 0}\liminf_{m \to \infty}\frac{1}{m}\log N_f(m,\varepsilon,\delta).$$

命題を結論するために，不等式
$$h_\mu(f) \geq \lim_{\varepsilon \to 0} \limsup_{m \to \infty} \frac{1}{m} \log N_f(m, \varepsilon, \delta)$$
を示す必要がある．そのために $\varepsilon > 0$ を固定する．X の有限可測分割 $\alpha = \{A_1, \cdots, A_l\}$ を $\mathrm{diam}(A_i) \leq \varepsilon$ $(1 \leq i \leq l)$ を満たすように選び，$\lambda > 0, N \geq 1$ に対して
$$X_N = \left\{ x \in X \;\Big|\; -\frac{1}{n} \log \mu(\alpha^n(x)) \leq h_\mu(f, \alpha) + \lambda \quad (n \geq N) \right\}$$
とおく．再び，シャノン–マクミラン–ブレイマンの定理により，$\mu(X_N) \to 1$ $(N \to \infty)$ である．よって $N_0 \geq 1$ があって $\mu(X_n) \geq 1 - \delta$ $(n \geq N_0)$ が成り立つ．

$n \geq N_0$ に対して，有限点列 $K = \{x_1, \cdots, x_p\}$ は X_n に含まれ，かつ $X_n \subset \bigcup_{i=1}^p C_i$ を満たすように $C_i = \alpha^n(x_i)$ を選ぶ．このとき，$\mathrm{diam}(A_i) < \varepsilon$ $(A_i \in \alpha)$ であるから
$$C_i \subset B_n(x_i, \varepsilon), \quad \mu(C_i) \geq \exp\{-n(h_\mu(f, \alpha) + \lambda)\}.$$
$n \geq N_0$ に対して
$$\mu\left(\bigcup_{i=1}^p B_n(x_i, \varepsilon)\right) \geq \mu\left(\bigcup_{i=1}^p C_i\right) \geq \mu(X_n) \geq 1 - \delta$$
であるから
$$p = \sharp K \geq N_f(n, \varepsilon, \delta). \tag{3.6.6}$$
一方において
$$1 \geq \mu\left(\bigcup_{i=1}^p C_i\right) = \sum_{i=1}^p \mu(C_i) \geq p \cdot \exp\{-n(h_\mu(f, \alpha) + \lambda)\}. \tag{3.6.7}$$
(3.6.6), (3.6.7) により
$$N_f(n, \varepsilon, \delta) \leq p \leq \exp\{n(h_\mu(f) + \lambda)\} \quad (n \geq N_0).$$
よって
$$\limsup_{n \to \infty} \frac{1}{n} \log N_f(n, \varepsilon, \delta) \leq h_\mu(f) + \lambda.$$
$\lambda \to 0, \varepsilon \to 0$ とするとき，$\lim_{\varepsilon \to 0} \limsup_{n \to \infty} \frac{1}{n} \log N_f(n, \varepsilon, \delta) \leq h_\mu(f)$ が成り立つ． □

3.7 準エントロピー

確率空間 $(X, \mathcal{F}, \mu)$ の上の保測変換のエントロピーは有限分割によって定義される.しかし,高々可算分割であっても,その分割のエントロピーが有限である場合に変換のエントロピーが定義可能であることを見てきた.

特に,有限分割が生成系をなすとき,エントロピーは力学系に多くの情報を与える.以後に議論されるように有限生成系の存在は一様双曲的な力学系の位相的特徴の一つであって,非一様双曲的な力学系にはその概念の存在は保証されない.

しかし,分割が非可算である場合には,非一様双曲的であっても生成系となる非可算分割が存在する.このような分割を用いてエントロピーを定義したい.

そのために,ローリン (Rohlin) によって導入された準エントロピーから議論を始める.準エントロピーは従来のエントロピーとは異なる概念であるが,それを有効に利用して非一様双曲的な力学系の情報を得ている.

コンパクト距離空間 X の上の同相写像 f を不変にするボレル確率測度を μ とする.

可測分割 η は可算可測分割の列 $\{\eta_n\}$ があって

$$\eta_1 \leq \eta_2 \leq \cdots \leq \bigvee_{k=1}^{\infty} \eta_k = \eta$$

を満たすとし,η に関する条件付き確率測度の標準系を $\{\mu_x^\eta\}$ で表す.可測分割 ξ に対して

$$\hat{H}_\mu(\xi|\eta) = -\int \log \mu_x^\eta(\xi(x)) d\mu(x) \tag{3.7.1}$$

を定義する.$\log 0 = -\infty$ とする.$\hat{H}_\mu(\xi|\eta)$ を**準エントロピー** (quasi entropy) という.

(3.7.1) によって与えた $\hat{H}_\mu(\cdot|\eta)$ は η が可算でなくとも定義は可能である.しかし,$\mathcal{Z}$ の上で与えた従来のエントロピーとの関連性を見る必要がある.

この節を通して,X はコンパクト距離空間で,$f: X \to X$ は確率空間 $(X, \mathcal{B}, \mu)$ の上の μ-保測な同相写像とする.

注意 3.7.1 $\xi = \{C_i\}$, $\eta = \{D_j\}$ が可算可測分割であるとき,η に関する μ の条件付き確率測度の標準系 $\{\mu_x^\eta\}$ は,$x \in X$ に対して

$$\mu_x^\eta(\xi(x)) = \frac{\mu(\eta(x) \cap \xi(x))}{\mu(\eta(x))}$$

である．ξ の η に関する条件付きエントロピー $H_\mu(\xi|\eta)$ は有限であると仮定する．このとき

$$H_\mu(\xi|\eta) = \hat{H}_\mu(\xi|\eta)$$

が成り立つ．

実際に

$$H_\mu(\xi|\eta) = -\sum_{i,j} \mu(D_j) \frac{\mu(C_i \cap D_j)}{\mu(D_j)} \log \frac{\mu(C_i \cap D_j)}{\mu(D_j)}$$

$$= -\int \log \mu_x^\eta(\xi(x)) d\mu.$$

命題 3.7.2 $\xi \in \mathcal{Z}$ に対して

$$\hat{H}_\mu(\xi^+|f(\xi^+)) = h_\mu(f, \xi)$$

が成り立つ．

証明

$$\hat{H}_\mu(\xi^+|f(\xi^+)) = \int -\log \mu_x^{f(\xi^+)}(\xi^+(x)) d\mu$$

$$= \lim_n \int -\log \mu_x^{f(\xi^+)}(\xi^{-n}(x)) d\mu$$

$$= \lim_n \left[\lim_m \int -\log \mu_x^{f(\xi^{-m})}(\xi^{-n}(x)) d\mu \right]$$

$$= \lim_n [\lim_m H_\mu(\xi^{-n}|f(\xi^{-m}))]$$

$$= \lim_n [\lim_m \{H_\mu(\xi|f(\xi^{-m})) + H_\mu(f(\xi_{-1}^{-n})|\xi^{-(m+1)})\}]$$

$$= \lim_n [\lim_m H_\mu(\xi|f(\xi^{-m}))]$$

$$= h_\mu(f, \xi).$$

□

定理 3.7.3 可算可測分割 ξ_j $(j \geq 1)$ は

$$H_\mu(\xi_j) < \infty \quad (j \geq 1),$$

$$\xi_1 \leq \xi_2 \leq \cdots \leq \bigvee_{j=1}^\infty \xi_j = \xi$$

を満たしているとする。このとき，$\xi \leq f^{-1}(\xi)$ であれば
$$h_\mu(f) \geq \hat{H}_\mu(\xi|f(\xi))$$
が成り立つ．

証明
$$\xi_1 \leq \xi_2 \leq \cdots \leq \bigvee_j \xi_j = \xi$$
で各 ξ_j は可算である．そこで，$\xi_{j,n} \nearrow \xi_j$ を満たす有限可測分割 $\xi_{j,n}$ を構成する．明らかに，$h_\mu(f, \xi_{j,n}) \leq h_\mu(f, \xi_j)$ $(n \geq 1, j \geq 1)$ である．よって
$$h_\mu(f) \geq \limsup_n h_\mu(f, \xi_{j,n}).$$
命題 3.1.17 と命題 3.1.13(2) により，十分大きい n に対して
$$h_\mu(f, \xi_j) \leq h_\mu(f, \xi_{j,n}) + H_\mu(\xi_j | \xi_{j,n})$$
$$\leq h_\mu(f, \xi_{j,n}) + \varepsilon.$$
よって
$$h_\mu(f, \xi_j) \leq \liminf_n h_\mu(f, \xi_{j,n})$$
であって
$$h_\mu(f) \geq \lim_n h_\mu(f, \xi_{j,n}) = h_\mu(f, \xi_j).$$
$\xi_j \nearrow \xi$ $(j \to \infty)$ であるから
$$h_\mu(f) \geq \lim_j h_\mu(f, \xi_j)$$
$$= \lim_j \left[\lim_n H_\mu \left(\xi_j \Big| \bigvee_{i=1}^{n-1} f^i(\xi_j) \right) \right] \quad (\text{定理 3.1.11 により})$$
$$= (*).$$
$(\xi_j)_{-1}^{-n} = \bigvee_{i=1}^{n-1} f^i(\xi_j)$ とおく．このとき
$$(*) = \lim_j \left[\lim_n \int -\log \mu_x^{(\xi_j)_{-1}^{-n}}(\xi_j(x)) d\mu \right]$$
$$= (**).$$
$$\varphi_n(x) = \mu_x^{(\xi_j)_{-1}^{-n}}(\xi_j(x))$$

は $\mathcal{B}_{(\xi_j)_{-1}^{-n}}$-可測で
$$\psi(x) = \mu_x^{(\xi_j)_{-1}^{-\infty}}(\xi_j(x))$$
は $\mathcal{B}_{(\xi_j)_{-1}^{-\infty}}$-可測であって
$$\mathcal{B}_{(\xi_j)_{-1}^{-n}} \subset \mathcal{B}_{(\xi_j)_{-1}^{-\infty}}$$
であるから
$$\varphi_n(x) = E(\psi|\mathcal{B}_{(\xi_j)_{-1}^{-n}}) \qquad \mu\text{-a.e. } x$$
が成り立つ. ドゥブの定理により次の収束
$$\varphi_n(x) \to \psi(x)$$
は概収束, かつ L^1-収束するから
$$(**) = \lim_j \int -\log \mu_x^{(\xi_j)_{-1}^{-\infty}}(\xi_j(x))d\mu$$
$$= (***).$$

$\xi_j \nearrow \xi$ であるから, 分割 $(\xi_j)_{-1}^{\infty}$ は j に関して単調増加である. 十分に大きい j に対して
$$\xi_j(x) \setminus \xi(x) \subset F \tag{3.7.2}$$
を満たすボレル集合 F を選ぶとき
$$\xi_j(x) \subset F \cup \xi(x)$$
であるから
$$\lim_j \int -\log \mu_x^{(\xi_j)_{-1}^{\infty}}(\xi_j(x))d\mu$$
$$\geq \lim_j \int -\log \mu_x^{(\xi_j)_{-1}^{\infty}}(F \cup \xi(x))d\mu$$
$$\geq \int -\log \mu_x^{\xi_{-1}^{\infty}}(F \cup \xi(x))d\mu \quad (\text{ファトウの補題により}).$$

F は十分に大きい j に対して (3.7.2) を満たす任意のボレル集合で, 上の不等式の右辺は j に関係しないから, $F \searrow \emptyset$ とできる. よって
$$(***) = \int -\log \mu_x^{\xi_{-1}^{-\infty}}(\xi(x))d\mu$$
$$= \hat{H}_\mu(\xi|f(\xi)) \quad ((\xi)_{-1}^{-\infty} = f(\xi) \text{ により}).$$

□

定理 3.7.4 次の (1),(2),(3),(4) を同時に満たす可測分割 ξ が存在する：

(1) $\xi \leq f(\xi)$,

(2) $\bigvee_{i=0}^{\infty} f^i(\xi) = \mathcal{E}$,

(3) $\bigwedge_{i=0}^{\infty} f^{-i}(\xi) = \pi$,

(4) $\hat{H}_\mu(f(\xi)|\xi) = h_\mu(f)$.

ここに $\mathcal{E}$ は各点分割を，π はピンスカー分割を表す．

証明 $\{\xi_k\}$ は有限分割の列で，$\xi_k \nearrow \mathcal{E}$ を満たすとする．$\{n_k\}$ は自然数の増大列とし

$$\eta_p = \bigvee_{k=1}^{p} f^{n_k}(\xi_k), \quad \eta = \bigvee_{p=1}^{\infty} \eta_p, \quad \xi = \eta_1^\infty = \bigvee_{i=1}^{\infty} f^{-i}(\eta)$$

とおく．

(1), (2) は $\{n_k\}$ の選び方に無関係に成り立つ．

(4) を示す．そのために $p < q$ に対して

$$0 < \hat{H}_\mu(\eta_p|(\eta_{p-1})_1^\infty) - \hat{H}_\mu(\eta_p|(\eta_q)_1^\infty) < \frac{2^{p-q}}{p}$$

が成り立つように $\{n_k\}$ が定まることを帰納法を用いて示す．

n_1 を勝手に定め，$n_1, \cdots, n_{q-1}$ が定まったと仮定する．n_q が定まれば

$$\eta_q = \eta_{q-1} \vee f^{n_q}(\xi_q)$$

であるから

$$(\eta_q)_1^\infty = (\eta_{q-1})_1^\infty \vee f^{n_q}(\xi_q)_1^\infty.$$

n_q を定めるために

$$\lim_{m \to \infty} \hat{H}_\mu(\eta_p|(\eta_{q-1})_1^\infty \vee f^m(\xi_q)_1^\infty) = \hat{H}_\mu(\eta_p|(\eta_{q-1})_1^\infty) \quad (3.7.3)$$

を示せば十分である．

$$f^m(\xi_q)_1^\infty = f^m\left(\bigvee_{i=1}^{\infty} f^{-i}(\xi_q)\right) = \bigvee_{i=m+1}^{\infty} f^{-i}(\xi_q) \quad (m \geq 0)$$

であるから，この分割によって生成された σ–集合体を $\mathcal{B}_{f^m(\xi_q)_1^\infty}$ と表す．このとき

$$\mathcal{B}_{f(\xi_q)_1^\infty} \supset \mathcal{B}_{f^2(\xi_q)_1^\infty} \supset \cdots \supset \bigcap_m \mathcal{B}_{f^m(\xi_q)_1^\infty}.$$

σ–集合体 $\bigcap_m \mathcal{B}_{f^m(\xi_q)_1^\infty}$ は

$$\tau(\xi_q) = \bigwedge_{m=0}^{\infty} \bigvee_{i=m+1}^{\infty} f^{-i}(\xi_q)$$

によって生成された σ–集合体と一致する．

$\mathcal{B}_{(\eta_{q-1})_1^\infty}$-可測関数として

$$\mu_x^{(\eta_{q-1})_1^\infty \vee \tau(\xi_q)}(\eta_p(x)) = \mu_x^{(\eta_{q-1})_1^\infty}(\eta_p(x)) \qquad \mu\text{–a.e.}\, x$$

であるから

$$\hat{H}_\mu(\eta_p|(\eta_{q-1})_1^\infty \vee \tau(\xi_q)) = \hat{H}_\mu(\eta_p|(\eta_{q-1})_1^\infty).$$

すなわち (3.7.3) が成り立つ．

$p < q$ なる p, q は任意であるから，$p = q - 1$ とすると

$$0 < \hat{H}_\mu(\eta_p|(\eta_p)_1^\infty) - \hat{H}_\mu(\eta_p|(\eta_q)_1^\infty) < \frac{2}{p}.$$

$(\eta_p)_1^\infty \nearrow \xi\,(p \to \infty)$ であるから

$$\lim_{q \to \infty} \hat{H}_\mu(\eta_p|(\eta_q)_1^\infty) = \hat{H}_\mu(\eta_p|\xi).$$

よって

$$\lim_{p \to \infty} \hat{H}_\mu(\eta_p|(\eta_p)_1^\infty) = \hat{H}_\mu(\eta|\xi).$$

$\xi_k \nearrow \mathcal{E}$ であって，$f^{n_p}(\xi_p) \leq \eta_p$ であるから

$$\begin{aligned} h_\mu(f) &= \lim_{p \to \infty} h_\mu(f, \xi_p) \\ &\leq \lim_{p \to \infty} h_\mu(f, \eta_p) \\ &= \lim_{p \to \infty} H_\mu(\eta_p|(\eta_p)_1^\infty) \\ &= \hat{H}_\mu(\eta|\xi). \end{aligned}$$

$f(\xi) = \eta \vee \xi$ であるから

$$\begin{aligned} \hat{H}_\mu(f(\xi)|\xi) &= \hat{H}_\mu(\eta \vee \xi|\xi) \\ &= \hat{H}_\mu(\eta|\xi). \end{aligned}$$

よって定理 3.5.3 と併せて

$$h_\mu(f) = \hat{H}_\mu(f(\xi)|\xi)$$

を得る.

最後に (3) を示す. 定理 3.3.9 により

$$\xi \leq f(\xi), \quad \xi^+ = \mathcal{E}$$

であるから

$$\tau(\xi) = \bigwedge_{i=0}^{\infty} f^{-i}(\xi) \geq \pi.$$

よって $\tau(\xi) \leq \pi$ を示せば十分である.

有限分割 $\zeta \leq \tau(\xi)$ と $p \geq 1$ に対して, 命題 3.3.7 により

$$\hat{H}_\mu(\zeta|\zeta_1^\infty \vee (\eta_p)_f) + h_\mu(f, \eta_p)$$
$$= h_\mu(f, \zeta \vee \eta_p)$$
$$= \hat{H}_\mu(\eta_p|(\eta_p)_1^\infty \vee \zeta_f) + h_\mu(f, \zeta).$$

$(\eta_p)_1^\infty \vee \zeta_f \leq \xi$ であるから

$$h_\mu(f, \zeta) \leq \hat{H}_\mu(\zeta|(\eta_p)_f) + h_\mu(f, \eta_p) - \hat{H}_\mu(\eta_p|\xi).$$

$p \to \infty$ のとき, $(\eta_p)_f \nearrow \mathcal{E}$ であるから

$$\hat{H}_\mu(\zeta|(\eta_p)_f) \longrightarrow 0,$$
$$h_\mu(f, \eta_p) \longrightarrow h_\mu(f, \xi) = h_\mu(f).$$

よって

$$\zeta \leq \zeta_f \leq \pi.$$

すなわち $\tau(\xi) \leq \pi$ である. (3) が示された. □

定理 3.7.5 可算可測分割の列 $\{\xi_j | j \geq 1\}$ が

(i) $\xi_1 \leq \xi_2 \leq \cdots \leq \bigvee_{j=1}^{\infty} \xi_j = \xi$,

(ii) $\xi \leq f^{-1}(\xi)$,

(iii) $H_\mu(\xi_j) < \infty \quad (j \geq 1)$

を満たしているとする．このとき

$$\lim_{j\to\infty} \hat{H}_\mu(f^{-1}(\xi_j)|\xi) = \hat{H}_\mu(f^{-1}(\xi)|\xi).$$

証明 $j \geq 1$ に対して

$$g_j(x) = -\log \mu_x^\xi((f^{-1}\xi_j \cap \xi)(x))$$

とおくと，$\{g_j\}$ は単調列であるから概収束する．

単調収束定理により

$$\begin{aligned}\hat{H}_\mu(f^{-1}\xi|\xi) &= \int \lim_j -\log \mu_x^\xi((f^{-1}\xi_j)(x))d\mu \\ &= \lim_j \int -\log \mu_x^\xi((f^{-1}\xi_j)(x))d\mu \\ &= \lim_j \hat{H}_\mu((f^{-1}\xi_j)|\xi).\end{aligned}$$

□

注意 3.7.6 可算可測分割の列 $\{\xi_j\}$ が

$$\xi_1 \leq \xi_2 \leq \cdots \leq \bigvee_{j=1}^\infty \xi_j = \xi$$

を満たし，$\xi \leq f^{-1}(\xi)$ であるとする．このとき

$$\hat{H}_\mu(f^{-1}(\xi)|\xi) = \hat{H}_\mu(\xi|f(\xi)).$$

証明 $\xi(x) \in \xi$ とする．V_n は $\xi(x)$ を含み

$$\bigcap_n V_n = \xi(x) \qquad \mu\text{-a.e.}$$

を満たすボレル集合とする．$\{\mu_x^{f(\xi)}\}$ は $f(\xi)$ に関する μ の条件付き確率測度の標準系とする．$A \in \mathcal{B}_{f(\xi)} = f(\mathcal{B}_\xi)$ に対して

$$\mu(A \cap V_n) = \int_A \mu_x^{f(\xi)}(V_n)d\mu.$$

$\mu(f^{-1}A \cap f^{-1}V_n) = \mu(A \cap V_n)$ であるから

$$\mu(A \cap V_n) = \int_{f^{-1}(A)} \mu_x^\xi(f^{-1}(V_n))d\mu$$
$$= \int_A \mu_{f^{-1}(x)}^\xi(f^{-1}(V_n))d\mu.$$

よって $n \geq 1$ に対して

$$\mu_x^{f(\xi)}(V_n) = \mu_{f^{-1}(x)}^\xi(f^{-1}(V_n)) \qquad \mu\text{-a.e.}$$

$\bigcap_n V_n = \xi(x)$ であるから

$$\mu_x^{f(\xi)}(\xi(x)) = \mu_{f^{-1}(x)}^\xi(f^{-1}\xi(x)) \qquad \mu\text{-a.e.}$$

よって

$$\hat{H}_\mu(\xi|f(\xi)) = \int -\log \mu_x^{f(\xi)}(\xi(x))d\mu$$
$$= \int -\log \mu_{f^{-1}(x)}^\xi(f^{-1}\xi(x))d\mu$$
$$= \int -\log \mu_z^\xi(f^{-1}\xi(fz))d\mu$$
$$= \int -\log \mu_z^\xi((f^{-1}\xi)(z))d\mu$$
$$= \hat{H}_\mu(f^{-1}(\xi)|\xi).$$

□

定理 3.7.7 $\{\xi_j\}$ と ξ は定理 3.7.3 の条件を満たすとする.このとき

$$\lim_{n\to\infty} \frac{1}{n}\hat{H}_\mu(\xi^n|\xi) = \hat{H}_\mu(\xi|f(\xi))$$

が成り立つ.

証明 $n > 0$ に対して

$$H_\mu((\xi_j)^n|\xi_j) = \sum_{l=1}^{n-1} H_\mu(\xi_j|(\xi_j)_{-1}^{-(l+1)}) \quad (\text{命題 3.1.10(3) により})$$

であるから

$$\hat{H}_\mu(\xi^n|\xi) = \lim_j H_\mu((\xi_j)^n|\xi_j)$$
$$= \sum_{l=1}^{n-1} \lim_j H_\mu(\xi_j|(\xi_j)_{-1}^{-(l+1)})$$
$$= \sum_{l=1}^{n-1} \hat{H}_\mu(\xi|\xi_{-1}^{-(l+1)})$$
$$= \sum_{l=1}^{n-1} \hat{H}_\mu(\xi|f(\xi)) \quad (\xi_{-1}^{-(l+1)} = f(\xi) \text{ により})$$
$$= (n-1)\hat{H}_\mu(\xi|f(\xi)) \ .$$

よって

$$\lim_n \frac{n}{n-1} \frac{1}{n} \hat{H}_\mu(\xi^n|\xi) = \hat{H}_\mu(\xi|f(\xi)) \ .$$

$\square$

定理 3.7.8 $\{\xi_j\}$ と ξ は定理 3.7.3 の条件を満たす分割とし,$\mathcal{P} \in \mathcal{Z}$ とする.このとき $h_\mu(f) < \infty$ で ξ^- は $\mathcal{B}$ を生成すれば

$$\lim_{n\to\infty} \frac{1}{n} \hat{H}_\mu((\mathcal{P} \vee \xi)^n|\xi) = \hat{H}_\mu(\xi|f(\xi))$$

が成り立つ.

証明 $n > 0$ に対して,$(\mathcal{P} \vee \xi_j)^n = \mathcal{P}^n \vee (\xi_j)^n$ であるから

$$H_\mu((\mathcal{P} \vee \xi_j)^n|\xi_j) = H_\mu((\xi_j)^n|\xi_j) + H_\mu(\mathcal{P}^n|(\xi_j)^n). \tag{3.7.4}$$

(3.7.4) の右辺の第 2 項は

$$H_\mu(\mathcal{P}^n|(\xi_j)^n) \leq \sum_{i=0}^{n-1} H_\mu(\mathcal{P}|f^{-i}(\xi_j)).$$

命題 3.1.17 により,十分大きな $n_0 > 0$ があって,$n \geq n_0$ に対して,$j_n > 0$ を大きく選ぶとき

$$H_\mu(\mathcal{P}|f^{-n}(\xi_j)) < \varepsilon \qquad (n \geq n_0, \ j \geq j_n).$$

3.7 準エントロピー　263

よって $n \geq n_0$, $j \geq j_n$ に対して

$$\frac{1}{n}H_\mu(\mathcal{P}^n|(\xi_j)^n) \leq \frac{1}{n}\sum_{i=0}^{n_0-1} H_\mu(\mathcal{P}|f^{-i}(\xi_j)) + \frac{n-n_0}{n}\varepsilon.$$

$j \to \infty$ とすると

$$\frac{1}{n}\hat{H}_\mu(\mathcal{P}^n|\xi^n) \leq \frac{1}{n}\sum_{i=0}^{n_0-1} \hat{H}_\mu(\mathcal{P}|f^{-i}(\xi)) + \varepsilon.$$

よって定理 3.5.2 により

$$\lim_{n\to\infty}\frac{1}{n}\hat{H}_\mu(\mathcal{P}^n|\xi^n) = 0.$$

(3.7.4) はドゥブ (Doob) の定理を用いて

$$\hat{H}_\mu((\mathcal{P} \vee \xi)^n|\xi) = \hat{H}_\mu(\xi^n|\xi) + \hat{H}_\mu(\mathcal{P}^n|\xi^n)$$

であるから

$$\lim_{n\to\infty}\frac{1}{n}\hat{H}_\mu((\mathcal{P} \vee \xi)^n|\xi) = \lim_{n\to\infty}\frac{1}{n}\hat{H}_\mu(\xi^n|\xi)$$
$$= \hat{H}_\mu(\xi|f(\xi)) \quad (\text{定理 3.7.7 により}).$$

□

定理 3.7.9 可測分割 ξ は

$$\xi \leq f^{-1}(\xi) \leq \cdots \leq \bigvee_{n=0}^{\infty} f^{-n}(\xi) = \xi^-$$

を満たし，ξ^- は $\mathcal{B}$ を生成するとする．さらに，ξ は可算可測分割の列 $\{\xi_j\}$ があって

$$\xi_1 \leq \xi_2 \leq \cdots \leq \bigvee_{j=1}^{\infty} \xi_j = \xi,$$
$$H_\mu(\xi_j) < \infty \quad (j \geq 1)$$

であるとする．このとき $\mathcal{P} \in \mathcal{Z}$ に対して

$$\hat{H}_\mu(\mathcal{P}^+ \vee \xi|f(\mathcal{P}^+ \vee \xi)) = \hat{H}_\mu(\xi|f(\xi))$$

が成り立つ．

証明 $\mathcal{P}^{-j} = \bigvee_{n=0}^{j-1} f^n(\mathcal{P}) \nearrow \mathcal{P}^+ \ (j \to \infty)$ であるから

$$\hat{H}_\mu((\mathcal{P}^+ \vee \xi)|f(\mathcal{P}^+ \vee \xi)) = \lim_j \hat{H}_\mu((\mathcal{P}^{-j} \vee \xi)|f(\mathcal{P}^{-j} \vee \xi))$$
$$= (*).$$

定理 3.7.8 の ξ を $\mathcal{P}^{-j} \vee \xi$ に置き換えるとき

$$\lim_{n\to\infty} \frac{1}{n} \hat{H}_\mu((\mathcal{P}^{-j} \vee \xi)^n | \mathcal{P}^{-j} \vee \xi) = \hat{H}_\mu(\mathcal{P}^{-j} \vee \xi | f(\mathcal{P}^{-j} \vee \xi))$$

を得る.

$$\hat{H}_\mu((\mathcal{P}^{-j} \vee \xi)^{n+1}|\xi) = \hat{H}_\mu(\mathcal{P}^{-j} \vee \xi|\xi) + \hat{H}_\mu((\mathcal{P}^{-j} \vee \xi)^n|\mathcal{P}^{-j} \vee \xi)$$

であるから

$$(*) = \lim_j \lim_n \frac{1}{n} \hat{H}_\mu((\mathcal{P}^{-j} \vee \xi)^n|\xi)$$
$$= \lim_j \hat{H}_\mu(\xi|f(\xi)) \quad (\text{定理 3.7.8 により})$$
$$= \hat{H}_\mu(\xi|f(\xi)).$$

□

定理 3.7.10 ξ, η は可測分割とし $\xi \geq \eta$ とする. $\eta(x) \in \eta$ に対して $\xi \cap \eta(x)$ は $\eta(x)$ の可算分割であれば, X の可算分割 ζ があって

$$\xi = \eta \vee \zeta$$

が成り立つ. $\hat{H}_\mu(\xi|\eta) < \infty$ であれば $\zeta \in \mathcal{Z}$ である.

証明 η に関する μ の条件付き測度の族を $\{\mu_z^\eta\}$ (μ–a.e. z) で表す. $B \in \eta$ とする. $\xi \cap B$ は可算であるから

$$\xi \cap B = \{\xi^B(x_i) | i \geq 1\}$$

と表す. 番号づけは

$$\mu_z^\eta(\xi^B(x_1)) \geq \mu_z^\eta(\xi^B(x_2)) \geq \cdots \quad (z \in B)$$

にしたがうとする. このとき

$$C_1 = \bigcup \{\xi^B(x_1) | B \in \eta\}$$

は可測であるようにできる（証明は関連論文 [Roh1] を参照）．

X の代わりに $X \setminus C_1$ を考えて，同様にして C_2 を定め帰納的に C_n を定める．$\bigcup_n C_n = X$ であるから，$\zeta = \{C_n | n \geq 1\}$ は可測分割で $\xi = \eta \vee \zeta$ である．

$B = \eta(z) \in \eta$ に対して

$$\mu_z^\eta(C_1) \geq \mu_z^\eta(C_2) \geq \cdots,$$
$$\mu(C_n) = \int \mu_z^\eta(C_n) d\mu$$

であるから，$\mu(C_n) \searrow 0$, かつ $\sum_n \mu(C_n) = 1$ である．よって $k_n \nearrow \infty$ なる k_n があって $\mu(C_n) \leq \dfrac{1}{k_n}$ である．

$-\log \mu(C_n) \geq \log k_n$ であるから

$$\hat{H}_\mu(\xi|\eta) = -\int \log \mu_x^\eta(\xi(x)) d\mu$$
$$= -\int \sum_n \mu_x^\eta(C_n) \log \mu_x^\eta(C_n) d\mu$$
$$\geq \sum_n \mu(C_n) \log k_n.$$

$s > 1$ に対して

$$g(s) = \sum_{s=1}^\infty \frac{1}{n^s}, \qquad p_n = \frac{1}{ng(s)}$$

とおく．$\sum_n p_n = 1$ で，関数 $x \log x$ は凸であるから，イエンゼンの不等式により

$$\sum_n \mu(C_n) \log \frac{\mu(C_n)}{p_n} \geq 0.$$

よって

$$H_\mu(\zeta) = -\sum_n \mu(C_n) \log \mu(C_n)$$
$$\leq -\sum_n \mu(C_n) \log p_n$$
$$= \sum_n \mu(C_n)\{\log g(s) + s \log k_n\}$$
$$\leq \log g(s) + s \log \hat{H}_\mu(\xi|\eta).$$

ところで

$$g(s) \leq 1 + \int_1^\infty t^{-s} dt = 1 + \frac{1}{s-1}$$

であるから，$\zeta \in \mathcal{Z}$ である． □

定理 3.7.11 可算可測分割の列 $\{\xi_j | j \geq 1\}$ が次を満たしているとする：

(i) $\xi_1 \leq \xi_2 \leq \cdots \leq \bigvee_{j=1}^{\infty} \xi_j = \xi,$

(ii) $\xi \leq f^{-1}(\xi),$

(iii) $H_\mu(\xi_j) < \infty,$

(iv) $h_\mu(f) = \hat{H}_\mu(\xi | f(\xi)) < \infty.$

このとき，$H_\mu(\mathcal{P}) < \infty$ を満たす可算分割 $\mathcal{P}$ に対して

$$\lim_n \frac{1}{n} \hat{H}_\mu(\mathcal{P}^n | \xi \vee f(\mathcal{P}^+)) = h_\mu(f, \mathcal{P})$$

が成り立つ．

証明 $n > 0$ に対して

$$\frac{1}{n} \hat{H}_\mu(\mathcal{P}^n | \xi \vee f(\mathcal{P}^+)) = \frac{1}{n} \sum_{0}^{n-1} \hat{H}_\mu(\mathcal{P} | f^i(\xi) \vee f(\mathcal{P}^+))$$

$$\leq \frac{1}{n} \sum_{0}^{n-1} \hat{H}_\mu(\mathcal{P} | f(\mathcal{P}^+))$$

$$= \hat{H}_\mu(\mathcal{P} | f(\mathcal{P}^+))$$

$$= H_\mu(\mathcal{P} | f(\mathcal{P}^+))$$

$$= h_\mu(f^{-1}, \mathcal{P})$$

$$= h_\mu(f, \mathcal{P}).$$

逆の不等式を求めるために

$$\frac{1}{n} \hat{H}_\mu(\mathcal{P}^n | \xi \vee f(\mathcal{P}^+)) = \frac{1}{n} \hat{H}_\mu(\xi_1^n \vee \mathcal{P}^n | \xi \vee f(\mathcal{P}^+)) - \frac{1}{n} \hat{H}_\mu(\xi_1^n | \xi \vee \mathcal{P}_{-n}^\infty)$$

を用いる．ここに $\xi_1^n = \bigvee_{i=1}^{n-1} f^{-i}(\xi)$, $\mathcal{P}_{-n}^\infty = \bigvee_{i=-n+1}^{\infty} f^i(\mathcal{P})$ である．

右辺の第 1 項目は

$$\hat{H}_\mu(\xi_1^n \vee \mathcal{P}^n | \xi \vee f(\mathcal{P}^+)) = \hat{H}_\mu(\xi_1^n \vee \mathcal{P}_{-n}^\infty | \xi) - \hat{H}_\mu(f(\mathcal{P}^+) | \xi)$$

であるから

$$\lim_n \frac{1}{n} \hat{H}_\mu(\xi_1^n \vee \mathcal{P}^n | \xi \vee f(\mathcal{P}^+)) = \lim_n \frac{1}{n} \hat{H}_\mu(\xi_1^n \vee \mathcal{P}_{-n}^\infty | \xi)$$

$$\geq \lim_n \frac{1}{n} \hat{H}_\mu(\xi_1^n|\xi)$$
$$= \lim_n \frac{1}{n} \hat{H}_\mu(\xi^{n+1}|f(\xi))$$
$$= \hat{H}_\mu(\xi|f(\xi)) \quad (\text{定理 3.7.7 により})$$
$$= h_\mu(f).$$

右辺の第 2 項目は
$$\frac{1}{n}\hat{H}_\mu(\xi_1^n|\xi \vee \mathcal{P}_{-n}^\infty) = \frac{1}{n}\sum_{i=0}^{n-1}\hat{H}_\mu(\xi|f(\xi) \vee \mathcal{P}_{-i+1}^\infty).$$

よって
$$\lim_n \frac{1}{n}\hat{H}_\mu(\xi_1^n|\xi \vee \mathcal{P}_{-n}^\infty) = \hat{H}_\mu(\xi|f(\xi) \vee \mathcal{P}_{-\infty}^\infty).$$

ここに $\mathcal{P}_{-\infty}^\infty = \bigvee_{j=-\infty}^\infty f^{-j}(\mathcal{P})$ である．定理 3.7.10 により，$\xi = f(\xi) \vee Q$, $H_\mu(Q) < \infty$ を満たす可算分割 Q が存在する．このとき
$$\xi = f(\xi) \vee Q$$
$$= f^2(\xi) \vee f(Q) \vee Q$$
$$\cdots$$
$$= f^n(\xi) \vee Q^n$$
$$= \bigwedge_{n=1}^\infty f^n(\xi) \vee Q^+$$

であるから
$$\hat{H}_\mu(\xi|f(\xi) \vee \mathcal{P}_{-\infty}^\infty) = \hat{H}_\mu(f(\xi) \vee Q|f(\xi) \vee \mathcal{P}_{-\infty}^\infty)$$
$$= \hat{H}_\mu(Q|f(\xi) \vee \mathcal{P}_{-\infty}^\infty)$$
$$= \hat{H}_\mu\left(Q \,\middle|\, \bigwedge_{n=0}^\infty f^n(\xi) \vee f(Q^+) \vee \mathcal{P}_{-\infty}^\infty\right)$$
$$= \hat{H}_\mu(Q|f(Q^+) \vee \mathcal{P}_{-\infty}^\infty) \quad (\text{定理 3.3.6 により})$$
$$= h_\mu(f, Q \vee \mathcal{P}) - h_\mu(f, \mathcal{P}) \quad (\text{定理 3.3.7 により}).$$

よって
$$h_\mu(f, \mathcal{P}) \geq \lim_n \frac{1}{n}\hat{H}_\mu(\mathcal{P}^n|\xi \vee f(\mathcal{P}^+))$$
$$\geq h_\mu(f) - h_\mu(f, Q \vee \mathcal{P}) + h_\mu(f, \mathcal{P})$$

$$\geq h_\mu(f, \mathcal{P}).$$

□

定理 3.4.1 の証明を用いて,次の定理を示すことができる.

定理 3.7.12 可算可測分割の列 $\{\xi_j\}$ は

$$H_\mu(\xi_j) < \infty \quad (j \geq 1),$$
$$\xi_1 \leq \xi_2 \leq \cdots \leq \bigvee_{j=1}^\infty \xi_j = \xi$$

を満たし

$$\xi \leq f^{-1}(\xi) \leq \cdots \leq \bigvee_{i=0}^\infty f^{-i}(\xi) = \xi^-$$

なる ξ^- は各点分割をなすとする.さらに $h_\mu(f) < \infty$ とする.このとき μ がエルゴード的であれば,$H_\mu(\mathcal{P}) < \infty$ を満たす可算分割 $\mathcal{P}$ に対して

$$\lim_{n\to\infty} -\frac{1}{n} \log \mu_x^\xi((\mathcal{P} \vee \xi)^n(x)) = \hat{H}_\mu(\xi|f(\xi)) \qquad \mu\text{-a.e. } x$$

が成り立つ.

定理 3.7.12 はシャノン–マクミラン–ブレイマンの定理に対応する結果で,非一様双曲的な力学系の解析に重要な働きをする.

注意 3.7.13 可算可測分割の列 $\{\xi_j\}$ は定理 3.7.12 の条件を満たすとする.さらに $h_\mu(f) < \infty$ とする.このとき,μ がエルゴード的であれば

$$\lim_{n\to\infty} -\frac{1}{n} \log \mu_x^\xi(\xi^n(x)) = \hat{H}_\mu(\xi|f(\xi)) \quad \mu\text{-a.e. } x$$

が成り立つ.

定理 3.7.12 の証明 $\eta = \mathcal{P}^+ \vee \xi$ とおく.条件付き確率測度の性質を用いて $n \geq 0$ に対して

$$\mu_x^\xi(\eta^n(x)) = \mu_x^\xi(\eta(x)) \mu_{f(x)}^{f(\eta)}(\eta(fx)) \cdots \mu_{f^n(x)}^{f(\eta^n)}(\eta(f^n x))$$

を得る．$f(\xi) \leq \xi$, $f(\mathcal{P}^+) \leq \mathcal{P}^+$ であるから

$$\eta^k = \eta \quad (k \geq 1).$$

よって

$$-\frac{1}{n}\log \mu_x^\xi(\eta^n(x)) = -\frac{1}{n}\sum_{k=1}^n \log \mu_{f^k(x)}^{f(\eta)}(\eta(f^k x)) - \frac{1}{n}\log \mu_x^\xi(\eta(x))$$
$$= (*).$$

$-\log \mu_x^{f(\eta)}(\eta(x))$ は可積分である．

ドウブの定理，エルゴード定理と μ のエルゴード性により μ–a.e. x に対して

$$\lim_{n\to\infty}(*) = \lim_{n\to\infty} -\frac{1}{n}\sum_{k=1}^n \log \mu_{f^k(x)}^{f(\eta)}(\eta(f^k x))$$
$$= \int -\log \mu_x^{f(\eta)}(\eta(x))d\mu$$
$$= \hat{H}_\mu(\xi \vee \mathcal{P}^+ | f(\xi \vee \mathcal{P}^+))$$
$$= \hat{H}_\mu(\xi | f(\xi)) \quad (\text{定理 3.7.9 により}).$$

$\square$

注意 3.7.14 定理 3.7.11 の仮定のもとで，μ はエルゴード的であるとする．このとき

$$\lim_n -\frac{1}{n}\log \mu_x^{\xi \vee f(\mathcal{P}^+)}(\mathcal{P}^n(x)) = h_\mu(f, \mathcal{P}) \quad \mu\text{–a.e. } x$$

が成り立つ．

証明 $\eta = \xi \vee f(\mathcal{P}^+)$ とおいて，η に関する μ の条件付き確率測度の標準系を $\{\mu_x^\eta\}$ (μ–a.e. x) で表す．証明は定理 3.7.12 と同じ仕方で進められる． $\square$

注意 3.7.15 $0 < x_n < 1$ を満たす数列 $\{x_n | n \geq 1\}$ が $\sum_{n=1}^\infty n x_n < \infty$ であれば

$$\sum_{n=1}^\infty x_n \log \frac{1}{x_n} < \infty$$

が成り立つ．

証明

$$N = \left\{ n \,\middle|\, \log \frac{1}{x_n} < n \right\}$$

とおく．このとき $n \notin N$ であれば，$x_n \leq \exp(-n)$ である．よって

$$\sum_{n=1}^{\infty} x_n \log \frac{1}{x_n} \leq \sum_{n \in N} n x_n + \sum_{n \notin N} (\sqrt{x_n})(\sqrt{x_n}) \log \frac{1}{x_n}.$$

$\sqrt{t} \log \frac{1}{t} \leq 2e^{-1}$ $(t > 0)$ であるから

$$\sum_{n=1}^{\infty} x_n \log \frac{1}{x_n} \leq \sum_{n=1}^{\infty} n x_n + 2e^{-1} \sum_{n \notin N} \sqrt{x_n}$$
$$\leq \sum_{n=1}^{\infty} n x_n + 2e^{-1} \sum_{n=1}^{\infty} \exp\left(-\frac{n}{2}\right).$$

$\square$

補題 3.7.16 (マニエ (Mañé) の分割) μ はコンパクト距離空間 X の上のボレル確率測度であって，$\rho : X \to (0,1)$ は $\log \rho$ が μ–可積分であるとする．このとき，$H_\mu(\mathcal{P}) < \infty$ を満たす可算分割 $\mathcal{P}$ が存在して，μ–a.e. x に対して

$$\mathrm{diam}(\mathcal{P}(x)) \leq \rho(x)$$

を満たす．ここに，$\mathcal{P}(x)$ は x を含む $\mathcal{P}$ に属する集合である．

証明 $C > 0$ と $r_0 > 0$ があって，$0 < r \leq r_0$ に対して直径が $\mathrm{diam}(A) < r$ である可測集合 A からなる X の分割 $\mathcal{P}_r$ が存在して $\mathcal{P}_r$ の濃度 $\sharp \mathcal{P}_r$ が

$$\sharp \mathcal{P}_r \leq C \left(\frac{1}{r}\right)^{\mathrm{diam}(X)}$$

を満たすようにできる．

分割 $\mathcal{P}_r$ から，要求している分割を求めるために，$n \geq 0$ に対して

$$U_n = \{x \in X \,|\, \exp(-(n+1)) < \rho(x) \leq \exp(-n)\}$$

とおく．$\log \rho$ は μ–可積分であるから，$\sum_{n=1}^{\infty} n \mu(U_n) < \infty$ である．よって注意 3.7.15 により

$$\sum_{n=1}^{\infty} \mu(U_n)(-\log \mu(U_n)) < \infty.$$

結論を得るために, $r_n = \exp(-(n+1))$ とおき

$$\mathcal{P} = \{A \cap U_n \mid \mu(A \cap U_n) \neq 0, \ A \in \mathcal{P}_{r_n}, \ n \geq 0\}$$

を定義する. 明らかに, $\mathcal{P}$ は X の分割である. このとき

$$H_\mu(\mathcal{P}) = \sum_{n=0}^{\infty} \left(- \sum_{P \in \mathcal{P}, \ P \subset U_n} \mu(P) \log \mu(P) \right).$$

$0 < x_n < 1$ を満たす実数列 $\{x_i \mid 1 \leq i \leq m\}$ に対して, イエンゼンの不等式 (注意 2.4.13) により

$$-\sum_{i=1}^{m} x_i \log x_i \leq \left(\sum_{i=1}^{m} x_i \right) \left(\log m - \log \sum_{i=1}^{m} x_i \right)$$

が成り立つ. これを用いて

$$\begin{aligned} H_\mu(\mathcal{P}) &\leq \sum_{n=0}^{\infty} \mu(U_n)(\log \sharp \mathcal{P}_{r_n} - \log \mu(U_n)) \\ &\leq \sum_{n=1}^{\infty} \mu(U_n)(\log C + \mathrm{diam}(X)(n+1) - \log \mu(U_n)) \\ &< \infty. \end{aligned}$$

$x \in U_n$ に対して, $\mathcal{P}(x)$ は $\mathcal{P}_{r_n}$ に属する集合に含まれるから

$$\mathrm{diam}(\mathcal{P}(x)) \leq r_n = \exp(-(n+1)) < \rho(x).$$

$\square$

$f : \mathbb{R}^2 \to \mathbb{R}^2$ が $\mathbb{R}^2$ の点 a で**微分可能** (differentiable) であるとは, 適当な線形写像 $L_a : \mathbb{R}^2 \to \mathbb{R}^2$ に対して

$$f(a+h) = f(a) + L_a(h) + r(h)$$

とおくとき

$$\lim_{h \to 0} \frac{\|r(h)\|}{\|h\|} = \lim_{h \to 0} \frac{\|f(a+h) - f(a) - L_a(h)\|}{\|h\|} = 0$$

が成り立つときをいう.

f が $\mathbb{R}^2$ の各点で微分可能であるとき，f は**微分可能**であるという．このとき，L_x が $\mathbb{R}^2$ の上の x に関して連続であれば，f は $\boldsymbol{C^1}$**-級** (C^1-class) であるという．

f を $\mathbb{R}^2$ から $\mathbb{R}$ への関数 f_i $(i = 1, 2)$ を用いて

$$f = (f_1, f_2)$$

と表すことができる．f_i が $a = (a_1, a_2)$ に対して，a_1 で**偏微分可能** (partially differentiable) であるとは

$$\lim_{t \to 0} \frac{f_i(a_1 + t, a_2) - f_i(a_1, a_2)}{t}$$

が存在することである．これを $\dfrac{\partial}{\partial a_1} f_i(a)$ で表し a_1 の**偏微分係数** (partially differentiable coefficient) という．

f_i が $\mathbb{R}^2$ の第 1 座標で偏微分可能であるとき，f_i は x_1 で**偏微分可能**であるという．$x = (x_1, x_2)$ の各 x_j が独立変数で，f_i が偏微分可能であるとき，$\dfrac{\partial}{\partial x_j} f_i(x)$ を**第 j 座標の偏微分係数**といい，$\mathbb{R}^2$ の上の関数が得られる．これを x_j の**偏導関数** (partially derivative) といい，$D_j f_i(x)$ と表すこともある．

$f : \mathbb{R}^2 \to \mathbb{R}^2$ が微分可能であれば

$$D_a f = \begin{pmatrix} \frac{\partial}{\partial x_1} f_1(a) & \frac{\partial}{\partial x_2} f_1(a) \\ \frac{\partial}{\partial x_1} f_2(a) & \frac{\partial}{\partial x_2} f_2(a) \end{pmatrix}$$

によって $L_a(x) = D_a f(x)$ $(x \in \mathbb{R}^2)$ を得る．

$f : \mathbb{R}^2 \to \mathbb{R}^2$ が**微分同相写像** (homeomorphism) または C^1-微分同相写像であるとは，f は同相写像であって f と f^{-1} が C^1-級であることである．

定理 3.7.17（局所準エントロピー） $f : \mathbb{R}^2 \to \mathbb{R}^2$ は微分同相写像とし，$U \subset \mathbb{R}^2$ は有界開集合で $f(U) \subset U$ を満たすとする．U の上の f-不変ボレル確率測度 μ はエルゴード的で，次を満たす U の可測分割 ξ が存在すると仮定する：

(1) $\xi \leq f^{-1}(\xi)$.

(2) μ-a.e. x に対して，$\xi(x)$ は C^1-曲線である．

(3) $\bigvee_{i=0}^{\infty} f^{-i}(\xi)$ は μ-a.e. で各点分割である．

このとき $h_\mu(f) < \infty$ であれば，μ–a.e. x に対して

$$\hat{H}_\mu(\xi|f(\xi)) = \lim_{\varepsilon \to 0} \limsup_{n \to \infty} -\frac{1}{n} \log \mu_x^\xi(B_n(x,\varepsilon))$$
$$= \lim_{\varepsilon \to 0} \liminf_{n \to \infty} -\frac{1}{n} \log \mu_x^\xi(B_n(x,\varepsilon))$$

が成り立つ．

証明 補題 3.7.16 により，$\varepsilon > 0$ に対して $H_\mu(\mathcal{P}_\varepsilon) < \infty$ を満たす X の分割があって μ–a.e. x に対して

$$B(x,\varepsilon) \supset \mathcal{P}_\varepsilon(x)$$

とできる．よって

$$B_n(x,\varepsilon) \supset (\mathcal{P}_\varepsilon)^n(x) \supset (\mathcal{P}_\varepsilon \vee \xi)^n(x) \quad \mu\text{–a.e.}\, x \quad (n \geq 0)$$

であるから

$$\limsup_{n \to \infty} -\frac{1}{n} \log \mu_x^\xi(B_n(x,\varepsilon)) \leq \limsup_{n \to \infty} -\frac{1}{n} \log \mu_x^\xi((\mathcal{P}_\varepsilon \vee \xi)^n(x))$$
$$= \hat{H}_\mu(\xi|f(\xi)) \quad \mu\text{–a.e.}\, x \quad (\text{定理 3.7.8 により}).$$

$\varepsilon > 0$ は任意であるから

$$\lim_{\varepsilon \to 0} \limsup_{n \to \infty} -\frac{1}{n} \log \mu_x^\xi(B_n(x,\varepsilon)) \leq \hat{H}_\mu(\xi|f(\xi)) \quad \mu\text{–a.e.}\, x.$$

結論を得るために，$\hat{H}_\mu(\xi|f(\xi))) > 0$ の場合に

$$\lim_{\varepsilon \to 0} \liminf_{n \to \infty} -\frac{1}{n} \log \mu_x^\xi(B_n(x,\varepsilon)) \geq \hat{H}_\mu(\xi|f(\xi)) \quad \mu\text{–a.e.}\, x$$

を示せば十分である．

$B'(x,\delta)$ は $\xi(x)$ の曲線に沿った x を中心とした長さが δ 以下の曲線を表す．$\delta > 0$ に対して

$$A_\delta = \{x \,|\, B'(x,\delta) \subset (f^{-1}\xi)(x)\}$$

とおく．このとき $\mu(A_\delta) \to 1 \; (\delta \to 0)$ である．

$$g(x) = -\log \mu_x^\xi((f^{-1}\xi)(x))$$

を定義する．$\varepsilon > 0$ に対して，$\delta' > 0$ があって $0 < \delta < \delta'$ に対して

$$\int_{A_\delta} g \, d\mu \geq \hat{H}_\mu(f^{-1}(\xi)|\xi) - \varepsilon = \hat{H}_\mu(\xi|f(\xi)) - \varepsilon.$$

μ–a.e. x に対して

$$V(x,n,\delta) = \bigcap_{\{j|0\leq j<n,\ f^j(x)\in A_\delta\}} (f^{-j}\xi)(x),$$

$$B'_n(x,\delta) = \bigcap_{j=0}^{n-1} f^{-j}(B'(f^j(x),\delta))$$

とおくと

$$B'_n(x,\delta) \subset V(x,n,\delta)$$

であって

$$-\log \mu_x^\xi(V(x,n,\delta)) \geq \sum_{j=0}^{n-1} (1_{A_\delta} g)(f^j x).$$

$B'_n(x,\delta) = B_n(x,\delta) \cap \xi(x)$ であるから

$$\liminf_{n\to\infty} -\frac{1}{n}\log \mu_x^\xi(B_n(x,\delta)) \geq \int_{A_\delta} g d\mu \quad (\mu \text{ のエルゴード性により})$$
$$\geq \hat{H}_\mu(\xi|f(\xi)) - \varepsilon.$$

□

═══════════ **まとめ** ═══════════

確率空間 $(X,\mathcal{F},\mu)$ の上の保測変換 $f : X \to X$ の測度的エントロピーは有限可測分割 ξ を用いて

$$h_\mu(f,\xi) = \lim_n \frac{1}{n} H_\mu\left(\bigvee_{i=0}^{n-1} f^{-i}(\xi)\right),$$
$$h_\mu(f) = \sup_\alpha h_\mu(f,\alpha)$$

によって与えられる．これは ξ が可算であっても $H_\mu(\xi) < \infty$ であれば定義は可能である．よって，$H_\mu(\xi) < \infty$ をもつ可算可測分割 ξ の集合 $\mathcal{Z}$ にローリン距離関数を与えることによって，$\mathcal{Z}$ は完備な距離空間になる．このとき，$H_\mu(\cdot)$ と相対エントロピー（条件付きエントロピー）$H_\mu(\cdot|\cdot)$ は連続となる．X がコンパクト距離空間であれば，$\mathcal{Z}$ は可分であることも示される．よって，$\mathcal{Z}$ の上に拡張された f のエントロピーが定義される．それを同じ記号 $h_\mu(f)$ で表す．

$\xi(x)$ は点 x を含む $\xi \in \mathcal{Z}$ の要素とすれば

$$H_\mu(\xi) = -\int \log \mu(\xi(x)) d\mu$$

である．シャノン–マクミラン–ブレイマンは

$$h_\mu(f, \xi, x) = \lim_n -\frac{1}{n} \log \mu(\xi(x)),$$
$$h_\mu(f, x) = \sup_{\mathcal{Z}} h_\mu(f, \xi, x)$$

によって定義される $h_\mu(f, x)$ を **情報関数** (information function) と呼んだ．実際に

$$h_\mu(f) = \int h_\mu(f, x) d\mu$$

が成り立つ．

可測分割 ξ が

$$\xi \leq f^{-1}(\xi) \leq \cdots \leq \bigvee_{i=0}^{\infty} f^{-i}(\xi) = \xi^-$$

であって，ξ^- が σ–集合体 $\mathcal{F}$ を生成するとき，ξ を **生成系** という．ξ が有限分割であれば，ξ を **有限生成** という．

測度的エントロピーによって，力学系の情報を得るためには有限生成系の存在が必要である．しかし，有限生成系をもたない力学系のクラスのなかで非可算である生成系をもつ力学系が多数存在する．このような力学系に対して，エントロピーの類似を与えれば，それを用いて情報を得ることができる．ここでいうエントロピーの類似とは次のことである：

ξ は非可算である可測分割であって生成系をなすとする．さらに，可算可測分割の列 $\{\xi_n\}$ があって

$$\xi_1 \leq \xi_2 \leq \cdots \leq \bigvee_{n=1}^{\infty} \xi_n = \xi$$

を満たすとする（ほとんどの力学系はこの条件を満たす）．このとき，ξ に関する条件付き確率測度の標準系 $\{\mu_x^\xi\}$ が存在する．ここで，相対エントロピーに類似な形で

$$\hat{H}_\mu(\xi | f(\xi)) = -\int \log \mu_x^{f(\xi)}(\xi(x)) d\mu$$

を与える．これを **準エントロピー** と呼び，$h_\mu(f) \geq \hat{H}(\xi | f(\xi))$ を満たすが，一般に

$$h_\mu(f) = \hat{H}(\xi | f(\xi)) \qquad (*)$$

は満たさない.しかし,重要なクラスの力学系は (*) を保つ(関連論文 [L-Yo1], [L-Yo2]).

定義の仕方から,準エントロピーは測度的エントロピーと同様に必要とする多くの情報を与えてくれる.

X はコンパクト距離空間で,$f: X \to X$ が同相写像で,μ がエルゴード的であるとき,カトック–ブリンは情報関数を用いて局所エントロピー

$$h_\mu(f) = \lim_{r \to 0} \limsup_{n} -\frac{1}{n} \log \mu(B_n(x, r))$$

を与えた.ここに,$B_n(x, r)$ は x を中心とする半径 r の閉近傍を $B(x, r)$ で表すとき

$$B_n(x, r) = \bigcap_{i=0}^{n-1} f^{-i}(B(f^i(x), r))$$

である.局所エントロピーはフラクタル次元とも関係して,力学系の次元公式が導かれる(邦書文献 [Ao3] を参照).

情報関数を用いて,さらにカトックによるエントロピーの関係式が導かれる.μ はエルゴード的で $0 < \delta < 1$ を固定する.$\varepsilon > 0$ と $n > 0$ に対して $\{B_n(x, \varepsilon) \mid x \in X\}$ は X の被覆をなす.このとき

$$N_f(n, \varepsilon, \delta) = \inf \left\{ k \mid \mu\left(\bigcup_{x_1, \cdots, x_k \in X} B_n(x_i, \varepsilon) \right) \geq 1 - \delta \right\}$$

とおくとき

$$h_\mu(f) = \lim_{\varepsilon \to 0} \liminf_{n} \frac{1}{n} \log N_f(\varepsilon, n, \delta)$$

が成り立つ (邦書文献 [AO3]).

この章は邦書文献 [Ao-Sh], [To], [K], [B],洋書文献 [Wa], [D-G-Sig] と関連論文 [Roh1], [Br-Ka], [Ka] を参照して書かれた.

第4章 補遺（測度論の基礎）

　微分・積分の基礎としてリーマン (Riemann) 積分が扱われている．この積分は連続関数に対して可能であり，さらに有限個の不連続点しかもたない有界関数に対しても可能である．しかし，ディリクレ (Dirichlet) 関数と呼ばれる区間 $[0,1]$ のいたるところで不連続な関数（有理数では 1 の値を，無理数では 0 の値をとる関数）はリーマン積分可能ではない．

　したがって，リーマン積分可能であるためには，不連続点の多さに問題がある．この問題を長さ，面積，体積の概念の一般化である測度と呼ばれる量を導入して，その測度によって不連続点の集合を測るとき，0 になることがリーマン積分可能であるという形で問題が解決される．

　さて，測度はどのようなものであるのかを，例を面積にとることにして説明をする．面積をもつ集合，特に $[a,b) \times [a',b')$ からなる図形の有限和の全体を $\mathcal{F}_0$ で表す．このとき，$\mathcal{F}_0$ は次の性質をもっている：

(1) $\mathbb{R}^2 \in \mathcal{F}_0$,

(2) $A \in \mathcal{F}_0 \Longrightarrow A^c = X \setminus A \in \mathcal{F}_0$,

(3) $A, B \in \mathcal{F}_0 \Longrightarrow A \cup B \in \mathcal{F}_0$.

しかし，次の (4) は成り立つとは限らない：

(4) $A_1, A_2 \cdots \in \mathcal{F}_0 \Longrightarrow \bigcup_{i=1}^{\infty} A_i \in \mathcal{F}_0$.

ここで，$A \in \mathcal{F}_0$ の面積を $\mu(A)$ で表すときに，μ は $\mathcal{F}_0$ の各集合を変数とする非負の実数値関数である．μ は次の性質をもつ：

(1) $0 \leq \mu(A) \leq \infty$, $\mu(\emptyset) = 0$,

(2) $A_1, \cdots, A_n \in \mathcal{F}_0$, $A_i \cap A_j = \emptyset$ $(i \neq j) \Longrightarrow \mu\left(\bigcup_{i=1}^n A_i\right) = \sum_{i=1}^n \mu(A_i)$.

可算無限個の集合 $A_1, A_2, \cdots \in \mathcal{F}_0$ はそれぞれ面積 $\mu(A_i)$ をもつ．特に，$A_i \cap A_j = \emptyset$ $(i \neq j)$ であれば，おのおのの面積の和は

$$\mu\left(\bigcup_{i=1}^\infty A_i\right) = \sum_{i=1}^\infty \mu(A_i)$$

を満たす．しかし，$\bigcup_{i=1}^\infty A_i \in \mathcal{F}_0$ が成り立つとは限らない．

そこで，(4) を満たすように $\mathcal{F}_0$ を拡張する．それを $\mathcal{F}$ で表し，σ–集合体と呼んでいる．このとき，μ は $\mathcal{F}$ の上で面積を測る道具の役割を果たし，かつ $\mathcal{F}$ の上で働くことから面積の概念の一般化になっている．

この測度を用いて，より広い範囲の関数に適合する積分を考える．この積分をルベーグ (Lebesgue) 積分という．

4.1 測度

X を空でない集合とし，$\mathcal{F}$ を X の部分集合からなる集合族とする．$\mathcal{F}$ が次の (1), (2), (3) を満たすとき，$\mathcal{F}$ を X における**集合体** (field) という：

(1) $X \in \mathcal{F}$.

(2) $A \in \mathcal{F} \implies A^c \in \mathcal{F}$.

(3) $A, B \in \mathcal{F} \implies A \cup B \in \mathcal{F}$.

集合体が次の (4) を満たすとき，$\mathcal{F}$ を X における **σ–集合体** (σ–field) という：

(4) $A_1, A_2, \cdots \in \mathcal{F} \implies \bigcup_{i=1}^\infty A_i \in \mathcal{F}$.

$\mathcal{F}$ が σ–集合体のとき，$\mathcal{F}$ に属する集合を $\mathcal{F}$ の**可測集合** (measurable set) という．X と $\mathcal{F}$ を組にした $(X, \mathcal{F})$ を**可測空間** (measurable space) という．$\mathcal{F}$ を σ–集合体とすると，(2) と (4) から次の (5) が導かれる：

(5) $A_1, A_2, \cdots \in \mathcal{F} \implies \bigcap_{i=1}^\infty A_i \in \mathcal{F}$.

注意 4.1.1 空でない集合 X において次が成り立つ:

(i) X の部分集合全体からなる集合族は,σ–集合体である.

(ii) 任意個数の σ–集合体の共通集合は,σ–集合体である.

(iii) 任意の集合族 $\mathcal{F}_0$ に対して,$\mathcal{F}_0$ を含む最小の σ–集合体が存在する.この σ–集合体を $\mathcal{F}_0$ によって**生成** (generated) されているという.

X は位相空間とする.X の開集合の全体 θ を含む最小の σ–集合体を**ボレルクラス** (Borel class) といい,$\mathcal{B}$ で表す.$\mathcal{B}$ に属する集合を**ボレル集合** (Borel set) という.

$(X, \mathcal{F})$ を可測空間とする.$\mathcal{F}$ の上の集合関数 μ が次の (6), (7) を満たすとき,μ を $\mathcal{F}$ の上の**測度** (measure) という:

(6) $A \in \mathcal{F}$ に対して,$0 \leq \mu(A) \leq \infty$. 特に $\mu(\emptyset) = 0$.

(7) $A_1, A_2, \cdots \in \mathcal{F}$ に対して $A_i \cap A_j = \emptyset$ $(i \neq j)$ のとき
$$\mu\left(\bigcup_{i=1}^{\infty} A_i\right) = \sum_{i=1}^{\infty} \mu(A_i).$$

$X, \mathcal{F}, \mu$ を合わせた組 $(X, \mathcal{F}, \mu)$ を**測度空間** (measure space) といい,$\mu(A)$ を A の測度という.

$\mu(X) < \infty$ なる測度 μ を**有限測度** (finite measure) といい,$\mu(X) = 1$ のとき μ を**確率測度** (probability measure) という.以後において,ことわらない限り $\mu(X) = 1$ なる測度空間 $(X, \mathcal{F}, \mu)$ を扱う.このような空間を**確率空間** (probability space) という.

注意 4.1.2 μ を $\mathcal{F}$ の上の有限測度とし,$A_1, A_2, \cdots \in \mathcal{F}$ とするとき

(i) $A_1 \subset A_2 \subset \cdots \implies \mu\left(\bigcup_{i=1}^{\infty} A_i\right) = \lim_{n \to \infty} \mu(A_n),$

(ii) $A_1 \supset A_2 \supset \cdots \implies \mu\left(\bigcap_{i=1}^{\infty} A_i\right) = \lim_{n \to \infty} \mu(A_n),$

(iii) 一般の場合に

(a) $\mu\left(\bigcup_{n=1}^{\infty} \bigcap_{m=n}^{\infty} A_m\right) \leq \liminf_{n \to \infty} \mu(A_n),$

(b) $\mu\left(\bigcap_{n=1}^{\infty}\bigcup_{m=n}^{\infty}A_m\right) \geq \limsup_{n\to\infty}\mu(A_n)$

が成り立つ．((i) と (iii)(a) は有限測度でなくとも成り立つ．)

証明 (i) の証明：$B_1 = A_1$, $B_n = A_n \setminus A_{n-1}(n = 2, 3, \cdots)$ とおくと，$B_1, B_2, \cdots \in \mathcal{F}$, $A_n = \bigcup_{i=1}^{n}B_i$, $\bigcup_{n=1}^{\infty}A_n = \bigcup_{i=1}^{\infty}B_i$ であり，$B_1, B_2, \cdots$ は互いに共通部分をもたないから

$$\mu\left(\bigcup_{n=1}^{\infty}A_n\right) = \mu\left(\bigcup_{i=1}^{\infty}B_i\right) = \sum_{i=1}^{\infty}\mu(B_i) = \lim_{n\to\infty}\sum_{i=1}^{n}\mu(B_i)$$
$$= \lim_{n\to\infty}\mu\left(\bigcup_{i=1}^{n}B_i\right) = \lim_{n\to\infty}\mu(A_n).$$

(ii) の証明：$B_n = A_1 \setminus A_n (n = 1, 2, \cdots)$ とおくと，明らかに $B_1, B_2, \cdots \in \mathcal{F}$ である．$n \geq 1$ に対して，A_n と B_n は互いに共通部分がなく，$A_1 = A_n \cup B_n$ であるから

$$1 \geq \mu(A_1) = \mu(A_n) + \mu(B_n).$$

$B_n \nearrow$ であって，$A_1 = (\bigcap_{n=1}^{\infty}A_n) \cup (\bigcup_{n=1}^{\infty}B_n)$ から

$$\mu(A_1) = \mu\left(\bigcap_{n=1}^{\infty}A_n\right) + \mu\left(\bigcup_{n=1}^{\infty}B_n\right) = \mu\left(\bigcap_{n=1}^{\infty}A_n\right) + \lim_{n\to\infty}\mu(B_n)$$
$$= \mu\left(\bigcap_{n=1}^{\infty}A_n\right) + \lim_{n\to\infty}\{\mu(A_1) - \mu(A_n)\}$$
$$= \mu\left(\bigcap_{n=1}^{\infty}A_n\right) + \mu(A_1) - \lim_{n\to\infty}\mu(A_n).$$

ゆえに

$$\mu\left(\bigcap_{n=1}^{\infty}A_n\right) = \lim_{n\to\infty}\mu(A_n).$$

(iii) (a) の証明：$B_n = \bigcap_{m=n}^{\infty}A_m$ とおくと，$\{B_n\}$ は単調増加列である．よって (i) より

$$\mu\left(\bigcup_{n=1}^{\infty}\bigcap_{m=n}^{\infty}A_m\right) = \mu\left(\bigcup_{n=1}^{\infty}B_n\right) = \lim_{n\to\infty}\mu(B_n) \leq \liminf_{n\to\infty}\mu(A_n).$$

(iii) (b) の証明は (ii) を用いることにより (a) と同様に示される． □

確率空間 $(X, \mathcal{F})$ において，X の上の実数値関数 φ が **$\mathcal{F}$-可測** (measurable) であるとは

(8) $a \in \mathbb{R}$ に対して，$\{x \in X \,|\, \varphi(x) < a\} \in \mathcal{F}$

を満たすときをいう．よって，位相空間の上の実数値連続関数は，$\mathcal{B}$-可測（$\mathcal{B}$ はボレルクラス）である．

注意 4.1.3 (8) は次の (i), (ii), (iii) と同値である：

 (i) $a \in \mathbb{R}$ に対して，$\{x \in X \,|\, \varphi(x) \geq a\} \in \mathcal{F}$.

 (ii) $a \in \mathbb{R}$ に対して，$\{x \in X \,|\, \varphi(x) \leq a\} \in \mathcal{F}$.

 (iii) $a \in \mathbb{R}$ に対して，$\{x \in X \,|\, \varphi(x) > a\} \in \mathcal{F}$.

証明 $\{x \in X \,|\, \varphi(x) \geq a\} = X \setminus \{x \in X \,|\, \varphi(x) < a\}$, $\{x \in X \,|\, \varphi(x) < a\} = X \setminus \{x \in X \,|\, \varphi(x) \geq a\}$ であるから，(8) と (i) は同値である．ところで

$$\{x \in X \,|\, \varphi(x) \leq a\} = \bigcap_{n=1}^{\infty} \left\{ x \in X \,\bigg|\, \varphi(x) < a + \frac{1}{n} \right\},$$

$$\{x \in X \,|\, \varphi(x) < a\} = \bigcup_{n=1}^{\infty} \left\{ x \in X \,\bigg|\, \varphi(x) \leq a - \frac{1}{n} \right\}$$

であるから，(8) と (ii) は同値である．上と同様にして (ii) と (iii) は同値である． □

注意 4.1.4 φ, ψ が $\mathcal{F}$-可測ならば，$\{x \in X \,|\, \varphi(x) < \psi(x)\} \in \mathcal{F}$ である．

証明 有理数の全体を $\mathbb{Q}$ で表すと

$$\{x \in X \,|\, \varphi(x) < \psi(x)\} = \bigcup_{r \in \mathbb{Q}} \left(\{x \in X \,|\, \varphi(x) < r\} \cap \{x \in X \,|\, r < \psi(x)\} \right) \in \mathcal{F}$$

である． □

注意 4.1.5 φ, ψ は $\mathcal{F}$-可測とすれば，次の (i)〜(v) の関数は $\mathcal{F}$-可測である．

 (i) $b\varphi$ $(b \in \mathbb{R})$,

(ii) $\varphi + \psi$,

(iii) φ^2,

(iv) $\varphi\psi$,

(v) $\max\{\varphi, \psi\}$, $\min\{\varphi, \psi\}$.

証明 (i) の証明：$b = 0$ のとき，$b\varphi = 0$ であるから明らかである．$b \neq 0$ の場合は

$$\{b\varphi < a\} = \begin{cases} \left\{\varphi < \dfrac{a}{b}\right\} \in \mathcal{F} & (b > 0) \\ \left\{\varphi > \dfrac{a}{b}\right\} \in \mathcal{F} & (b < 0) \end{cases}$$

であるから，$b\varphi$ は $\mathcal{F}$-可測である．

(ii) の証明：$-\psi + a$ は $\mathcal{F}$-可測関数であるから，注意 4.1.4 により

$$\{\varphi + \psi < a\} = \{\varphi < -\psi + a\} \in \mathcal{F}.$$

よって $\varphi + \psi$ は $\mathcal{F}$-可測である．

(iii) の証明：$\{-a^{\frac{1}{2}} < \varphi < a^{\frac{1}{2}}\} \in \mathcal{F}$ であるから，φ^2 の $\mathcal{F}$-可測性は明らかである．

(iv) の証明：$\varphi\psi = \dfrac{(\varphi + \psi)^2 - (\varphi - \psi)^2}{4}$ であるから，可測性は (i), (ii), (iii) より明らかである．

(v) の証明：

$$\{\max\{\varphi, \psi\} < a\} = \{\varphi < a\} \cap \{\psi < a\} \in \mathcal{F}$$
$$\{\min\{\varphi, \psi\} < a\} = \{\varphi < a\} \cup \{\psi < a\} \in \mathcal{F}$$

であるから，$\max\{\varphi, \psi\}$, $\min\{\varphi, \psi\}$ は $\mathcal{F}$-可測である． □

注意 4.1.6 $\mathcal{F}$-可測関数 $\varphi_1, \varphi_2, \cdots$ に対しては

$$\sup_{n \geq 1} \varphi_n, \quad \inf_{n \geq 1} \varphi_n, \quad \limsup_{n \to \infty} \varphi_n, \quad \liminf_{n \to \infty} \varphi_n$$

も $\mathcal{F}$-可測となる．

証明

$$\left\{\sup_{n\geq 1}\varphi_n < a\right\} = \bigcup_{k=1}^{\infty}\bigcap_{n=1}^{\infty}\left\{\varphi_n < a - \frac{1}{k}\right\} \in \mathcal{F},$$

$$\left\{\inf_{n\geq 1}\varphi_n < a\right\} = \bigcup_{n=1}^{\infty}\{\varphi_n < a\} \in \mathcal{F}$$

であるから, $\sup_{n\geq 1}\varphi_n$, $\inf_{n\geq 1}\varphi_n$ は $\mathcal{F}$–可測である. $\limsup_{n\to\infty}\varphi_n$, $\liminf_{n\to\infty}\varphi_n$ は定義から $\mathcal{F}$–可測である. □

関数 φ に対して

$$\varphi^+(x) = \max\{\varphi(x), 0\}, \quad \varphi^-(x) = \max\{-\varphi(x), 0\}$$

とおくと

$$\varphi^+ \geq 0, \quad \varphi^- \geq 0, \quad \varphi = \varphi^+ - \varphi^-, \quad |\varphi| = \varphi^+ + \varphi^-$$

である. この φ^+, φ^- をそれぞれ φ の**正の部分** (positive part), **負の部分** (negative part) という. φ が $\mathcal{F}$–可測である必要十分条件は, φ^+ と φ^- が共に $\mathcal{F}$–可測であることである.

集合 A に対して, A の定義関数 1_A を

$$1_A(x) = \begin{cases} 1 & (x \in A) \\ 0 & (x \notin A) \end{cases}$$

によって定義する. 1_A が $\mathcal{F}$–可測であるための必要十分条件は, $A \in \mathcal{F}$ が成り立つことである. 有限個の定義関数の 1 次結合

$$\varphi = \sum_{i=1}^{n} a_i 1_{A_i} \quad (a_1, \cdots, a_n \in \mathbb{R})$$

の関数を**単純関数** (simple function) という. $A_1, \cdots, A_n \in \mathcal{F}$ ならば, φ も $\mathcal{F}$–可測である.

注意 4.1.7 (i) $\mathcal{F}$–可測関数 φ が非負であるとする. このとき

$$\varphi_n(x) \geq 0, \quad \varphi_n(x) \nearrow \varphi(x)$$

がすべての $x \in X$ で成り立つ可測単純関数列 $\{\varphi_n\}$ が存在する.

証明 $i = 0, 1, \cdots, n2^n - 1, n = 1, 2, \cdots$ に対して

$$A_{n,i} = \left\{ \frac{i}{2^n} \leq \varphi < \frac{i+1}{2^n} \right\}, \quad A_{n,n2^n} = \{\varphi \geq n\}$$

とおき

$$\varphi_n = \sum_{i=1}^{n2^n} \frac{i}{2^n} 1_{A_{n,i}}$$

を定義すると，$\varphi_1, \varphi_2, \cdots$ は $\mathcal{F}$–可測単純関数の単調増加列である．しかも，$x \in A_{x,i}$ $(0 \leq i \leq n2^n - 1)$ に対して

$$0 \leq \varphi(x) - \varphi_n(x) < \frac{1}{2^n}$$

となるから，$\varphi_n(x) \nearrow \varphi(x)$ がすべての点で成り立つ． □

(ii) $\mathcal{F}$–可測関数 φ に対して

$$|\varphi_n(x)| \leq |\varphi(x)|, \quad \varphi_n(x) \to \varphi(x)$$

がすべての点 x で成り立つ $\mathcal{F}$–可測単純関数列 $\{\varphi_n\}$ が存在する．

証明 (i) より，φ^+, φ^- に対して

$$\psi_n(x) \geq 0, \quad \psi_n(x) \nearrow \varphi^+(x), \quad \lambda_n(x) \geq 0, \quad \lambda_n(x) \nearrow \varphi^-(x)$$

がすべての点 x で成り立つ $\mathcal{F}$–可測単純関数列 $\{\psi_n\}, \{\lambda_n\}$ が存在する．

$$\varphi_n = \psi_n - \lambda_n \quad (n \geq 1)$$

とおくと，$\{\varphi_n\}$ は (ii) の条件を満たす $\mathcal{F}$–可測単純関数列である． □

測度空間 $(X, \mathcal{F}, \mu)$ （確率空間でなくてもよい）において，$p(x)$ を $x \in X$ に関する 1 つの命題とする．X から適当な測度 0 の集合を除けば，そこで $p(x)$ が成り立っているとき，すなわち

$$\{x \in X \mid p(x) \text{ が成立しない}\} \subset N, \quad N \in \mathcal{F}, \mu(N) = 0$$

を満たす N が存在するとき，$p(x)$ は μ に関して**ほとんどいたるところ** (almost everywhere) で成り立つという．このことを簡単に "μ–a.e. で成立する" と書く．

4.2 積分

$(X, \mathcal{F}, \mu)$ は有限測度空間とする. いまから, X の上の $\mathcal{F}$-可測実数値関数 φ の積分

$$\int \varphi d\mu$$

を

(a) φ が $\mathcal{F}$-可測非負単純関数の場合,

(b) φ が $\mathcal{F}$-可測非負関数の場合,

(c) φ が $\mathcal{F}$-可測関数の場合,

の順序で定義を与えていく. 積分 $\int \varphi d\mu$ を $\int \varphi d\mu(x)$, $\int \varphi \mu(dx)$ などと書くこともある.

(a) の場合:関数 φ は

$$\varphi = \sum_{i=1}^{n} a_i 1_{A_i} \quad (a_1, \cdots, a_n > 0)$$

と表され, 特に $\mathcal{F}$-可測集合 $A_1, \cdots, A_n$ は互いに共通部分をもたないようにできる. そこで積分を

$$\int \varphi d\mu = \sum_{i=1}^{n} a_i \mu(A_i)$$

によって定義する.

注意 4.2.1 φ の積分は φ を定義関数の 1 次結合として表す仕方に依存しないで一意的に定義される.

証明 $A_1, \cdots, A_n \in \mathcal{F}$ は互いに共通部分をもたないで, $a_1, \cdots, a_n$ は正の実数とし, $B_1, \cdots, B_m \in \mathcal{F}$ も互いに共通部分をもたないで, $b_1, \cdots, b_m$ は正の実数とするとき

$$\sum_{i=1}^{n} a_i 1_{A_i} = \sum_{j=1}^{m} b_j 1_{B_j}$$

ならば
$$\sum_{i=1}^{n} a_i \mu(A_i) = \sum_{j=1}^{m} b_j \mu(B_j)$$
を示せばよい.

$A_i \cap B_j (1 \leq i \leq n, 1 \leq j \leq m)$ は互いに共通部分をもたないので
$$\sum_{i,j} a_i 1_{A_i \cap B_j} = \sum_i a_i 1_{A_i} = \sum_j b_j 1_{B_j} = \sum_{i,j} b_j 1_{A_i \cap B_j}$$
であるから, $A_i \cap B_j \neq \emptyset$ のとき $a_i = b_j$ である. よって, $a_i \mu(A_i \cap B_j) = b_j \mu(A_i \cap B_j)$. だから
$$\sum_i a_i \mu(A_i) = \sum_{i,j} a_i \mu(A_i \cap B_j) = \sum_{i,j} b_j \mu(A_i \cap B_j) = \sum_j b_j \mu(B_j)$$
が成り立つ. □

注意 4.2.2 φ, ψ は $\mathcal{F}$–可測非負単純関数とする. このとき次が成り立つ:

(i) $\displaystyle\int (\varphi + \psi) d\mu = \int \varphi d\mu + \int \psi d\mu$.

(ii) $\varphi \geq \psi \implies \displaystyle\int \varphi d\mu \geq \int \psi d\mu$.

証明 (i) の証明:$\mathcal{F}$–可測非負単純関数 $\varphi = \sum_{i=1}^{n} a_i 1_{A_i}$ において, $A_1, \cdots, A_n$ は互いに共通部分がなく, $a_1, \cdots, a_n$ は正の実数とし, $\mathcal{F}$–可測非負単純関数 $\psi = \sum_{j=1}^{m} b_j 1_{B_j}$ において, $B_1, \cdots, B_m, b_1, \cdots, b_m$ は上と同じ条件であるとする. このとき, $\varphi + \psi$ は $A_i \cap B_j$ では $a_i + b_j$ の値を, $A_i' = A_i \setminus \bigcup_{j=1}^{m} B_j$ では a_i の値を, $B_j' = B_j \setminus \bigcup_{i=1}^{n} A_i$ では b_j の値をとるから

$$\begin{aligned}\int (\varphi + \psi) d\mu &= \sum_{i,j} (a_i + b_j) \mu(A_i \cap B_j) + \sum_i a_i \mu(A_i') + \sum_j b_j \mu(B_j') \\ &= \sum_i a_i \left\{ \sum_j \mu(A_i \cap B_j) + \mu(A_i') \right\} \\ &\quad + \sum_j b_j \left\{ \sum_i \mu(A_i \cap B_j) + \mu(B_j') \right\} \\ &= \sum_i a_i \mu(A_i) + \sum_j b_j \mu(B_j) \\ &= \int \varphi d\mu + \int \psi d\mu.\end{aligned}$$

(ii) の証明：$\varphi - \psi$ は $\mathcal{F}$-可測非負単純関数であるから，(i) によって

$$\int \varphi d\mu = \int \psi d\mu + \int (\varphi - \psi) d\mu \geq \int \psi d\mu$$

である． □

注意 4.2.3 $\varphi_1, \varphi_2, \cdots, \psi$ は $\mathcal{F}$-可測非負単純関数とする．このとき

$$\varphi_n \nearrow, \ \lim_{n \to \infty} \varphi_n \geq \psi \Longrightarrow \lim_{n \to \infty} \int \varphi_n d\mu \geq \int \psi d\mu$$

である．

証明 $A = \{x \in X \mid \psi(x) > 0\}$, $\alpha = \min\{\psi(x) \mid x \in A\}$ とおき，$0 < \varepsilon < \alpha$ なる ε に対して

$$A_n(\varepsilon) = \{x \in A \mid \varphi_n(x) > \psi(x) - \varepsilon\}$$

とおく．このとき，$\varphi_n \nearrow$ かつ $\lim_n \varphi_n \geq \psi$ であるから，$A_n(\varepsilon) \nearrow A$ を得る．よって

$$\int \varepsilon 1_{A_n(\varepsilon)} d\mu \leq \varepsilon \mu(A) < \infty.$$

$\beta = \max\{\psi(x) \mid x \in X\}$ とおくと

$$\int \psi 1_{A \setminus A_n(\varepsilon)} d\mu \leq \beta \mu(A \setminus A_n(\varepsilon))$$

である．注意 4.2.2 より

$$\int \varphi_n d\mu = \int (\psi - \varepsilon) 1_{A_n(\varepsilon)} d\mu = \int \psi 1_{A_n(\varepsilon)} d\mu - \int \varepsilon 1_{A_n(\varepsilon)} d\mu$$

$$= \int \psi d\mu - \int \psi 1_{A \setminus A_n(\varepsilon)} d\mu - \varepsilon \mu(A_n(\varepsilon))$$

$$\geq \int \psi d\mu - \beta \mu(A \setminus A_n(\varepsilon)) - \varepsilon \mu(A_n(\varepsilon)).$$

明らかに，$\mu(A \setminus A_n(\varepsilon)) \leq \mu(A) < \infty$, かつ $A \setminus A_n(\varepsilon) \searrow \emptyset$ であるから

$$\lim_n \int \varphi_n d\mu \geq \int \psi d\mu - \beta \cdot 0 - \varepsilon \mu(A).$$

ε は任意であるから，$\varepsilon \to 0$ とすれば，結論を得る． □

(b) の場合：φ に対して $\varphi_n(x) \geq 0$, $\varphi_n(x) \nearrow \varphi(x)$ がすべての $x \in X$ で成り立つ $\mathcal{F}$-可測単純関数列 $\{\varphi_n\}$ が存在する（注意 4.1.7）．(a) により

$$\int \varphi_n d\mu$$

が定義される．注意 4.2.2(ii) により，$\int \varphi_n d\mu$ は n に関して単調増加である．よって，φ の積分を

$$\int \varphi d\mu = \lim_{n \to \infty} \int \varphi_n d\mu$$

によって定義する．

注意 4.2.4 この積分の定義は φ へ収束する単純関数列のとり方に依存しない．

証明 $\varphi_n \geq 0$, $\varphi_n \nearrow \varphi$ そして $\psi_n \geq 0$, $\psi_n \nearrow \varphi$ を満たす $\mathcal{F}$-可測単純関数列 $\{\varphi_n\}$, $\{\psi_n\}$ に対して

$$\lim_{n \to \infty} \int \varphi_n d\mu = \lim_{n \to \infty} \int \psi_n d\mu$$

を示せばよい．

$m \geq 1$ に対して，$\lim_n \varphi_n = \varphi \geq \psi_m$ であるから，注意 4.2.3 より

$$\lim_{n \to \infty} \int \varphi_n d\mu \geq \int \psi_m d\mu.$$

よって

$$\lim_{n \to \infty} \int \varphi_n d\mu \geq \lim_{m \to \infty} \int \psi_m d\mu.$$

同様にして逆向きの不等式が成り立つから，求める等式が得られる． □

(c) の場合：φ は可測非負関数 φ^+ と φ^- によって $\varphi = \varphi^+ - \varphi^-$ と分解される．

$$\int \varphi^+ d\mu, \quad \int \varphi^- d\mu$$

の少なくとも一方が有限のとき，φ の**積分が確定する**といい，φ の積分を

$$\int \varphi d\mu = \int \varphi^+ d\mu - \int \varphi^- d\mu$$

によって定義する．φ の分解は一意的であるから，φ の積分が一意的に定義される．

$$\int |\varphi| d\mu = \int \varphi^+ d\mu + \int \varphi^- d\mu < \infty$$

のとき，φ は μ-**可積分** (μ-integrable) であるという．μ-可積分な関数 φ, ψ に対して次が成り立つ．

(i) $\varphi \geq \psi$ (μ-a.e.) $\Longrightarrow \int \varphi d\mu \geq \int \psi d\mu$.

(ii) 任意の $a \in \mathbb{R}$ に対して，$\int a\varphi d\mu = a \int \varphi d\mu$.

(iii) $\int (\varphi + \psi) d\mu = \int \varphi d\mu + \int \psi d\mu$.

φ は $\mathcal{F}$-可測関数で $A \in \mathcal{F}$ とする．$1_A(x)\varphi(x)$ の積分が確定するとき，積分 $\int 1_A \varphi d\mu$ を

$$\int_A \varphi d\mu$$

で表す．

定理 4.2.5 φ, ψ は可積分関数とする．このとき

$$\int_A \varphi d\mu = \int_A \psi d\mu \qquad (A \in \mathcal{F})$$

ならば，$\varphi = \psi$ (μ-a.e.) が成り立つ．

証明 $\lambda = \varphi - \psi$ とおく．$A \in \mathcal{F}$ に対して $\int_A \lambda d\mu = 0$ である．

$$A^+ = \{x \in X \mid \lambda(x) \geq 0\}, \qquad A^- = \{x \in X \mid \lambda(x) < 0\}$$

とおくとき，$A^+, A^- \in \mathcal{F}$ である．仮定によって

$$\int_{A^+} \lambda d\mu = 0 = \int_{A^-} \lambda d\mu.$$

よって

$$\int |\lambda| d\mu = \int \lambda^+ d\mu + \int \lambda^- d\mu = 0.$$

$n \geq 1$ に対して

$$\mu\left(\left\{x \in X \;\middle|\; |\lambda(x)| \geq \frac{1}{n}\right\}\right) \leq \int |\lambda| d\mu = 0$$

であるから

$$\mu(\{x \in X \mid |\lambda(x)| > 0\}) = \mu\left(\bigcup_{n=1}^{\infty}\left\{x \in X \,\bigg|\, |\lambda(x)| \geq \frac{1}{n}\right\}\right)$$
$$\leq \sum_{n=1}^{\infty} \mu\left(\left\{x \in X \,\bigg|\, |\lambda(x)| \geq \frac{1}{n}\right\}\right) = 0.$$

よって，$|\lambda| = 0$ (μ–a.e.)，すなわち $\lambda = 0$ (μ–a.e.) が成り立つ． □

4.3 積分の収束

定理 4.3.1（単調収束定理） 可測関数列 $\{\varphi_n\}$ が $\varphi_n \geq 0$ μ–a.e. $(n \geq 1)$ で，$\varphi_n \nearrow \varphi$ (μ–a.e.) を満たせば

$$\lim_n \int \varphi_n d\mu = \int \varphi d\mu.$$

証明 $\varphi_n \leq \varphi$ (μ–a.e.) であるから

$$\lim_n \int \varphi_n d\mu \leq \int \varphi d\mu.$$

よって

$$\lim_n \int \varphi_n d\mu \geq \int \varphi d\mu$$

を示せばよい．各 φ_n に対して

$$\varphi_{n,i} \geq 0, \quad \varphi_{n,i} \nearrow \varphi_n \quad (i \to \infty)$$

を満たす単純関数列 $\{\varphi_{n,i}\}_{i \geq 1}$ を選び

$$\psi_i = \max_{1 \leq n \leq i} \varphi_{n,i} \quad (i = 1, 2, \cdots)$$

とおくと，ψ_i は単純関数で

$$\psi_i \nearrow, \; \varphi_{n,i} \leq \psi_i \leq \varphi_i \qquad \mu\text{–a.e. } (n \leq i).$$

上の不等式で，$i \to \infty$ とし，次に $n \to \infty$ とすると

$$\lim_{i \to \infty} \psi_i = \varphi \qquad \mu\text{–a.e.}$$

である. よって非負関数 φ の積分の定義から
$$\lim_i \int \psi_i d\mu = \int \varphi d\mu.$$
$\psi_i \leq \varphi_i$ (μ–a.e.) であるから
$$\lim_i \int \varphi_i d\mu \geq \int \varphi d\mu.$$
□

定理 4.3.2 (ファトウの補題) $\varphi_1, \varphi_2, \cdots$ は可測関数とする. このとき, $\varphi_n \geq 0$ (μ–a.e.) ならば
$$\int \liminf_n \varphi_n d\mu \leq \liminf_n \int \varphi_n d\mu.$$

証明 $\psi_n = \inf_{m \geq n} \varphi_m$ とおくと, $\{\psi_n\}$ は
$$\psi_n \geq 0, \quad \psi_n \nearrow \liminf_n \varphi_n \quad \mu\text{–a.e.}$$
である. よって定理 4.3.1 より
$$\int \liminf_n \varphi_n d\mu = \lim_n \int \psi_n d\mu$$
$$\leq \liminf_n \int \varphi_n d\mu.$$
□

定理 4.3.3 (ルベーグの収束定理) $\varphi_1, \varphi_2, \cdots, \psi$ は可積分関数とする. このとき $|\varphi_n| \leq \psi$ μ–a.e. ($n = 1, 2, \cdots$) で, $\lim_{n \to \infty} \varphi_n$ が μ–a.e. で存在すれば
$$\lim_{n \to \infty} \int \varphi_n d\mu = \int \lim_{n \to \infty} \varphi_n d\mu.$$

証明 前定理により明らかである. □

4.4 測度の分解

$\mathcal{F}_0$ を X の上の集合体とする. $\mathcal{F}_0$ の上の実数値集合関数 φ が次の (1) を満たすとき, φ を $\mathcal{F}_0$ の上の**有限加法的集合関数** (finite additive set function) といい

(1) (**有限加法性**) 互いに共通部分のない有限個の $A_1, A_2, \cdots, A_k \in \mathcal{F}_0$ に対して
$$\varphi\left(\bigcup_{i=1}^k A_i\right) = \sum_{i=1}^k \varphi(A_i).$$

次の (2) を満たすとき，φ を $\mathcal{F}_0$ の上の **σ–加法的集合関数** (σ–additive set function) という．

(2) (**σ–加法性**) 互いに共通部分のない可算無限個の $A_1, A_2, \cdots \in \mathcal{F}_0$ に対して，$\bigcup_{i=1}^\infty A_i \in \mathcal{F}_0$ ならば
$$\varphi\left(\bigcup_{i=1}^\infty A_i\right) = \sum_{i=1}^\infty \varphi(A_i).$$

φ が $\mathcal{F}_0$ の上の有限加法的集合関数ならば，$\varphi(\emptyset) = \varphi(\emptyset) + \varphi(\emptyset)$ であるから，$\varphi(\emptyset) = 0$ である．φ が $\mathcal{F}_0$ の上の σ–加法的集合関数ならば，$A_{n+1} = A_{n+2} = \cdots = \emptyset$ のとき
$$\varphi\left(\bigcup_{i=1}^n A_i\right) = \sum_{i=1}^n \varphi(A_i)$$

である．したがって，φ は有限加法性をもつ．明らかに，σ–集合体 $\mathcal{F}$ の上の非負 σ–加法的集合関数は $\mathcal{F}$ の上の有限測度である．有限測度空間 $(X, \mathcal{F}, \mu)$ において，ξ を可積分関数とするとき
$$\varphi(A) = \int_A \xi d\mu$$

によって定義される φ は $\mathcal{F}$ の上の σ–加法的集合関数である．

注意 4.4.1 φ を σ–集合体 $\mathcal{F}$ の上の σ–加法的集合関数とする．このとき $A_1, A_2, \cdots \in \mathcal{F}$ に対して

(i) $A_1 \subset A_2 \subset \cdots \Longrightarrow \varphi\left(\bigcup_{i=1}^\infty A_i\right) = \lim_{n\to\infty} \varphi(A_n),$

(ii) $A_1 \supset A_2 \supset \cdots \Longrightarrow \varphi\left(\bigcap_{i=1}^\infty A_i\right) = \lim_{n\to\infty} \varphi(A_n).$

注意 4.1.2 と同様に示される．

$(X, \mathcal{F})$ は可測空間とする．φ を $\mathcal{F}$ の上の σ–加法的集合関数とするとき，$A \in \mathcal{F}$ に対して

$$\varphi^+(A) = \sup\{\varphi(B) | B \subset A, B \in \mathcal{F}\},$$
$$\varphi^-(A) = \sup\{-\varphi(B) | B \subset A, B \in \mathcal{F}\} = -\inf\{\varphi(B) | B \subset A, B \in \mathcal{F}\},$$
$$\|\varphi\|(A) = \varphi^+(A) + \varphi^-(A)$$

とおく．このとき φ^+, φ^-, $\|\varphi\|$ をそれぞれ φ の**正変分**，**負変分**，**全変分**という．

注意 4.4.2 $\varphi^+, \varphi^-, \|\varphi\|$ はいずれも $\mathcal{F}$ の上の有限測度である．

証明 φ^+ が $\mathcal{F}$ の上の有限測度であることを示す．$\varphi(\emptyset) = 0$ であるから，$\varphi^+(A) \geq 0$, $\varphi^+(\emptyset) = 0$ が成り立つ．$A_1, A_2, \cdots \in \mathcal{F}$ が互いに共通部分をもたないとき，$B \subset \bigcup_i A_i$, $B \in \mathcal{F}$ なる B に対して

$$\varphi(B) = \sum_i \varphi(B \cap A_i) \leq \sum_i \varphi^+(A_i).$$

したがって，このような B の全体について左辺 $\varphi(B)$ の上限をとれば

$$\varphi^+\left(\bigcup_i A_i\right) \leq \sum_i \varphi^+(A_i).$$

一方において，$\varepsilon > 0$ に対して

$$\varphi^+(A_i) - \frac{\varepsilon}{2^i} \leq \varphi(B_i), \quad B_i \subset A_i, \quad B_i \in \mathcal{F} \quad (i = 1, 2, \cdots)$$

を満たす B_i が存在する．$\bigcup_i B_i \subset \bigcup_i A_i$, $\bigcup_i B_i \in \mathcal{F}$ であるから

$$\sum_i \varphi^+(A_i) - \varepsilon \leq \sum_i \varphi(B_i) = \varphi\left(\bigcup_i B_i\right) \leq \varphi^+\left(\bigcup_i A_i\right).$$

$\varepsilon > 0$ は任意であるから

$$\sum_i \varphi^+(A_i) \leq \varphi^+\left(\bigcup_i A_i\right).$$

ゆえに，$\sum_i \varphi^+(A_i) = \varphi^+(\bigcup_i A_i)$ が成り立つ．

次に，$\varphi^+(X) < \infty$ を示す．そのために，$\varphi^+(X) = \infty$ を仮定する．このとき

$$X_n \searrow, \quad X_n \in \mathcal{F}, \quad \varphi^+(X_n) = \infty, \quad |\varphi(X_n)| \geq n - 1$$

を満たす $X_1, X_2, \cdots$ が存在する．なぜならば，$X_1 = X$ とおく．いま，$X_1, \cdots, X_n$ まで定義されたとする．このとき $\varphi^+(X_n) = \infty$ であるから

$$A \subset X_n, \quad A \in \mathcal{F}, \quad \varphi(A) \geq |\varphi(X_n)| + n$$

を満たす A が存在する．$\varphi^+(A) = \infty$ ならば，$X_{n+1} = A$ とおく．$\varphi^+(A) < \infty$ ならば

$$\varphi^+(X_n \backslash A) = \varphi^+(X_n) - \varphi^+(A) = \infty.$$

さらに

$$|\varphi(X_n \setminus A)| = |\varphi(X_n) - \varphi(A)| \geq \varphi(A) - |\varphi(X_n)| \geq n$$

であるから，$X_{n+1} = X_n \backslash A$ とおく．このような仕方によって $X_1, X_2, \cdots$ が定義される．注意 4.4.1 によって

$$\varphi\left(\bigcap_{n=1}^{\infty} X_n\right) = \lim_n \varphi(X_n) = \infty \text{ または } -\infty$$

である．しかし，φ は実数値集合関数であることに反する．よって $\varphi^+(X) < \infty$ である．φ^+ が $\mathcal{F}$ の上の有限測度であることが示された．

次に，$(-\varphi)(A) = -\varphi(A)$ $(A \in \mathcal{F})$ によって定義される $-\varphi$ は $\mathcal{F}$ の上の σ-加法的集合関数であるから，上で示した結果によって $(-\varphi)^+$ は $\mathcal{F}$ の上の有限測度である．$\varphi^- = (-\varphi)^+$ から，φ^- は有限測度である．したがって，$\|\varphi\|$ も有限測度である． □

注意 4.4.3 φ を $\mathcal{F}$ の上の σ-加法的集合関数とし，その正変分，負変分をそれぞれ φ^+, φ^- とすると

(i) （**ジョルダン分解** (Jordan decomposition)）

$$\varphi(A) = \varphi^+(A) - \varphi^-(A) \quad (A \in \mathcal{F}).$$

(ii) （**ハーン分解** (Hahn decomposition)） 次を満たす $D \in \mathcal{F}$ が存在する：

$$\varphi^+(A) = \varphi(A \cap D), \quad \varphi^-(A) = -\varphi(A \cap D^c) \quad (A \in \mathcal{F}).$$

証明 (i) の証明：$B \subset A$, $B \in \mathcal{F}$ なるすべての B に対して

$$\varphi(B) = \varphi(A) - \varphi(A \backslash B) \leq \varphi(A) + \varphi^-(A).$$

このような B について，$\varphi(B)$ の上限をとれば
$$\varphi^+(A) \leq \varphi(A) + \varphi^-(A).$$
同様にして
$$\varphi^-(A) \leq \varphi^+(A) - \varphi(A)$$
が示される．よって $\varphi(A) = \varphi^+(A) - \varphi^-(A)$ が成り立つ．

(ii) の証明：$\varphi^+(D^c) = 0$, $\varphi^-(D) = 0$ を満たす $D \in \mathcal{F}$ が存在することを示せば十分である．各 $n(=1, 2, \cdots)$ に対して
$$\varphi^+(X) - \frac{1}{2^n} \leq \varphi(D_n)$$
を満たす $D_n \in \mathcal{F}$ を選ぶ．このとき，(i) により
$$\varphi^-(D_n) = \varphi^+(D_n) - \varphi(D_n) \leq \varphi^+(X) - \varphi(D_n) \leq \frac{1}{2^n},$$
$$\varphi^+(D_n{}^c) = \varphi^+(X) - \varphi^+(D_n) \leq \varphi^+(X) - \varphi(D_n) \leq \frac{1}{2^n}.$$
いま
$$D = \bigcup_{m=1}^{\infty} \bigcap_{n=m}^{\infty} D_n$$
とおくと，$D^c \subset \bigcup_{n=m}^{\infty} D_n{}^c$ $(m = 1, 2, \cdots)$ であるから
$$\varphi^+(D^c) \leq \lim_m \varphi^+\left(\bigcup_{n=m}^{\infty} D_n{}^c\right) \leq \lim_m \sum_{n=m}^{\infty} \varphi^+(D_n{}^c) \leq \lim_m \sum_{n=m}^{\infty} \frac{1}{2^n} = 0.$$
注意 4.1.2(iii) により
$$\varphi^-(D) \leq \liminf_n \varphi^-(D_n) \leq \lim_n \frac{1}{2^n} = 0.$$
$\varphi^+(D^c) = 0$, $\varphi^-(D) = 0$ が示された． □

注意 4.4.4 φ を $\mathcal{F}$ の上の σ–加法的集合関数とし，$A_1, A_2, \cdots \in \mathcal{F}$ とするとき，$\lim_{n \to \infty} A_n$ が存在すれば
$$\varphi\left(\lim_n A_n\right) = \lim_n \varphi(A_n).$$

証明 φ の正変分 φ^+, 負変分 φ^- は有限測度であり, ジョルダン分解により $\varphi = \varphi^+ - \varphi^-$ であるからルベーグの収束定理を適用すれば

$$\varphi\left(\lim_n A_n\right) = \varphi^+\left(\lim_n A_n\right) - \varphi^-\left(\lim_n A_n\right)$$
$$= \lim_n \varphi^+(A_n) - \lim_n \varphi^-(A_n) = \lim_n \varphi(A_n).$$

□

有限測度空間 $(X, \mathcal{F}, \mu)$ において, φ を $\mathcal{F}$ の上の σ-加法的集合関数とする. φ が

$$A \in \mathcal{F}, \ \mu(A) = 0 \Longrightarrow \varphi(A) = 0$$

を満たすとき, φ は $\mathcal{F}$ において μ-**絶対連続** (μ-absolute continuous), または μ に関して**絶対連続**であるといい, $\varphi \ll \mu$ で表す. φ が

$$N \in \mathcal{F}, \ \mu(N) = 0 \ \text{なる} \ N \ \text{が存在して}, \ \varphi(A) = \varphi(A \cap N) \ \ (A \in \mathcal{F})$$

を満たすとき, φ は $\mathcal{F}$ において μ-**特異** (μ-singular), また μ に関して**特異**であるといい, $\mu \perp \varphi$ で表す.

注意 4.4.5 (i) $\varphi_1, \cdots, \varphi_n$ が μ-絶対連続 (μ-特異) ならば, それらの 1 次結合 $\sum_{i=1}^n a_i \varphi_i$ も μ-絶対連続 (μ-特異) である.

(ii) φ が μ-絶対連続で, かつ μ-特異ならば, $\varphi(A) = 0 \ (A \in \mathcal{F})$ である.

(iii) ψ が μ-可積分ならば

$$\varphi(A) = \int_A \psi d\mu \ (A \in \mathcal{F})$$

によって定義される φ は $\mathcal{F}$ の上の μ-絶対連続な σ-加法的集合関数である.

注意 4.4.6 φ を $\mathcal{F}$ の上の σ-加法的集合関数とする. このとき, 次の (i), (ii), (iii) は互いに同値である:

(i) φ は μ-絶対連続である.

(ii) $\|\varphi\|$ は μ-絶対連続である.

(iii) $\varepsilon > 0$ に対して, $\delta > 0$ が存在して
$$A \in \mathcal{F},\ \mu(A) < \delta \Longrightarrow |\varphi(A)| < \varepsilon.$$

証明 (i)⇒(ii) の証明：$A \in \mathcal{F}$, $\mu(A) = 0$ とする. $B \in \mathcal{F}$, $B \subset A$ ならば, $\mu(B) = 0$ である. だから $\varphi(B) = 0$ である. したがって正変分 φ^+, 負変分 φ^- の定義から $\varphi^+(A) = 0$, $\varphi^-(A) = 0$ である. ゆえに $\|\varphi\|(A) = 0$ が成り立つ.

(ii)⇒(iii) の証明：$|\varphi(A)| \leq \|\varphi\|(A)$ であるから, $\varepsilon > 0$ に対して, $\delta > 0$ が存在して
$$A \in \mathcal{F},\ \mu(A) < \delta \Longrightarrow \|\varphi\|(A) < \varepsilon$$
であることを示せば十分である. これを否定すると
$$\mu(A_n) < \frac{1}{2^n}, \quad \|\varphi\|(A_n) > \varepsilon \qquad (n = 1, 2, \cdots)$$
を満たす $\varepsilon > 0$ と $A_1, A_2, \cdots \in \mathcal{F}$ が存在する. ここで
$$A = \bigcap_{m=1}^{\infty} \bigcup_{n=m}^{\infty} A_n$$
とおくと
$$\mu(A) \leq \mu\left(\bigcup_{n=m}^{\infty} A_n\right) \leq \sum_{n=m}^{\infty} \mu(A_n) \leq \sum_{n=m}^{\infty} \frac{1}{2^n} \to 0\ (m \to \infty)$$
であるから, $\mu(A) = 0$ である. しかし, 注意 4.1.2(iii) によって
$$\|\varphi\|(A) \geq \limsup_{n} \|\varphi\|(A_n) \geq \varepsilon.$$
これは (ii) に矛盾する.

(iii)⇒(i) は明らかである. □

定理 4.4.7 (ルベーグ–ラドン–ニコディムの定理) $(X, \mathcal{F}, \mu)$ は有限測度空間とする. $\mathcal{F}$ の上の σ-加法的集合関数 φ は

ルベーグ分解 (Lebesgue decomposition)：$\varphi(A) = \varphi_c(A) + \varphi_s(A) \quad (A \in \mathcal{F})$

のように μ-絶対連続な σ-加法的集合関数 φ_c と μ-特異な σ-加法的集合関数 φ_s とに一意的に分解される. さらに, φ_c に対しては
$$\varphi_c(A) = \int_A \psi d\mu\ (A \in \mathcal{F})$$

を満たす μ–可積分関数 ψ が存在する．この φ_c, φ_s をそれぞれ φ の μ–**絶対連続部分** (μ–absolute continuous part), μ–**特異部分** (μ–singular part) という．ψ を φ_c の μ に関するラドン–ニコディム (Radon–Nikodym) **導関数**または**密度関数** (density function) といい，ψ を $\dfrac{d\varphi_c}{d\mu}$ で表す場合もある．

証明 ルベーグ分解の一意性を示す．

φ が μ–絶対連続な $\varphi_c, \varphi_{c'}$ と μ–特異な $\varphi_s, \varphi_{s'}$ によって，2 通りに分解 $\varphi = \varphi_c + \varphi_s = \varphi_{c'} + \varphi_{s'}$ されたとする．このとき，$\psi = \varphi_c - \varphi_{c'} = \varphi_{s'} - \varphi_s$ によって定義される ψ は注意 4.4.5(i) により，$\mathcal{F}$ の上の μ–絶対連続かつ μ–特異な σ–加法的集合関数である．注意 4.4.5(ii) により，$\psi(A) = 0$ ($A \in \mathcal{F}$) であるから，$\varphi_c = \varphi_{c'}, \varphi_s = \varphi_{s'}$ である．分解の一意性は示された．

φ を $\varphi = \varphi^+ - \varphi^-$ のようにジョルダン分解して，定理を証明すればよいから，はじめから φ は有限測度であると仮定することができる．

まず
$$\mathbb{F} = \left\{ \psi \,\middle|\, \psi \geq 0, \ \int_A \psi d\mu \leq \varphi(A) \quad (A \in \mathcal{F}) \right\}$$
を定義する．$\psi(x) = 0$ ($x \in X$) なる定値関数 ψ は $\mathbb{F}$ に属するから，$\mathbb{F} \neq \emptyset$ である．
$$a = \sup_{\psi \in \mathbb{F}} \int \psi d\mu$$
とおくと，$a \leq \varphi(X) < \infty$ である．ここで $\lim_i \int \psi_i d\mu = a$ なる $\psi_1, \psi_2, \cdots \in \mathbb{F}$ を選び
$$\psi = \sup_{i \geq 1} \psi_i$$
とおく．ψ は可積分であって，$\psi \in \mathbb{F}, \int \psi d\mu = a$ が成り立つことを示す．そのために
$$\lambda_n = \max_{1 \leq i \leq n} \psi_i$$
とおくと，$\lambda_n \geq 0, \lambda_n \nearrow \psi$ である．$1 \leq i \leq n$ に対して
$$A_{n,i} = \{x \in X \,|\, \psi_1(x) < \lambda_n(x), \cdots, \psi_{i-1}(x) < \lambda_n(x), \psi_i(x) = \lambda_n(x)\}$$
とおくと，$A_{n,1}, \cdots, A_{n,n} \in \mathcal{F}$ で，互いの共通部分が空集合であって
$$\bigcup_{i=1}^n A_{n,i} = X.$$

よって $A \in \mathcal{F}$ に対して

$$\int_A \lambda_n d\mu = \sum_{i=1}^n \int_{A \cap A_{n,i}} \lambda_n d\mu = \sum_{i=1}^n \int_{A \cap A_{n,i}} \psi_i d\mu \leq \sum_{i=1}^n \varphi(A \cap A_{n,i}) = \varphi(A)$$

となるから，定理 4.3.1 により

$$\int_A \psi d\mu = \lim_n \int_A \lambda_n d\mu \leq \varphi(A).$$

よって $\psi \in \mathbb{F}$ である．ゆえに $\int \psi d\mu \leq a$ となるから ψ は可積分である．さらに

$$a = \lim_n \int \psi_n d\mu \leq \lim_n \int \lambda_n d\mu = \int \psi d\mu$$

である．だから $\int \psi d\mu = a$ である．

次に

$$\varphi_c(A) = \int_A \psi d\mu, \quad \varphi_s(A) = \varphi(A) - \varphi_c(A) \qquad (A \in \mathcal{F})$$

とおくと，$\psi \geq 0$ であり ψ は可積分であるから，φ_c は μ–絶対連続な σ–加法的集合関数（実際には有限測度）である．よって，φ_s は μ–特異であることを示せば定理の証明は完了する．

$\psi \in \mathbb{F}$ であるから，$\varphi_s(A) = \varphi(A) - \int_A \psi d\mu \geq 0 \ (A \in \mathcal{F})$ である．よって φ_s は有限測度である．

$$\varphi_n = \varphi_s - \frac{1}{n}\mu \qquad (n = 1, 2, \cdots)$$

とおくと，φ_n は σ–加法的集合関数であるから，ハーン分解（注意 4.4.3）により，$D_n \in \mathcal{F}$ が存在して

$$\varphi_n(A \cap D_n) = \varphi_n^+(A) \geq 0, \quad \varphi_n(A \cap D_n{}^c) = -\varphi_n^-(A) \leq 0 \qquad (A \in \mathcal{F}).$$

ここで $N = \bigcup_{n=1}^\infty D_n$ とおくと，任意の $A \in \mathcal{F}$ に対して

$$0 \leq \varphi_s(A \cap N^c) \leq \varphi_s(A \cap D_n{}^c) = \varphi_n(A \cap D_n{}^c) + \frac{1}{n}\mu(A \cap D_n{}^c)$$

$$\leq \frac{1}{n}\mu(A \cap D_n{}^c) \leq \frac{1}{n}\mu(X) \to 0 \qquad (n \to \infty)$$

であるから，$\varphi_s(A \cap N^c) = 0$ である．よって

$$\varphi_s(A) = \varphi_s(A \cap N) \qquad (A \in \mathcal{F}).$$

$\mu(N) = 0$ が示されれば,φ_s は μ-特異である.ところで

$$\varphi_c(A) = \varphi(A) - \varphi_s(A) = \varphi(A) - \varphi_s(A \cap N) \leq \varphi(A) - \varphi_s(A \cap D_n)$$

であるから

$$\begin{aligned}
\int_A \left(\psi + \frac{1}{n}1_{D_n}\right)d\mu &= \varphi_c(A) + \frac{1}{n}\mu(A \cap D_n) \\
&\leq \varphi(A) - \varphi_s(A \cap D_n) + \frac{1}{n}\mu(A \cap D_n) \\
&= \varphi(A) - \varphi_n(A \cap D_n) \\
&\leq \varphi(A).
\end{aligned}$$

ゆえに $\psi + \frac{1}{n}1_{D_n} \in \mathbb{F}$ が成り立つ.a の定義から

$$a + \frac{1}{n}\mu(D_n) = \int_X \left(\psi + \frac{1}{n}1_{D_n}\right)d\mu \leq a.$$

よって $\mu(D_n) = 0$ である.ゆえに $\mu(N) \leq \sum_{n=1}^{\infty} \mu(D_n) = 0$ が成り立つ.定理は証明された. □

注意 4.4.5(iii) と定理 4.4.7 から,次の定理を得る:

定理 4.4.8 (ラドン–ニコディムの定理) $(X, \mathcal{F}, \mu)$ を有限測度空間とする.このとき,$\mathcal{F}$ の上の σ-加法的集合関数 φ が μ-絶対連続であるための必要十分条件は

$$\varphi(A) = \int_A \psi d\mu \qquad (A \in \mathcal{F})$$

を満たす μ-可積分関数 ψ が存在することである.

4.5 完備測度

X を 1 つの集合とし,$\mathcal{F}_0$ を X における集合体とする.$\mathcal{F}_0$ の上の集合関数 μ_0 が次の (1), (2) を満たすとき,μ_0 を集合体 $\mathcal{F}_0$ の上の**測度**という:

(1) $A \in \mathcal{F}_0$ に対して,$0 \leq \mu_0(A) \leq \infty$,特に $\mu_0(\emptyset) = 0$.

(2) (σ-加法性) $A_1, A_2, \cdots \in \mathcal{F}_0$,$A_i \cap A_j = \emptyset$ $(i \neq j)$ であって,$\bigcup_{i=1}^{\infty} A_i \in \mathcal{F}_0$ を満たすとき,

$$\mu_0\left(\bigcup_{i=1}^{\infty} A_i\right) = \sum_{i=1}^{\infty} \mu_0(A_i).$$

集合体 $\mathcal{F}_0$ の上の測度 μ_0 に関して，次の (3), (4), (5) が示される：

(3) **(有限加法性)**
$$A_1, \cdots, A_n \in \mathcal{F}_0, \ A_i \cap A_j = \emptyset \ (i \neq j) \Longrightarrow \mu_0\left(\bigcup_{i=1}^n A_i\right) = \sum_{i=1}^n \mu_0(A_i).$$

(4) **(単調性)** $A, B \in \mathcal{F}_0, A \subset B \Longrightarrow \mu_0(A) \leq \mu_0(B).$

(5) **(劣加法性)**
$$A_1, A_2, \cdots \in \mathcal{F}_0, \bigcup_{i=1}^\infty A_i \in \mathcal{F}_0 \Longrightarrow \mu_0\left(\bigcup_{i=1}^\infty A_i\right) \leq \sum_{i=1}^\infty \mu_0(A_i).$$

集合 X の部分集合の全体からなる集合族を $\tilde{\mathcal{P}}$ で表す．$\tilde{\mathcal{P}}$ の上の集合関数 μ^* が次の (6), (7), (8) を満たすとき，μ^* を X における**カラテオドリの外測度** (Carathéodory outer measure) という：

(6) $A \in \tilde{\mathcal{P}}$ に対して，$0 \leq \mu^*(A) \leq +\infty$. 特に $\mu^*(\emptyset) = 0$.

(7) $A \subset B \Longrightarrow \mu^*(A) \leq \mu^*(B).$

(8) $A_1, A_2, \cdots \in \tilde{\mathcal{P}} \Longrightarrow \mu^*\left(\bigcup_{i=1}^\infty A_i\right) \leq \sum_{i=1}^\infty \mu^*(A_i).$

定理 4.5.1 μ_0 を集合体 $\mathcal{F}_0$ の上の測度とする．$A \in \tilde{\mathcal{P}}$ に対して
$$\mu^*(A) = \inf\left\{\sum_i \mu_0(E_i) \ \Big| \ \bigcup_i E_i \supset A, E_1, E_2, \cdots \in \mathcal{F}_0\right\}$$
とおく．このとき，μ^* は外測度であって，$\mu^*(A) = \mu_0(A)$ $(A \in \mathcal{F}_0)$ を満たす．μ^* を μ_0 から導かれる**外測度**という．

証明 μ^* の定義から外測度の条件のうち (6), (7) は明らかである．(8) を証明する．

$A_1, A_2, \cdots \in \tilde{\mathcal{P}}$ と $\varepsilon > 0$ に対して，μ^* の定義から各 A_n に対して
$$\bigcup_i E_{n,i} \supset A_n, \quad \sum_i \mu_0(E_{n,i}) \leq \mu^*(A_n) + \frac{\varepsilon}{2^n}$$
を満たす $E_{n,i} \in \mathcal{F}_0$ が存在する．$\bigcup_{i,n} E_{n,i} \supset \bigcup_n A_n$ であるから
$$\mu^*\left(\bigcup_n A_n\right) \leq \sum_{i,n} \mu_0(E_{n,i}) \leq \sum_n \mu^*(A_n) + \varepsilon.$$

ε は任意であるから

$$\mu^*\left(\bigcup_n A_n\right) \leq \sum_n \mu^*(A_n).$$

(8) が示された．よって，μ^* は外測度である．

次に

$$\mu^*(A) = \mu_0(A) \qquad (A \in \mathcal{F}_0)$$

を証明する．$A \in \mathcal{F}_0$ とする．μ^* の定義から $\mu^*(A) \leq \mu_0(A)$ である．よって $\mu^*(A) \geq \mu_0(A)$ を示せばよい．いま $\bigcup_i E_i \supset A$, $E_1, E_2, \cdots \in \mathcal{F}_0$ とするとき，$E_1' = E_1$, $E_i' = E_i \setminus \bigcup_{k=1}^{i-1} E_k$ $(i \geq 2)$ とおけば，$E_1', E_2', \cdots \in \mathcal{F}_0$ であって

$$E_i \supset E_i' \ (i \geq 1), \quad E_i' \cap E_j' = \emptyset \ (i \neq j), \quad A = A \cap \bigcup_i E_i \subset \bigcup_i E_i'$$

である．よって

$$\mu_0(A) = \mu_0\left(\bigcup_i E_i'\right) = \sum_i \mu_0(E_i') \leq \sum_i \mu_0(E_i).$$

$E_1, E_2, \cdots$ のすべての取り方に関して $\sum_i \mu_0(E_i)$ の下限をとれば，$\mu_0(A) \leq \mu^*(A)$ が求まる． $\square$

定理 4.5.2 μ^* を X における外測度とするとき

$$\mu^*(W) \geq \mu^*(W \cap A) + \mu^*(W \cap A^c) \qquad (W \in \tilde{\mathcal{P}})$$

を満たす $A \in \tilde{\mathcal{P}}$ を μ^*-**可測集合**といい，μ^*-可測集合の全体を $\mathcal{F}^*$ で表す．このとき $\mathcal{F}^*$ は $\mathcal{F}_0 \subset \mathcal{F}^*$ を満たす σ-集合体である．

証明 最初に

$$\mathcal{F}_0 \subset \mathcal{F}^*$$

を示す．$A \in \mathcal{F}_0$ とする．このとき部分集合 W と $\varepsilon > 0$ に対して

$$W \subset \bigcup_i E_i, \qquad \mu^*(W) + \varepsilon \geq \sum_i \mu_0(E_i)$$

を満たす $E_i \in \mathcal{F}_0$ が存在する．ところで

$$\bigcup_i (E_i \cap A) \supset W \cap A, \qquad \bigcup_i (E_i \cap A^c) \supset W \cap A^c,$$
$$E_i \cap A, \ E_i \cap A^c \in \mathcal{F}_0$$

であるから

$$\sum_i \mu_0(E_i) = \sum_i \mu_0(E_i \cap A) + \sum_i \mu_0(E_i \cap A^c)$$
$$\geq \mu^*(W \cap A) + \mu^*(W \cap A^c).$$

よって

$$\mu^*(W) + \varepsilon \geq \mu^*(W \cap A) + \mu^*(W \cap A^c).$$

$\varepsilon > 0$ は任意であるから

$$\mu^*(W) \geq \mu^*(W \cap A) + \mu^*(W \cap A^c).$$

したがって $A \in \mathcal{F}^*$ である．ゆえに $\mathcal{F}_0 \subset \mathcal{F}^*$ が示された．

$\mathcal{F}^*$ が集合体であることを証明する．明らかに $X \in \mathcal{F}^*$ であり，$A \in \mathcal{F}^*$ ならば $A^c \in \mathcal{F}^*$ である．また $A, B \in \mathcal{F}^*$ ならば

$$\mu^*(W) \geq \mu^*(W \cap A) + \mu^*(W \cap A^c)$$
$$\geq \mu^*((W \cap A) \cap B) + \mu^*((W \cap A) \cap B^c) + \mu^*(W \cap A^c)$$
$$\geq \mu^*(W \cap (A \cap B)) + \mu^*((W \cap A \cap B^c) \cup (W \cap A^c))$$
$$= \mu^*(W \cap (A \cap B)) + \mu^*(W \cap (A \cap B)^c)$$

であるから，$A \cap B \in \mathcal{F}^*$ である．よって $\mathcal{F}^*$ は集合体である．

次に，$A_1, A_2, \cdots \in \mathcal{F}^*$ に対して，$A_i \cap A_j = \emptyset \ (i \neq j)$ ならば，$m > 0$ に対して

$$\mu^*(W) \geq \sum_{i=1}^m \mu^*(W \cap A_i) + \mu^*\left(W \cap \left(\bigcup_{i=1}^m A_i\right)^c\right)$$

が成り立つことを示す．

m についての数学的帰納法を用いる．$A_1 \in \mathcal{F}^*$ から，$m = 1$ のときは明らかである．$m = n$ のときに成り立つと仮定する．$A_{n+1} \in \mathcal{F}^*$ かつ $\bigcup_{i=1}^n A_i \cap A_{n+1} = \emptyset$ から

$$\mu^*(W) \geq \sum_{i=1}^n \mu^*(W \cap A_i) + \mu^*\left(W \cap \left(\bigcup_{i=1}^n A_i\right)^c\right)$$
$$\geq \sum_{i=1}^n \mu^*(W \cap A_i) + \mu^*\left(W \cap \left(\bigcup_{i=1}^n A_i\right)^c \cap A_{n+1}\right)$$
$$+ \mu^*\left(W \cap \left(\bigcup_{i=1}^n A_i\right)^c \cap A_{n+1}^c\right)$$

$$= \sum_{i=1}^{n+1} \mu^*(W \cap A_i) + \mu^*\left(W \cap \left(\bigcup_{i=1}^{n+1} A_i\right)^c\right).$$

よって $m = n+1$ のときも成り立つ．$(\bigcup_{i=1}^{m} A_i)^c \supset (\bigcup_{i=1}^{\infty} A_i)^c$ により

$$\mu^*(W) \geq \sum_{i=1}^{m} \mu^*(W \cap A_i) + \mu^*\left(W \cap \left(\bigcup_{i=1}^{\infty} A_i\right)^c\right).$$

よって，$m \to \infty$ としたとき

$$\mu^*(W) \geq \mu^*\left(W \cap \bigcup_{i=1}^{\infty} A_i\right) + \mu^*\left(W \cap \left(\bigcup_{i=1}^{\infty} A_i\right)^c\right) \tag{4.5.1}$$

を得る．

$\mathcal{F}^*$ が σ-集合体であることを結論するために

$$A_1, A_2, \cdots \in \mathcal{F}^* \Longrightarrow \bigcup_{i=1}^{\infty} A_i \in \mathcal{F}^*$$

を示すだけである．実際に

$$B_1 = A_1, \quad B_i = A_i \setminus \bigcup_{k=1}^{i-1} A_k \ (i = 2, 3, \cdots)$$

とおくと $B_1, B_2, \cdots \in \mathcal{F}^*$, $B_i \cap B_j = \emptyset \ (i \neq j)$ である．さらに $\bigcup_{i=1}^{\infty} A_i = \bigcup_{i=1}^{\infty} B_i$ であるから，(4.5.1) より $\bigcup_{i=1}^{\infty} A_i \in \mathcal{F}^*$ である． $\square$

定理 4.5.3 μ^* は $\mathcal{F}^*$ の上の測度である．

証明 μ^* は外測度であるから

$$A_1, A_2, \cdots \in \mathcal{F}^*, \ A_i \cap A_j = \emptyset \ (i \neq j) \Longrightarrow \mu^*\left(\bigcup_{i=1}^{\infty} A_i\right) = \sum_{i=1}^{\infty} \mu^*(A_i)$$

を証明すればよい．(4.5.1) において，$W = \bigcup_{i=1}^{\infty} A_i$ とおくと

$$\mu^*\left(\bigcup_{i=1}^{\infty} A_i\right) \geq \sum_{j=1}^{\infty} \mu^*\left(\left(\bigcup_{i=1}^{\infty} A_i\right) \cap A_j\right) + \mu^*\left(\left(\bigcup_{i=1}^{\infty} A_i\right) \cap \left(\bigcup_{j=1}^{\infty} A_j\right)^c\right)$$
$$= \sum_{j=1}^{\infty} \mu^*(A_j).$$

逆向きの不等式は (8) によって成り立つから，μ^* は $\mathcal{F}^*$ の上の測度である． □

$(X, \mathcal{F}, \mu)$ は測度空間とする（必ずしも μ は有限測度であるとは限らない）．測度の値が 0 の集合を **零集合** (null set) という．零集合の部分集合がすべて可測集合であるとき，すなわち

$$A \subset N,\ N \in \mathcal{F},\ \mu(N) = 0 \Longrightarrow A \in \mathcal{F}$$

が成り立つとき，μ を **完備測度** (complete measure)，$\mathcal{F}$ を **μ–完備 σ–集合体** (μ–complete σ–field) という．

注意 4.5.4 μ^* は $\mathcal{F}^*$ の上の完備測度である．

証明 $A \subset N,\ N \in \mathcal{F}^*,\ \mu^*(N) = 0$ ならば $A \in \mathcal{F}^*$ を示せばよい．$W \in \tilde{\mathcal{P}}$ に対して，$W \cap A \subset N$ であるから，$\mu^*(W \cap A) = 0$ である．よって

$$\mu^*(W) \geq \mu^*(W \cap A^c) = \mu^*(W \cap A) + \mu^*(W \cap A^c)$$

となるから，$A \in \mathcal{F}^*$ である． □

集合体 $\mathcal{F}_0$ の上の測度 μ_0 が次を満たすとき，μ_0 を **σ–有限測度** (σ–finite measure) という．

$$X_1 \subset X_2 \subset \cdots \subset \bigcup_{i=1}^{\infty} X_i = X, \quad X_i \in \mathcal{F}_0,\ \mu_0(X_i) < \infty$$

を満たす部分集合列 X_i が存在する．

定理 4.5.5（ホップ–コルモゴロフの拡張定理） μ_0 を集合体 $\mathcal{F}_0$ の上の σ–有限測度とし，$\mathcal{F}$ を $\mathcal{F}_0$ の生成する σ–集合体とする．このとき

$$\mu(A) = \mu_0(A) \qquad (A \in \mathcal{F}_0)$$

を満たす $\mathcal{F}$ の上の測度 μ がただ 1 つ存在する．

証明 $\mathcal{F}^*$ は μ_0 から導かれる外測度 μ^* に関して，μ^*–可測集合のなす σ–集合体を表す．このとき，定理 4.5.2 より $\mathcal{F} \subset \mathcal{F}^*$ である．定理 4.5.1 と定理 4.5.3 よ

り μ^* は $\mu^*(A) = \mu_0(A)$ $(A \in \mathcal{F}_0)$ を満たす $\mathcal{F}$ の上の測度である．よって，μ^* の $\mathcal{F}$ への制限を μ とすれば，定理 4.5.5 を満たす $\mathcal{F}$ の上の測度 μ の存在が示されたことになる．

このような μ がただ 1 つであることを示す．そのために μ を定理 4.5.5 の条件を満たす $\mathcal{F}$ の上の任意の測度とするとき，$\mathcal{F}$ の上で $\mu = \mu^*$ を示せばよい．まず

$$\mu(A) \leq \mu^*(A) \qquad (A \in \mathcal{F})$$

を示す．$A \in \mathcal{F}$ とする．$\bigcup_i E_i \supset A$ を満たす $E_1, E_2, \cdots \in \mathcal{F}_0$ に対して

$$\mu(A) \leq \sum_i \mu(E_i) = \sum_i \mu_0(E_i).$$

よって $\mu(A) \leq \mu^*(A)$ が求まる．

次に

$$\mu(A) \geq \mu^*(A) \qquad (A \in \mathcal{F})$$

を示す．$A \in \mathcal{F}$ とする．μ_0 は σ-有限測度であるから，$X_n \nearrow X$, $X_n \in \mathcal{F}_0$, $\mu_0(X_n) < \infty$ を満たす集合列 X_n が存在する．よって

$$\mu(X_n \cap A^c) \leq \mu(X_n) = \mu_0(X_n) < \infty,$$
$$\mu^*(X_n \cap A^c) \leq \mu^*(X_n) = \mu_0(X_n) < \infty,$$
$$\mu(X_n) = \mu_0(X_n) = \mu^*(X_n).$$

また，$X_n \cap A^c \in \mathcal{F}$ であるから

$$\mu(X_n \cap A^c) \leq \mu^*(X_n \cap A^c).$$

よって

$$\begin{aligned}\mu(X_n \cap A) &= \mu(X_n) - \mu(X_n \cap A^c) \\ &\geq \mu^*(X_n) - \mu^*(X_n \cap A^c) \\ &= \mu^*(X_n \cap A)\end{aligned}$$

である．ここで $n \to \infty$ とすれば，注意 4.1.2 より $\mu(A) \geq \mu^*(A)$ である． □

定理 4.5.5 の特別な場合に，次の定理がある：

定理 4.5.6 $\mathcal{F}_0$ は X の部分集合からなる集合体として，μ は $\mathcal{F}_0$ の上の非負有限加法的集合関数で，$\mu(X) = 1$ とする．このとき，μ が $\mathcal{F}_0$ を含む最小の σ–集合体の上の確率測度に一意的に拡張されるためには，μ が $\mathcal{F}_0$ の上で σ–加法的であればよい．

定理 4.5.7 $\mathcal{F}_0$ を X の部分集合からなる集合体，μ を $\mu(X) = 1$ を満たす $\mathcal{F}_0$ の非負有限加法的集合関数とする．このとき，μ が $\mathcal{F}_0$ を含む最小の σ–集合体の上の確率測度に一意的に拡張されるための必要十分条件は，$A_i \in \mathcal{F}_0 (i \geq 1)$ に対して $A_1 \supset A_2 \supset \cdots \supset \bigcap_i A_i = \emptyset$ ならば，$\lim_{i \to \infty} \mu(A_i) = 0$ が成り立つことである．

証明 μ が $\mathcal{F}_0$ の上で σ–加法的であるとする．

$$A_1 \supset A_2 \supset \cdots \supset \bigcap_i A_i = \emptyset$$

を満たす $A_i \in \mathcal{F}_0 (i \geq 1)$ に対して

$$B_i = A_i \setminus A_{i+1} \qquad (i \geq 1)$$

とおく．明らかに，$B_i \in \mathcal{F}_0$ である．$A_i = \bigcup_{n=i}^{\infty} B_n$ であるから

$$\sum_{n=i}^{\infty} \mu(B_n) = \mu(A_i) \leq 1.$$

よって

$$\lim_{i \to \infty} \mu(A_i) = \lim_{i \to \infty} \sum_{n=i}^{\infty} \mu(B_n) = 0.$$

逆に，$B_i \in \mathcal{F}_0 \ (i \geq 1)$ に対して，$B_i \cap B_j = \emptyset \ (i \neq j)$ であって，$B = \bigcup_{i=1}^{\infty} B_i \in \mathcal{F}_0$ を満たすとする．

$$A_i = B \setminus (B_1 \cup \cdots \cup B_i) \qquad (i \geq 1)$$

とおく．このとき，$A_i \in \mathcal{F}_0$ であって

$$A_1 \supset A_2 \supset \cdots \supset \bigcap_{i=1}^{\infty} A_i = \emptyset$$

が成り立つ．μ は有限加法的であるから

$$\mu(A_i) = \mu(B) - \sum_{n=1}^{i} \mu(B_n).$$

仮定により，$i \to \infty$ とすれば $\mu(A_i) \to 0$ であるから，$\mu(B) = \sum_{n=1}^{\infty} \mu(B_n)$ が成り立つ．すなわち，μ は $\mathcal{F}_0$ の上で σ–加法的である．

よって，定理 4.5.6 を用いれば，定理 4.5.7 の結論を得る． □

4.6　フビニの定理

空でない集合 X の部分集合の族 $\mathcal{M}$ が次の (1), (2) を満たすとき，$\mathcal{M}$ を X における**単調族** (monotone class) という：

(1)　$A_n \in \mathcal{M}$ が $A_1 \subset A_2 \subset \cdots \subset A_n \subset \cdots$ を満たせば $\bigcup_{n \geq 1} A_n \in \mathcal{M}$,

(2)　$A_n \in \mathcal{M}$ が $A_1 \supset A_2 \supset \cdots \supset A_n \supset \cdots$ を満たせば $\bigcap_{n \geq 1} A_n \in \mathcal{M}$.

明らかに，σ–集合体は単調族である．

注意 4.6.1　単調族 $\mathcal{M}$ が集合体ならば，$\mathcal{M}$ は σ–集合体である．

証明　$A_n \in \mathcal{M}$ $(n \geq 1)$ とする．$B_n = \bigcup_{m=1}^{n} A_m$ とおくと，$\{B_n\}$ は単調増加列である．よって

$$\bigcup_{n \geq 1} A_n = \bigcup_{n \geq 1} B_n \in \mathcal{M}.$$

□

注意 4.6.2　集合体 $\mathcal{F}_0$ を含む最小の単調族 $\mathcal{M}[\mathcal{F}_0]$ は集合体である．

証明　$A \in \mathcal{M}[\mathcal{F}_0]$ に対して

$$\mathcal{M}_A = \{B \subset X \mid B,\ A \cap B,\ A^c \cap B,\ A \cap B^c \in \mathcal{M}[\mathcal{F}_0]\}$$

とおく．このとき，$\mathcal{M}_A$ は単調族である．

実際に，$B_1, B_2 \cdots \in \mathcal{M}_A$ を単調増加列とすると，$\{B_n\}$, $\{A \cap B_n\}$, $\{A^c \cap B_n\}$, $\{A \cap B_n^c\}$ は単調列であって

$$B_n,\ A \cap B_n,\ A^c \cap B_n,\ A \cap B_n^c \in \mathcal{M}[\mathcal{F}_0] \qquad (n \geq 1)$$

である．$\mathcal{M}[\mathcal{F}_0]$ は単調族であるから

$$B = \bigcup_n B_n \in \mathcal{M}[\mathcal{F}_0], \quad A \cap B = \bigcup_n (A \cap B_n) \in \mathcal{M}[\mathcal{F}_0],$$
$$A^c \cap B = \bigcap_n (A^c \cap B_n) \in \mathcal{M}[\mathcal{F}_0], \quad A \cap B^c = \bigcup_n (A \cap B_n^c) \in \mathcal{M}[\mathcal{F}_0].$$

よって，$B = \bigcup_n B_n \in \mathcal{M}_A$ である．$\{B_n\}$ が単調減少列のときも同様に $\bigcap_n B_n \in \mathcal{M}_A$ が示される．したがって，$\mathcal{M}_A$ は単調族である．

次に

$$A \in \mathcal{M}[\mathcal{F}_0] \Longrightarrow \mathcal{M}_A = \mathcal{M}[\mathcal{F}_0]$$

を示す．$\mathcal{M}_A$ の定義より $\mathcal{M}[\mathcal{F}_0] \supset \mathcal{M}_A$ であるから，$\mathcal{M}[\mathcal{F}_0] \subset \mathcal{M}_A$ を示せばよい．まず，$A \in \mathcal{F}_0$ の場合を示す．$B \in \mathcal{F}_0$ とする．$\mathcal{F}_0$ は集合体であるから，$A \cap B, A^c \cap B, A \cap B^c \in \mathcal{F}_0$ である．$\mathcal{F}_0 \subset \mathcal{M}[\mathcal{F}_0]$ であるから，$A \cap B, A^c \cap B, A \cap B^c \in \mathcal{M}[\mathcal{F}_0]$ である．よって $B \in \mathcal{M}_A$，すなわち $\mathcal{F}_0 \subset \mathcal{M}_A$ である．$\mathcal{M}[\mathcal{F}_0]$ は $\mathcal{F}_0$ を含む最小の単調族であるから，$\mathcal{M}[\mathcal{F}_0] \subset \mathcal{M}_A$ である．

$A \in \mathcal{M}[\mathcal{F}_0]$ の場合を示す．$B \in \mathcal{F}_0$ とする．$\mathcal{M}_B = \mathcal{M}[\mathcal{F}_0]$ であるから，$A \in \mathcal{M}_B$ である．よって $B \cap A, B \cap A^c, B^c \cap A \in \mathcal{M}[\mathcal{F}_0]$ である．よって $B \in \mathcal{M}_A$ である．すなわち $\mathcal{F}_0 \subset \mathcal{M}_A$ である．$\mathcal{M}[\mathcal{F}_0]$ の最小性により $\mathcal{M}[\mathcal{F}_0] \subset \mathcal{M}_A$ である．

最後に，$\mathcal{M}[\mathcal{F}_0]$ は集合体であることを示す．$X \in \mathcal{F}_0 \subset \mathcal{M}[\mathcal{F}_0]$ である．$A, B \in \mathcal{M}[\mathcal{F}_0]$ とすると，$\mathcal{M}_A = \mathcal{M}[\mathcal{F}_0]$ であるから $B \in \mathcal{M}_A$ である．よって，$A \cap B, A^c \cap B, A \cap B^c \in \mathcal{M}[\mathcal{F}_0]$ である．$\mathcal{M}[\mathcal{F}_0]$ は集合体である．□

$(X_1, \mathcal{F}_1, \mu_1), (X_2, \mathcal{F}_2, \mu_2)$ を確率空間とする．$A_1 \in \mathcal{F}_1, A_2 \in \mathcal{F}_2$ の直積集合 $A_1 \times A_2$ を直積空間 $X_1 \times X_2$ の**筒集合** (cylinder set) という．筒集合の全体を $\mathcal{I}$ で表す．$\mathcal{I}$ の生成する σ-集合体を $\mathcal{F}_1$ と $\mathcal{F}_2$ の**直積 σ-集合体** (product σ-field) といい，$\mathcal{F}_1 \times \mathcal{F}_2$ で表す．有限個の筒集合の和を $X_1 \times X_2$ の**基本集合** (fundamental set) という．

$\mathcal{F}_1 \times \mathcal{F}_2$ の上の確率測度 μ が

$$\mu(A_1 \times A_2) = \mu_1(A_1) \mu_2(A_2)$$

を満たすとき，μ を μ_1 と μ_2 の**直積測度** (product measure) といい，$\mu_1 \times \mu_2$ で表す．

$A \subset X_1 \times X_2$ に対して

$$A(x_1) = \{x_2 \mid (x_1, x_2) \in A\} \qquad (x_1 \in X_1),$$
$$A(x_2) = \{x_1 \mid (x_1, x_2) \in A\} \qquad (x_2 \in X_2)$$

を定義する．

定理 4.6.3 A は $\mathcal{F}_1 \times \mathcal{F}_2$-可測集合とする．$x_1 \in X_1$ を固定するとき，$A(x_1)$ は $\mathcal{F}_2$-可測集合であって，$\mu_2(A(x_1))$ は $\mathcal{F}_1$-可測関数である．

同様に，$x_2 \in X_2$ を固定するとき，$A(x_2)$ は $\mathcal{F}_1$-可測集合で，$\mu_1(A(x_2))$ は $\mathcal{F}_2$-可測関数である．

証明 前半を示せば，後半は同様にして示すことができる．

$$\mathcal{M} = \{A \in \mathcal{F}_1 \times \mathcal{F}_2 \mid A(x_1) \in \mathcal{F}_2,\ \mu_2(A(x_1)) \text{ は } \mathcal{F}_1\text{-可測}\}$$

とおく．このとき，$\mathcal{M} \supset \mathcal{F}_1 \times \mathcal{F}_2$ を示せば十分である．

基本集合の全体を $\mathcal{E}$ で表す．明らかに，$\mathcal{E}$ は集合体である．筒集合 $A = A_1 \times A_2$ に対して

$$A(x_1) = \begin{cases} A_2 & (x_1 \in A_1) \\ \emptyset & (x_1 \notin A_1) \end{cases}$$

が成り立つから，$A(x_1) \in \mathcal{F}_2$ である．$\mu_2(A(x_1)) = \mu_2(A_2) \cdot 1_{A_1}(x_1)$ であるから，$\mu_2(A(x_1))$ は $\mathcal{F}_1$-可測関数である．よって，$A = A_1 \times A_2 \in \mathcal{M}$ である．基本集合も $\mathcal{M}$ に含まれることが示される．よって $\mathcal{E} \subset \mathcal{M}$ である．

次に $\mathcal{M}$ が単調族であることを示す．$A^1, A^2, \cdots \in \mathcal{M}$ は単調増加列とする．$A = \bigcup_n A_n$ とおき，$A \in \mathcal{M}$ であることを示す．$\mathcal{M}$ の定義により，$A^j(x_1) \in \mathcal{F}_2$ そして $\mu_2(A^j(x_1))$ は $\mathcal{F}_1$-可測であるから

$$A(x_1) = \bigcup_j A^j(x_1)$$

は $\mathcal{F}_2$-可測集合で

$$\mu_2(A(x_1)) = \lim_j \mu_2(A^j(x_1))$$

は $\mathcal{F}_1$-可測関数である．よって $A \in \mathcal{M}$ である．$\{A^j\}$ が単調減少列の場合も同様に示されるので，$\mathcal{M}$ は単調族である．

$\mathcal{M}[\mathcal{E}]$ は $\mathcal{E}$ を含む最小の単調族とすると, 注意 4.6.1 と注意 4.6.2 により $\mathcal{M}[\mathcal{E}]$ は $\mathcal{E}$ を含む σ–集合体である. $\mathcal{F}_1 \times \mathcal{F}_2$ は $\mathcal{E}$ を含む最小の σ–集合体であったから, $\mathcal{F}_1 \times \mathcal{F}_2 \subset \mathcal{M}[\mathcal{E}]$ である. $\mathcal{M}$ は $\mathcal{E}$ を含む単調族であるから, $\mathcal{M}[\mathcal{E}] \subset \mathcal{M}$ である. よって, $\mathcal{F}_1 \times \mathcal{F}_2 \subset \mathcal{M}$ が示された. □

定理 4.6.4 $(X_1, \mathcal{F}_1, \mu_1), (X_2, \mathcal{F}_2, \mu_2)$ は確率空間とする. このとき, μ_1 と μ_2 の直積測度 $\mu = \mu_1 \times \mu_2$ がただ 1 つ存在する.

証明 $A \in \mathcal{F}_1 \times \mathcal{F}_2$ に対して

$$\mu(A) = \int \mu_2(A(x_1)) d\mu_1$$

とおく. 明らかに, $\mu(A) \geq 0$ であって, $\mu(\emptyset) = 0$ である. $A^1, A^2, \cdots \in \mathcal{F}_1 \times \mathcal{F}_2$ は互いに共通部分をもたないとして, $A = \bigcup_i A^i$ とおく. このとき, $A^1(x_1), A^2(x_1), \cdots$ も互いに共通部分をもたないで, $A(x_1) = \bigcup_i A^i(x_1)$ である. よって

$$\mu(A) = \int \mu_2(A(x_1)) d\mu_1 = \int \sum_i \mu_2(A^i(x_1)) d\mu_1$$
$$= \sum_i \int \mu_2(A^i(x_1)) d\mu_1 = \sum_i \mu(A^i).$$

μ は $\mathcal{F}_1 \times \mathcal{F}_2$ の上の測度である. $A_1 \times A_2 \in \mathcal{F}_1 \times \mathcal{F}_2$ に対して

$$\mu(A_1 \times A_2) = \int \mu_2((A_1 \times A_2)(x_1)) d\mu_1$$
$$= \int \mu_2(A_2) 1_{A_1}(x_1) d\mu_1$$
$$= \mu_2(A_2) \mu_1(A_1)$$

であるから, μ は μ_1 と μ_2 の直積測度である.

一意性を示すために, μ' も μ_1 と μ_2 の直積測度であるとする. このとき, $A_1 \times A_2 \in \mathcal{F}_1 \times \mathcal{F}_2$ に対して

$$\mu'(A_1 \times A_2) = \mu_1(A_1) \mu_2(A_2) = \mu(A_1 \times A_2)$$

が成り立ち, 基本集合に対しても $\mu' = \mu$ が成り立つ. 定理 4.5.5 により, $\mathcal{F}_1 \times \mathcal{F}_2$ の上で μ と μ' は一致する. □

定理 4.6.5 (フビニ (Fubini) の定理)　$(X, \mathcal{F}, \mu)$ は確率空間 $(X_1, \mathcal{F}_1, \mu_2)$, $(X_2, \mathcal{F}_2, \mu_2)$ の直積空間とする．$f(x_1, x_2)$ は μ–可積分であれば

$$\int f(x_1, x_2) d\mu = \int d\mu_1 \int f(x_1, x_2) d\mu_2$$

が成り立つ．

証明　$f(x_1, x_2) = 1_A(x_1, x_2)$ の場合に

$$\mu_2(A(x_1)) = \int 1_{A(x_1)}(x_2) d\mu_2 = \int 1_A(x_1, x_2) d\mu_2$$

であるから

$$\int 1_A(x_1, x_2) d\mu = \mu(A) = \int \mu_2(A(x_1)) d\mu_1 = \int d\mu_1 \int 1_A(x_1, x_2) d\mu_2.$$

$f(x_1, x_2)$ は非負単純関数の場合も上の式が成り立つ．一般の非負関数は単純関数によって近似されるから，定理は成り立つ．

次に，$f(x_1, x_2)$ が μ–可積分の場合に，$f = f^+ - f^-$ を満たす非負 μ–可積分関数が存在する．$f^+(x_1, x_2), f^-(x_1, x_2)$ に対して定理は成り立つから

$$\int f(x_1, x_2) d\mu = \int f^+(x_1, x_2) d\mu - \int f^-(x_1, x_2) d\mu$$
$$= \int d\mu_1 \int f^+(x_1, x_2) d\mu_2 - \int d\mu_1 \int f^-(x_1, x_2) d\mu_2$$
$$= \int d\mu_1 \int f(x_1, x_2) d\mu_2.$$

□

4.7　ルベーグ測度

k 次元ユークリッド空間 $\mathbb{R}^k$ の体積の概念の直接的一般化であるルベーグ測度を構成する．そのために準備をする．

k 次元右開区間 $J = [a_1, b_1) \times \cdots \times [a_k, b_k)$ $(-\infty \leq a_i < b_i \leq \infty, 1 \leq i \leq k)$ の全体からなる集合族を $\mathcal{J}^k$ で表す．ただし，$a_i = -\infty$ のとき $[a_i, b_i) = (-\infty, b_i)$ とする．空集合 $\emptyset$ は区間でないが，ここでは k 次元右開区間と考える．有限個の右開区間の和集合を k 次元**基本図形**という．このような基本図形の全体からなる集合族を $\mathcal{E}^k$ で表す．

定理 4.7.1 次が成り立つ：

(i) 基本図形は互いに共通部分をもたない有限個の右開区間の和集合として表される．

(ii) $\mathcal{E}^k$ は集合体である．

(iii) ボレルクラス $\mathcal{B}^k$ は $\mathcal{J}^k$ の生成する σ–集合体である．

(iv) $\mathcal{B}^k$ は $\mathcal{E}^k$ の生成する σ–集合体である．

証明 (i) は明らかである．複雑さを避けるために 1 次元の場合について (ii)，(iii)，(iv) を証明する．

(ii) の証明：$\mathbb{R}^1 \in \mathcal{E}^1$ は明らかである．

$$J = [a, b) \Longrightarrow J^c = (-\infty, a) \cup [b, +\infty) \in \mathcal{E}^1.$$
$$E = \bigcup_{i=1}^m J_i,\ E' = \bigcup_{j=1}^n J'_j \in \mathcal{E}^1 \Longrightarrow E \cap E' = \bigcup_{i,j}(J_i \cap J'_j) \in \mathcal{E}^1.$$

よって

$$E = \bigcup_{i=1}^n J_i \in \mathcal{E}^1 \Longrightarrow E^c = \bigcap_{i=1}^n J_i^c \in \mathcal{E}^1,$$
$$E, F \in \mathcal{E}^1 \Longrightarrow E \cup F = (E^c \cap F^c)^c \in \mathcal{E}^1.$$

ゆえに $\mathcal{E}^1$ は集合体である．

(iii) と (iv) の証明：$\mathcal{J}^1$ と $\mathcal{E}^1$ の生成する σ–集合体をそれぞれ $\mathcal{F}(\mathcal{J}^1)$ と $\mathcal{F}(\mathcal{E}^1)$ で表す．$[a, b) \in \mathcal{J}^1$ は

$$[a, b) = \bigcap_{n=1}^\infty \left(a - \frac{1}{n}, b\right)$$

と表され，$\left(a - \dfrac{1}{n}, b\right)$ は開区間である．だから $[a, b) \in \mathcal{B}^1$ である．ゆえに $\mathcal{J}^1 \subset \mathcal{B}^1$ である．したがって $\mathcal{E}^1 \subset \mathcal{B}^1$ である．ゆえに

$$\mathcal{F}(\mathcal{J}^1) \subset \mathcal{F}(\mathcal{E}^1) \subset \mathcal{B}^1.$$

次に G を任意の開集合とすると，右開区間 $\left[\dfrac{i}{n}, \dfrac{i+1}{n}\right)$ ($|i| < \infty$, $n \geq 1$) のうちで G に含まれる右開区間の全体の和集合が，G になっているから，$G \in \mathcal{F}(\mathcal{J}^1)$ である．よって

$$\mathcal{B}^1 \subset \mathcal{F}(\mathcal{J}^1).$$

ゆえに $\mathcal{F}(\mathcal{J}^1) = \mathcal{F}(\mathcal{E}^1) = \mathcal{B}^1$ である. □

k 次元右開区間 $J = [a_1, b_1) \times \cdots \times [a_k, b_k) \in \mathcal{J}^k$ が有界であるとき, すなわち $-\infty < a_i < b_i < \infty \ (1 \leq i \leq k)$ であるとき

$$|J| = (b_1 - a_1) \cdots (b_k - a_k)$$

と定義し, 有界でないとき $|J| = \infty$, そして $J = \emptyset$ のとき $|J| = 0$ と定義する. k 次元基本図形 $E = \bigcup_{i=1}^{n} J_i \in \mathcal{E}^k$ ($J_1, \cdots, J_n$ は互いに共通部分をもたない) に対して

$$m_0(E) = \sum_{i=1}^{n} |J_i|$$

と定義する. この $m_0(E)$ の値は E を互いに共通部分をもたない有限個の右開区間の和集合として表す表し方に依存しない. なぜならば

$$E = \bigcup_{i=1}^{n} J_i = \bigcup_{j=1}^{m} J'_j \quad (J'_1, \cdots, J'_m \text{ は互いに共通部分をもたない})$$

とする. このとき

$$\sum_i |J_i| = \sum_i \sum_j |J_i \cap J'_j| = \sum_j |J'_j|$$

が成り立つ.

定理 4.7.2 m_0 は $\mathcal{E}^k$ の上の σ–有限測度である.

証明 m_0 が $\mathcal{E}^k$ の上の測度であることを示すには, $0 \leq m_0(A) \leq +\infty \ (A \in \mathcal{E}^k)$, $m_0(\emptyset) = 0$ は明らかであるから

$$A_1, A_2, \cdots \in \mathcal{E}^k, \ A_i \cap A_j = \emptyset \ (i \neq j), \ \bigcup_{i=1}^{\infty} A_i \in \mathcal{E}^k$$

$$\Longrightarrow m_0\left(\bigcup_{i=1}^{\infty} A_i\right) = \sum_{i=1}^{\infty} m_0(A_i)$$

を証明すればよい. $A = \bigcup_{i=1}^{\infty} A_i$ とおく. $n \geq 1$ に対して

$$m_0\left(\bigcup_{i=1}^{n} A_i\right) = \sum_{i=1}^{n} m_0(A_i)$$

が成り立つことは m_0 の定義から明らかである．よって

$$m_0(A) \geq m_0\left(\bigcup_{i=1}^n A_i\right) = \sum_{i=1}^n m_0(A_i).$$

ここで $n \to \infty$ とすれば

$$m_0(A) \geq \sum_{i=1}^\infty m_0(A_i).$$

よって

$$m_0(A) \leq \sum_{i=1}^\infty m_0(A_i)$$

を示せばよい．

有界でない A_i が存在する場合，A も有界集合でないから

$$m_0(A) = \sum_{i=1}^\infty m_0(A_i) = \infty$$

が成り立つ．よって，A_i は有界集合であるとする．このとき，$\varepsilon > 0$ に対して

$$G_i \in \mathcal{E}^k,\ \mathrm{int} G_i \supset A_i \qquad (\mathrm{int} G\ \text{は}\ G\ \text{の内部}),$$
$$m_0(G_i) \leq m_0(A_i) + \frac{\varepsilon}{2^i} \qquad (i \geq 1)$$

を満たす G_i が存在する．

最初に A が有界集合である場合を扱う．$A \in \mathcal{E}^k$ により

$$F \in \mathcal{E}^k,\ \mathrm{Cl}(F) \subset A \qquad (\mathrm{Cl}(F)\ \text{は}\ F\ \text{の閉包}),$$
$$m_0(A) \leq m_0(F) + \varepsilon$$

を満たす有界集合 F が存在する．F の閉包 $\mathrm{Cl}(F)$ はコンパクトで

$$\mathrm{Cl}(F) \subset A = \bigcup_{i=1}^\infty A_i \subset \bigcup_{i=1}^\infty \mathrm{int} G_i$$

であるから，$\mathrm{Cl}(F)$ は適当な有限個の $\mathrm{int} G_i$ で被覆される．よって

$$F \subset \mathrm{Cl}(F) \subset \bigcup_{i=1}^n \mathrm{int} G_i \subset \bigcup_{i=1}^n G_i.$$

ゆえに

$$m_0(A) \leq m_0(F) + \varepsilon \leq m_0\left(\bigcup_{i=1}^n G_i\right) + \varepsilon$$
$$\leq \sum_{i=1}^n m_0(G_i) + \varepsilon \leq \sum_{i=1}^\infty m_0(A_i) + 2\varepsilon.$$

ε は任意であるから

$$m_0(A) \leq \sum_{i=1}^\infty m_0(A_i).$$

次に A が有界集合でない場合を示す．$m_0(A) = \infty$ であるから $\sum_{i=1}^\infty m_0(A_i) = \infty$ を示せばよい．$m > 0$ に対して

$$F \in \mathcal{E}^k, \ \mathrm{Cl}(F) \subset A, \ m_0(F) > m$$

を満たす有界集合 F が存在する．$n > 0$ が存在して

$$F \subset \bigcup_{i=1}^n G_i$$

であるから

$$m \leq m_0(F) \leq m_0\left(\bigcup_{i=1}^n A_i\right) = \sum_{i=1}^n m_0(A_i) \leq \sum_{i=1}^\infty m_0(A_i).$$

m は任意であったから

$$\sum_{i=1}^\infty m_0(A_i) = \infty.$$

$\square$

m_0 は $\mathcal{E}^k$ の上の測度であるから，m_0 から導かれる外測度を m^* で表し，k 次元**ルベーグ外測度** (Lebesgue outer measure) という．m^*-可測集合を k 次元**ルベーグ可測集合** (Lebesgue measurable set) という．このような集合の全体を $\mathcal{M}^k$ で表し，k 次元**ルベーグクラス** (Lebesgue class) という．外測度 m^* を $\mathcal{M}^k$ へ制限した測度を μ で表し，これを k 次元**ルベーグ測度** (Lebesgue measure) という．$(\mathbb{R}^k, \mathcal{M}^k, \mu)$ を**ルベーグ測度空間** (Lebesgue measure space) という．

注意 4.7.3 ボレル集合はルベーグ可測集合である．したがって開集合，閉集合，可算集合はルベーグ可測集合である．

証明 m_0 は集合体 $\mathcal{E}^k$ の上の σ–有限測度であり，ボレルクラス $\mathcal{B}^k$ は $\mathcal{E}^k$ の生成する σ–集合体であるから，定理 4.5.2 より $\mathcal{B}^k \subset \mathcal{M}^k$ である． □

注意 4.7.4 ルベーグ測度 m は σ–有限測度である．

証明 m_0 は $\mathcal{E}^k$ の上の σ–有限測度であるから，$I_n \nearrow \mathbb{R}^k$, $I_n \in \mathcal{E}^k$, $m_0(I_n) < \infty$ を満たす $I_1, I_2, \cdots$ が存在する．定理 4.5.1 より $m(I_n) = m_0(I_n)$ であるから，m は σ–有限測度である． □

注意 4.7.5 A をルベーグ可測集合とする．このとき $\varepsilon > 0$ に対して

$$F \subset A \subset G, \qquad m(G \setminus F) < \varepsilon$$

を満たす閉集合 F と開集合 G が存在する．定理 2.1.3 の証明と同様に示すことができる．この性質をルベーグ測度 μ の**正則性** (regularity) という．

$\mathbb{R}^k$ の部分集合 A と $\mathbb{R}^k$ の点 x に対して

$$A \pm x = \{y \pm x | y \in A\} \qquad \text{(複号同順)}$$

を定義する（ここに $y \pm x = (y_1 \pm x_1, \cdots, y_k \pm x_k)$（複号同順）である）．

定理 4.7.6 A がルベーグ可測集合ならば，$A \pm x$ もルベーグ可測であって

$$m(A) = m(A \pm x)$$

が成り立つ．

証明 m_0 の定義から，$E \in \mathcal{E}^k$, $x \in \mathbb{R}^k$ に対して，$E \pm x \in \mathcal{E}^k$, $m_0(E \pm x) = m_0(E)$ である．ルベーグ外測度 m^* の定義から，すべての部分集合 B に対して

$$m^*(B \pm x) = m^*(B)$$

を得る．よってルベーグ可測集合 A に対して，すべての部分集合 $W \subset \mathbb{R}^k$ で

$$m^*(W) = m^*(W \pm x) \geq m^*((W \pm x) \cap A) + m^*((W \pm x) \cap A^c)$$
$$= m^*(W \cap (A \mp x)) + m^*(W \cap (A \mp x)^c)$$

が成り立つ．したがって，$A \pm x$ はルベーグ可測であり

$$m(A \pm x) = m^*(A \pm x) = m^*(A) = m(A)$$

である． □

$U \subset \mathbb{R}^n$ は有界な開集合とし，$f : U \to U$ は微分同相写像とし，$D_x f$ は x での f のヤコビアンを表す．m は $\mathbb{R}^n$ の上のルベーグ測度に対して

$$\int \psi dm = \int \psi \circ f |\det(D_x f)| dm \quad (\psi \in C(\mathrm{Cl}(U), \mathbb{R}))$$

が成り立つ（リーマン積分の変数変換）．

$L^\infty(m)$ は**本質的有界関数** (essentially bounded function) ($0 < \alpha < \infty$ があって，$|\psi| \leq \alpha$ m–a.e.) の全体を表し

$$\|\psi\|_\infty = \inf\{\alpha \, | \, |\psi| \leq \alpha \ m\text{–a.e.}\}$$

とおく．$\|\cdot\|_\infty$ はノルムであって，$C(\mathrm{Cl}(U), \mathbb{R})$ は $\|\cdot\|_\infty$ に関して $L^\infty(m)$ で稠密である．$L^\infty(m)$ は $\|\cdot\|_\infty$ に関して完備である（証明は以降の定理 4.9.1 と同様である）．

よって

$$\int \varphi dm = \int \varphi \circ f |\det(D_x f)| dm \quad (\varphi \in L^\infty(m))$$

が成り立つ．特に，ボレル集合 $B \subset U$ に対して，$\varphi = 1_B$ であるとき

$$m(B) = \int_{f^{-1}(B)} |\det(D_x f)| dm.$$

$m(f^{-1}(B)) = 0$ であれば，$m(B) = 0$ である．すなわち，$m \ll m \circ f^{-1}$ である．

一般的に，ボレル確率測度 μ を可測変換 $f : U \to U$ があって，$\mu \ll \mu \circ f^{-1}$ が成り立つとき，f は μ に関して**非特異** (non singular) であるといい，μ を f に関して**非特異測度** (non singular measure) であるという．

最後に，リーマン (Riemann) 積分とルベーグ積分の関係を明らかにする．簡単のために，1次元の場合を扱うことにする．

ψ を有界な閉区間 $[a, b]$ の上の有界関数 ($|\psi| \leq K$) とする．$[a, b]$ の分割

$$\Delta : a = x_0 < x_1 < \cdots < x_n = b$$

に対して

$$\|\Delta\| = \max_{1 \leq i \leq n}(x_i - x_{i-1}),$$
$$l_i = \inf\{\psi(x)\,|\,x \in [x_{i-1}, x_i]\},$$
$$u_i = \sup\{\psi(x)\,|\,x \in [x_{i-1}, x_i]\},$$
$$L_\Delta = \sum_{i=1}^n l_i(x_i - x_{i-1}),$$
$$U_\Delta = \sum_{i=1}^n u_i(x_i - x_{i-1})$$

とおく．さらに

$$l(x) = \liminf_{y \to x} \psi(y), \qquad u(x) = \limsup_{y \to x} \psi(y)$$

を定義する．明らかに

(i) $-K \leq l(x) \leq \psi(x) \leq u(x) \leq K \ (x \in [a,b])$,

(ii) ψ が連続である必要十分条件は $l(x) = u(x)$ である．

注意 4.7.7 (1) l, u はルベーグ可測関数で

$$\lim_{\|\Delta\| \to 0} L_\Delta = \int_{[a,b]} l(x)dm, \quad \lim_{\|\Delta\| \to 0} U_\Delta = \int_{[a,b]} u(x)dm.$$

ここに，m は $[a,b]$ の上のルベーグ測度である．

(2) ψ が $[a,b]$ でリーマン積分可能である必要十分条件は

$$\int_{[a,b]} l(x)dm = \int_{[a,b]} u(x)dm.$$

ψ が $[a,b]$ の上でリーマン積分可能であれば，

$$\int_{[a,b]} l(x)dm = \int_a^b \psi(x)dx = \int_{[a,b]} u(x)dm.$$

証明 (1) の証明：分割 $\Delta : a = x_0 < x_1 < \cdots < x_n = b$ に関して

$$l_\Delta(x) = \sum_{i=1}^n l_i 1_{[x_i, x_{i-1}]}(x), \ u_\Delta(x) = \sum_{i=1}^n u_i 1_{[x_i, x_{i-1}]}(x)$$

とおく．$\Delta_1, \Delta_2, \cdots$ は $\lim \|\Delta_n\| = 0$ を満たす分割として，それらの分点からなる集合を D とする．$x \in [a,b] \setminus D$ のとき，x は分割 Δ_n の小区間の円点である．よって
$$\lim_n l_{\Delta_n}(x) = l(x), \qquad \lim_n u_{\Delta_n}(x) = u(x).$$
D は可算集合であるから，$m(D) = 0$ である．よって
$$\lim_n l_{\Delta_n}(x) = l(x), \quad \lim_n u_{\Delta_n}(x) = u(x) \quad m\text{--a.e.}\, x$$
である．$l_{\Delta_n}, u_{\Delta_n}$ はルベーグ可測であるから，l, u もルベーグ可測である．
$m([a,b]) = b - a < \infty$，$|l_{\Delta_n}| \le K$，$|u_{\Delta_n}| \le K$ であるから，有界収束定理により
$$\lim_n L_{\Delta_n} = \lim_n \int_{[a,b]} l_{\Delta_n}(x) dm = \int_{[a,b]} l(x) dm,$$
$$\lim_n U_{\Delta_n} = \lim_n \int_{[a,b]} u_{\Delta_n}(x) dm = \int_{[a,b]} u(x) dm.$$
$\{\Delta_n\}$ の選び方は任意であったから
$$\lim_{\|\Delta\| \to 0} L_\Delta = \int_{[a,b]} l(x) dm, \quad \lim_{\|\Delta\| \to 0} \|U_\Delta\| = \int_{[a,b]} u(x) dm.$$

(2) の証明：必要性．分割 $\Delta : a = x_0 < x_1 < \cdots < x_n = b$ と $y_i \in [x_{i-1}, x_i]\,(1 \le i \le n)$ に対して
$$S_\Delta(y_1, \cdots, y_n) = \sum_{i=1}^n \psi(y_i)(x_i - x_{i-1})$$
とおく．$\varepsilon > 0$ と分割 Δ に対して，l_i, u_i の定義により
$$\begin{aligned} \psi(y_i') &< l_i + \frac{\varepsilon}{n(x_i - x_{i-1})} \\ \psi(y_i'') &> u_i - \frac{\varepsilon}{n(x_i - x_{i-1})} \end{aligned} \quad (1 \le i \le n) \qquad (4.7.1)$$
を満たす y_i', y_i'' を選ぶことができる．よって
$$\begin{aligned} S_\Delta(y_1', \cdots, y_n') &< L_\Delta + \varepsilon, \\ S_\Delta(y_1'', \cdots, y_n'') &> U_\Delta - \varepsilon. \end{aligned}$$

リーマン積分 $\int_a^b \psi(x)dx$ の定義と (1) により

$$\int_a^b \psi(x)dx = \lim_{\|\Delta\|\to 0} S_\Delta(y_1', \cdots, y_n') \leq \lim_{\|\Delta\|\to 0} L_\Delta + \varepsilon$$
$$= \int_{[a,b]} l(x)dm + \varepsilon,$$
$$\int_a^b \psi(x)dx = \lim_{\|\Delta\|\to 0} S_\Delta(y_1'', \cdots, y_n'') \geq \lim_{\|\Delta\|\to 0} U_\Delta - \varepsilon$$
$$= \int_{[a,b]} u(x)dm - \varepsilon.$$

$l \leq u$ であって，$\varepsilon > 0$ は任意であるから

$$\int_{[a,b]} l(x)dm = \int_a^b \psi(x)dx = \int_{[a,b]} u(x)dm.$$

十分性.
$$L_\Delta \leq S_\Delta(x_1, \cdots, x_n) \leq U_\Delta$$

であって，$\|\Delta\| \to 0$ のとき L_Δ, U_Δ の極限は，仮定により

$$\int_{[a,b]} l(x)dm = \int_{[a,b]} u(x)dm$$

であるから，$\lim_{\|\Delta\|\to 0} S_\Delta(x_1, \cdots, x_n)$ が存在する．よって，ψ は $[a,b]$ の上でリーマン積分可能である． □

定理 4.7.8 (1) $\psi : [a,b] \to \mathbb{R}$ は有界関数とする．このとき，ψ がリーマン積分可能である必要十分条件は ψ が $[a,b]$ の上で a.e. で連続であることである．

(2) 有界関数 ψ がリーマン積分可能であれば，ルベーグ積分可能である．

証明 (1) の証明：注意 4.7.7 により，ψ が $[a,b]$ の上でリーマン積分可能である必要十分条件は
$$\int_{[a,b]} l(x)dm = \int_{[a,b]} u(x)dm.$$

$l \leq u$ であるから, $l(x) = u(x) (m\text{–a.e.})$ である．(i) により，ψ は $[a,b]$ の m–a.e. で連続であることと同値である．

(2) の証明：$l \leq \psi \leq u$ であるから，仮定により

$$l(x) = \psi(x) = u(x) \quad m\text{–a.e.}\, x.$$

よって，注意 4.7.7(1) により，ψ はルベーグ可測関数である．ψ は有界区間 $[a,b]$ の上で有界関数であるからルベーグ積分可能であり，注意 4.7.7(2) により

$$\int_{[a,b]} \psi(x)dm = \int_{[a,b]} l(x)dm = \int_a^b \psi(x)dx.$$

□

$\mathbb{R}^k$ のボレルクラス $\mathcal{B}$ で定義された測度を μ とする．測度空間 $(\mathbb{R}^k, \mathcal{B}, \mu)$ の完備化を $(\mathbb{R}^k, \mathcal{M}, \mu)$ で表す．

μ が $\mathbb{R}^k$ の**ルベーグ測度**であるとは次を満たすことである：

(i) $E \in \mathcal{M}$, $x \in \mathbb{R}^k$ に対して
$$\mu(E) = \mu(x+E),$$

(ii) $E \in \mathcal{B}$ が全有界であれば
$$\mu(E) < \infty,$$

(iii) μ は正則である，

(iv) μ は σ–有限である．

定理 4.7.9 $\mathbb{R}^k$ の上の 2 つのルベーグ測度 μ, μ' は定数倍を除いて一意的に定まる．すなわち $\lambda > 0$ があって
$$\mu(E) = \lambda \mu'(E) \qquad (E \in \mathcal{M}).$$

4.8 ハウスドルフ測度

$\mathbb{R}^2$ の空でない部分集合 U に対して，U の**直径** (diameter) を
$$\operatorname{diam}(U) = \sup\{\|x-y\| \,|\, x, y \in U\}$$
で表す．$\|\cdot\|$ は $\mathbb{R}^2$ の通常のノルムを表す．E を $\mathbb{R}^2$ の部分集合として，$\delta > 0$ とする．$E \subset \bigcup_{i=0}^{\infty} U_i$ であって，$0 < \operatorname{diam}(U_i) \leq \delta$ $(i \geq 0)$ であるとき，$\{U_i\}$ を E の δ–**被覆** (δ–cover) という．

$\alpha > 0$ に対して

$$H_\delta^\alpha(E) = \inf \left\{ \sum_i \mathrm{diam}(U_i)^\alpha \;\middle|\; \{U_i\} \text{ は } E \text{ の } \delta\text{--被覆} \right\}$$

を定義する. δ が減少するとき, $H_\delta^\alpha(E)$ は単調に増加する.

実際に, $0 < \delta' < \delta$ のとき

$$\{E \text{ の可算 } \delta\text{--被覆の族}\} \supset \{E \text{ の可算 } \delta'\text{--被覆の族}\}$$

であるから, $H_\delta^\alpha(E) \leq H_{\delta'}^\alpha(E)$ が成り立つ. よって, 無限大を含めて次の極限値は存在する:

$$H^\alpha(E) = \lim_{\delta \to 0} H_\delta^\alpha(E).$$

このとき, H^α は $\mathbb{R}^2$ の上の外測度である. すなわち

(i) $0 \leq H^\alpha(E) \leq +\infty$, 特に $H^\alpha(\emptyset) = 0$,

(ii) $A \subset B \Longrightarrow H^\alpha(A) \leq H^\alpha(B)$,

(iii) $A_1, A_2, \cdots \subset \mathbb{R}^2$ に対して, $H^\alpha\left(\bigcup_i A_i\right) \leq \sum_i H^\alpha(A_i)$

が成り立つ. H^α を $\mathbb{R}^2$ の**ハウスドルフ α--次元外測度** (Hausdorff α-dimensional outer measure) という.

E の δ--被覆 $\{U_i\}$ に対して, $\sum_i d_i^\alpha$ $(d_i = \mathrm{diam}(U_i))$ の意味を考えてみる. $\alpha = 1$ のとき, $\sum_i d_i$ は線分 d_i の長さの和であって, $\sum_i d_i^2$ は 1 辺が d_i の正方形の面積の和である. よって, $\sum_i d_i^\alpha$ は E のもっている "長さ", "面積" に対応する量を測っている. 問題は $\sum_i d_i^\alpha$ の値ではなく, E の量を測るときの α の値にある. この α によって E を特徴づけようということである.

$E \subset \mathbb{R}^2$ を固定する. α が 0 から $+\infty$ まで動くときに, $H^\alpha(E)$ は α の関数として単調減少する. 実際に, $\alpha_1 < \alpha_2$ ならば, $H_\delta^{\alpha_1}(E) \geq \delta^{\alpha_1 - \alpha_2} H_\delta^{\alpha_2}(E)$ が成り立つ. よって, $H_\delta^{\alpha_2}(E) > 0$ ならば, $H^{\alpha_1}(E)$ は無限大である. $H_\delta^{\alpha_2}(E) = 0$ の場合に $\alpha_2 < \alpha_3$ ならば, $H_\delta^{\alpha_2}(E) \geq \delta^{\alpha_2 - \alpha_3} H_\delta^{\alpha_3}(E)$ であるから, $H_\delta^{\alpha_3}(E) = 0$ である. したがって, 次の性質を満たす値 $HD(E) \geq 0$ が一意的に存在する (図 4.8.1) :

$$0 \leq \alpha < HD(E) \Longrightarrow H^\alpha(E) = \infty,$$
$$HD(E) < \alpha < \infty \Longrightarrow H^\alpha(E) = 0.$$

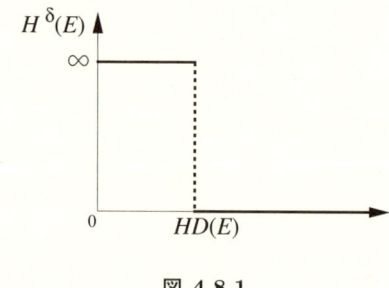

図 4.8.1

この $HD(E)$ を E の**ハウスドルフ次元** (Hausdorff dimension) という.

$\mathbb{R}^2$ の立方体 C に対して,各辺を k 等分して k^2 個の小立方体に C を細分する. $\delta > \dfrac{\sqrt{2}}{k}$ に対して

$$H_\delta^2(C) \leq k^2 \left(\frac{\sqrt{2}}{k}\right)^2 = 2$$

である.よって $\alpha > 2$ に対して $H^\alpha(C) = 0$ である.$\mathbb{R}^2$ は単位立方体の可算和で表されるから,$H^\alpha(\mathbb{R}^2) = 0$ を得る.このことから,$E \subset \mathbb{R}^2$ に対して $0 \leq HD(E) \leq 2$ である.

H^α は外測度であった.よって,ホップ–コルモゴロフの定理により測度(ハウスドルフ α–次元測度)を見いだすことができる.その測度はどんな性質をもつのかを調べることにする.

X は集合とする.X の部分集合 E が外測度 μ に関して,μ–可測であるとは $A \subset X$ に対して

$$\mu(A) = \mu(A \cap E) + \mu(A \setminus E)$$

が成り立つことであった(定理 4.5.2).よって,X の部分集合で μ–可測集合の全体 $\mathcal{F}$ は σ–集合体をなし,μ を $\mathcal{F}$ に制限すれば μ は $\mathcal{F}$ の上の測度である.

外測度 μ が**正則** (regular) であるとは,部分集合 A に対して $\mu(A) = \mu(E)$ を満たす μ–可測集合 $E \supset A$ が存在することである.

注意 4.8.1 μ は正則な外測度であるとして,$\{A_j\}$ は単調増加列とする.このとき

$$\lim_j \mu(A_j) = \mu(\lim_j A_j).$$

証明 各 A_j に対して,$\mu(A_j) = \mu(E_j)$ を満たす μ–可測集合 $E_j \supset A_j$ が存在

する.
$$\lim_j A_j = \liminf_j A_j \subset \liminf_j E_j$$
であるから，ファトウの補題により
$$\mu(\lim_j A_j) = \mu(\liminf_j A_j) \le \mu(\liminf_j E_j)$$
$$\le \liminf_j \mu(E_j)$$
$$= \lim_j \mu(A_j).$$
同様にして，逆の不等式も求まる． □

μ は外測度であるとする．距離空間 X の部分集合 E, F が
$$d(E,F) = \inf\{d(x,y) \,|\, x \in E, y \in F\} > 0$$
を満たすとき
$$\mu(E \cup F) = \mu(E) + \mu(F)$$
であれば，μ を**強外測度** (strongly outer measure) という．

注意 4.8.2 μ は強外測度とする．$\{A_j \,|\, j \ge 1\}$ は単調増加列で，$\lim_j A_j = A$ とする．このとき
$$d(A_j, A \setminus A_{j+1}) > 0 \ (j \ge 1) \implies \mu(A) = \lim_j \mu(A_j).$$

証明 $\mu(A) \le \lim_j \mu(A_j)$ を示せば十分である．そのために
$$B_1 = A_1, \qquad B_j = A_{j+1} \setminus A_j \ (j \ge 1)$$
とおく．$j+2 \ge i$ のとき
$$B_j \subset A_{j+1}, \qquad B_i \subset A \setminus A_{i-1} \subset A \setminus A_j.$$
$d(B_i, B_j) > 0$ であるから
$$\begin{aligned}\mu\left(\bigcup_{k=1}^m B_{2k-1}\right) &= \textstyle\sum_{k=1}^m \mu(B_{2k-1}), \\ \mu\left(\bigcup_{k=1}^m B_{2k}\right) &= \textstyle\sum_{k=1}^m \mu(B_{2k}).\end{aligned} \qquad (4.8.1)$$

$m \to \infty$ のとき，(4.8.1) のいずれかが $+\infty$ に収束すれば，$\lim_j \mu(A_j) = \infty$ である．よってこの場合は結論を得る．

(4.8.1) の両式が共に有限の値に収束する場合は

$$\mu(A) = \mu\left(\bigcup_{j=1}^{\infty} A_j\right) = \mu\left(A_j \cup \bigcup_{k=j+1}^{\infty} B_k\right)$$
$$\leq \mu(A_j) + \sum_{k=j+1}^{\infty} \mu(B_k)$$
$$\leq \lim_j \mu(A_j).$$

$\square$

注意 4.8.3 μ は強外測度とする．このとき，X のボレル集合は μ–可測である．

証明 ボレルクラスは X の閉集合の全体を含む最小の σ 集合体であるから，E を閉集合，A を X の部分集合として $\mu(A) \geq \mu(A \cap E) + \mu(E \setminus A)$ を示せば十分である．

$j > 0$ に対して

$$A_j = \left\{x \in A \setminus E \,\middle|\, d(E, x) \geq \frac{1}{j}\right\}$$

とおく．$d(A \cap E, A_j) \geq \dfrac{1}{j}$ であるから

$$\mu(A \cap E) + \mu(A_j) = \mu((A \cap E) \cup A_j) \leq \mu(A).$$

$\{A_j\}$ は単調増加列であって，$A \setminus E = \bigcup_{j=1}^{\infty} A_j$ が成り立つ．よって

$$d(A_j, (A \setminus E) \setminus A_{j+1}) > 0 \quad (j \geq 1) \tag{4.8.2}$$

であれば，注意 4.8.2 により

$$\mu(A \setminus E) = \lim_j \mu(A_j).$$

よって結論を得る．

(4.8.2) を示すために，$x \in (A \setminus E) \setminus A_{j+1}$ に対して，$z \in E$ があって $d(x, z) \leq \dfrac{1}{j+1}$ とできる．$y \in A_j$ に対して

$$d(x, y) \geq d(y, t) - d(x, t) > \frac{1}{j} - \frac{1}{j+1} > 0.$$

よって (4.8.2) を得る. □

注意 4.8.4 ハウスドルフ α–次元外測度 H^α は強外測度である.

実際に, $d(E,F) > 0$ を満たす E, F に対して, 十分に小さい $\delta > 0$ を選び, $E \cup F$ の δ–被覆を E と F の両方に交わることのないように見いだすことができる. よって
$$H^\alpha_\delta(E \cup F) = H^\alpha_\delta(E) + H^\alpha_\delta(F)$$
が成り立つ.

注意 4.8.4 により, H^α–可測集合からなる σ–集合体はボレル集合を含む. H^α をボレルクラスに制限した H^α を**ハウスドルフ α–次元測度** (Hausdorff α–dimensional measure) という.

注意 4.8.5 ボレル集合 E が $0 < H^\alpha(E) < \infty$ であれば, $HD(E) = \alpha$ である.

注意 4.8.6 $0 < H^\delta(E) < \infty$ であるとき, E に制限したボレルクラスを $\mathcal{B}_E$ で表す. このとき, H^δ は $\mathcal{B}_E$ の上の有限測度である. すなわち, H^δ に対して正の $\mathcal{B}_E$–可測集合は δ–次元である.

証明 $A \in \mathcal{B}_E$ に対して, $A \subset E$ であるから $H^\delta(A) \leq H^\delta(E)$ である. よって $HD(A) < \delta$ であれば, $H^\delta(A) = 0$ である. $0 < H^\delta(A)$ のとき $HD(A) = \delta$ である. □

注意 4.8.7 $\varphi : E \to \varphi(E)$ に対して, $c > 0$ があって
$$|\varphi(x) - \varphi(y)| \leq c|x - y| \quad (x, y \in E) \tag{4.8.3}$$
であれば, $H^\alpha(\varphi(E)) \leq c^\alpha H^\alpha(E)$ である.

証明 $\{U_i\}$ を E の δ–被覆とする. $\mathrm{diam}(\varphi(U_i \cap E)) \leq c\,\mathrm{diam}(U_i)$ であるから, $\{\varphi(U_i \cap E)\}$ は $\varphi(E)$ の $c\delta$–被覆であって
$$\sum_i \mathrm{diam}(\varphi(U_i \cap E))^\alpha \leq c^\alpha \sum_i \mathrm{diam}(U_i)^\alpha$$

よって $H^\alpha_{c\delta}(\varphi(E)) \leq c^\alpha H^\alpha_\delta(E)$ である. □

(4.8.3) を満たす写像 $\varphi : E \to \varphi(E)$ を**リプシッツ連続** (Lipschitz continuous) であるといい, $c > 0$ を**リプシッツ定数** (Lipschitz constant) という. φ が同相であって φ, φ^{-1} がリプシッツ連続であるとき, φ を**リプシッツ同相写像** (Lipschitz homeomorphism) であるという.

注意 4.8.8 (1) $\mathbb{R}^n$ の上のハウスドルフ α–次元外測度 H^α は平行移動に関して不変である. すなわち

$$H^\alpha(x + E) = H^\alpha(E).$$

ここに, $x + E = \{x + y \mid y \in E\}$ を表す.

(2) $cE = \{cx \mid x \in E\}$ とする. このとき $H^\alpha(cE) = c^\alpha H^\alpha(E)$ である.

注意 4.8.9 $E \subset \mathbb{R}^n$ は $HD(E) = \alpha > 0$ であるとして, $f : E \to E$ はリプシッツ同相写像であるとする. このとき, ハウスドルフ α–次元測度 H^α は $H^\alpha \circ f^{-1}$ と同値であって, H^α は f に関して非特異測度である.

証明は注意 4.8.7 から明らかである.

$\mathbb{R}^2$ の部分集合からなる集合族 $\mathcal{V}$ が集合 E に関する**ヴィターリ族** (Vitali family) であるとは, $x \in E$ と $\delta > 0$ に対して $x \in U$ で, $0 < \mathrm{diam}(U) < \delta$ を満たす $U \in \mathcal{V}$ が存在することである.

定理 4.8.10 (ヴィターリの被覆定理) E は $\mathbb{R}^2$ の部分集合とする. $\mathcal{V}$ は E に関する閉集合からなるヴィターリ族とする. このとき, $\sum \mathrm{diam}(U_i)^2 = \infty$, または $H^2(E \setminus \bigcup_i U_i) = 0$ が成り立つように, 互いに交わらない高々可算個からなる列 $\{U_i\}$ を $\mathcal{V}$ から選ぶことができる.

証明 $\rho > 0$ を固定する. $\mathcal{V}$ に属する U は $\mathrm{diam}(U) \leq \rho$ を満たしていると仮定して一般性を失わない. 帰納法を用いて結論を導く.

U_1 を $\mathcal{V}$ から選ぶ. $U_1, \cdots, U_m$ まで選ばれたとする. $E \setminus \bigcup_{i=1}^m U_i \neq \emptyset$ とすると, U_i $(1 \leq i \leq m)$ と交わらないで $\mathrm{diam}(U) > 0$ を満たす $U \in \mathcal{V}$ が存在する.

このような U の $\mathrm{diam}(U)$ の上限を d_m とする. U_{m+1} として, $\bigcup_{i=1}^{m} U_i$ と交わらない $\mathcal{V}$ に属する集合 U_{m+1} を $\mathrm{diam}(U_{m+1}) \geq \frac{1}{2} d_m$ を満たすように選ぶ.

このようにして選ばれた列 $\{U_i\}$ は $\sum \mathrm{diam}(U_i)^2 < \infty$ を満たすと仮定する. 各 i に対して U_i を含む $3\mathrm{diam}(U_i)$ の閉円板を B_i とする. $k > 1$ に対して

$$E \setminus \bigcup_{i=1}^{k} U_i \subset \bigcup_{i=k+1}^{\infty} B_i \tag{4.8.4}$$

が成り立つことを示す.

$x \in E \setminus \bigcup_{i=1}^{k} U_i$ に対して, $x \in U$ であって, $\bigcup_{i=1}^{k} U_i$ と交わらない $U \in \mathcal{V}$ が存在する. $\mathrm{diam}(U_i) \to 0 \; (i \to \infty)$ であるから, $m > 0$ があって, $\mathrm{diam}(U) \leq d_{m-1}$ かつ $\mathrm{diam}(U) > d_m$ が成り立つ. このとき, $\{U_i\}$ の選び方から, $U \cap U_i \neq \emptyset$ を満たす $U_i \; (k < i < m)$ が存在する. $\mathrm{diam}(U) \leq 2\mathrm{diam}(U_i)$ であるから, $U \subset B_i$ である. すなわち (4.8.3) が成り立つ.

$\delta > 0$ に対して, $\mathrm{diam}(B_i) \leq \delta$ が $k < i$ を満たす i に対して成り立つように $k > 0$ を十分に大きく選べば

$$H_\delta^2 \left(E \setminus \bigcup_{i=1}^{\infty} U_i \right) \leq H_\delta^2 \left(E \setminus \bigcup_{i=1}^{k} U_i \right) \leq \sum_{i=k+1}^{\infty} \mathrm{diam}(B_i)^2 = 9 \sum_{k+1}^{\infty} \mathrm{diam}(U_i)^2$$

が成り立つ. よって, $H_\delta^2 \left(E \setminus \bigcup_{i=1}^{\infty} U_i \right) = 0$ がすべての δ に対して成り立つ. ゆえに, $H_2 \left(E \setminus \bigcup_{i=1}^{\infty} U_i \right) = 0$ である. □

μ^* を $\mathbb{R}^2$ の上のルベーグ外測度とする.

注意 4.8.11 U を $\mathbb{R}^2$ の有界な部分集合とする. このとき, U は直径 $\mathrm{diam}(U)$ の閉円板に含まれる. したがって

$$\mu^*(U) \leq \frac{\pi}{4} \mathrm{diam}(U)^2$$

である.

定理 4.8.12 $\mathbb{R}^2$ の部分集合 E に対して

$$\mu^*(E) = \frac{\pi}{4} H^2(E)$$

が成り立つ.

証明 最初に，$\mu^*(E) \leq \dfrac{\pi}{4} H^2(E)$ を示す．$H^2(E)$ が有限の場合を示せば十分である．$\varepsilon > 0$ に対して

$$\sum \mathrm{diam}(U_i)^2 < H^2(E) + \varepsilon$$

を満たす E の被覆 $\{U_i\}$ が存在する．注意 4.8.2 により，$\mu^*(U_i) \leq \dfrac{\pi}{4} \mathrm{diam}(U_i)^2$ が成り立つ．よって

$$\mu^*(E) \leq \mu^*\left(\bigcup U_i\right) \leq \sum \mu^*(U_i) < \dfrac{\pi}{4} H^2(E) + \dfrac{\pi}{4}\varepsilon.$$

ε は任意であるから，求める不等式を得る．

逆の不等式を示すために，$\mu^*(E)$ が有限の場合を示せば十分である．$\varepsilon > 0$ に対して

$$\left(\sum \mu_0(C_i) =\right) \sum \mu^*(C_i) < \mu^*(E) + \varepsilon \tag{4.8.5}$$

を満たす 2 次元右半開区間 $\{C_i\}$ による E の被覆が存在する．各 C_i を少し膨らませることによって，$\{C_i\}$ は (4.8.5) を満たす開集合列であるとしてよい．

$\delta > 0$ を固定して，C_i に含まれる直径が δ より小さい閉円板の全体を考える．この族は C_i に関するヴィタリ族である．C_i に含まれる互いに交わらない閉円板の列 $\{B_{ij}\}$ に対して

$$\dfrac{\pi}{4} \sum_j \mathrm{diam}(B_{ij})^2 = \sum_j \mu^*(B_{ij}) = \mu^*\left(\bigcup_j B_{ij}\right) \leq \mu^*(C_i) < \infty.$$

よって，定理 4.8.10 により

$$H^2\left(C_i \setminus \bigcup_{j=1}^{\infty} B_{ij}\right) = 0$$

を満たす C_i に含まれる直径が δ 以下の互いに交わらない閉円板の列 $\{B_{ij}\}$ が存在する．したがって，$H^2_\delta\left(C_i \setminus \bigcup_{j=1}^{\infty} B_{ij}\right) = 0$ である．

(4.8.5) を用いて

$$H^2_\delta(E) \leq \sum_{i=1}^{\infty} H^2_\delta(C_i)$$

$$\leq \sum_{i=1}^{\infty} \sum_{j=1}^{\infty} H^2_\delta(B_{ij}) + \sum_{i=1}^{\infty} H^2_\delta\left(C_i \setminus \bigcup_{j=1}^{\infty} B_{ij}\right)$$

$$\leq \sum_{i=1}^{\infty} \sum_{j=1}^{\infty} \mathrm{diam}(B_{ij})^2$$
$$= \sum_{i=1}^{\infty} \sum_{j=1}^{\infty} \left(\frac{4}{\pi}\right) \mu^*(B_{ij})$$
$$\leq \left(\frac{4}{\pi}\right) \sum_{i=1}^{\infty} \mu^*(C_i)$$
$$\leq \frac{4}{\pi} \mu^*(E) + \frac{4}{\pi} \varepsilon.$$

よって，$\frac{\pi}{4} H_\delta^2(E) \leq \mu^*(E) + \varepsilon$ である．ε と δ は任意であるから，$\frac{\pi}{4} H^2(E) \leq \mu^*(E)$ が成り立つ． □

4.9 確率空間の上の関数列の収束

線形空間 $\mathbb{E}$ があって，各ベクトル $f \in \mathbb{E}$ に対して $\|f\|$ で表される実数が $\|f\| \geq 0$，$f = 0$ のとき，そのときに限り $\|f\| = 0$，$|\alpha| \|f\| = \|\alpha f\|$，$\|f + g\| \leq \|f\| + \|g\|$ を満たす $\|f\|$ を $f \in \mathbb{E}$ の**ノルム** (norm) といい，ノルムをもつ線形空間 $\mathbb{E}$ を**線形ノルム空間** (linear normed space) という．

線形ノルム空間 $\mathbb{E}$ において $f, g \in \mathbb{E}$ に対して $d(f, g) = \|f - g\|$ とおくと，$d(f, g)$ は $\mathbb{E}$ の上の距離関数になる．この距離関数が完備であるとき，$\mathbb{E}$ はノルムに関して**完備** (complete) であるという．ノルムに関して完備な線形ノルム空間を**バナッハ空間** (Banach space) という．

確率空間 $(X, \mathcal{F}, \mu)$ において，$L^p(\mu)$ は $\mathcal{F}$–可測実数値関数 $\varphi(x)$ で，$\int |\varphi|^p d\mu < \infty$ を満たす関数 φ の全体を表す ($1 \leq p < \infty$)．ここに，$\varphi(x) = \psi(x)$ (μ–a.e.) のとき，φ と ψ は同じ関数と見る．$\varphi(x) + \psi(x)$，$\alpha \varphi(x)$ をそれぞれ $\varphi + \psi$，$\alpha \varphi$ で表すとき，$L^p(\mu)$ は線形空間を表す．

$\varphi \in L^p(\mu)$ に対して

$$\|\varphi\|_p = \left\{ \int |\varphi(x)|^p d\mu \right\}^{\frac{1}{p}}$$

を φ の**ノルム**という．実際に，$\|\cdot\|_p$ はノルムの定義を満たす．

関数列 $\{\varphi_n\} \subset L^p(\mu)$ が関数 $\varphi \in L^p(\mu)$ にノルム $\|\cdot\|_p$ に関して収束するとき，すなわち

$$\lim_{n \to \infty} \|\varphi_n - \varphi\|_p = 0$$

であるとき，$\{\varphi_n\}$ は φ に **p 次平均収束** (mean convergence) するという．2 次平均収束のことを単に**平均収束**という．この収束に対して，$\varphi_n(x), \varphi(x)$ が可測関数で
$$\lim_{n\to\infty} \varphi_n(x) = \varphi(x) \qquad \mu\text{-a.e.}$$
のとき，$\{\varphi_n\}$ は φ に**概収束** (almost everywhere convergence)，または**各点収束** (pointwise convergence) するという．

定理 4.9.1 $L^p(\mu)$ はノルム $\|\cdot\|_p$ に関して完備である．

証明 $\{\varphi_n\}$ を $L^p(\mu)$ のコーシー列とする．このとき，$\lim_{k\to\infty}\|\varphi_{n_k}-\varphi\|_p=0$ を満たす $\{\varphi_n\}$ の部分列 $\{\varphi_{n_k}\}$ と $\varphi \in L^p(\mu)$ の存在を示せば
$$\limsup_n \|\varphi_n-\varphi\|_p \le \lim_n \|\varphi_n-\varphi_{n_k}\|_p + \lim_n \|\varphi_{n_k}-\varphi\|_p = 0$$
であるから，$\lim_n \|\varphi_n-\varphi\|_p = 0$ を得る．

よって，上のような部分列 $\{\varphi_{n_k}\}$ を構成すればよい．$\{\varphi_n\}$ はコーシー列であるから，n_1 を
$$n > n_1 \implies \|\varphi_n - \varphi_{n_1}\|_p < \frac{1}{2}$$
を満たすように選ぶ．次に，$n_2 > n_1$ を
$$n > n_2 \implies \|\varphi_n - \varphi_{n_2}\|_p < \left(\frac{1}{2}\right)^2$$
を満たすように選ぶ．このことを繰り返すと，自然数列 $\{n_k\}$ は
$$n_1 < n_2 < \cdots < n_k < \cdots,$$
$$n > n_k \implies \|\varphi_n - \varphi_{n_k}\|_p < \left(\frac{1}{2}\right)^k$$
を満たす．明らかに
$$\|\varphi_{n_k} - \varphi_{n_{k+1}}\|_p < \left(\frac{1}{2}\right)^k.$$
よって
$$\sum_{k=1}^{\infty} \|\varphi_{n_{k+1}} - \varphi_{n_k}\|_p < 1$$
であるから
$$g_k(x) = |\varphi_{n_1}(x)| + \sum_{j=1}^{k-1} |\varphi_{n_{j+1}}(x) - \varphi_{n_j}(x)|$$

とおく. $g_k \in L^p(\mu)$ であって

$$0 \leq g_1(x) \leq g_2(x) \leq \cdots.$$

よって

$$\|g_k\|_p \leq \|\varphi_{n_1}\|_p + \sum_{j=1}^{k-1} \|\varphi_{n_{j+1}} - \varphi_{n_j}\|_p \leq \|\varphi_{n_1}\|_p + 1$$

であるから，ルベーグの収束定理により

$$\int \left(\lim_k g_k\right)^p d\mu = \lim_k \int g_k^p d\mu = \lim_k \|g_k\|_p^p \leq (\|\varphi_{n_1}\|_p + 1)^p < \infty.$$

このことから，$g(x) = \lim_k g_k(x)$ (μ–a.e.) が存在して，$g \in L^p(\mu)$ であって $\|g\|_p \leq \|\varphi_{n_1}\|_p + 1$ が成り立つ．$\{g_k(x)\}$ は絶対収束しているから

$$\varphi_{n_k}(x) = \varphi_{n_1}(x) + \sum_{j=1}^{k-1} \{\varphi_{n_{j+1}}(x) - \varphi_{n_j}(x)\}$$

に対して，$\varphi(x) = \lim_k \varphi_{n_k}(x)$ (μ–a.e.) が存在して，$|\varphi(x)| \leq g(x)$ である．よって $\varphi \in L^p(\mu)$ である．

$$|\varphi(x) - \varphi_{n_k}(x)| = \left|\sum_{j=k}^{\infty} \{\varphi_{n_{j+1}}(x) - \varphi_{n_j}(x)\}\right|$$
$$\leq \sum_{j=k}^{\infty} |\varphi_{n_{j+1}}(x) - \varphi_{n_j}(x)| \leq g(x)$$

であるから

$$|\varphi(x) - \varphi_{n_k}(x)|^p \leq g(x)^p.$$

$g(x)^p$ は可積分であるから

$$\lim_k \|\varphi - \varphi_{n_k}\|_p^p = \lim_k \int |\varphi(x) - \varphi_{n_k}(x)|^p d\mu$$
$$= \int \lim_k |\varphi(x) - \varphi_{n_k}(x)|^p d\mu = 0.$$

□

定理 4.9.2 $L^p(\mu)$ に属する関数列 $\{\varphi_n\}$ が $\lim_n \|\varphi_n - \psi\|_p = 0$ であれば，部分列 $\{\varphi_{n_k}\}$ が存在して，$\lim_k \varphi_{n_k}(x) = \psi(x)$ (μ–a.e.) である．

証明 定理 4.9.1 と同じようにして,部分列 $\{\varphi_{n_k}\}$ を構成すれば,$\varphi(x) = \lim_k \varphi_{n_k}(x)$ (μ–a.e.) が存在して,$\lim_k \|\varphi - \varphi_{n_k}\|_p = 0$ である.よって

$$\|\varphi - \psi\|_p \leq \lim_k \{\|\varphi - \varphi_{n_k}\|_p + \|\varphi_{n_k} - \psi\|_p\} = 0$$

であるから,$\varphi(x) = \psi(x)$ (μ–a.e.) であって $\lim_k \varphi_{n_k}(x) = \psi(x)$ (μ–a.e.) を得る. □

平均収束,概収束の他に,$\varepsilon > 0$ に対して

$$\lim_n \mu(\{x \in X \mid |\varphi_n(x) - \varphi(x)| > \varepsilon\}) = 0$$

なる収束がある.このような収束を,$\{\varphi_n(x)\}$ は $\varphi(x)$ に**漸近収束** (asymptotic convergence),または**確率収束** (convergence in probability) という.

定理 4.9.3 $\{\varphi_n(x)\}$ は $\varphi(x)$ に p 次平均収束するならば,それは漸近収束する.

証明 $\varepsilon > 0$ に対して

$$A_{n,\varepsilon} = \{x \in X \mid |\varphi_n(x) - \varphi(x)| > \varepsilon\}$$

とおくと

$$\|\varphi_n - \varphi\|_p^p \geq \int_{A_{n,\varepsilon}} |\varphi_n(x) - \varphi(x)|^p d\mu \geq \varepsilon^p \mu(A_{n,\varepsilon}).$$

よって,仮定により $\lim_n \mu(A_{n,\varepsilon}) = 0$ である.すなわち,$\{\varphi_n\}$ は φ に漸近収束する. □

定理 4.9.4 $\{\varphi_n(x)\}$ は $\varphi(x)$ に漸近収束するならば,部分列 $\{\varphi_{n_k}(x)\}$ は $\varphi(x)$ に概収束する.

証明 $\varepsilon > 0$ に対して,$\lim_{n \to \infty} \mu(\{x \in X \mid |\varphi_n(x) - \varphi(x)| > \varepsilon\}) = 0$ であるから,$k > 0$ に対して部分列 $n_1 < n_2 < \cdots$ があって

$$\mu\left(\left\{x \in X \mid |\varphi_{n_k}(x) - \varphi(x)| > \frac{1}{2^k}\right\}\right) < \frac{1}{2^k}$$

が成り立つ．
$$E_k = \left\{ x \in X \,\middle|\, |\varphi_{n_k}(x) - \varphi(x)| > \frac{1}{2^k} \right\}$$
$$E = \limsup_k E_k = \bigcap_{k=1}^{\infty} \bigcup_{j \geq k} E_j$$

とおく．$x \notin E$ のとき，$k > 0$ があって $x \notin \bigcup_{j>k} E_j$ である．よって
$$|\varphi_{n_j}(x) - \varphi(x)| \leq \frac{1}{2^j} \qquad (j > k).$$
このことから
$$\lim_j \varphi_{n_j}(x) = \varphi(x).$$
一方において
$$\sum_{k=1}^{\infty} \mu(E_k) \leq \sum_{k=1}^{\infty} \frac{1}{2^k} < \infty$$
であるから，$\mu(E) = 0$ である．よって $\lim_j \varphi_{n_j}(x) = \varphi(x)$ (μ-a.e.) が成り立つ． □

$B(X)$ は X の上で μ-a.e. x で有界な値をとる関数（本質的有界関数）φ の全体として，$\varphi = \psi$ (μ-a.e.) のとき $\varphi = \psi$ と表すと，$B(X)$ は線形空間をなす．$\varphi \in B(X)$ に対して
$$\|\varphi\|_B = \int \frac{|\varphi(x)|}{1 + |\varphi(x)|} d\mu$$
はノルムの条件 $\|\alpha\varphi\|_B = |\alpha|\|\varphi\|_B$ を満たさないが
$$\alpha_n \to \alpha,\ \|\varphi_n - \varphi\|_B \to 0 \implies \|\alpha_n\varphi_n - \alpha\varphi\|_B \to 0$$
を満たす．$\alpha \geq \beta \geq 0$ に対して
$$\frac{\alpha}{1+\alpha} - \frac{\beta}{1+\beta} = \frac{\alpha - \beta}{(1+\alpha)(1+\beta)} \geq 0$$
である．すなわち $y = \dfrac{x}{1+x}$ は単調増加な関数であるから
$$\|\varphi + \psi\|_B \leq \|\varphi\|_B + \|\psi\|_B$$
が成り立つ．このような $\|\cdot\|_B$ を**準ノルム** (quasi-norm) という．この場合も $\rho(\varphi, \psi) = \|\varphi - \psi\|_B$ は $B(X)$ の上の距離関数である．

定理 4.9.5 $\{\varphi_n(x)\}$ は $\varphi(x)$ に漸近収束する必要十分条件は，$\|\varphi_n - \varphi\|_B \to 0 \ (n \to \infty)$ となることである．

証明 $\varepsilon > 0$ に対して $A_{n,\varepsilon} = \{x \in X \mid |\varphi_n(x) - \varphi(x)| > \varepsilon\}$ の μ–測度の値は

$$\frac{\varepsilon}{1+\varepsilon} \mu(A_{n,\varepsilon}) \le \int_{A_{n,\varepsilon}} \frac{|\varphi_n(x) - \varphi(x)|}{1 + |\varphi_n(x) - \varphi(x)|} d\mu$$

$$\le \int_X \frac{|\varphi_n(x) - \varphi(x)|}{1 + |\varphi_n(x) - \varphi(x)|} d\mu$$

$$= \|\varphi_n - \varphi\|_B$$

$$\le \int_{A_{n,\varepsilon}} d\mu + \frac{\varepsilon}{1+\varepsilon} \int_{X \setminus A_{n,\varepsilon}} d\mu$$

$$\le \mu(A_{n,\varepsilon}) + \frac{\varepsilon}{1+\varepsilon} \mu(X \setminus A_{n,\varepsilon}).$$

よって，$\|\varphi_n - \varphi\|_B \to 0 \ (n \to \infty)$ とすると，$\varepsilon > 0$ であるから

$$\lim_{n \to \infty} \mu(A_{n,\varepsilon}) = 0.$$

逆に，$\mu(A_{n,\varepsilon}) \to 0 \ (n \to \infty)$ であれば

$$\limsup_{n \to \infty} \|\varphi_n - \varphi\|_B \le \varepsilon$$

であるから，$\lim_{n \to \infty} \|\varphi_n - \varphi\|_B = 0$ である． $\square$

定理 4.9.6 $\{\varphi_n(x)\}$ が $\varphi(x)$ に概収束するならば，それは漸近収束する．

証明 n に対して

$$\frac{|\varphi_n(x) - \varphi(x)|}{1 + |\varphi_n(x) - \varphi(x)|} \le 1 \qquad \mu\text{–a.e.}$$

であるから，ルベーグの収束定理により，$\|\varphi_n - \varphi\|_B \to 0 \ (n \to \infty)$ である．よって，定理 4.9.5 により結論を得る． $\square$

確率空間 $(X, \mathcal{F}, \mu)$ を与える．$\mathcal{F}'$ を $\mathcal{F}$ の部分 σ–集合体とし，$\psi > 0$ を可積分関数とするとき

$$\nu(A) = \int_A \psi d\mu \qquad (A \in \mathcal{F}')$$

によって定義される ν は $\mathcal{F}'$ の上の有限測度である．明らかに，ν は μ に関して絶対連続 $(\nu \ll \mu)$ である．このとき，ラドン–ニコディムの定理により，$\mathcal{F}'$–可測関数 φ があって

$$\nu(A) = \int_A \varphi d\mu \qquad (A \in \mathcal{F}')$$

と表される．φ を $\mathcal{F}'$ に関する ψ の**条件付き平均** (conditional mean) といい，$\varphi = E(\psi|\mathcal{F}')$ で表す．

$A \in \mathcal{F}$ に対して

$$P(A|\mathcal{F}') = E(1_A|\mathcal{F}')$$

が測度の条件を満たすとき，$P(A|\mathcal{F}')$ を $\mathcal{F}'$ に関する A の**条件付き確率測度** (conditional probability measure) という．

注意 4.9.7 $\mathcal{F}' = \{A, A^c, X, \phi\}$ は $\mathcal{F}$ の部分 σ–集合体である．$0 < \mu(A) < 1$ として，$L^1(\mathcal{F}')$ は $\mathcal{F}'$–可測で，かつ可積分である関数の全体を表す．明らかに，$L^1(\mathcal{F}')$ は $L^1(\mu)$ の部分空間である．定義関数 $1_A, 1_{A^c} \in L^1(\mathcal{F}')$ は 1 次独立であるから $L^1(\mathcal{F}')$ は 2 次元である．

$\varphi \in L^1(\mu)$ とする．このとき，φ の $\mathcal{F}'$ に関する条件付き平均は

$$E(\varphi|\mathcal{F}')(x) = \left(\frac{1}{\mu(A)} \int_A \varphi d\mu\right) 1_A(x) + \left(\frac{1}{\mu(A^c)} \int_{A^c} \varphi d\mu\right) 1_{A^c}(x)$$

である．よって $\varphi = 1_B$ $(B \in \mathcal{F})$ の場合は

$$P(B|\mathcal{F}')(x) = \begin{cases} \dfrac{\mu(B \cap A)}{\mu(A)} & (x \in A) \\ \dfrac{\mu(B \cap A^c)}{\mu(A^c)} & (x \in A^c) \end{cases}$$

が成り立つ．

注意 4.9.8 $\mathcal{F}_1, \mathcal{F}_2$ は $\mathcal{F}_1 \subset \mathcal{F}_2 \subset \mathcal{F}$ を満たす部分 σ–集合体とする．このとき，可積分関数 ψ に対して

(1) $\displaystyle\int_A E(\psi|\mathcal{F}_1) d\mu = \int_A E(\psi|\mathcal{F}_2) d\mu \quad (A \in \mathcal{F}_1),$

(2) $\displaystyle\int_A E(E(\psi|\mathcal{F}_2)|\mathcal{F}_1) = \int_A E(\psi|\mathcal{F}_1) d\mu \quad (A \in \mathcal{F}_1).$

部分 σ–集合体の列に対する条件付き平均,または条件付確率測度の収束について次の定理がある:

定理 4.9.9（ドウブの定理） 部分 σ–集合体の列 $\{\mathcal{F}_n \mid n \geq 1\}$ が単調増大で $\bigvee_{n=1}^{\infty} \mathcal{F}_n = \mathcal{F}'$ ($\bigcup_{n=1}^{\infty} \mathcal{F}_n$ によって生成された σ–集合体) であるか,単調減少で $\bigcap_{n=0}^{\infty} \mathcal{F}_n = \mathcal{F}'$ であれば,可積分関数 φ に対して,$E(\varphi|\mathcal{F}_n)$ は $E(\varphi|\mathcal{F}')$ に概収束,かつ L^1–収束（1次平均収束）する.特に,$\varphi = 1_A$ ($A \in \mathcal{F}$) であれば,$P(A|\mathcal{F}_n)$ は $P(A|\mathcal{F}')$ に概収束,かつ L^1–収束する.

証明は 2.4 節で与えている.

4.10 中心極限定理

Ω は集合とし,$\mathcal{F}$ は Ω の σ–集合体とする.P は Ω の上の確率測度,X を Ω で定義された実数値可測関数とする.このとき X を確率空間 $(\Omega, \mathcal{F}, P)$ の上の**確率変数** (random valuable) という.

$x \in \mathbb{R}$ に対して
$$A = \{\omega \in \Omega \mid X(\omega) \leq x\}$$
を**事象** (event) という.したがって $\mathcal{F}$ は事象の集まりを表す.A の確率を
$$P(X \leq x) = P(A)$$
と表す.区間 I に対して,$I = (a, b]$ のとき I の確率を
$$P(a < X \leq b) = P(X \in I)$$
と表す.$x \in \mathbb{R}$ に対して
$$F_X(x) = P(X \leq x)$$
とおく.$F_X(\cdot)$ を X の**分布関数** (distribution) といい,次の 3 つの性質を満たす:

(1) $x_1 \leq x_2 \Longrightarrow F_X(x_1) \leq F_X(x_2)$,

(2) $\lim_{x \to \infty} F_X(x) = 1$, $\lim_{x \to -\infty} F_X(x) = 0$,

(3) $x \searrow a \Longrightarrow F_X(x) \longrightarrow F_X(a)$ $(-\infty < a < \infty)$.

(3) により，$F_X(x)$ は右連続関数である．

区間 I に対して
$$\Phi_X(I) = P(X \in I)$$
によって Φ_X を定義し，Φ_X を X の**確率分布** (probability distribution) という．このとき
$$\begin{aligned}\Phi_X((a,b]) &= P(X \in (a,b]) \\ &= P(X \leq b) - P(X \leq a) \\ &= F_X(b) - F_X(a)\end{aligned}$$
が成り立つ．F_X の性質 (1),(2),(3) により，Φ_X は次の 3 つの条件をもつ．

(1) $I_1 \subset I_2 \Longrightarrow \Phi_X(I_1) \leq \Phi_X(I_2)$,

(2) $0 \leq \Phi_X(I) \leq 1, \quad \Phi_X((-\infty, \infty)) = 1$,

(3) $I_n \cap I_m = \emptyset \ (n \neq m) \Longrightarrow \Phi(\bigcup_n I_n) = \sum_n \Phi(X_n)$.

よって，Φ_X はホップ–コルモゴロフの定理により，$\mathbb{R}$ の上のボレル確率測度に拡張される．それを同じ記号 Φ_X で表す．

注意 4.10.1 X は確率変数とし，f は $\mathbb{R}$ の上のボレル関数とする．このとき
$$\int_\Omega f(X(\omega))dP = \int_\mathbb{R} f(x)d\Phi_X$$
が成り立つ．

証明 $f \geq 0$ とする．$n \geq 1$ に対して
$$E_{nj} = \left\{ x \,\middle|\, \frac{j}{2^n} \leq f(x) < \frac{j+1}{2^n} \right\} \quad (0 \leq j \leq 2^{2n} - 1),$$
$$E_{n2^{2n}} = \{x \,|\, f(x) \geq 2^n\}$$
とおき
$$f_n(x) = \sum_{j=1}^{2^{2n}} \frac{j}{2^n} 1_{E_{nj}}(x) \qquad (x \in \mathbb{R})$$

を定義する．このとき

$$0 \leq f_1(x) \leq \cdots \longrightarrow f(x) \qquad (x \in \mathbb{R}),$$
$$0 \leq f_1(X(\omega)) \leq \cdots \longrightarrow f(X(\omega)) \qquad (\omega \in \Omega).$$

よって

$$\begin{aligned}
\int_\Omega f(X(\omega))dP &= \lim_n \int_\Omega f_n(X(\omega))dP \\
&= \lim_n \sum \frac{j}{2^n} P(X \in E_{nj}) \\
&= \lim_n \sum \frac{j}{2^n} \Phi_X(E_{nj}) \\
&= \lim_n \sum \int_\mathbb{R} f_n(x) d\Phi_X \\
&= \int_\mathbb{R} f(x) d\Phi_X.
\end{aligned}$$

一般の場合，$f(x)$ が $f(x) = f^+(x) - f^-(x)$ に正部分 $f^+(x)$ と負部分 $f^-(x)$ に分解して非負関数に対して示したように，$f(X(\omega))$ が P に関して可積分であれば

$$\begin{aligned}
\int_\Omega f(X(\omega))dP &= \int_\Omega f^+(X(\omega))dP - \int_\Omega f^-(X(\omega))dP \\
&= \int_\mathbb{R} f^+(x)d\Phi_X - \int_\mathbb{R} f^-(x)d\Phi_X \\
&= \int_\mathbb{R} f(x)d\Phi_X
\end{aligned}$$

を得る．$f(x)$ が Φ_X に関して可積分であれば，下から上へたどれば結論を得る． □

$X(\Omega)$ の濃度が非可算で，リーマン可積分関数 $p(x) \geq 0$ があって，$a < b$ に対して

$$P(a < X \leq b) = \int_a^b p(x)dx$$

が成り立つとき，X を**連続型確率変数** (random valuable of continuous type) という．この節では，リーマン可積分関数 $p(x) \geq 0$ を用いて，確率変数は連続型の場合を扱う．

リーマン可積分関数 $p(x) \geq 0$ を用いて，確率分布 Φ_X は

$$\Phi_X(I) = \int_I p(x)dx \quad (I \text{ は区間}),$$

分布関数は
$$F_X(x) = \int_{-\infty}^{x} p(t)dt \quad (x \in \mathbb{R})$$
で与えられる．

$\varepsilon > 0$ に対して
$$\int_{a}^{a+\varepsilon} p(x)dx = F_X(a+\varepsilon) - F_X(a)$$
であって
$$\lim_{\varepsilon \to 0} \int_{a}^{a+\varepsilon} p(x)dx = 0$$
であるから
$$\lim_{\varepsilon \to 0} F_X(a+\varepsilon) = F_X(a).$$
同様にして
$$\lim_{\varepsilon \to 0} F_X(a-\varepsilon) = F_X(a).$$
よって a は F_X の連続点である．

確率変数 X に対して
$$\varphi(t;X) = \int e^{itX(\omega)}dP \quad (t \in \mathbb{R},\ i^2 = -1)$$
によって定義される φ を $\mathbb{R}$ の上の**特性関数** (characteristic function) という．
注意 4.10.1 により
$$\int_{\Omega} e^{itX(\omega)}dP = \int_{\mathbb{R}} e^{itx} d\Phi_X$$
が成り立つ．

X_n の特性関数が X の特性関数に収束するとき，すなわち
$$\lim_{n \to \infty} \varphi(t;X_n) = \varphi(t;X) \quad (t \in \mathbb{R}).$$
このとき X_n は X に**法則収束** (law convergence) するという．

注意 4.10.2 X_n が X に概収束 $\Rightarrow$ X_n が X に確率収束（漸近収束）$\Rightarrow$ X_n は X に法則収束．

証明 最初の "$\Rightarrow$" は定理 4.9.6 により明らかである．次の "$\Rightarrow$" を示す．$\varepsilon > 0$ に対して

$$\begin{aligned}F_{X_n}(x) - F_X(x+\varepsilon) &= P(X_n \leq x) - P(X \leq x+\varepsilon) \\&\leq P(X_n \leq x) - P(X \leq x+\varepsilon, X_n \leq x) \\&= P(X_n \leq x, X > x+\varepsilon).\end{aligned}$$

$X_n \leq x, X > x+\varepsilon$ であれば，$X - X_n > \varepsilon$ であるから

$$\begin{aligned}F_{X_n}(x) - F_X(x+\varepsilon) &\leq P(X - X_n > \varepsilon) \\&\leq P(|X - X_n| > \varepsilon) \\&\to 0 \quad (n \to \infty).\end{aligned}$$

よって
$$\limsup_{n \to \infty} F_{X_n}(x) \leq F_X(x+\varepsilon).$$

同様にして
$$\liminf_{n \to \infty} F_{X_n}(x) \geq F_X(x-\varepsilon).$$

$\varepsilon \to 0$ とすれば，$F_{X_n}(x) \to F_X(x) \, (n \to \infty)$ である．よって次の定理により結論を得る． $\square$

$C^0(\mathbb{R}, \mathbb{R})$ は $\mathbb{R}$ の上の有界連続関数の集合とする．$\mathcal{C}$ は $\mathbb{R}$ の有界集合の外で 0 となる $\mathbb{R}$ の上の連続関数の集合を表す．明らかに $\mathcal{C} \subset C^0(\mathbb{R}, \mathbb{R})$ である．

定理 4.10.3 次は互に同値である：

(1) $\displaystyle\lim_{n \to \infty} \int \hat{\varphi} d\Phi_{X_n} = \int \hat{\varphi} d\Phi_X \quad (\hat{\varphi} \in C^0(\mathbb{R}, \mathbb{R}))$,

(2) $\displaystyle\lim_{n \to \infty} \int \varphi d\Phi_{X_n} = \int \varphi d\Phi_X \quad (\varphi \in \mathcal{C})$,

(3) $F_{X_n} \longrightarrow F_X \quad (n \to \infty)$.

証明 (3)$\Rightarrow$(2) の証明：$\varphi \in \mathcal{C}$ とする．このとき $a < b$ なる実数 a, b があって，$\varphi(x) = 0 \, (x < a, b < x)$ である．$k \geq 1$ に対して

$$a = x_{k0} < x_{k1} < \cdots < x_{kk} = b,$$

$$\max_{0 \leq j < k}(x_{kj+1} - x_{kj}) \longrightarrow 0 \quad (k \to \infty)$$

を満たす $[a,b]$ の分割を考える．

$$\varphi_k(x) = \sum_{j=0}^{k-1} \varphi(x_{kj}) 1_{(x_{kj}, x_{kj+1})}(x)$$

とおく．φ は $[a,b]$ の上で一様連続で，$[a,b]$ の外で 0 であるから，$\varepsilon > 0$ に対して $k > 0$ があって

$$|\varphi(x) - \varphi_k(x)| < \varepsilon \quad (x \in \mathbb{R}).$$

よって

$$\int \varphi_k(x) d\Phi_{X_n} = \sum_{j=0}^{k-1} \varphi(x_{kj})(F_{X_n}(x_{kj+1}) - F_{X_n}(x_{kj}))$$
$$\to \sum_{j=0}^{k-1} \varphi(x_{kj})(F_X(x_{kj+1}) - F_X(x_{kj})) \quad (n \to \infty)$$
$$= \int \varphi_k(x) d\Phi_X.$$

n が十分に大きければ

$$\left| \int \varphi d\Phi_{X_n} - \int \varphi d\Phi_X \right|$$
$$\leq \int |\varphi - \varphi_k| d\Phi_{X_n} + \left| \int \varphi_k d\Phi_{X_n} - \int \varphi_k d\Phi_X \right| + \int |\varphi_k - \varphi| d\Phi_X$$
$$< 3\varepsilon.$$

$\varepsilon > 0$ は任意であるから

$$\lim_{n \to \infty} \int \varphi d\Phi_{X_n} = \int \varphi d\Phi_X \quad (\varphi \in \mathcal{C}).$$

(3)$\Rightarrow$(2) は示された．

(2)$\Rightarrow$(1) の証明：$\varepsilon > 0$ とする．このとき $\alpha' > 0$ があって

$$\Phi_X([-\alpha', \alpha']) > 1 - \varepsilon$$

が成り立つ．このとき

$$\varphi(x) = \begin{cases} 1 & x \in [-\alpha', \alpha'] \\ 0 & x \in [-\alpha' - 1, \alpha' + 1]^c \end{cases}$$

を満たす $\varphi \in \mathcal{C}$ に対して (2) により

$$\lim_{n\to\infty} \int \varphi d\Phi_{X_n} = \int \varphi d\Phi_X$$
$$\geq \Phi_X([-\alpha', \alpha'])$$
$$> 1 - \varepsilon.$$

よって十分に大きな n_0 に対して

$$\Phi_{X_n}([-\alpha'-1, \alpha'+1]) \geq \int \varphi d\Phi_{X_n} > 1 - \varepsilon \quad (n > n_0).$$

有限個の分布 $\Phi_X, \Phi_{X_1}, \cdots, \Phi_{X_{n_0}}$ に対して，$\alpha'' > 0$ を十分に大きく選べば

$$\Phi_X([-\alpha'', \alpha'']) > 1 - \varepsilon,$$
$$\Phi_{X_n}([-\alpha'', \alpha'']) > 1 - \varepsilon \quad (1 \leq n \leq n_0).$$

よって $\alpha = \max\{\alpha'+1, \alpha''\}$ に対して

$$\Phi_{X_n}([-\alpha, \alpha]^c) = 1 - \Phi_{X_n}([-\alpha, \alpha]) < 1 - (1-\varepsilon) = \varepsilon \quad (n \geq 1).$$

$\hat{\varphi} \in C^0(\mathbb{R}, \mathbb{R})$ に対して

$$\hat{\varphi}(x) = \psi(x) \quad (-\alpha \leq x \leq \alpha)$$
$$|\psi(x)| \leq |\hat{\varphi}(x)| \quad (x < -\alpha,\ \alpha < x)$$

を満たす $\psi \in \mathcal{C}$ が構成できる．$K = \sup_{x \in \mathbb{R}} |\hat{\varphi}(x)|$ とおく．

$$\int |\hat{\varphi} - \psi| d\Phi_{X_n} = \int_{[-\alpha, \alpha]^c} |\hat{\varphi} - \psi| d\Phi_{X_n} \leq 2K\varepsilon \quad (n \geq 1).$$

$\psi \in \mathcal{C}$ であるから，(2) により十分に大きな n に対して

$$\left| \int \psi d\Phi_{X_n} - \int \psi d\Phi_X \right| < \varepsilon.$$

よって

$$\left| \int \hat{\varphi} d\Phi_{X_n} - \int \hat{\varphi} d\Phi_X \right|$$
$$\leq \int |\hat{\varphi} - \psi| d\Phi_{X_n} + \left| \int \psi d\Phi_{X_n} - \int \psi d\Phi_X \right| + \int |\psi - \hat{\varphi}| d\Phi_X$$
$$\leq 2K\varepsilon + \varepsilon + 2K\varepsilon$$
$$= (4K+1)\varepsilon.$$

$\varepsilon > 0$ は任意であるから

$$\lim_{n \to \infty} \int \varphi d\Phi_{X_n} = \int \varphi d\Phi_X.$$

(2)⇒(1) は示された.

(1)⇒(3) の証明:$x \in \mathbb{R}$ に対して,$x_1 < x < x_2$ なる x_1, x_2 を選び

$$\varphi(y) = \begin{cases} 1 & y \in (-\infty, x_1] \\ 0 & y \in [x, \infty) \end{cases}$$

は (x_1, x) の上で 0 と 1 の間の値をとる連続関数とし

$$\psi(y) = \begin{cases} 1 & y \in (-\infty, x] \\ 0 & y \in [x_2, \infty) \end{cases}$$

は (x, x_2) の上で 0 と 1 の間の値をとる連続関数とする.$\varphi, \psi \in C^0(\mathbb{R}, \mathbb{R})$ であるから,(1) により

$$\begin{aligned} F_X(x_1) &\leq \int \varphi d\Phi_X = \lim_{n \to \infty} \int \varphi d\Phi_{X_n} \leq \liminf_{n \to \infty} F_{X_n}(x) \\ &\leq \limsup_{n \to \infty} F_{X_n}(x) \leq \lim_{n \to \infty} \int \psi d\Phi_{X_n} = \int \psi d\Phi_X \\ &\leq F_X(x_2). \end{aligned}$$

$x_1 \nearrow x$, $x_2 \searrow x$ とすれば

$$F_X(x_1) \to F_X(x), \quad F_X(x_2) \to F_X(x).$$

よって $\lim_n F_{X_n}(x) = F_X(x)$ である. □

有限個の確率変数の列 $X_1, \cdots, X_n$ がボレル集合 $E_1, \cdots, E_n$ に対して

$$P(X_1 \in E_1, \cdots, X_n \in E_n) = P(X_1 \in E_1) \cdots P(X_n \in E_n)$$

を満たすとき,$X_1, \cdots, X_n$ は**独立** (independent) であるという.無限個の確率変数の列 $X_1, \cdots,$
$X_n, \cdots$ は任意の有限個の部分列が独立のとき,**独立**であるという.

注意 4.10.4 $X_1, \cdots, X_n$ が独立で,$\varphi_1, \cdots, \varphi_n$ は $\mathbb{R}$ の上のボレル関数とする.このとき,$\varphi_1 \circ X_1, \cdots, \varphi_n \circ X_n$ は独立である.

証明

$$P(\varphi_1 \circ X_1 \in E_1, \cdots, \varphi_n \circ X_n \in E_n)$$
$$= P(X_1 \in \varphi_1^{-1}(E_1), \cdots, X_n \in \varphi_n^{-1}(E_n))$$
$$= P(X_1 \in \varphi_1^{-1}(E_1)) \cdots P(X_n \in \varphi_n^{-1}(E_n))$$
$$= P(\varphi_1 \circ X_1 \in E_1) \cdots P(\varphi_n \circ X_n \in E_n).$$

□

$$E(X) = \int x d\Phi_X = \int X dP$$

を X の**平均値** (mean) といい

$$V(X) = E((X - E(X))^2)$$

を X の**分散** (variance) という．$\sigma_X = \sqrt{V(X)}$ を X の**標準偏差** (standard deviation) という．

注意 4.10.5 $X_1, \cdots, X_n$ は独立で，非負関数であるか，または可積分であれば

$$E(X_1 \cdots X_n) = E(X_1) \cdots E(X_n).$$

証明

$$\Phi_{(X_1,\cdots,X_n)}\left(\prod_{i=1}^n E_i\right) = P\left((X_1,\cdots,X_n) \in \prod_{i=1}^n E_i\right)$$

とおく．明らかに

$$P\left((X_1,\cdots,X_n) \in \prod_{i=1}^n E_i\right) = P(X_1 \in E_1, \cdots, X_n \in E_n)$$

であるから

$$\Phi_{(X_1,\cdots,X_n)}\left(\prod_{i=1}^n E_i\right) = \prod_{i=1}^n \Phi_{X_i}(E_i)$$

が $\mathbb{R}$ の上のボレルクラス $\mathcal{B}$ の上で成り立つ．よって

$$
\begin{aligned}
E(X_1)\cdots E(X_n) &= \int x_1 d\Phi_{X_1}\cdots \int x_n d\Phi_{X_n} \\
&= \int_{\mathbb{R}^n} x_1\cdots x_n d\prod_{i=1}^{n}\Phi_{X_i} \\
&= \int_{\mathbb{R}^n} x_1\cdots x_n d\Phi_{(X_1,\cdots,X_n)} \\
&= \int_{\Omega} X_1\cdots X_n dP \\
&= E(X_1\cdots X_n).
\end{aligned}
$$

$\square$

注意 4.10.6 $X_1,\cdots,X_n$ が独立であれば

$$E\left(\prod_{i=1}^{n} e^{iu_j X_j}\right) = \prod_{i=1}^{n} E(e^{iu_j X_j}).$$

証明 $\varphi_j(x) = e^{iu_j x}\ (1\leq j\leq n)$ とおく．注意 4.10.3，注意 4.10.4 により

$$E(\varphi_1\circ X_1)\cdots E(\varphi_n\circ X_n) = \prod_{j=1}^{n} E(\varphi_j\circ X_j).$$

$\square$

定理 4.10.7（レビ (Levi) の反転公式） X は連続型の確率変数とし，$a<b$ に対して

$$g(t) = \int_{-t}^{t} \frac{e^{-iub}-e^{-iua}}{-iu}\varphi(u:X)du$$

とおく．このとき

$$F_X(b) - F_X(a) = \lim_{t\to\infty} \frac{1}{2\pi}g(t).$$

証明

$$
\begin{aligned}
g(t) &= \int_{-t}^{t}\left(\int_{a}^{b} e^{-iux}dx \int_{-\infty}^{\infty} e^{iuy}d\Phi_X\right)du \\
&= \int_{-\infty}^{\infty}\left(\int_{a}^{b}\left(\int_{-t}^{t} e^{iu(y-x)}du\right)dx\right)d\Phi_X \quad \text{（フビニの定理により）}
\end{aligned}
$$

$$= 2\int_{-\infty}^{\infty}\left(\int_a^b \frac{\sin t(x-y)}{x-y}dx\right)d\Phi_X$$
$$= 2\int_{-\infty}^{\infty}\left(\int_{t(a-y)}^{t(b-y)} \frac{\sin z}{z}dz\right)d\Phi_X.$$

ここで
$$h(x) = \int_0^x \frac{\sin z}{z}dz$$
は x に関して連続関数で
$$\lim_{x\to\infty} h(x) = \frac{\pi}{2}, \qquad \lim_{x\to-\infty} h(x) = -\frac{\pi}{2}.$$

$$\int_{t(a-y)}^{t(b-y)} \frac{\sin z}{z}dz = h(t(b-y)) - h(t(a-y))$$

であるから

$$\lim_{t\to\infty}\int_{t(a-y)}^{t(b-y)} \frac{\sin z}{z}dz = \begin{cases} 0 & (y > b) \\ \dfrac{\pi}{2} & (y = b) \\ \pi & (a < y < b) \\ -\dfrac{\pi}{2} & (y = a) \\ 0 & (y < a). \end{cases}$$

ルベーグの収束定理により

$$\lim_{t\to\infty} g(t) = 2\lim_{t\to\infty}\int_{-\infty}^{\infty}\left(\int_{t(a-y)}^{t(b-y)} \frac{\sin z}{z}dz\right)d\Phi_X$$
$$= 2\int_{-\infty}^{\infty}\left(\lim_{t\to\infty}\int_{t(a-y)}^{t(b-y)} \frac{\sin z}{z}dz\right)d\Phi_X$$
$$= 2\left(-\frac{\pi}{2}\Phi_X(a) + \pi\Phi_X((a,b)) + \frac{\pi}{2}\Phi_X(b)\right).$$

$\Phi_X(a) = \Phi_X(b) = 0$ であって
$$\Phi_X((a,b)) = F_X(b) - F_X(a)$$
であるから，結論を得る． □

注意 4.10.8 $\varphi(t;X) = \varphi(t;Y)$ ならば $\Phi_X = \Phi_Y$ である．

証明 X, Y は連続型の確率変数であるから,分布関数 F_X, F_Y は連続である. $\varphi(t; X) = \varphi(t; Y)$ であれば,レビの反転公式により $y < x$ に対して

$$F_X(x) - F_X(y) = F_Y(x) - F_Y(y).$$

$y \to -\infty$ とすれば,$F_X(x) = F_Y(x)$ である. $\square$

注意 4.10.9 Y は $N(0, 1)$ にしたがう確率変数とする.このとき

$$\varphi(t; Y) = e^{-\frac{t^2}{2}}.$$

証明

$$\begin{aligned}
\varphi(t; Y) &= \int e^{itY} dP \\
&= \int_{-\infty}^{\infty} e^{ity} d\Phi_Y \\
&= \int_{-\infty}^{\infty} e^{ity} \frac{1}{\sqrt{\pi}} e^{-\frac{y^2}{2}} dy \\
&= \frac{1}{\sqrt{\pi}} \int_{-\infty}^{\infty} e^{ity - \frac{y^2}{2}} dy.
\end{aligned}$$

変数変換と留数の計算により結論を得る. $\square$

統計的解析の対象になる集団を**母集団** (population) という.母集団が固有の分布をもつとき,この分布を**母集団分布** (population distribution) という.

母集団分布から無作為に抽出したデータ $x_1, \cdots, x_n$ について,統計的処理を行うとき n 個のデータ $x_1, \cdots, x_n$ を値にもつ n 個の確率変数 $X_1, \cdots, X_n$ によって母集団分布と同じ確率分布を考えることができる.このとき,データは無作為に抽出されていることから,確率変数 $X_1, \cdots, X_n$ は互いに独立である.

母集団分布にしたがう独立な確率変数 $X_1, \cdots, X_n$ を**標本** (sample) といい,n を標本の**大きさ** (size) という.n が十分に大きいとき**大標本** (large sample) という.

命題 4.10.10（大数の法則） 確率変数 $X_1, X_2, \cdots$ が独立であって $E(X_j) = m$, $V(X_j) \leq K < \infty$ $(j \geq 1)$ であれば, $\varepsilon > 0$ に対して

$$P\left(\left|\frac{1}{n}\sum_{j=1}^{n} X_j - m\right| > \varepsilon\right) \longrightarrow 0 \qquad (n \to \infty).$$

証明 次の注意 4.10.11 により

$$P\left(\left|\frac{1}{n}\sum_{j=1}^{n} X_j - m\right| > \varepsilon\right) \leq \frac{1}{\varepsilon^2} V\left(\frac{1}{n}\sum_{j=1}^{n} X_j - m\right)$$

$$= \frac{1}{\varepsilon^2 n^2} V\left(\sum_{j=1}^{n} X_j\right)$$

$$= \frac{1}{\varepsilon^2 n^2} \sum_{j=1}^{n} V(X_j) \qquad (独立性により)$$

$$\leq \frac{K}{\varepsilon^2 n} \longrightarrow 0 \qquad (n \to \infty).$$

□

注意 4.10.11（チェビシェフの不等式） X は確率変数とする. このとき

$$\frac{V(X) - \varepsilon^2}{\|X - E(X)\|_\infty^2} \leq P(|X - E(X)| > \varepsilon) \leq \frac{V(X)}{\varepsilon^2} \qquad (\varepsilon > 0).$$

ここに $\|X\|_\infty = \sup\{\alpha \,|\, P(|X| > \alpha) > 0\}$ とする.

証明 $X - E(X)$ を X として証明を与える. $A = \{\omega \,|\, |X| > \varepsilon\}$ に対して

$$\varepsilon^2 1_A \leq |X|^2 1_A \leq \|X\|_\infty^2 1_A,$$
$$|X|^2 1_{A^c} \leq \varepsilon^2 1_{A^c} \leq \varepsilon^2.$$

よって

$$\varepsilon^2 P(A) = E(\varepsilon^2 1_A) \leq E(|X|^2 1_A) \leq E(\|X\|_\infty^2 1_A) = \|X\|_\infty^2 P(A),$$
$$0 \leq E(|X| 1_{A^c}) \leq E(\varepsilon^2) = \varepsilon^2.$$

ここで

$$E(|X|^2 1_A) + E(|X|^2 1_{A^c}) = E(|X|^2)$$

であるから
$$\varepsilon^2 P(A) \leq E(|X|^2) \leq \|X\|_\infty^2 P(A) + \varepsilon^2.$$

□

　どんな母集団でも，大標本のとき標本平均の標本分布は正規分布と見なすことができる．この主張が次に述べる中心極限定理である．

定理 4.10.12（中心極限定理） $X_1, X_2, \cdots$ を同一の確率分布にしたがう互いに独立な確率変数とする．このとき $n \geq 1$ に対して
$$E(X_n) = m, \quad V(X_n) = \sigma^2 \quad (0 < \sigma^2 < \infty)$$
であれば，$a, b \in \mathbb{R}$ $(a < b)$ に対して
$$\lim_{n \to \infty} P\left(a < \frac{1}{\sqrt{n}\sigma} \sum_{j=1}^n (X_j - m) < b\right) = \frac{1}{2\sqrt{\pi}} \int_a^b e^{\frac{-x^2}{2}} dx.$$

　$Y_n = X_n - m$ $(n \geq 1)$ とおくと，$Y_1, Y_2, \cdots$ は同じ確率分布にしたがう互いに独立な確率変数で
$$E(Y_n) = 0, \quad V(Y_n) = \sigma^2$$
である．よって $m = 0$ のときに定理 4.10.6 を証明すれば十分である．
　証明を簡単にするために
$$E(|X_n|^3) \leq K < \infty \quad (n \geq 1) \tag{4.10.1}$$
を仮定する．

注意 4.10.13
$$\left|e^{ix} - \left(1 + ix - \frac{x^2}{2}\right)\right| \leq \frac{1}{3}|x|^3 \quad (-\infty < x < \infty).$$

証明
$$e^{ix} - \left(1 + ix - \frac{x^2}{2}\right) = \cos x + i \sin x - \left(1 + ix - \frac{x^2}{2}\right)$$
$$= \left(\cos x - 1 + \frac{x^2}{2}\right) + i(\sin x - x).$$

テイラー (Taylor) の定理により

$$\left|e^{ix} - \left(1 + ix - \frac{x^2}{2}\right)\right| \leq \frac{|x|^3}{6} + \frac{|x|^3}{6} = \frac{|x|^3}{3}.$$

□

定理 4.10.12 の証明　各 X_n は同一の確率分布にしたがうから,特性関数 $\varphi(t; X_n)$ は n に無関係である．よって

$$\varphi(t) = \varphi(t; X_n) \quad (n \geq 1)$$

と表す．さらに X_n $(n \geq 1)$ は互いに独立であるから

$$\varphi\left(t; \frac{1}{\sqrt{n}\sigma} \sum_{j=1}^n X_j\right) = E(e^{i \frac{t}{\sqrt{n}\sigma} \sum_{j=1}^n X_j})$$

$$= \prod_1^n E(e^{i \frac{t}{\sqrt{n}\sigma} X_j})$$

$$= \varphi\left(\frac{t}{\sqrt{n}\sigma}\right)^n.$$

$E(X_j) = 0,\ V(X_j) = \sigma^2\ (j \geq 1)$ であるから

$$\left|\varphi\left(\frac{t}{\sqrt{n}\sigma}\right) - \left(1 - \frac{t^2}{2n}\right)\right|$$

$$= \left|E(e^{i \frac{t}{\sqrt{n}\sigma} X_j}) - E\left(1 + i\frac{t}{\sqrt{n}\sigma} X_j - \frac{t^2}{2n\sigma^2} X_j^2\right)\right|$$

$$= \left|E\left(e^{i \frac{t}{\sqrt{n}\sigma} X_j} - \left\{1 + i\frac{t}{\sqrt{n}\sigma} X_j - \frac{t^2}{2n\sigma^2} X_j^2\right\}\right)\right|.$$

注意 4.10.11 により

$$\left|\varphi\left(\frac{t}{\sqrt{n}\sigma}\right) - \left(1 - \frac{t^2}{2n}\right)\right| \leq \frac{1}{3} E\left(\frac{|t|^3}{n^{\frac{3}{2}} \sigma^3} |X_j|^3\right)$$

$$\leq \frac{|t|^3}{3n^{\frac{3}{2}} \sigma^3} K \quad ((4.10.1) \text{ により}).$$

よって

$$g_n(t) = \varphi\left(\frac{t}{\sqrt{n}\sigma}\right) - \left(1 - \frac{t^2}{2n}\right)$$

とおくと

$$\varphi\left(t; \frac{1}{\sqrt{n}\sigma} \sum_{j=1}^{n} X_j\right) = \varphi\left(\frac{t}{\sqrt{n}\sigma}\right)^n$$
$$= \left(1 - \frac{t^2}{2n} + g_n(t)\right)^n. \qquad (4.10.2)$$

(4.10.2) に

$$\lim_{n\to\infty}\left(1 - \frac{a}{n}\right)^n = e^{-a}, \quad |g_n(t)| \leq \frac{|t|^3}{3n^{\frac{3}{2}}\sigma^3}K$$

を適用すると

$$\lim_{n\to\infty} \varphi\left(t; \frac{1}{\sqrt{n}\sigma} \sum_{j=1}^{n} X_j\right) = e^{\frac{-t^2}{2}}. \qquad (4.10.3)$$

簡単にするために

$$Y_n = \frac{1}{\sqrt{n}\sigma} \sum_{j=1}^{n} X_j \quad (n \geq 1)$$

とおき，標準正規分布 $N(0,1)$ にしたがう確率変数を Y とするとき (4.10.3) は Y_n が Y に法則収束することを示している．よって定理 4.10.3(3) により，$a, b \ (a < b)$ に対して

$$\begin{aligned}
P(a < Y_n \leq b) &= P(a < Y_n < b) \quad (P(Y_n = b) = 0 \text{ により}) \\
&= F_{Y_n}(b) - F_{Y_n}(a) \\
&\to F_Y(b) - F_Y(a) \quad (n \to \infty) \\
&= P(a < Y < b) \\
&= \frac{1}{2\sqrt{\pi}} \int_a^b e^{\frac{-t^2}{2}} dt.
\end{aligned}$$

定理は示された． □

まとめ

解析学の基礎である測度論の初歩を解説した．この知識に基づいて非線形現象を力学系の立場で理解することができる．

この章は邦書文献 [Ao-Sh], [Sa], [It] を参考にして書かれた．

文　　献

本書の執筆に当たって参考にした著書と関連する論文を挙げる．

邦書文献

[Ao1]　　青木統夫，力学系・カオス，共立出版，1996．

[Ao2]　　青木統夫，非線形解析 II, エルゴード理論と特性指数，共立出版，2004 (7 月刊行予定)．

[Ao3]　　青木統夫，非線形解析 III, 測度・エントロピー・フラクタル，共立出版，2004 (8 月刊行予定)．

[Ao4]　　青木統夫，非線形解析 IV, ロジスティック写像と間欠性の実解析，共立出版，2004 (9 月刊行予定)．

[Ao-Sh]　青木統夫，白岩謙一，力学系とエントロピー，共立出版，1985．

[B]　　　ビリングスレイ（渡辺毅，十時東生訳），確率論とエントロピー，吉岡書店，1968．

[It]　　　伊藤清三，ルベーグ積分入門，裳華房，1969．

[Iy]　　　伊藤雄二，確率論，朝倉書店，2002．

[K]　　　久保　泉，力学系 1, 現代数学の基礎，岩波書店，1997．

[Sa]　　　佐藤　坦，測度から確率へ，共立出版，1994．

[To]　　　十時東生，エルゴード理論入門，共立出版，1971．

[Ya]　　　矢野公一，距離空間と位相構造，共立出版，1997．

洋書文献

[Al-Bo]　 C. D. Aliprants & K. C. Border, *Infinite Dimensional Analysis*, Springer–Verlag, 1999.

[Ao-Hi]   N. Aoki & K. Hiraide, *Topological Theory of Dynamical Systems*, Recent Advances **52**, Elsevier North-Holand, 1994.

[B]   R. Billingsley, *Ergodic Theory and Information*, New York, Wiley, 1965.

[Bo1]   R. Bowen, *On Axiom A Diffeomorphisms*, CBMS, AMS. **35**, 1977.

[Bo2]   R. Bowen, *Equilibrium States and The Ergodic Theory of Anosov Diffeomorphisms*, **470**, Springer–Verlag, 1975.

[D-G-Sig]   M. Denker, C. Grillenberger & K. Sigmund, *Ergodic Theory on Compact Spaces*, **527**, Springer–Verlag, 1976.

[Do]   J. L. Doob, *Stochastic Processes*, New York, Wiely, 1953.

[N]   J. Neveu, *Mathematical Foundations of The Calculus of Probability*, Holden–Day, S. Francisco, 1965.

[Pa]   W. Parry, *Entropy and Generctons in Ergodic Theory*, Benjamin, New York 1969.

[Pet]   K. Petersen, *Ergodic Theory*, Cambridge Stud. in Adv. Math. **2**, 2000.

[Po]   M. Pollicott, *Lectures on Ergodic Theory and Pesin Theory on Compact Manifolds*, London Math. Soc. Lecture Note Series, vol. 180, Cambridge University Press, 1993.

[Po-Yu]   M. Pollicott and M. Yuri, *Dynamical Systems and Ergodic Theory*, Students Textes 40, Cambridge Univ. Press, 1998.

[S]   G. Simons, *Topology and Modern Analysis*, Mc Graw Hill, 1963.

[V]   M. Viana, *Stochastic Dynamics of Deterministic Systems*, IMPA 21, 1997.

[Wa]   P. Walters, *Ergodic Theory*, Springer–Verlag **458** 1975.

関連論文

[A-P1]   F. Afraimovich & Y. B. Pesin, *Hyperbolicity of infinite-dimensional drift systems*, Nonlinearity, **3** (1990), 1–19.

[A-P2]   F. Afraimovich & Y. B. Pesin, *Traveling waves in lattice models of multi-dimensional and multi-component media, I General hyperbolic properties*, Nonlinearity, **6** (1993), 429–455.

356 文　　献

[Ao] N. Aoki, *The set of Axiom A diffeomorphisms with no cycles*, Bol. Soc. Bras. Mat. **23** (1992), 21–65.

[Ao-M-O] N. Aoki, K. Moriyasu & M. Oka, *Differentiable maps having hyperbolic sets*, Topol. and its Appl., **82** (1998), 15–48.

[Ao-M-Su] N. Aoki, K. Moriyasu & N. Sumi, C^1–*maps having hyperbolic points*, Fund. Math. **169** (2001), 1–49.

[Bo] R. Bowen, *Some systems with unique equilibrium states*, Math. Syst. Theory, **8** (1975), 193–202.

[Br-Ka] M. Brin & A. Katok, *On local entropy*, in Geometric Dynamics, Springer Lect. Notes **1007** (1983), 30–38.

[Br-Pe] M. Brin & Y. B. Pesin, *On Morse-Smale endomorphisms*, AMS Transl. **171** (1996), 35–43.

[Ba-Pe-Sc] L. Barreira, Y. B. Pesin & J. Schmeling, *Dimension and product structure of hyperbolic measures*, Ann. of Math. **149** (1999), 1–49.

[Be-Yo] M. Benedicks & L-S. Young, *Sinai-Bowen-Ruelle measures for certain Hénon maps*, Invent. Math. **112** (1993), 541–576.

[Di] E. I. Dinaburg, *On the relations among various entropy characteristic of dynamical systems*, Math. USSR-Izvestija **5** (1971), 337–378.

[Ka] A. Katok, *Lyapunov expanents, entropy and periodic orbits for diffeomorphisms*, I.H.E.S. Publ. Math. **51** (1980), 137–173.

[Ke] G. Keller, *Stochastic stability in some chaotic dynamical systems*, Monatsh. Math. **94** (1982), 313–333.

[Ke-Ku] G. Keller & M. Künzle, *Transfer operators for couple map lattices*, Ergod. Thi & Dynam. Sys. **12** (1992), 297–318.

[L] F. Ledrappier, *Propriétés ergodique des measures de Sinaĕ*, I.H.E.S. Publ. Math. **59** (1984), 163–188.

[Li1] C. Liverani, *Decay of correlations*, Ann. of Math. **142** (1995), 239–301.

[Li2] C. Liverani, *Decay of correlations for piecewise expanding maps*, J. Staf. Phys. **78** (1995), 1111–1129.

[L-Yo1] F. Ledrappier & L-S. Young, *The metric entropy of diffeomorphisms. I Characterization of measures satisfying Pesin's formula*, Ann. of Math. **122** (1985), 509–539.

[L-Yo2]   F. Ledrappier & L-S. Young, *The metric entropy of diffeomorphisms. II Relations between entropy, exponents and dimension*, Ann. of Math. **122** (1985), 540–574.

[Ma]   R. Mané, *A proof of the C' stability conjecture*, I.H.E.S. Publ. Math. **66** (1987), 161–210.

[Mor1]   T. Morita, *Meromorphic extensions of a class of zeta functions for two dimensional billiards without eclipse*, preprint (1999).

[Mor2]   T. Morita, *Meromorphic extensions of a class of dynamical zeta functions and their special values at the origin*, preprint (2000).

[Mor3]   T. Morita, *Construction of K-stable foliations for two dimensional dispensing billiards without eclipse*, preprint (2001).

[Os]   Y.I. Oseledec, *A multiplicative ergodic theorem, Lyapunov characteristic numbers for dynamical systems*, Trudy Moskov Mat. Ostc. **19** (1968), 179–210.

[Ox]   J.C. Oxtoby, *Ergodic sets*, Bull. AMS, **88** (1952), 116–136.

[Ox-U]   J.C. Oxtoby & S.M. Ulam, *measure-preserving homeomorphisms and metrical transitivity*, Ann. of Math. **42** (1941), 874–920.

[Pe]   Y. B. Pesin, *Characteristic Lyapunov exponents and smooth ergodic theory*, Russ. Math. Surveys **32** (1977), 55–114.

[Pr1]   F. Przytychi, *Anosov endomorphisms*, Studia Math., **58** (1976), 249–285.

[Pr2]   F. Przytychi, *On Ω-stability and structural stability of endomorphisms satisfying Axiom A*, Studia Math., **60** (1977), 61–77.

[Ro]   J. Robbin, *A structural stability theorem*, Ann. Math. **11** (1971), 447–493.

[Rob]   C. Robinsion, *Structural stability of C^1-diffeomorphisms*, J. Diff. Equat. **22** (1976), 28–73.

[Roh1]   V. A. Rohlin, *Lectures on the theory of entropy of transformations with invarient measures*, Russ. Math. Surveys **22** (1967), 1–54.

[Roh2]   V. A. Rohlin, *On the fundamental ideas in measure theory*, AMS Trans. 1 **10** (1962), 1–54.

[Ru1]   D. Ruelle, *An inequality for the entropy of differentiable maps*, Bol. Soc. Bras. Mat. **9** (1978), 83–87.

[Ru3]   D. Ruelle, *Ergodic theory of differentiable dynamical systems*, I.H.E.S. Publ. Math. **50** (1979), 27–58.

[Sm]   R. Smale, *Differentiable dynamical systems*, Bull. Am. Math. Soc. **73** (1967), 747–817.

[Si]   Ya. G. Sinai, *Markov partitions and C–diffeomorphisms*, Func. Anal. and its Appl. **2** (1968), 64–89.

[Tak1]   Y. Takahashi, *Entropy functional (free energe) for dynamical systems and their random perturbations*, Proc. Taniguchi Symp. on Stochastic Analysis, Katada and Kyoto, (1982), 937–967.

[Tak2]   Y. Takahashi, *Two aspects of large deviation theory for large time*, Taniguchi Symp. PMMP, Katada (1985), 363–384.

[Yuz]   S. Yuzvinsky, *Rohlin's school in ergodic theory*, Ergod. Th. & Dynam. Sys. **9** (1989), 609–618.

[Wa]   P. Walters, *A variational principle for the pressures of continuous transformations*, Amer. J. Math. **97** (1976), 937–971.

[Yo8]   L-S. Young, *Ergodic theory of attractors*, P.I.C.M., Zürich (1994) Birkhäuser Verlag (1995), 1230–1237.

[ラ, リ]

ラドン–ニコディムの定理　300

リースの表現定理　111
リプシッツ条件　173
リプシッツ定数　173, 328
リプシッツ同相写像　173, 328
リプシッツ連続　328
リャプノフ指数　17

[ル]

ルエルの不等式　21
ルージンの定理　107
ルベーグ外測度　316
ルベーグ可測集合　316
ルベーグクラス　316
ルベーグ数　58
ルベーグ測度　113, 173, 316, 322
ルベーグ測度空間　316
ルベーグの収束定理　291
ルベーグ被覆定理　58
ルベーグ分解　297
ルベーグ–ラドン–ニコディムの定理　297

[レ, ロ]

劣加法性　301
列空間　31
劣マルチンゲール　177
レビの反転公式　347
連続　96
連続型確率変数　340

ローリン距離関数　212
ロジスティック　10

著者紹介

青木　統夫（あおき　のぶお）

1969年　東京都立大学大学院修士課程修了
　　　　東京都立大学大学院理学研究科教授を経て
現　在　中央大学商学部教授・理学博士
専　攻　力学系理論，エルゴード理論
著　書　「力学系とエントロピー」（共立出版，1985，共著）
　　　　「力学系・カオス」（共立出版，1996）
　　　　「The Theory of Topological Dynamical Systems」
　　　　（North-Holland, 1994）

非線形解析 I
力学系の実解析入門

2004年5月5日　初版1刷発行

著　者　青木統夫 © 2004
発行者　南條光章
発行所　共立出版株式会社
　　　　東京都文京区小日向 4-6-19
　　　　電話　東京(03)3947-2511番（代表）
　　　　郵便番号 112-8700
　　　　振替口座 00110-2-57035 番
　　　　URL http://www.kyoritsu-pub.co.jp/

印　刷
製　本　加藤文明社

検印廃止
NDC 410, 420
ISBN 4-320-01771-4
Printed in Japan

社団法人
自然科学書協会
会員

JCLS ＜㈱日本著作出版権管理システム委託出版物＞
本書の無断複写は著作権法上での例外を除き禁じられています．複写される場合は，そのつど事前に㈱日本著作出版権管理システム（電話03-3817-5670, FAX 03-3815-8199）の許諾を得てください．

共立講座 21世紀の数学 全27巻

新しい数学体系を大胆に再構成した教科書シリーズ!!

編集委員:木村俊房・飯高 茂・西川青季・岡本和夫・楠岡成雄

高校での数学教育とのつながりを配慮し,全体として大綱化(4年一貫教育)を踏まえるとともに,数学の多面的な理解や目的別に自由な選択ができるように,同じテーマを違った視点から解説するなど複眼的に構成し,各巻ごとに有機的なつながりをもたせている。豊富な例題とわかりやすい解答付きの演習問題を挿入し具体的に理解できるように工夫した,21世紀に向けて数理科学の新しい展開をリードする大学数学講座!

1 微分積分
黒田成俊 著 ・・・・・・定価3780円(税込)
【主要内容】 大学の微分積分への導入/実数と連続性/曲線,曲面/他

2 線形代数
佐武一郎 著 ・・・・・・定価2520円(税込)
【主要目次】 2次行列の計算/ベクトル空間の概念/行列の標準化/他

3 線形代数と群
赤尾和男 著 ・・・・・・定価3570円(税込)
【主要目次】 行列・1次変換のジョルダン標準形/有限群/他

4 距離空間と位相構造
矢野公一 著 ・・・・・・定価3570円(税込)
【主要目次】 距離空間/位相空間/コンパクト空間/完備距離空間/他

5 関数論
小松 玄 著 ・・・・・・続 刊
【主要目次】 複素数/初等関数/コーシーの積分定理/積分公式/他

6 多様体
荻上紘一 著 ・・・・・・定価2940円(税込)
【主要目次】 Euclid空間/曲線/3次元Euclid空間内の曲面/多様体/他

7 トポロジー入門
小島定吉 著 ・・・・・・定価3150円(税込)
【主要目次】 ホモトピー/閉曲面とリーマン面/特異ホモロジー/他

8 環と体の理論
酒井文雄 著 ・・・・・・定価3150円(税込)
【主要目次】 代数系/多項式と環/代数幾何とグレブナ基底/他

9 代数と数論の基礎
中島匠一 著 ・・・・・・定価3780円(税込)
【主要目次】 初等整数論/環と体/群/付録:基礎事項のまとめ/他

10 ルベーグ積分から確率論
志賀徳造 著 ・・・・・・定価3150円(税込)
【主要目次】 集合の長さとルベーグ測度/ランダムウォーク/他

11 常微分方程式と解析力学
伊藤秀一 著 ・・・・・・定価3780円(税込)
【主要目次】 微分方程式の定義する流れ/可積分系とその摂動/他

12 変分問題
小磯憲史 著 ・・・・・・定価3150円(税込)
【主要目次】 種々の変分問題/平面曲線の変分/曲面の面積の変分/他

13 最適化の数学
伊理正夫 著 ・・・・・・続 刊
【主要目次】 ファルカスの定理/線形計画問題とその解法/変分法/他

14 統 計
竹村彰通 著 ・・・・・・定価2730円(税込)
【主要目次】 データと統計計算/線形回帰モデルの推定と検定/他

15 偏微分方程式
磯 祐介・久保雅義 著・・・・・・続 刊
【主要目次】 楕円型方程式/最大値原理/極小曲面の方程式/他

16 ヒルベルト空間と量子力学
新井朝雄 著 ・・・・・・定価3360円(税込)
【主要目次】 ヒルベルト空間/ヒルベルト空間上の線形作用素/他

17 代数幾何入門
桂 利行 著 ・・・・・・定価3150円(税込)
【主要目次】 可換環と代数多様体/代数幾何符号の理論/他

18 平面曲線の幾何
飯高 茂 著 ・・・・・・定価3360円(税込)
【主要目次】 いろいろな曲線/射影曲線/平面曲線の小平次元/他

19 代数多様体論
川又雄二郎 著 ・・・・・・定価3360円(税込)
【主要目次】 代数多様体の定義/特異点の解消/代数曲面の分類/他

20 整数論
斎藤秀司 著 ・・・・・・定価3360円(税込)
【主要目次】 初等整数論/4元数環/単経環の一般論/局所類体論/他

21 リーマンゼータ函数と保型波動
本橋洋一 著 ・・・・・・定価3570円(税込)
【主要目次】 リーマンゼータ函数論の最近の展開/他

22 ディラック作用素の指数定理
吉田朋好 著 ・・・・・・定価3990円(税込)
【主要目次】 作用素の指数/幾何学におけるディラック作用素/他

23 幾何学的トポロジー
本間龍雄 他著 ・・・・・・定価3990円(税込)
【主要目次】 3次元の幾何学的トポロジー/レンズ空間/良い写像/他

24 私説 超幾何学関数
吉田正章 著 ・・・・・・定価3990円(税込)
【主要目次】 射影直線上の4点のなす配置空間X(2,4)の一意化物語/他

25 非線形偏微分方程式
儀我美一・儀我美保著 定価3990円(税込)
【主要目次】 偏微分方程式の解の漸近挙動/積分論の収束定理/他

26 量子力学のスペクトル理論
中村 周 著 ・・・・・・続 刊
【主要目次】 基礎知識/1体の散乱理論/固有値の個数の評価/他

27 確率微分方程式
長井英生 著 ・・・・・・定価3780円(税込)
【主要目次】 ブラウン運動とマルチンゲール/拡散過程II/他

共立出版 ■各巻:A5判・上製・204〜448頁
http://www.kyoritsu-pub.co.jp/

21世紀のいまを活きている数学の諸相を描くシリーズ!!

共立叢書
現代数学の潮流

編集委員：岡本和夫・桂　利行・楠岡成雄・坪井　俊

数学には、永い年月変わらない部分と、進歩と発展に伴って次々にその形を変化させていく部分がある。これは、歴史と伝統に支えられている一方で現在も進化し続けている数学という学問の特質である。また、自然科学はもとより幅広い分野の基礎としての重要性を増していることは、現代における数学の特徴の一つである。「共立講座 21世紀の数学」シリーズでは、新しいが変わらない数学の基礎を提供した。これに引き続き、今を活きている数学の諸相を本の形で世に出したい。「共立講座 現代の数学」から30年。21世紀初頭の数学の姿を描くために、私達はこのシリーズを企画した。これから順次出版されるものは伝統に支えられた分野、新しい問題意識に支えられたテーマ、いずれにしても、現代の数学の潮流を表す題材であろうと自負する。学部学生、大学院生はもとより、研究者を始めとする数学や数理科学に関わる多くの人々にとり、指針となれば幸いである。＜編集委員＞

（表紙）多変数ネヴァンリンナ理論とディオファントス近似　野口 潤次郎 著

離散凸解析
室田一雄著／318頁・定価3990円(税込)
【主要目次】　序論(離散凸解析の目指すもの／組合せ構造とは／離散凸関数の歴史）／組合せ構造をもつ凸関数／離散凸集合／M凸関数／L凸関数／共役性と双対性／ネットワークフロー／アルゴリズム／数理経済学への応用

積分方程式 ──逆問題の視点から──
上村　豊著／304頁・定価3780円(税込)
【主要目次】　Abel積分方程式とその遺産／Volterra積分方程式と逐次近似／非線形Abel積分方程式とその応用／Wienerの構想とたたみこみ方程式／乗法的Wiener-Hopf方程式／分岐理論の逆問題／付録

リー代数と量子群
谷崎俊之著／276頁・定価3780円(税込)
【主要目次】　リー代数の基礎概念（包絡代数／リー代数の表現／可換リー代数のウェイト表現／生成元と基本関係式で定まるリー代数／他）／カッツ・ムーディ・リー代数／有限次元単純リー代数／アフィン・リー代数／量子群

グレブナー基底とその応用
丸山正樹著／272頁・定価3780円(税込)
【主要目次】　可換環（可換環とイデアル／可換環上の加群／多項式環／素元分解環／動機と問題）／グレブナー基底／消去法とグレブナー基底／代数幾何学の基本概念／次元と根基／自由加群の部分加群のグレブナー基底／層の概説

多変数ネヴァンリンナ理論とディオファントス近似
野口潤次郎著／276頁・定価3780円(税込)
【主要目次】　有理型関数のネヴァンリンナ理論／第一主要定理／微分非退化写像の第二主要定理／正則曲線の第二主要定理／小林双曲性への応用／関数体上のネヴァンリンナ理論／ディオファントス近似

続刊テーマ（五十音順）

アノソフ流の力学系	松元重則
ウェーブレット	新井仁之
可積分系の機能的数理	中村佳正
極小曲面	宮岡礼子
剛　性	金井雅彦
作用素環	荒木不二洋
写像類群	森田茂之
数理経済学	神谷和也
制御と逆問題	山本昌宏
相転移と臨界現象の数理	田崎晴明・原　隆
代数的組合せ論入門	坂内英一・坂内悦子・伊藤達郎
代数方程式とガロア理論	中島匠一
超函数・FBI変換・無限階擬微分作用素	青木貴史・片岡清臣・山崎　晋
特異点論における代数的手法	渡邊敬一
粘性解	石井仁司
保型関数特論	伊吹山知義
ホッジ理論入門	斎藤政彦
レクチャー結び目理論	河内明夫

（続刊テーマは変更される場合がございます）

◆各冊：A5判・上製本・160～320頁

共立出版
http://www.kyoritsu-pub.co.jp/

Analysis 新しい解析学の流れ

【編集委員】 西田孝明・磯 祐介・木上 淳・宍倉光広

本シリーズは21世紀における「解析学」の新しい流れを我が国から発信することが目的である。これは過去の叡知の上に立って，夢のある将来の「解析学」像を描くことである。このため，このシリーズでは新たな知見の発信と共に先人の得た成果を「温故知新」として見直すことも並行して行い，さらには海外の最新の知見の紹介も行いたいと考えている。したがって本シリーズでは，新たな良書の書き下ろしはもちろんのこと，20世紀に出版された時代を越えた名著を復刊して後世に残し，さらには海外の最新の良書の翻訳を行う予定である。また，最先端の専門家向けの高度な内容の書物を出版する一方で，これからの解析学の発展を担う若い学生を導くためのテキストレベルの書物の出版も心掛けていく予定である。

編集委員

確率論
熊谷 隆著／A5・222頁・定価3150円(税込)

今日では多岐の問題に応用されている確率論の入門書。大数の法則からブラウン運動まで，確率論の基礎理論を網羅。また，邦書では記述の少ない大偏差原理も盛り込み，ポアソン過程やブラウン運動などの重要な確率過程についても丁寧に解説。

幾何的散乱理論
R.Melrose著／井川 満訳／A5・160頁・定価2940円(税込)

近年，偏微分方程式や量子力学との関連で注目されている「散乱理論」の全体像をてぎわよくまとめた専門的入門書。基本的なユークリッド空間上のケースからはじめ，ユークリッド散乱の様々な結果，さらに非ユークリッド散乱と詳説。

微分方程式序説
岡村 博著／A5・144頁・定価2625円(税込)

微分方程式論の優れた研究者として世界的に名の知られた著者が記した名著の復刊。微分方程式の基礎的理論から話が始まり，応用例を述べ，一般論的な仮定をもとにした解の存在の話に進み，最後には解の一意性に関する著者自身の研究結果までを詳述。

後続テーマ予定

- 偏微分方程式
- 確率微分方程式
- スペクトル理論と微分作用素
- 数理物理学
- 複素力学系
- フラクタル
- 解析関数論
- 非線形解析
- ファジィ推論
- 数値解析
- 数理ファイナンス
- 可積分系
- 代数解析
- 分岐理論

【各冊】 A5判・上製本

共立出版
http://www.kyoritsu-pub.co.jp/